低温混凝土的水化与性能

刘　军　徐长伟　著

中国建筑工业出版社

图书在版编目（CIP）数据

低温混凝土的水化与性能/刘军，徐长伟著．—北京：中国建筑工业出版社，2018．12
ISBN 978-7-112-23179-9

Ⅰ．①低…　Ⅱ．①刘…　②徐…　Ⅲ．①低热混凝土-水合-研究　Ⅳ．①TU528．59

中国版本图书馆 CIP 数据核字（2018）第 301617 号

责任编辑：付　娇　王　磊
责任校对：姜小莲

低温混凝土的水化与性能
刘　军　徐长伟　著
*
中国建筑工业出版社出版、发行（北京海淀三里河路 9 号）
各地新华书店、建筑书店经销
北京佳捷真科技发展有限公司制版
天津翔远印刷有限公司印刷
*
开本：787×1092 毫米　1/16　印张：16　字数：395 千字
2018 年 12 月第一版　　2018 年 12 月第一次印刷
定价：**58．00** 元
ISBN 978-7-112-23179-9
（33260）

前　言

自水泥混凝土问世100多年以来，以性能优越、经济廉价、施工方便、适应性强等诸多优点，成为了土建工程中用途最广、用量最大的建筑材料之一，同时也是当前最大众的人造材料。随着现代建筑技术的日新月异，混凝土技术有了快速地发展，人们已逐渐开始重视混凝土的耐久性问题，深入研究该领域包括环境、材料、构件和结构四个重要方面。著名混凝土学家美国P. K. Metha教授在1991年召开的第二届国际混凝土耐久性会议上的主旨报告“混凝土耐久性的五十年进展”中明确指出：“当今世界混凝土破坏的原因，按重要性递减排列是：钢筋锈蚀、冻害、物理化学作用”。而混凝土耐久性研究的核心问题就是要解决“南锈北冻”问题，我国吴中伟院士指出，在寒冷地区混凝土冻害往往是导致混凝土劣化的主要因素。

日平均气温连续5日低于5℃，混凝土工程进入冬期施工，此时的混凝土工程从配合比设计、材料的初始温度到浇筑、成型、养护、拆模，每个环节都需要考虑到低温所造成的影响。低温主要影响水泥的水化速度及水结冰后发生的体积膨胀，致凝结硬化时间延长、内部结构破坏和强度的缓增长。我国寒冷地区地域辽阔，包括了“三北”地区13个省、市、自治区，占全国面积50%以上，冬季时间长达3～6个月，因此，在寒冷地区采取一系列冬期施工技术，对于早期混凝土免受冻害，对于低温混凝土的研究有着重要的社会效益和经济效益。

冻害损伤对混凝土耐久性的影响非常大，也非常广泛。最初将混凝土的冻害按其阶段可分为两类，即早期冻害和后期冻害。早期冻害指混凝土浇筑后，在凝结硬化期间受到一次冻结或反复冻融所遭受的冻害；后期冻害指混凝土充分硬化，质量达到设计要求的混凝土，在使用过程中，因周围介质的温度在正负间反复变化而破坏。前者是由于负温施工引起的，后者是因为混凝土遭受冻融循环作用引起的，二者对混凝土的耐久性都会造成不同程度的影响。两种冻害中，混凝土在早期遭受冻害时，由于此时水泥尚未充分水化，起缓冲调节作用的凝胶孔尚未完全形成，与毛细孔水结冰相关的膨胀将使混凝土内部结构严重受损，造成不可恢复的强度损失，这种早期冻害对混凝土及钢筋混凝土结构工程危害最大，严重损害混凝土的物理—力学性能和建筑—技术性能。尤其是冬季路面、桥梁、海洋平台和高层建筑物，它们受冻害破坏更为严重。

随着国内外专家长期的研究，认识到混凝土在低温下的受冻大致分为四个时段：初龄受冻（混凝土刚浇筑完毕，还未来得及水化）、幼龄受冻（混凝土开始凝结至达到抗冻临界强度）、成龄受冻（混凝土达到抗冻临界强度后）和终龄受冻（混凝土达到设计强度后）。研究表明，幼龄期受冻对混凝土的损害最为严重。

我国北方广大地区有较长的寒冷季节，对混凝土施工影响很大。由于各种原因，混凝土冬期施工很普遍，尤其是大中型水利水电工程，因为工程量大，一般工程长达几年，为利用冬季枯水季节修建导流工程和度汛建筑物等，不可避免地要进行混凝土的冬期施工。

另外，由于建筑物需早日投入使用，施工不能有季节的限制。混凝土工程的冬期施工和常温施工不同，由于混凝土自身的性质，新浇筑的混凝土受温度影响很大。在低温下，混凝土强度增长受到影响。为开展冬期施工，在技术上采取的措施，主要是防止在负温条件下混凝土早期受冻，对大体积混凝土还要防止因温差过大而发生温度裂缝。组织混凝土冬期施工，是要根据具体条件，采取最经济的方法，即使在严寒的条件下，也要确保所浇筑的混凝土达到足够的强度和耐久性，以满足运行使用的要求。同时，还要采取温度控制措施，防止所浇筑的混凝土发生温度裂缝。北方地区冻害对混凝土耐久性有重要影响。

近年来，随着混凝土结构的大型化、高层化、高耐久性，对混凝土材料自身提出了更高的要求。如何实现混凝土高性能化，已成为从事混凝土材料科学研究和工程领域中应用的科技人员的重要研究课题。在可能实现混凝土高性能化的技术中，混凝土外掺料发挥着重要的作用。新型外掺料的出现和传统外掺料的复合，不仅可以对混凝土进行改性，还可以给混凝土赋予更特殊的性能。如果说混凝土材料科学的目的是按照指定性能设计制造材料，那么，现代许多特种混凝土正是通过掺用外掺料设计制造出来的。

不论是冬期施工，还是混凝土中掺入外掺料，我国的水平较国外有一定差距。我国较大规模的混凝土冬期施工，开始于 1949 年。而国外一些国家在 20 世纪 30 年代就已经开始混凝土冬期施工，并进行了大量的实践。在这半个世纪的时间里，随着建设的发展和科学技术的不断进步，国内外的混凝土施工技术有了长足的进步，新施工方法和科学技术成果对加快建设速度，确保工程质量起到了重要作用。一些新材料、新技术、新工艺的应用，在混凝土施工中起到了很大作用。随着我国改革和建设的不断发展，寒冷地区的经济技术开发建设项目日益增多，尤其是我国西北及东北地区，在西部大开发和振兴东北老工业基地战略的推动下，大大加快了这些地区的建设速度。混凝土冬期施工，越来越受到人们的关注。

如何实现混凝土冬期施工，确保施工质量，理论研究是基础，也是保障。本书即是结合研发团队 20 余年在低温混凝土方面开展的研究工作，从理论上阐述了复合胶凝材料体系下，掺合料种类、掺量、粒度分布以及温度和养护制度对低温混凝土水化和性能的影响，基于灰色关联分析理论，建立了掺合料掺量及粒度分布与低温混凝土孔隙率、孔隙结构的关系模型，可为混凝土冬期施工提供重要理论指导。

目　录

第1章　概　　论

1.1　水泥混凝土技术的发展

1.1.1　水泥混凝土发展简史

1980年和1983年，中国考古工作者在甘肃泰安县大地湾先后发现了两块距今约5000多年的混凝土地坪，所用胶结材料是水硬性的，强度达到11MPa，说明中国很早就开始应用混凝土技术。英文词汇Concrete（混凝土）起源于古罗马，特指完整的建筑块体。罗马混凝土的应用开始于公元前273年，用得最多的地方是堤坝、水库、港口、水渠等。古罗马最著名的混凝土建筑万神殿墙体结构为6m厚凝灰岩和火山灰混凝土，拱顶跨度40多米，为浇筑的浮石和火山灰轻质混凝土结构，这一宏伟建筑幸存至今。在对罗马时代的土木工程进行研究并对试体进行测定后确定，其抗压强度在5MPa和40MPa之间。

混凝土在中世纪仍得到应用，但不及古罗马时期。

1824年波特兰水泥的出现，使混凝土强度和其他性能都有很大提高，使混凝土的应用有了飞跃性发展。

在18世纪中叶，人们为了使混凝土构件更加强劲，曾经试验在其中放入木材、编织物等，以后就放入铁件。1850年法国朗波（Lambot J L）发明钢筋加强混凝土，由于钢筋混凝土克服了混凝土抗拉强度低的弱点，它的出现使混凝土的应用出现了新的飞跃。1855年在法国巴黎举行的第一届万国博览会上，Lambot J L首次推出了钢筋混凝土小船，宣告了钢筋混凝土制品的问世。1867年，格特勒·莫尼尔（Cartner Monier）申请了用钢筋来加强混凝土料罐的专利，到1881年他又进一步申请了在建筑构件的制造上加以应用的专利。

1913年美国首先发明用回转窑烧制页岩陶粒轻集料，为解决混凝土自重大的缺点，迈出了可喜的一步。

1926年，《世界技术》杂志介绍了一种新的建筑材料一多孔混凝土，文章指出：多孔混凝土由丹麦人雅各布森（Jacobsen）教授发明，并由两位工程师：菲利普森（Philipsen）和拜尔（Beyer）推向市场，其建造费用比普通混凝土减少50%，建造时间明显缩短。

1928年法国佛列西涅（Freyssinet E）发明了预应力钢筋混凝土施工工艺，进一步提高了钢筋混凝土的抗拉强度与抗裂性，被誉为混凝土发展史中的第三次飞跃。1936年Freyssinet E在成功研制出预应力混凝土结构后，率先提出希望用100MPa混凝土来设计和制造预应力混凝土结构，以替代钢结构的设想。

20世纪20年代以前，混凝土的抗压强度普遍低于20MPa。20世纪50年代，世界各国混凝土平均抗压强度已超过30MPa。在20世纪70年代，较高强度（C40～C50）混凝土开始应用于高层建筑的柱子上。20世纪70年代晚期，由于减水剂和高活性掺和料得到开发和应用，使高强混凝土的制备技术进入了一个新的阶段。采用普通的混凝土施工工艺，已能较容易配置出80MPa以上的高强混凝土。

用聚合物改进水泥混凝土的性能也是一种行之有效的途径。国外从20世纪30年代开始从事这方面的研究，目前已研制成功，并应用于国内外工程实践的有聚合物水泥混凝土、树脂混凝土、聚合物浸渍混凝土等。

预拌混凝土（Ready Mixed Concrete）一般又称商品混凝土。欧洲和日本从20世纪50年代开始采用，60年代获得迅速发展。中国20世纪50年代在一些大中型工程建设中，建立了混凝土集中搅拌站，1980年以后，商品混凝土得到了迅速发展。当代泵送混凝土技术发展很快，并且与预拌混凝土技术相辅相成，极大地提高了生产效率。1907年德国开始研究混凝土泵，并取得专利权。1913年美国也有人取得专利权，并制造出第一台混凝土泵，但未得到应用。1927年德国的弗利茨·海尔（Fritz·Hell）设计制造了第一次获得成功应用的混凝土泵。

钢纤维混凝土大约在20世纪60年代初开始应用于工程实践中，主要用于地下铁道盾构衬砌。后来又研究用玻璃纤维、树脂纤维、碳纤维等代替钢纤维做增强材料。

日本作为最早提出并研制了免振捣、自密实高性能混凝土（Self-compacting Concrete，简称SCC）的国家，在20世纪70年代便开始了SCC的研究，最早由Kochi大学Okamura教授在1986年研制成功并开始在日本推广。

随着工程建设对混凝土耐久性的要求越来越高，人们研究开发了高性能混凝土。高性能混凝土的研究始于20世纪80年代末期，当时是为解决混凝土材料抗氯离子的渗透问题，以防止因钢筋锈蚀而导致混凝土结构性能的严重劣化。自20世纪90年代初期，才真正在全世界范围内掀起高性能混凝土材料的研究热潮。

法国人皮埃尔·里查德（P·Pichard仿效“高致密水泥基均匀体系”（DSP）材料，将粗骨料剔除，根据密实堆积原理，用最大粒径400μm的石英砂为骨料，制备出强度和其他性能优异的活性粉末混凝土（Reactive Powder Concrete，简称RPC)。这种新材料申报了专利，并在1994年旧金山的美国混凝土学会春季会议上首次公开。

随着对资源、环境与材料关系的认识的不断发展，具有环境协调性和自适应特性的绿色混凝土应运而生。自20世纪90年代以来开展了广泛深入的研究，涉及的范围包括：绿色高性能混凝土、再生骨料混凝土、环保型混凝土和机敏混凝土等。

1.1.2 水泥基材料的技术创新

水泥基材料革命性创新带来新的市场需求，其作用可能是巨大的，会极大地拓宽水泥应用领域，对于水泥的需求将会有所变化。如为了满足特殊的需要，而要求提供的特种功能水泥（发光、透明、绝热、防辐射、高强、导电、艺术成型等功能）或特种混凝土（特殊功能混凝土、高强混凝土等），国内相关单位要加强合作，加强这方面的研究。

机械力化学在水泥技术中的应用逐渐得到人们的重视。机械力化学同热力学、电化学、光化学等一样是化学领域的一个分支，作为一门新的学科，目前在材料科学和水泥技术等领域也有了一些探讨和研究。采用机械力化学法使用粉体工业原料，可以将“无机物—有机物”、“无机物—金属”等组合而成精细复合材料。利用机械力化学的作用，可将水泥改性成为新品种水泥或开发水泥基新材料。

1.2　研究低温混凝土的背景与意义

1.2.1　研究背景

在混凝土理论研究中，低温混凝土已经成为非常重要的一部分研究内容。在工程实践中，由于工程施工工艺的需要，混凝土处于较低的温度状态，如冻结法施工的井筒、地铁等。在我国由于自然环境和气候的影响，寒区分为两种包括季节性寒区和常年永久性寒区。其中就面积而言，季节性寒区占整个国土面积的75%，而常年永久性寒区占到22.3%，面积达到了$2.15\times10^6\text{km}^2$间。由此可以看出在全球范围内，我国寒区面积是非常广阔的。近几年，我国各个地区工程建设活动日益增多，很多都涉及到了冻土和低温混凝土。川藏公路、青藏铁路、西气东输、南水北调、西部穿山隧道和大型桥梁等，这些重大工程建设活动都涉及了混凝土施工，而现场施工环境经常处于低温乃至负温条件。

混凝土是一种典型的不均匀材料。当混凝土材料及其周围温度降低到0℃时，材料内部孔隙中的水分就会凝固冻结，体积膨胀，进而会产生巨大的冻胀力。由于混凝土材料的不均匀性，其内部冻结结构与约束情况复杂，致使冻胀力也表现出不均匀性。而不均匀的冻胀作用会对混凝土材料的内部结构造成严重的破坏，影响混凝土结构的稳定性。另外，混凝土材料内部通常存在微观裂缝等缺陷，在冻胀过程中这些裂缝会不断的扩张与发展，直至混凝土材料发生破坏。由此可见，混凝土材料的冻结过程就是其内部微观结构形成损伤破坏并不断发展累积的过程，最终对混凝土材料的宏观力学特性造成严重影响。

混凝土耐久性一直是土木建筑材料领域关注的重点问题，随着研究的逐步深入，研究人员发现，由于混凝土所处的使用环境和自身所采用材料的不同，外界因素对混凝土耐久性的影响程度各不相同。从地域环境角度来划分，影响混凝土耐久性的主要因素可以简略地概括为南锈北冻，即在南方湿热地区主要需要防止混凝土内部钢筋的锈蚀，而北方寒冷地区则主要防止混凝土冻害。在北方混凝土如果在早期遭受冻害产生损伤，这种损伤即使经过后期标准养护也无法恢复，这将给混凝土的耐久性带来永久性伤害。因此，如何有效避免混凝土冬期施工中的早期受冻破坏，成为北方混凝土研究的热点与难点。

1.2.2　研究意义

我国北方广大地区有较长的寒冷季节，对混凝土工程施工影响很大，由于各种原因，混凝土冬期施工是很普遍的，尤其是大中型水利水电工程，由于工程量大，一般工期长达几年，为利用冬期枯水季节修建导流工程和度汛建筑物等，都不可避免地要进行混凝土的冬期施工。另外，由于建筑物需早日投入使用，因此，施工就不能有季节性的限制。混凝土冬期施工，在技术上采取的措施，主要是防止在负温条件下混凝土早期受冻，对大体积混凝土还要防止因温差过大而发生温度裂缝。组织混凝土冬期施工的任务，就是要根据具体条件，采取最经济的方法，即使在严寒的条件下，也要确保所要浇筑的混凝土达到足够的强度和耐久性以满足运行使用的要求。同时，还要采取温度控制措施，防止所浇筑的混凝土发生温度裂缝。

我国较大规模的混凝土冬季施工，自 1949 年起就已经开始，尤其是在水利水电工程建设中，如 1948 年丰满水电站恢复改建工程就进行了混凝土冬期施工；接着，在东北的水丰水电站溢洪道、桓仁水电站、白山水电站、以及西北的青铜峡、刘家峡和八盘峡等水利水电工程，都进行了混凝土冬期施工。在其他大型工业企业建设中，也早在 1952 年就开始进行混凝土冬季施工，如鞍山钢铁厂、第一汽车制造厂、哈尔滨动力厂等，也均取得了很多经验。在这半个世纪的时间里，随着建设的发展和科学技术的不断进步，国内外的混凝土工程施工技术都有了长足的进步，新的施工方法不断涌现；许多新的科学技术成果的应用，均获得了很好的效果，对加快建设速度，确保工程质量起到了重要的作用。不断出现的混凝土新的施工方法，在原有的基础上都有了新的发展和创造。一些新材料、新技术、新工艺的应用，在混凝土施工中都起了很大的作用。随着我国改革和建设的不断发展，寒冷地区的经济技术开发建设项目的日益增多，尤其是我国西北部地区，在西部大开发战略政策的推动下，大大加快了这些地区的建设速度，混凝土冬期施工将越来越受到人们的重视。

国外的混凝土冬期施工开展得较早。苏联和北美，在 20 世纪 30 年代就已逐渐开始混凝土冬期施工，尤其是苏联一直提倡全年施工，并进行了大量的混凝土冬期施工实践，在技术理论上也做了大量的研究工作，并取得了很多经验。欧美国家为混凝土冬期施工建立了许多研究机构，制定了冷天施工的规范；召开学术会议，不断总结混凝土冬期施工的新经验，且都具有较高的技术水平。欧美国家在混凝土冬期施工所采取的技术措施，与我国有许多不同之处，很值得我们借鉴。他们混凝土冬期施工的许多做法，具有生产效率高，施工简便，适应大生产要求等优点。

我国南水北调西线工程在最高一级的青藏高原上，地形上可以控制整个西北和华北，因长江上游水量有限，只能为黄河上中游的西北地区和华北部分地区补水。西线第一期工程的 5 座大坝均位于海拔 3500m 以上的高原寒冷地区，冬季气温极低昼夜温差大，浇筑混凝土时，极易出现裂缝。在低温和降雪寒冷气候条件下，趾板、面板等部位混凝土很容易受冻，弹模强度将降低，混凝土结构内部产生较大的拉应力，从而导致混凝土裂缝。在高海拔和高寒地区修建地下水丰富的隧道，又是一个世界性的综合技术难题，尤其是冻融及冻胀问题，一直是困扰高海拔高寒地区地下工程的一道技术难关。为了保证趾板、面板混凝土工程质量，须进一步研究在低温条件下的混凝土的力学性能，掌握低温条件下混凝土强度增长规律，以便使混凝土工程顺利建设，确保工程安全运行，充分发挥工程应有的效益。

但是，由于各种混凝土组成材料的复杂性，对混凝土的力学性能还不能说准确掌握，特别是在低温情况下混凝土的力学性能。在低温条件下，目前研究较多的是复合防冻剂对负温混凝土早期结构的作用机理、细观结构对宏观力学行为的影响以及冻结损伤过程及其损伤度等方面的问题，而对在低温环境下混凝土力学性能参数（抗压强度、抗拉强度、弹性模量、泊松比等）研究的还比较少。因此，通过对低温条件下混凝土单轴拉压受力情况下强度与变形试验分析，总结出在低温条件下混凝土的应力应变关系以及强度随龄期和温度增长的规律，从而构建一个与用温度有相互关系的本构模型具有重要意义。另外，由于我国幅员辽阔，低温施工在全年施工中占很大的比重仅东北地区冬期施工长达 3～6 个月，工程所占比重最高可达 30％。对低温混凝土的研究无疑会对我国的低温冷藏结构的设计提供依据，而且为我国三北（东北、华北、西北）寒冷地区的低温施工中缩短工期、增强混凝土抵抗冻害的能力，并为寒冷地区混凝土结构工程设计和施工提供重的理论依据。

1.3 低温混凝土的国内外研究现状

1.3.1 国外低温混凝土的研究现状

西方发达国家，修建于二十世纪五十年代后期的大量混凝土工程，相对于二十世纪二、三十年代甚至年代更长久的混凝土构筑物先出现病害、开裂甚至严重损坏。综合分析这些混凝土工程产生病害的各方面原因，发现其典型共同特征均为冬季施工混凝土。这一系列的问题引起人们对冬期施工混凝土的高度关注，各国混凝土及水泥方面专家学者纷纷开始了低温混凝土理论和工程实践两个方面的探讨与研究。

1. 理论研究进展状况

各国学者对混凝土的受冻破坏机理进行了很多研究，针对混凝土内部究竟是什么样的作用力对其结构产生破坏，并造成大量不可恢复的裂纹，提出了众多学说：

（1）从低温混凝土内部水分移动方式所带来破坏的角度，学者提出了静水压理论（T. C. Powers）、渗透压理论（Powers Helmuth）和吸附水理论（Duv 和 Heduc）。

静水压理论（T. C. Powers）：静水压理论的建立是从低温混凝土中水分开始结冰作为初始点，由以下六个进程连续进行，从而产生累积冻害破坏效应。

1）低温混凝土试件表面的水分首先开始结冰，从外层开始包裹，把试件内部封闭起来；

2）水分结冰进程逐步加深，同时随着结冰膨胀引起孔隙中空间缩小，所造成的压力迫使水分向内进入饱和度较小的区域移动；

3）当混凝土渗透性较大时，随着水分移动，形成了水压梯度，对孔壁开始产生压力；

4）随着水分冷却速度的加快，可用空间的减缩，水饱和度的提高和气孔间隔尺寸的增大以及渗透性和气孔本身尺寸的减小，水压将会增高；

5）当所形成的水压超过了混凝土内部结构抗拉极限强度时，孔壁将会破裂，进而混凝土受到损害；

6）如果在气温上升结冰融解之后，水分又发生冻结，由于反复冻融循环的累积特点，使混凝土的裂缝扩张，造成混凝土表面剥落直至完全瓦解。

为了更形象地说明影响低温混凝土静水压力的因素，研究者 G·Fagerlund 假定了一个静水压力模型，如图 1-1 所示，从数学角度模拟静水压力的作用效果。

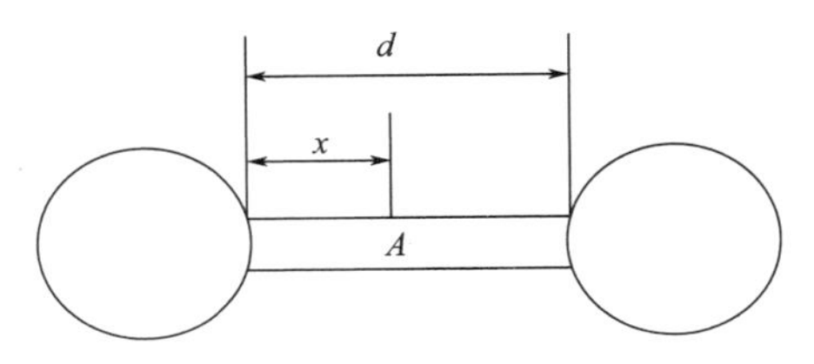

图 1-1 静水压力的模型

首先针对模型的建立，结合低温混凝土内部水分结冰的过程，提出空间距离的假设：

d——混凝土中某两个空气泡之间的距离；

A——在空气泡之间的某点，两空气泡之间的毛细孔吸水饱和并部分结冰；

x——结冰点与空气泡之间的距离。

由 D'Arcy 定律可知，水的流量与水压力梯度呈线性关系，水分结冰生成的水压力用 F 表示。则有

$$\frac{\mathrm{d}v}{\mathrm{d}t}=k\frac{\mathrm{d}f}{\mathrm{d}x} \tag{1-1}$$

式中：$\frac{\mathrm{d}v}{\mathrm{d}t}$——冰水混合物的流量，$m^3/(m^2\cdot s)$；

$\frac{\mathrm{d}f}{\mathrm{d}x}$——水压力梯度，$N/m^3$；

k——冰水混合物通过结冰材料的渗透系数，$(m^3\cdot s/kg)$。

冰水混合物的流量，即厚度为 x 的薄片混凝土中单位时间内由于结冰产生的体积增量。水的密度为 $1000kg\cdot m^{-3}$，而冰在 0℃的密度为 $917kg\cdot m^{-3}$，因此当水结冰时，体积的膨胀量为 9.1%，所以其冰水混合物的流量同时可表达为：

$$\frac{\mathrm{d}v}{\mathrm{d}x}=0.091\frac{\mathrm{d}w_f}{\mathrm{d}t}\cdot x=0.091\frac{\mathrm{d}w_f}{\mathrm{d}\theta}\cdot\frac{\mathrm{d}\theta}{\mathrm{d}t}\cdot x \tag{1-2}$$

式中：$\frac{\mathrm{d}w_f}{\mathrm{d}t}$——单位时间内单位体积的结冰量，$m^3/(m^2\cdot s)$；

$\frac{\mathrm{d}w_f}{\mathrm{d}\theta}$——温度每降低 1℃冻结水的增量，$m^3/(m^2\cdot ℃)$；

$\frac{\mathrm{d}\theta}{\mathrm{d}t}$——降温速度，℃/s。

将式（1-1）与式（1-2）两式联立，可得出水压力梯度与其所计算的位置之间的关系，如式（1-3）所示：

$$\frac{\mathrm{d}f}{\mathrm{d}x}=\frac{0.091}{k}\cdot\frac{\mathrm{d}w_f}{\mathrm{d}\theta}\cdot\frac{\mathrm{d}\theta}{\mathrm{d}t}\cdot x \tag{1-3}$$

通过式（1-3）积分得到 A 点的水压力 F_A，如式（1-4）所示。

$$F_A=\frac{0.091}{2k}\cdot\frac{\mathrm{d}w_f}{\mathrm{d}\theta}\cdot\frac{\mathrm{d}\theta}{\mathrm{d}t}\cdot x^2 \tag{1-4}$$

在厚度 d 的范围内，最大水压力在 $x=d/2$ 处，根据式（1-4）可计算该处的水压力如式（1-5）所示：

$$F=\frac{0.091}{8k}\cdot\frac{\mathrm{d}w_f}{\mathrm{d}\theta}\cdot\frac{\mathrm{d}\theta}{\mathrm{d}t}\cdot d^2 \tag{1-5}$$

分析式（1-5）可得出如下结论：毛细孔水饱和时，结冰产生的最大静水压力与材料渗透系数成反比，又与结冰量的增加速率和空气泡的平均间距的平方成正比，而结冰量的增加速率又与毛细孔水的含量与水灰比、混凝土的水化程度有关和降温速度成正比，因此气泡的存在对于低温混凝土的静水压式的冻害有一定程度的缓解。

渗透压理论由于混凝土中存在冰水蒸气压差和盐浓度差，两者引起的水分移动会对混凝土内部产生一定的破坏力，破坏作用逐步累积使混凝土内部产生裂纹。其中冰水蒸气压力差来自孔内冻结水与未冻水两相的自由能之差，盐浓度差来自冻结区水结冰后未冻溶液中盐的浓度增大。

在渗透压假说中，毛细孔的弧形界面即毛细孔壁受到的压力可以抵消一部分渗透压，

此外毛细孔水向未吸满水的空气泡迁移，失水的毛细孔壁受到的压力也可以抵消一部分渗透压，因此毛细孔压力不造成水泥石膨胀，而是使其产生收缩。这一部分毛细孔壁所受到的压力大小主要与空气泡间距有关，间距越小，失水收缩越大，也就是说其起到抵消渗透压的作用越大。

T. C. Powers 关于混凝土冻害的渗透压理论说明冬期施工混凝土应该重视引气剂的使用。根据渗透压理论，在混凝土搅拌过程中引入了一定量的气泡，这些气泡缓和了产生冻害时所引起的水流压力，有效地防止了混凝土冻害。冻害中水压力的缓和程度与混凝土中水的移动距离和水移动间歇频率的关系十分重要，而混凝土内部水的移动距离和水移动间歇频率主要取决于混凝土内部气泡间距离和气泡间隔系数，因此在低温混凝土的防冻理论上进一步开展了混凝土内部气泡间距离和气泡间隔系数与冻害之间关系的研究。

Dun 和 Hndec 认为孔壁吸附水分子和阳离子将直接导致混凝土结构的破坏。

（2）从低温混凝土内部水分结冰产生膨胀破坏的角度，学者提出了冻胀学说（Tabar-Collins）、Litvan 理论和 Cady 的双机制理论：

许多学者认为静水压理论对于新拌混凝土并不十分适合，而 Tabar-Collins 冻胀学说却能给予很好的解释。冻胀学说认为新拌混凝土的冻结机理不同于硬化混凝土，其冰冻破坏的原因不是由于简单的冰冻过程中水变成冰体积增大 9%造成的膨胀，而是由于水分的迁移宏观规模引起冰晶增长所产生的压力，以及冰峰的不均匀前进引起水分迁移与水分重分布使得混凝土内应力重分布所造成的，属于“宏观规模析冰”现象。

Litvan 认为混凝土在遭受冻害的过程中，其内部未冻结的水分子由于蒸气压差将迁移到可渗透部位如外表面或大孔，如果该迁移过程中所需要的水分重新分布无法发生，水分将冻结形成半透膜固体不是冰晶体，使得混凝土内应力增加，如果内应力增加的程度大于混凝土内部的抗拉强度，混凝土即会产生断裂破坏。

Cady 双机制理论认为由于冷却过程中吸附水体积增加而大大加强了 Powers 提出的未冻水的静水压，吸附机制强化了静水压机制，但吸附作用要比静水压作用持续时间长。

（3）从其他的膨胀应力学角度，R. Piltner 等人利用应力分析理论对混凝土中冰的形成进行了理论上研究。

R. Piltner 认为混凝土中的任何破坏反应都会引起混凝土的一相或多相的体积变化，因而产生复杂的应力场。作为物理性的侵蚀反应，冰的形成和盐类的沉淀结晶都会引起混凝土内部体积的变化（有些情况是膨胀，有些情况是收缩），而混凝土内部的胶凝材料基体对拉应力非常敏感，体积变化产生极小的内应力通常都会产生裂纹。R. Piltner 利用 Muskhelishvili 的二维模型进一步推导了相关的变形和应力模型，利用其提供的应力方程式能够很好地预测在一个孔中由于冰的形成所引起的拉应力。

另外 Fagerlund 利用“封闭容器”模型也计算了应力的大小，他的分析证明了只要低渗透性高强混凝土含有非常少量的可冻结水，就可产生导致引起基体产生裂纹的非常大的拉应力，不过基体中气孔的存在可以一定程度上释放该应力。

2. 冻害预防工程应用研究状况

在 1930 年苏联混凝土及钢筋混凝土第一次会议上，伊・阿・基列延科教授首次提出了混凝土临界硬化强度取决于所用水泥强度等级及混凝土强度等级、水灰比、温度、使用的骨料、化学外加剂等。后来伊・阿・基列延科与美国专家同时提出混凝土养护后允许受冻。

随着混凝土外加剂的发展以及混凝土施工工艺的改进，各国对混凝土的研究和改善有了新的进展。Cheng Yi（美国 1985）和 Feldman（美国 1985）继承传统研究的方法和分类，在讨论硅粉砂浆的抗冻性与孔结构关系中发现含硅粉的砂浆在 20000nm～2000nm 和 2000nm～350nm 的孔体积比基准砂浆大得多，并且孔间隔低于 0.1nm，在这些孔径范围内，分体积的孔是墨水瓶状的，水分相对进不去，使得混凝土在受冻融循环时，水饱和度相对降低，因此提高了混凝土的抗冻性。

Roy（美国 1993）等人的试验结果表明：掺入高炉矿渣和粉煤灰的水泥混凝土，由于矿物掺合料的掺入降低了水泥石的孔隙率并改善了孔结构，因此水泥混凝土的抗氯离子渗透性能获得提高。

Jacobsen（挪威 1994）和 Sellevold（挪威）开始研究不同组成、不同配合比的混凝土在低温条件下强度的增长规律，并且指出混凝土的抗冻性在一定范围内随含气量的增加而提高，且与水灰比有关。

Olli Saarinen（芬兰）从 1997 年开始重视混凝土的早期性能研究，2002 年发现在－15～5℃的温度条件下，混凝土有明显的“冷胀热缩”现象。正常情况下混凝土毛细孔中水的结冰并不至于使其内部产生破坏，但饱水状态下未达到抗冻临界强度的混凝土，在受冻时同时承受膨胀压和渗透压的作用，如果这两种压力超过混凝土的抗拉强度时，基体将产生裂缝，并随着压力的增加，裂缝将会贯通，从而造成混凝土的冻害破坏，混凝土的这种冻害破坏难以通过后期的养护得到修补。

1.3.2 国内低温混凝土的研究现状

我国低温混凝土研究工作可以追溯于二十世纪六十年代，1982 年中国第一届冬期施工会议的召开，预示了中国低温混凝土事业更深层的发展。在国内众多研究者的努力下，低温混凝土的研究从理论到工程实践都取得了显著的成绩，并逐步形成了混凝土科学的新分支——低温混凝土学。

（1）理论研究进展状况

我国对低温混凝土的理论研究起步虽然稍晚，但已取得了较显著的成果。随着低温混凝土材料科学体系的建立以及研究目的的明确，低温混凝土研究的理论逐步得到充实和发展，从低温混凝土内部水结冰膨胀应力破坏行为出发，开展了水灰比定则研究、液灰比说、细观行为研究、临界强度等一系列的研究，从而提炼出低温混凝土中若干行之有效的基本概念。通过对低温混凝土显微结构与性能的研究，逐渐将低温混凝土的组分、结构与性能之间的关系用科学的方法联系起来，从而使得低温混凝土在中国寒冷地区的冬期施工中得到大量的应用，并成功地应用于国家许多重点建设工程。

从冰点理论研究的开始，到提出了液灰比说，并在对混凝土冻结损伤基因理解的基础上最终出现了早期结构形成说，我国低温混凝土理论研究进展归纳起来可由三条路线贯穿：

① 基于冰点理论的低温混凝土成冰率理论和液灰比学说

所谓的冰点理论是低温混凝土早期研究防冻剂的理论依据，但早期混凝土内部是一个动态的体系，由于水泥的不断水化、结构的不断形成而打破原有体系的平衡，因此按照

Raoolt. F. M 的溶液依数性定律建立起来的冰点降低量应用误差太大。

卢璋教授在吸取冰点理论在低温混凝土中应用的合理部分后，提出了掺入防冻剂后混凝土冰点的降低与混凝土水灰比中水溶解防冻剂后形成的液相条件有关，即与液灰比密切相关，计算时采用液相量计算即可，此时防冻剂用量可大大减少。

周胜军等人认为防冻剂作用并非在于降低液相冰点，而是使混凝土在负温保有一定数量的液相水，遂提出“液灰比”概念，即掺防冻剂混凝土负温下液相水量和水泥量之比。

$$\frac{L}{C}=\frac{A}{X_2} \tag{1-6}$$

式中：L/C——液灰比，%；

A——防冻剂掺量，%；

X_2——与冰平衡的液相浓度，%。

进而可以推导出液灰比与防冻剂掺量、液相平衡浓度及温度的关系式：

$$\frac{L}{C}=\frac{2bA}{-a-\sqrt{a^2+4bT}} \tag{1-7}$$

式中：a、b——拟合系数；

T——体系平衡温度，℃。

② 以低温混凝土抗冻害结构形成为基础，从宏观临界强度理论的工程概念推进到细观层次早期结构形成理论的科学概念

巴恒静教授在研究不同水灰比条件下水泥在防冻剂溶液中形成的水化产物结构时，提出负温混凝土的冻害与负温条件促进混凝土形成的抵抗冻害结构有关，也就是说在负温条件下，混凝土中的水泥水化必要条件是形成与水化相适应的早期结构。这种早期结构的形成有以下四个方面作用：

a. 为水和水泥粒子提供水化反应场合；

b. 由于不同级孔结构的形成增加了水的活化能，加速水和水泥在负温下的反应速度；

c. 相应孔径系统形成，有利于冰点下降，增加液相量；

d. 早期结构的形成能抵抗早期冻害破坏。

并进一步证明了早期结构形成是负温混凝土硬化的必要条件，防冻剂仅为负温下混凝土内部形成早期抗冻结构提供了一种手段。

防冻剂是促进负温下水泥水化的动力源之一，但它同时与水泥混凝土的凝聚状态有关，若没有水泥的凝聚状态结构形成，防冻剂的作用仍然有限，因此在负温混凝土中防冻剂作用与水泥用量息息相关。当在混凝土中掺加减水剂时，由于混凝土中减水率增大，水用量减少带来防冻剂的液相浓度升高，因此防冻剂的掺量可减小，可见防冻剂的掺量与水也有一定关系。

③ 以低温混凝土抗冻临界结构的形成为基础，根据混凝土内部水化的状态，提出了容许含水率的概念。

金昌成教授在研究防冻剂作用的瞬时容许含水率概念时发现混凝土抗冻临界强度的本质不是抵抗冻结损伤的强度，而是混凝土中水泥在水化过程中形成的一种临界状态，达到这个状态后混凝土内部总的平均体积膨胀率不会再大于零，除非再向混凝土补给水，这种状态的特征是含水率降到瞬时容许含水率，即 $P_w=0$，此时：

$$[H/W_0]=1.404[1-(a_1+\varepsilon a_2)11111/W]W/C \tag{1-8}$$

式中：$[H/W_0]$ ——负温混凝土在降至防冻剂设计温度前达到的水化率；

a_1——气孔率；

a_2——引气孔率；

ε——引气孔吸纳膨胀的效率。

（2）冻害预防工程应用研究状况

在对低温混凝土理论研究逐步深入认识的基础上，工程应用研究中，我国低温混凝土工作者采用各种手段对低温混凝土的早期冻害进行了有效地预防。

① 混凝土自身材料调节法

即外界的温度在 0℃上下时，可以通过调节混凝土中胶凝材料的组分，增加水泥中的早期反应速度较快组分——硅酸三钙（C3S）的含量或是增加水泥的细度，提高水泥早期的反应速度或是提高混凝土中水泥的含量或是在混凝土中掺入早强剂，保证混凝土在内部水分结冰前达到其所需要的抗冻临界强度，从而避免混凝土受冻破坏。

② 外部加热法

改变混凝土所处的温度环境，使混凝土处于正温环境中，保证混凝土的强度持续增高，使其在环境温度变为负温时具有足够的强度抵抗冻害破坏的能力。通常的加热方式有两种即混凝土直接加热法和混凝土间接加热法。直接加热法为直接对混凝土加热，如热模、工频漩涡法等。间接加热法是通过加热混凝土构件周围的空气，经过空气将热量传递给混凝土，如暖棚法、热风法等。

③ 蓄热法

对于表面系数不大、厚度较大的混凝土结构，在外界的温度环境不太恶劣时，通过在混凝土构件表面覆盖保温层的方法，减少混凝土早期水化放热量的流失，使混凝土在早期具有一定的养护温度，保证混凝土在自身温度降到 0℃以下之前具有一定的抵抗冻害破坏强度。

④ 综合蓄热法

这种方法是我国目前较为常用的冬期施工方法，主要采用在混凝土中掺加一定量的防冻剂，同时对混凝土表面覆盖保温层的方法，从降低混凝土内部水分结冰的温度和防止混凝土早期水化温度的流失两个方面入手，保证混凝土在内部水分结冰前具有足够的强度，以抵抗冻害破坏。

国外的混凝土冬季施工开展得较早。苏联和北美，在 20 世纪 30 年代就已逐渐开始混凝土冬期施工，尤其是苏联一直提倡全年施工，并进行了大量的混凝土冬期施工实践，在技术理论上也做了大量的研究工作，并取得了很多经验。欧美国家为混凝土冬期施工建立了许多研究机构，制定了冷天施工的规范。

高性能混凝土在我国的研究和应用时间从 20 世纪 60 年代海军工程及桥梁工程算起，约有 45 年历史，而负温高强混凝土在我国的冬期施工技术领域中的研究与应用仅仅从 20 世纪 90 年代在高层建筑冬期施工中算起，只有短短的约 15 年历史。朱卫中、王剑等对负温混凝土从工程冻害风险评估方法、冻结损伤规律及微观特征等方面进行了研究，并建立了冻结损伤纤维束模型，对冻结损伤参数等方面进行了系列研究，冻结方法为预养混凝土一段时间后冻结若干天（一般为 7 天）再标准养护 28 天；张慧、赵亚丁等采用一次冻结模式研究混凝土中冻害问题；巴恒静等在哈尔滨－26～－3℃的自然变负温条件下对掺防冻剂与不掺防冻剂的负温混凝土强度变化规律进行试验研究。我国低温混凝土研究工作，尚不完善，研究落后于应用，从低温混凝土凝结、硬化，水化产物生成过程，硬化后力学性能等方面还需做大量工作。

张润潇等研究了恒定低温（0～20℃）条件下C30混凝土强度变化规律，刘润清等研究了低温混凝土早期内部水化产物和水化结构，王传星等对已达到设计强度的同等级混凝土在不同低温环境下的强度变化情况进行了研究，刘军等对自然变低温养护条件下混凝土的强度及抗冻性能进行了研究，而以温度和龄期作为变量，对普通与高强混凝土在低温养护下的强度损失率以及10～50℃范围内养护温度和龄期对混凝土强度影响的研究仅限于Husem J、Kim等学者所做的试验，关于高强混凝土在5℃以下养护条件下的水化特性和强度变化规律研究很少。

1.4 低温混凝土研究方面存在的主要问题

近四十年来，各国学者对混凝土基本力学性能的研究逐渐增多，取得不少成果。然而，对于低温混凝土来说，研究的主要问题是冻结对新拌混凝土的变形行为及其冻结对负温下硬化混凝土的力学行为的影响。水泥在正温条件下水化的研究比较充分，在低正温及负温条件下的水化，研究的还比较少。苏联的贝洛夫在研究液相含量与水泥水化程度关系时，曾涉及水泥在负温度下的强度增长问题，关于早期受冻对水泥石结构的影响进行了探讨。

1.4.1 低温条件对混凝土凝固的影响

温度对水泥水化作用有着直接的影响，而且是成正比关系。一般是以常温（＋20℃）作用养护界限，高于此温度水化速度加快，低于此温度水化逐步减缓，当温度达到零下（－0.5℃）水化逐步停止。低温下混凝土强度的升高是非常缓慢的。例如在4℃时、混凝土的凝固时间就要延长二倍。因为在冻结时，在混凝土中所含的游离水分都将结成冰块，水分已变成了固体，几乎不可能和水泥起水化作用。如果新浇筑的混凝土遭受冻结，则不仅能引起混凝土的强度降低，甚至于有使混凝土发生破裂的现象。在新浇筑的混凝土中水分都是饱和状态，一遭冻结，则混凝土中水泥与掺合料间的凝结力因水分冰冻而消失。此外附在卵石或碎石上面的游离水分，也因温度的降低而在它们的周围结成了一层冰膜，致使它们和灰浆间发生分裂。这种冻结作用对于一个整体的混凝土工程来讲，粗掺合料和灰浆间所需要的凝结力也变得太弱了，同时混凝土与钢筋间的附着力也因此而降低。如果混凝土在开始凝结以前遭受冻结（浇筑后3小时～6小时内），则会引起非常严重的强度降低，即使在开始凝结的2天～3天后遭受冻结时，也同样会引起强度的损失。但这个损失是要比开始凝固后就遭受冻结的强度损失小得多。当混凝土的强度达到设计强度的50%时，即使遭受到冻结，也不过使混凝土的强度上升稍微迟缓而已。

长期以来低温混凝土的研究之所以如此复杂，并在多方面与普通混凝土的性能有着显著的差异，关键原因就是其强度发展过程中所处的温度环境与普通混凝土的温度环境显著不同。如果混凝土在早期强度快速发展阶段遭受低温环境，不仅造成其早期水化反应的停滞，同时内部水分的结冰膨胀、渗透转移，将会引起结构损伤，产生后期养护无法修复的微裂纹，造成使用过程中耐久性劣化。而低温造成混凝土内部微裂纹数量的多少，造成混凝土耐久性能劣化的程度，除了取决于受冻的温度外，又深受混凝土内部水分含量影响。如果说温度是混凝土产生冻害的充分条件，那么水分含量则是造成混凝土冻害破坏的必然因素。目前国内对于低温混凝土所遭受的冻害多数均建立在温度变化的基础上，对于含水状态变化带来的影响少有报道。

冻害的研究应当从低温混凝土的内在水化机理、早期性能改善、后期性能维护和施工技术方面展开深入的研究，尤其应该从低温混凝土的形成机理出发，研究其内部胶凝材料体系的水化机理，可以从根本上了解低温混凝土内部结构的形成进程，从而有的放矢地解决寒冷地区混凝土冻害问题。

对于低温混凝土早期冻害，采用合理的预防措施，避免混凝土在达到抗冻临界强度之前受冻，保证混凝土冬期施工的安全性和经济性。

1.4.2 低温条件对混凝土早期性能的影响

经试验证明：混凝土浇筑时，如其温度越低，则其初凝时间与终凝时间均会延长，相比之下终凝时间延长的更为明显。低温条件下，混凝土坍落度一般不宜超过100mm，且尽量减少泌水并尽早凝结。在低温条件下，泌水会在混凝土表面停留很长一段时间，这会影响到饰面工序的正常进行。混凝土表面泌水未处理就进行饰面是造成混凝土表面缺陷的一个主要原因，若在抹面过程中将表面泌水压入混凝土中，则会使表面部分的水灰比增大，造成强度、含气量和表面抗渗性的降低等问题。混凝土材料设计时应考虑到尽量减少泌水，若施工过程中出现泌水，则应在抹面之前将其清除。

1.4.3 低温条件对混凝土强度的影响

混凝土的温度取决于它本身储备的热能。由于混凝土温度与外界气温有差别，在混凝土与周围环境之间就会产生热交换。当环境的温度降低时，由于热交换会降低混凝土的温度。对新拌混凝土而言，温度降低的快慢决定了水化程度的大小，换言之温度降低越快，强度的增长就越慢。当混凝土过早地受冻后强度就不会再增长，留在混凝土内部的游离水分也就越多，结冰后产生冻胀力就越大，混凝土就容易造成破坏。

低温条件会降低水泥的水化速率，从而影响混凝土的强度发展。若新拌混凝土受到冻结且温度维持在−10℃左右时，则水泥的水化和强度发展都将停止。若混凝土在凝结之后而抗拉强度尚未达到能够抵抗结冰产生的膨胀力即遭受负温影响时，则由结冰引起的混凝土胀裂将导致不可恢复的不规则裂缝和强度损失。新拌混凝土在24小时龄期内若遭受冻害，其28天龄期的抗压强度会降低50%左右，同时会引起混凝土表面剥落和耐久性的降低。

1.4.4 低温条件对混凝土体积稳定性的影响

对处于低温条件下的混凝土结构，其表面温度的降低速率比内部要明显的多，从而产生较大的温度梯度和由此引起的温度应力，若混凝土的抗拉强度尚不足以抵抗该温度的应力，混凝土表面便会产生不规则的可见或不可见裂缝。这些裂缝绝大多数是不可恢复的，并且会在荷载作用下逐渐扩展，慢慢成为侵蚀性成分进入混凝土内部的通道，也正是这些裂缝的存在使得混凝土长期耐久性大大降低。

1.4.5 低温条件对混凝土抗冻耐久性的影响

混凝土的抗冻耐久性与经受第一次冻融循环时该混凝土的龄期有关，但混凝土在早龄期的抗冻性与遭受多次冻融循环的成熟混凝土的抗冻性之间，不存在直线比例关系。而真正与混凝土抗冻耐久性有关的是混凝土的抗拉强度和孔隙饱水程度。混凝土在浇筑后的很短龄期内若遭受负温影响，则会由于尚未达到足够的抗拉强度且内部孔隙处于高度的饱水状态，一次冻融循环造成的性能降低是不可恢复的。

目前混凝土在超低温下性能研究主要涉及力学性能、热工性能、收缩性能、冻融性能等，但这些研究成果都源于20世纪后期且研究结果相差较大；而混凝土测孔大都采用压汞方法表征。因此，在此研究领域中仍有许多不足之处：

(1) 随着现代测试技术的发展，前期研究成果需进一步验证；

(2) 尽管前期对超低温下混凝土的力学性能的发展规律研究较多，但不同实验条件下力学性能发展机理与定量预测仍不明确；

(3) 混凝土中的孔隙水是影响其超低温性能的重要因素，但目前对超低温下混凝土的孔表征及其孔隙水相变机制仍很少涉及。因此，此领域未来的研究重点应考虑采用新的测试手段与研究方法开展混凝土超低温下的强度发展预测、冻融破坏机理及其孔表征和孔隙水相变机制等方面的研究。

超低温是混凝土应用的重要极端环境领域之一，研究超低温下混凝土的基本性能及其性能变化规律，对拓展混凝土在极端温度环境下应用具有重要的科学价值与指导意义。

第2章　掺合料种类及掺量对复合胶凝材料体系低温水化的影响

2.1　水泥-粉煤灰复合胶凝材料体系低温水化的研究

2.1.1　试验原材料与配合比

（1）试验原材料

① 水泥：试验所选用水泥为大连小野田水泥厂生产的华日牌 P·Ⅱ52.5R 硅酸盐水泥，比表面积为 380m²/kg。其主要化学成分见表 2-1。

硅酸盐水泥的化学成分（ω/%）　　表 2-1

CaO	SiO_2	Al_2O_3	Fe_2O_3	MgO	SO_3	Other	Loss
65.32	21.3	4.85	3.38	1.53	2.08	1.54	1.63

② 粉煤灰：选用沈阳沈海热电厂Ⅱ级粉煤灰，从氧化物含量来看，氧化硅含量 59.95%>50%，氧化钙含量 2.3%<5%，烧失量为 1.29%（<5%），属于 F 级粉煤灰，并符合《用于水泥和混凝土中的粉煤灰》（GB/T 1596-2017）的要求，其主要成分见表 2-2。

粉煤灰的化学成分（ω/%）　　表 2-2

SiO_2	Al_2O_3	Fe_2O_3	CaO	MgO	Na_2O	K_2O	Other	Loss
59.95	26.78	4.35	2.30	1.53	2.75	1.25	1.09	1.29

③ 标准砂：厦门艾思欧标准砂有限公司生产的 ISO 标准砂，该标准砂根据《水泥胶砂强度检验方法（ISO 法）》GB/T 17671-1999 和 ISO 679：2009 生产。

④ 早强剂、防冻剂均为亚硝酸钠，技术条件符合《化学试剂　亚硝酸钠》GB/T 633-1994。

⑤ 水：采用普通自来水。

（2）试验配合比设计

根据前期试验得到的复合胶凝材料胶砂搅拌后的状态和工作性能，将胶砂和净浆试件的水灰比统一定为 0.42。在试验所选择的（+5℃、0℃、−5℃和−10℃）的四个养护制度中的每一个养护温度下，固定水灰比改变粉煤灰掺量，将粉煤灰掺量定为 10%、20%和 30%与硅酸盐水泥做对比。另外，根据所选的最低养护温度来确定胶凝材料的水化环境，设计试验所用配合比见表 2-3。

低温条件下复合胶凝材料胶砂配合比　　**表 2-3**

编号 NO.	每袋标准砂(1350±5g)中其他材料加入量				
	温度(℃)	水泥(g)	粉煤灰(g)	水(g)	亚硝酸钠(g)
A	+5	450	0	189	0
A1	+5	405	45	189	0
A2	+5	360	90	189	0
A3	+5	315	135	189	0
B	+5	450	0	189	38.25
B1	+5	405	45	189	38.25
B2	+5	360	90	189	38.25
B3	+5	315	135	189	38.25
C	0	450	0	189	38.25
C1	0	405	45	189	38.25
C2	0	360	90	189	38.25
C3	0	315	135	189	38.25
D	−5	450	0	189	38.25
D1	−5	405	45	189	38.25
D2	−5	360	90	189	38.25
D3	−5	315	135	189	38.25
E	−10	450	0	189	38.25
E1	−10	405	45	189	38.25
E2	−10	360	90	189	38.25
E3	−10	315	135	189	38.25

针对每一组胶砂配合比，做相应的胶凝材料净浆浆体与其对应。

2.1.2　低温条件下复合胶凝材料体系的力学性能

力学性能通常被看作是鉴定胶凝材料宏观性能的主要指标，对于胶凝材料胶砂试件来说，其最常用的力学性能包括抗折强度和抗压强度；对胶凝材料浆体来说，其最常用的力学性能为抗压强度。本章系统的测试了不同低温养护制度下（+5℃、0℃、−5℃和−10℃）养护不同龄期（3d、7d、14d）胶凝材料胶砂试件的抗折、抗压强度和胶凝材料浆体的抗压强度，分析了低温养护环境、粉煤灰掺量和不同水化溶液环境对水化一定龄期的胶凝材料力学性能的影响规律，为研究低温条件下水泥-粉煤灰复合胶凝材料体系水化早期的宏观力学性能发展规律提供了系统、可靠的数据。

（1）水泥-粉煤灰复合胶凝体系胶砂试件力学性能

在试验设定的养护制度下，根据表 2-3 所提供的低温条件下水泥-粉煤灰复合胶凝材料配合比制备相应的水泥-粉煤灰复合胶凝材料胶砂试件，依据《水泥胶砂强度检验方法（ISO 法）》GB/T 17671—1999，进行胶砂试件抗折、抗压强度测试和取值。在研究温度对胶凝材料胶砂试件力学性能的影响时，选择+5℃、0℃、−5℃和−10℃四个养护制度下的纯水泥和粉煤灰掺量为20%的复合胶凝材料胶砂试件的强度进行分析；在研究粉煤灰掺量对胶凝材料胶砂试件力学性能的影响时，选择了−5℃和−10℃两个养护制度下纯水泥和粉煤灰掺量为10%、20%和30%的复合胶凝材料胶砂试件的强度进行比较，在研究不同水化溶液环境对胶凝材料胶砂试件力学性能的影响时，选择+5℃养护制度下，在自来水和掺有亚硝酸钠的复杂水化溶液环境中水化的粉煤灰不同掺量（0、10%、20%和30%）的胶凝材料胶砂试件的强度进行对比分析。

① 温度对水泥-粉煤灰复合胶凝体系胶砂试件强度的影响

表2-4为采用《水泥胶砂强度检验方法（ISO法）》GB/T 17671-1999测得的+5℃（B组）、0℃（C组）、−5℃（D组）和−10℃（E组）四个养护制度下分别养护3d、7d和14d的纯水泥（B、C、D和E）和粉煤灰掺量为20%的复合胶凝材料（B2、C2、D2和E2）胶砂试件的抗折强度和抗压强度。

不同养护制度下复合胶凝材料胶砂试件的抗折、抗压强度　　表2-4

编号NO.	配合比	养护温度	胶凝材料胶砂试件的抗折、抗压强度(MPa)			
				3d	7d	14d
B	纯水泥	+5℃	抗折强度	7.4	9	9.8
B2	粉煤灰掺量20%	+5℃		6.1	8.4	9.1
C	纯水泥	0℃	抗折强度	4.5	7.9	8.8
C2	粉煤灰掺量20%	0℃		4.2	7	7.4
D	纯水泥	−5℃		2.8	6.5	8.4
D2	粉煤灰掺量20%	−5℃		2.1	4.9	7.2
E	纯水泥	−10℃		1.7	5	8.3
E2	粉煤灰掺量20%	−10℃		1.2	4.1	6.9
B	纯水泥	+5℃	抗压强度	23.5	34	36.4
B2	粉煤灰掺量20%	+5℃		19.8	28	30.9
C	纯水泥	0℃		12.8	23.7	28.2
C2	粉煤灰掺量20%	0℃		12.2	21.8	25
D	纯水泥	−5℃		8	20.1	27.7
D2	粉煤灰掺量20%	−5℃		5.9	13.6	24.6
E	纯水泥	−10℃		4.6	15.4	27.4
E2	粉煤灰掺量20%	−10℃		3.1	12.2	23.8

由表2-4中测试的抗折、抗压强度数据得到不同养护制度下胶凝材料胶砂试件的抗折、抗压强度趋势曲线，如图2-1和图2-2所示。

图2-1为不同养护制度下养护不同龄期的胶凝材料胶砂试件的抗折强度趋势图，图2-1可见，在每一个养护制度下，每一个配合比胶砂试件的抗折强度随着龄期的不断增长，其增长速率有很大的差异，在+5℃的养护制度下，龄期3d以后的胶砂试件抗折强度的增长速率与其他养护制度相比已经变得较为缓慢，0℃养护制度下的胶砂试件7d以后的抗折强度增长速度变的缓慢，而−5℃和−10℃养护制度下的胶砂试件抗折强度在7d以后增长趋

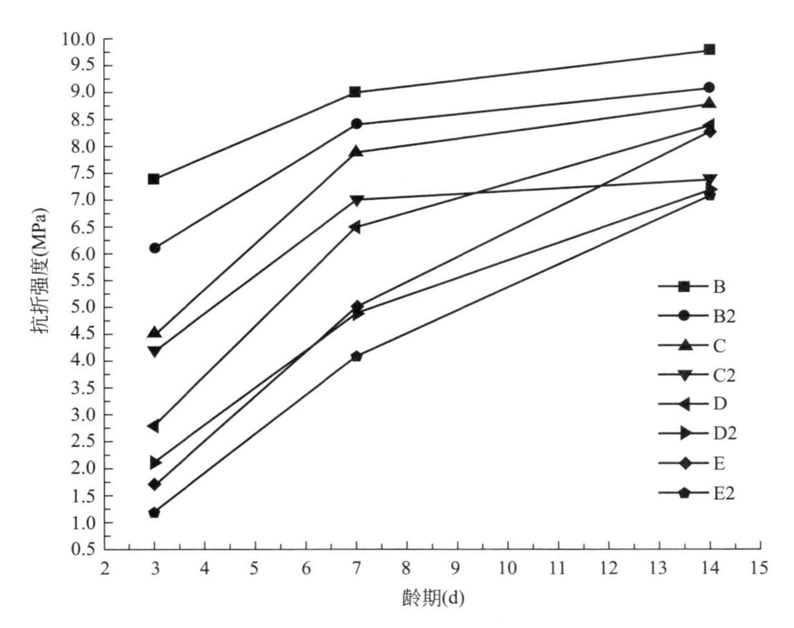

图 2-1　不同养护制度下纯水泥和 20%掺量粉煤灰的胶砂试件抗折强度

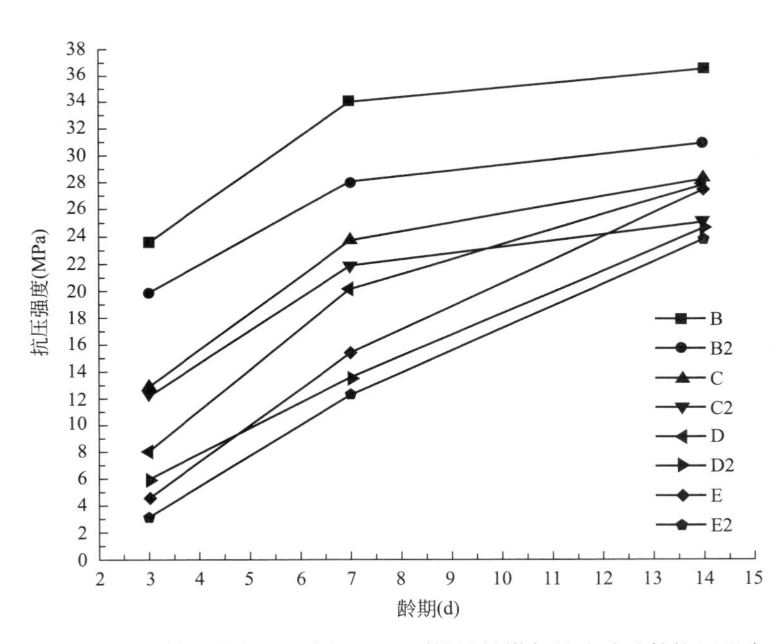

图 2-2　不同养护制度下纯水泥和 20%掺量粉煤灰的胶砂试件抗压强度

势有所下降，但与其他养护制度相比，抗折强度仍处于较快增长当中。这说明随着养护温度的逐渐降低，严重的影响了胶砂试件中胶凝材料的水化速率。

另外，从图 2-1 中还可以看出，胶砂试件的养护龄期达到 14d 时，－5℃和－10℃两个养护条件下纯水泥胶砂试件和掺量为 20%粉煤灰的胶砂试件的抗折强度已基本接近，通过表 2-4 中的数据计算得出两个养护制度下养护 14d 的纯水泥胶砂试件抗折强度的差值约为1.2%，粉煤灰掺量为20%的胶砂试件抗折强度差值约为4.2%。并且粉煤灰掺量为20%的胶砂试件的抗折强度也接近于0℃养护制度下相同配比的强度，两者差值约为2.7%，而纯水泥胶砂试件的抗折强度与0℃条件下的有一定差距，但也不大，约为4.5%，但是与+5℃养护制度下胶砂试件的抗折强度相比有很大的差距。由此可以说明0℃及其以下养护制度下的胶砂试件抗折强度随着龄期的不断增长受温度的影响将越来越小。

图2-2为不同养护制度下养护不同龄期的胶凝材料胶砂试件的抗压强度趋势图，由图2-2可以看出，不同养护制度下复合胶凝材料胶砂试件的抗压强度的前期增长速率与抗折强度的略有不同，但是整体趋势还是相同的，所有养护制度下的复合胶凝材料胶砂试件在龄期为7d以前，其抗压强度都有较快的增长，7d以后+5℃和0℃养护制度下的胶砂试件的抗压强度增长速率有很大程度的降低，而−5℃和−10℃养护制度下的胶砂试件抗压强度增长速率虽有降低，但仍呈现出较快速度的增长。但与在+5℃养护制度下养护14d的胶砂试件相比仍有较大差距，通过表3-1中的胶砂试件的抗压强度数据进行计算，+5℃养护制度下纯水泥胶砂试件的抗压强度比0℃养护制度下的胶砂试件抗压强度高22.5%，而粉煤灰掺量为20%胶砂试件的抗压强度则高19.1%。

另外，在0℃及0℃以下的这几个养护制度下，相同配合比的胶凝材料胶砂试件在14d龄期时的抗压强度已基本接近，通过表2-4的数据计算得出，0℃与−5℃养护制度和−5℃与−10℃养护制度下养护的纯水泥胶砂试件的抗压强度差值分别约为1.8%和1.1%，粉煤灰掺量为20%的胶凝材料胶砂试件的抗压强度差值分别约为1.6%和3.3%。这说明随着养护温度的逐渐降低，对0℃及0℃以下养护制度养护的胶凝材料胶砂试件的抗压强度有明显的降低，但是随着养护龄期的延长，0℃及0℃以下养护制度之间，胶砂试件抗压强度受温度的影响是逐渐减弱的。

② 粉煤灰掺量对水泥-粉煤灰复合胶凝材料体系胶砂试件强度的影响

表2-5为采用《水泥胶砂强度检验方法（ISO法）》GB/T 17671-1999测得的−5℃和−10℃两个养护制度下分别养护3d、7d和14d的粉煤灰不同掺量（0、10%、20%和30%）下复合胶凝材料胶砂试件的抗折强度和抗压强度。

−5℃和−10℃养护制度下粉煤灰不同掺量胶砂试件的抗折、抗压强度　　表2-5

编号NO.	配合比	养护温度	胶凝材料胶砂试件的抗折、抗压强度(MPa)			
				3d	7d	14d
D	纯水泥	−5℃	抗折强度	2.8	6.5	8.4
D1	粉煤灰掺量10%	−5℃		2.4	5.5	7.7
D2	粉煤灰掺量20%	−5℃		2.1	4.9	7.2
D3	粉煤灰掺量30%	−5℃		1.6	4.1	6.6
E	纯水泥	−10℃		1.7	5	8.3
E1	粉煤灰掺量10%	−10℃		1.2	4.3	7.5
E2	粉煤灰掺量20%	−10℃		1.2	4.1	6.9
E3	粉煤灰掺量30%	−10℃		1.1	4	6.3

续表

编号 NO.	配合比	养护温度	胶凝材料胶砂试件的抗折、抗压强度(MPa)			
				3d	7d	14d
D	纯水泥	−5℃	抗压强度	8	20.1	27.7
D1	粉煤灰掺量 10%	−5℃		7.1	16.7	25.7
D2	粉煤灰掺量 20%	−5℃		5.9	13.6	24.6
D3	粉煤灰掺量 30%	−5℃		5	11.4	21.8
E	纯水泥	−10℃		4.6	15.4	27.4
E1	粉煤灰掺量 10%	−10℃		2.9	12.6	25.5
E2	粉煤灰掺量 20%	−10℃		3.1	12.2	21.7
E3	粉煤灰掺量 30%	−10℃		2.7	11.6	18.9

由表 2-5 中测试的抗折、抗压强度数据得到－5℃和－10℃养护制度下胶凝材料胶砂试件的抗折、抗压强度趋势曲线，如图 2-3 和图 2-4 所示。

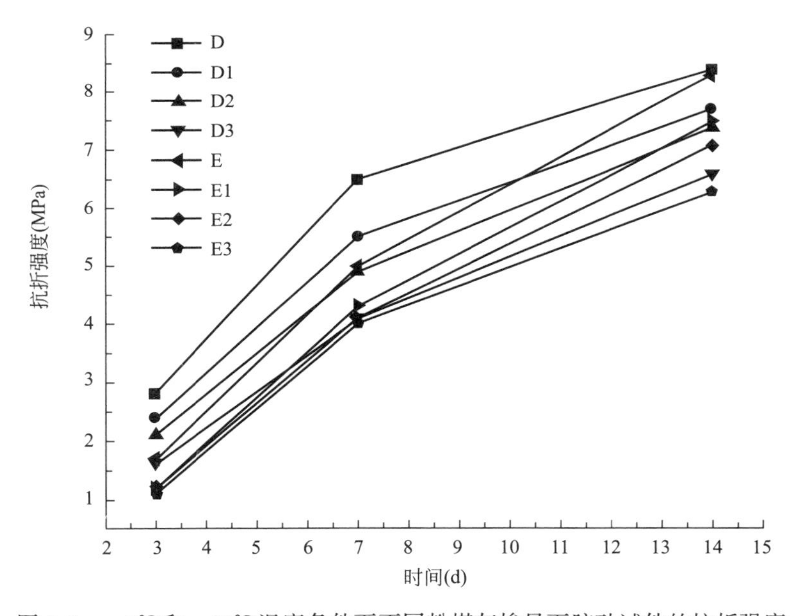

图 2-3　－5℃和－10℃温度条件下不同粉煤灰掺量下胶砂试件的抗折强度

图 2-3 为－5℃和－10℃两个养护制度下粉煤灰不同掺量下的胶砂试件抗折强度测试值，从图 2-3 中可以看出，在每个温度养护制度下，胶凝材料胶砂试件中随着粉煤灰掺量的逐渐增加，它们的强度是逐渐降低的，这说明粉煤灰虽然具有火山灰效应，但是在低温条件和水化反应堆早期并没有得到充分的体现。

从整个抗折强度的增长趋势来看，－5℃养护条件下，每一个龄期，每一个配合比的胶砂试件抗折强度都有一定的差距，而－10℃养护条件下，每一个配合比的胶砂试件龄期在 7d 以前除纯水泥外，其他配合比的胶砂试件抗折强度相差并不明显。另外，在－10℃养护条件下，纯水泥和粉煤灰掺量为 10%的胶砂试件抗折强度增长较快，养护龄期为 14d 时，纯水泥胶砂试件的抗折强度则接近－5℃养护制度下纯水泥胶砂试件的抗折强度，高

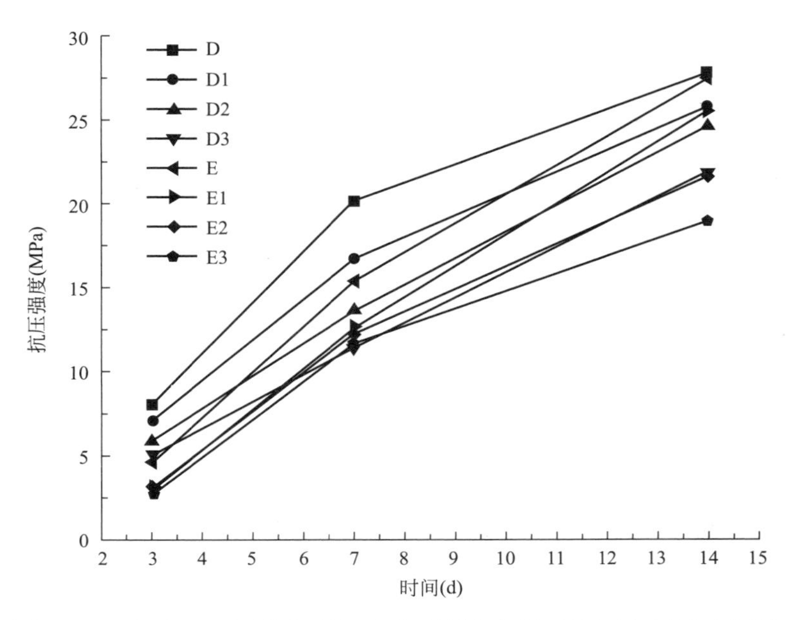

图 2-4 －5℃和－10℃温度条件下不同粉煤灰掺量下胶砂试件的抗压强度

于任何一组在－5℃养护制度下掺有粉煤灰的胶砂试件；粉煤灰掺量为10％的胶砂试件的抗折强度则接近－5℃条件下粉煤灰掺量为10％的胶砂试件，而高于其他两组掺有粉煤灰的胶砂试件。

另外，从图 2-3 中还可以看出，随着粉煤灰掺量的逐渐增加，在－5℃和－10℃养护制度下养护 14d 的相同配合比的胶砂试件抗折强度的差值有较为明显的增大，结合表 2-5 中的数据计算得到的差值分别约为 1.2％、2.6％、4.2％和 4.5％。这说明在低温养护条件下，粉煤灰的掺入影响了胶砂试件水化早期的抗折强度，在粉煤灰掺量小于10％时，随着温度的降低，胶砂试件的抗折强度损失较小，当粉煤灰在胶凝材料的掺入量大于 10％时，胶砂试件的抗折强度的损失较大，尤其在－10℃养护制度下粉煤灰的掺量最好不超过胶凝材料的 10％。

图 2-4 为－5℃和－10℃两个养护制度下粉煤灰不同掺量下的胶砂试件抗压强度测试值，由图 2-4 可以看出，在－5℃和－10℃养护条件下所有配合比的胶砂试件抗压强度的增长趋势和与其抗折强度的增长趋势是基本相同的，均为随着粉煤灰在胶凝材料中掺入量的增加，它们的抗压强度出现不同程度的下降，也出现了在－5℃养护制度下，各龄期、各配合比抗压强度相差明显的现象，养护 7d 的胶砂试件抗压强度分别相差约为 16.9％、18.56％和 16.18％，而－10℃养护条件下，在 7d 养护龄期以前除纯水泥以外，其他配合比的胶砂试件抗压强度相差不明显，胶砂试件抗压强度分别相差 18.18％、3.17％和 4.92％。一方面说明胶砂试件的抗压强度在某些条件下与其对应的抗折强度存在某种必然的联系，但是在这种联系中也存在着一些不同，另一方面也说明随着养护温度的降低，胶砂试件的抗压强度的损失受粉煤灰掺量的影响越来越小。

另外，随着养护龄期的逐渐增加，－10℃养护制度下养护的纯水泥和粉煤灰掺量为10％的胶砂试件抗压强度均出现较快的增长，到 14d 龄期时这两个配合比下的胶砂试件的抗压强度均接近了−5℃养护制度下相同配合比胶砂试件的抗压强度，而两个养护制度下养护的粉煤灰掺量为20%和30%的胶砂试件的抗压强度则有较大的差距，通过表2-5中的胶砂试件的抗压强度数值计算得出，−5℃和−10℃两个养护制度下养护14d的相同配合比的胶砂试件抗压强度差值约为1.1%、0.8%、11.8%和13.3%。这说明在低温养护制度下养护的胶凝材料胶砂试件，粉煤灰掺量掺过10%时，其抗压强度受低温的影响有明显得降低，两个养护温度之间养护的胶砂试件的抗压强度损失值超过了10%。

③ 亚硝酸钠对水泥-粉煤灰复合胶凝材料胶砂试件强度的影响

表2-6为采用《水泥胶砂强度检验方法（ISO法）》GB/T 17671-1999测得的+5℃养护制度下在不同的水化溶液环境中水化3d、7d和14d的粉煤灰不同掺量（0、10%、20%和30%）下复合胶凝材料胶砂试件的抗折强度和抗压强度。

+5℃不同水化溶液环境下胶凝材料浆体的抗折、抗压强度　　表2-6

编号NO.	配合比	养护温度	水化溶液环境	胶凝材料胶砂试件的抗折、抗压强度(MPa)			
					3d	7d	14d
A	纯水泥	+5℃	水	抗折强度	8.9	9.4	9.5
A1	粉煤灰掺量10%	+5℃			8.4	9.1	9.2
A2	粉煤灰掺量20%	+5℃			6.7	8.5	8.9
A3	粉煤灰掺量30%	+5℃			5.8	7.8	8.2
B	纯水泥	+5℃	亚硝酸钠		7.4	9	9.8
B1	粉煤灰掺量10%	+5℃			7.2	8.7	9.4
B2	粉煤灰掺量20%	+5℃			6.1	8.4	9.1
B3	粉煤灰掺量30%	+5℃			6	7.7	8.5
A	纯水泥	+5℃	水	抗压强度	35.9	42.3	44.8
A1	粉煤灰掺量10%	+5℃			27.9	39.9	44
A2	粉煤灰掺量20%	+5℃			24.1	35.5	43.7
A3	粉煤灰掺量30%	+5℃			19	31.5	39.4
B	纯水泥	+5℃	亚硝酸钠		23.5	34	36.4
B1	粉煤灰掺量10%	+5℃			23.2	31.7	35.9
B2	粉煤灰掺量20%	+5℃			19.8	28	30.9
B3	粉煤灰掺量30%	+5℃			18.8	26.2	27.7

由表2-6中测试的胶凝材料胶砂试件的抗折、抗压强度数据得到+5℃养护制度下不同水化溶液中水化3d、7d和14d的胶凝材料胶砂试件的抗折、抗压强度趋势曲线，如图2-5和图2-6所示。

图2-5为同一养护制度下，分别在自来水和掺有亚硝酸钠的复杂水化溶液中水化一定龄期的胶砂试件抗折强度数据，由图2-5可以看出，在养护龄期为3d和7d时，除个别情况外，在纯水环境中水化的胶凝材料胶砂试件的抗折强度均高于在加有亚硝酸钠的复杂溶液中水化的胶砂试件强度，但是将胶砂试件养护到14d时，水化环境为复杂水化溶液的胶砂试件抗折强度均高于水化环境为自来水的相同配合比下的胶砂试件，不同水化溶液环境下相同配合比的胶凝材料胶砂试件抗折强度的增加值分别为3.1%、2.1%、2.2%和

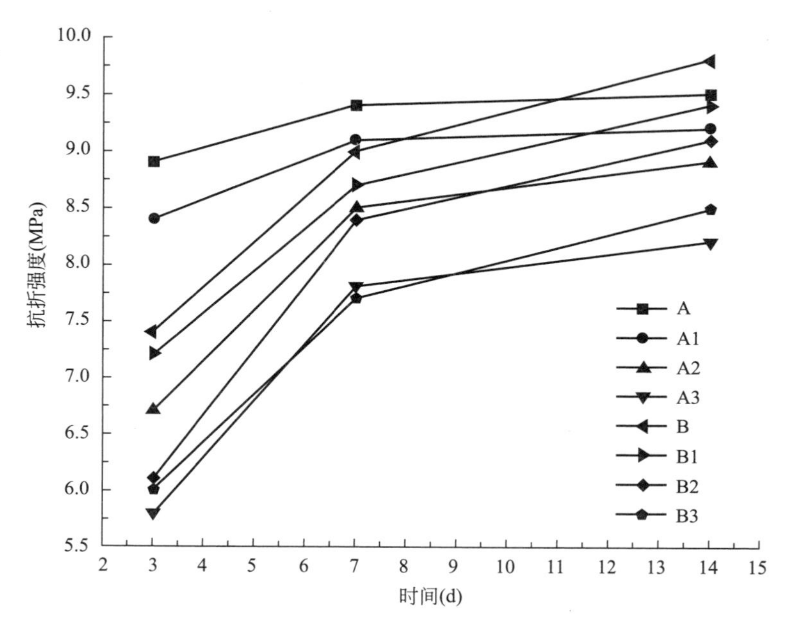

图 2-5　+5℃不同水化环境下胶凝材料胶砂试件的抗折强度

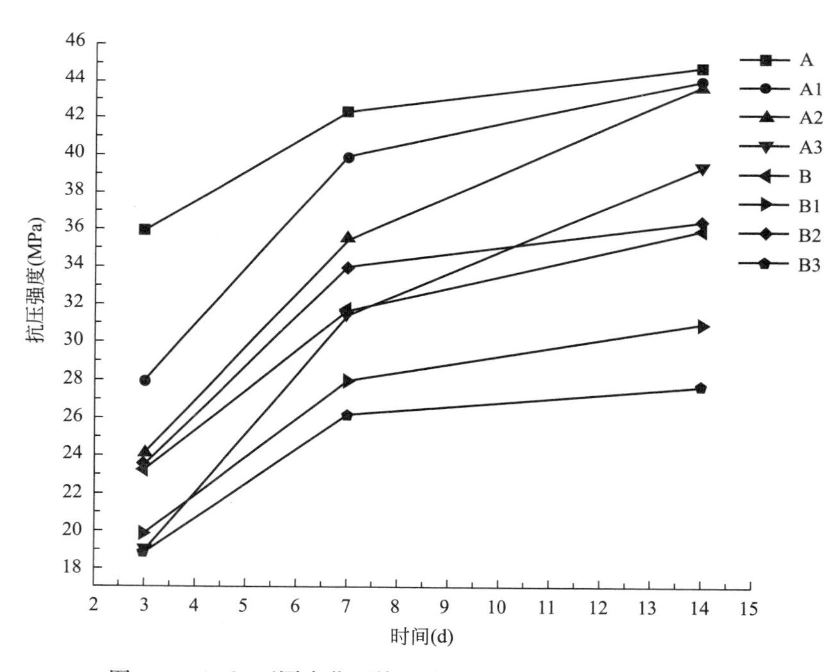

图 2-6　+5℃不同水化环境下胶凝材料胶砂试件的抗压强度

3.5%。这说明了亚硝酸钠的掺入对养护 7d 以前的胶凝材料胶砂试件的抗折强度增长的影响很弱，但是对养护 7d 以后的胶砂试件的抗折强度有明显的提高，另外，通过计算得到的抗折强度数值可以看出，亚硝酸钠的掺入对纯水泥和粉煤灰掺量较大的胶凝材料胶砂试件的抗折强度提高是比较明显的。

在图 2-5 中还可以看出，在＋5℃养护制度下，任何一个水化环境中纯水泥和粉煤灰掺量为 10％的胶砂试件的抗折强度上比相同水化环境下的粉煤灰掺量大于 10％的胶砂试件有明显的强度优势，另外，在自来水水化溶液环境中水化的纯水泥和粉煤灰掺量为 10％的胶砂试件早期水化很快，到 7d 龄期时已接近基本完成水化，而掺有亚硝酸钠的复杂水化溶液环境则延缓了胶砂试件早期的水化速率，3d 龄期时它们的抗折强度远远低于在水环境中水化的胶砂试件，但是其抗折强度后期增长迅速，7d 龄期时已有所接近，到 14d 龄期时则实现了超越。

产生上述现象的原因为，由于亚硝酸钠的掺入，减少了水化早期胶凝材料与水的接触量，造成了在掺有亚硝酸钠的水化溶液环境中水化的胶砂试件早期抗折强度低于自来水水化环境中水化的胶砂试件，另外，由于试验选择的养护环境由冰箱提供，箱体内部湿度较小且密闭，0.42 的水灰比又为密闭环境中养护的最小水灰比，随着水化龄期的增加，胶砂试件水化所需要的水量出现不足，阻碍了胶凝材料水化反应的进行，使得在自来水环境中水化的胶砂试件在 7d 以后抗折强度增长速率出现明显的降低，而在加入亚硝酸钠的水化溶液环境下水化的胶砂试件，水化溶解里的亚硝酸钠随着水的减少达到饱和后析出，而析出的亚硝酸钠很容易吸收周围环境中的水分发生潮解，为胶凝材料的水化提供了一些水分，使得水化反应也能缓慢进行，产生的水化产物在胶凝材料胶砂试件的孔隙中延长，胶凝材料胶砂试件内部的空隙得到进一步的填充，从而提高了在掺有亚硝酸钠水化溶液环境中的水化的胶砂试件后期抗折强度。

图 2-6 为同一养护制度下，在自来水和掺有亚硝酸钠的复杂水化溶液环境下水化的胶砂试件抗压强度数据，从图 2-6 中各曲线的顺序和趋势来看，在＋5℃养护制度下不同水化环境中水化的胶砂试件抗压强度曲线的顺序和趋势与抗折强度曲线有明显差异。

对小于 7d 养护龄期的胶砂试件来说，除粉煤灰掺量为 30％的胶凝材料胶砂试件的抗压强度出现异常外，其他配合比下的处于自来水环境中水化的胶凝材料胶砂试件的抗压强度均高于在掺有亚硝酸钠的复杂水化溶液环境中水化的胶砂试件抗压强度，但是粉煤灰掺量为 30％的胶砂试件 7d 以后抗压强度增长很快，到 14d 时其抗压强度虽然与水环境水化的其他配合比胶砂试件比较仍有较大差距，但是已经比在掺有亚硝酸钠的复杂水化溶液环境中水化的任何一配合比的胶砂试件抗压强度要高。另外，从曲线增长的趋势来看，在掺有大量亚硝酸钠水化环境中水化的胶砂试件的抗压强度 7d 以后的增长趋势明显减慢，这与图 2-5 中抗折强度后期的增长趋势是相反的。

产生上述现象的原因一方面是因为水化产物形貌不同而引起的，水化产物的形貌在很大程度上影响了胶凝材料水化后的微观结构，从而影响了胶砂试件的宏观强度。在纯水环境中水化的胶砂试件后期，由于参加水化反应的自由水不多，所以使得生产水化产物含有较少的化学结合水，主要水化产物水化硅酸钙（C-S-H）随着水化的深入，它在水化产物中的比例会逐渐增加，到后期 C-S-H 产物变得致密且杂质少；氢氧化钙（CH）在较干燥的环境下影响了它的形成，使得胶砂试件内部的孔隙不会被填满，但是在较干燥的环境中形成了硬度较大的结构，硫铝酸钙（又名钙矾石 AFt）在干燥环境下会转变成更为稳定的单硫铝酸钙（AFm）；而在掺有亚硝酸钠的水化环境，砂浆试件则显得较为湿润，在这种情况下，C-S-H 很大程度上则会形成低密度的薄片结构，CH 则很有可能会在毛细孔腔中继续增长，填充毛细孔形成较大的晶体，AFt 则不会很快的失去化学结合水形成 AFm，这也就造成了在自来水环境中水化的胶砂试件虽然从断面看并不密实但抗压强度较大，而在掺有亚硝酸钠溶液环境中水化的胶砂试件虽然从外观看较密实但抗压强度较小的现象，另一方面，由于胶凝材料水化不断的吸收水分，使得亚硝酸钠不断的从溶液中析出，而亚硝酸钠又极易潮解吸收了周围环境中的水分，虽然为胶凝材料后期的水化提供了水分，但是从某种角度上来说，增大了胶砂试件的水胶比，由水胶比和试件强度的关系公式来看，同等配合比的试件会随着水胶比的增大，其强度会有所损失。

（2）水泥-粉煤灰复合胶凝体系浆体的宏观力学性能

在本试验中，将水泥-粉煤灰复合胶凝材料浆体制作成 20mm×20mm×20mm 的立方体小块，在相应的养护制度下养护到龄期为 3d、7d 和 14d 时对其进行强度测试，每一个复合材料浆体强度值的确定均由每条模具制作的六个小块中三个数值较接近的强度值取平均数确定，计算公式如式（2-1）和式（2-2）。

$$p=\frac{F}{A}=\frac{F\times 1000}{20\times 20} \tag{2-1}$$

式中：P——胶凝材料浆体的抗压强度，MPa；

F——胶凝材料浆体的最大载荷，kN；

A——胶凝材料浆体的受力面的面积，mm。

$$p_{平均}=\frac{p_1+p_2+p_3}{3} \tag{2-2}$$

式中：P_1、P_2、P_3——胶凝材料浆体的抗压强度，MPa。

试验中胶凝材料浆体取得的抗压强度虽然为几个较为接近数值的平均所得，但是由于胶凝材料浆体试件较小，很容易受到其他因素的影响，使得试验数据产生较大的误差，所以胶凝材料浆体的抗压数据均作为数据部分的补充和参考，不做具体的分析。对本试验研究的水泥-粉煤灰复合胶凝材料力学性能的研究，仍由复合胶凝材料胶砂试件的抗折和抗压强度体现。

表 2-7 为通过公式（2-2）计算得到的在＋5℃、0℃、－5℃和－10℃四个不同养护制度下，不同水化溶液环境（自来水和掺有亚硝酸钠的复杂水化溶液环境）中水化 3d、7d 和 14d 粉煤灰不同掺量（0、10%、20%和 30%）的胶凝材料浆体的抗压数据。

各养护制度下胶凝材料浆体的抗压数据　　表 2-7

编号 NO.	配合比	养护温度	水化溶液环境	不同龄期下胶凝材料浆体的抗压强度(MPa)		
				3d	7d	14d
A	纯水泥	+5℃	自来水	12.8	25.6	41.6
A1	粉煤灰掺量 10%			12.7	24.2	40.0
A2	粉煤灰掺量 20%			11.5	23.6	38.4
A3	粉煤灰掺量 30%			10.8	21.2	32.0
B	纯水泥	+5℃	亚硝酸钠	13.9	30.9	31.0
B1	粉煤灰掺量 10%			13.6	29.1	30.8
B2	粉煤灰掺量 20%			8.0	24.1	27.6
B3	粉煤灰掺量 30%			7.2	19.1	23.5

续表

编号 NO.	配合比	养护温度	水化溶液环境	不同龄期下胶凝材料浆体的抗压强度(MPa)		
				3d	7d	14d
C	纯水泥	0℃	亚硝酸钠	11.3	24.6	25.9
C1	粉煤灰掺量 10%			10.5	21.6	25.2
C2	粉煤灰掺量 20%			8.6	17.0	24.5
C3	粉煤灰掺量 30%			6.9	14.3	21.2
D	纯水泥	−5℃	亚硝酸钠	2.9	13.5	21.9
D1	粉煤灰掺量 10%			2.8	12.4	19.9
D2	粉煤灰掺量 20%			2.0	8.3	15
D3	粉煤灰掺量 30%			1.2	8	13.5
E	纯水泥	−10℃	亚硝酸钠	0.8	6.8	21.0
E1	粉煤灰掺量 10%			0.8	5.5	14.1
E2	粉煤灰掺量 20%			0.7	4.4	12.3
E3	粉煤灰掺量 30%			0.3	3.9	9

从表 2-7 可以看出，随着温度的逐渐降低，各配合比的胶凝材料浆体的抗压强度出现不同的降低，−5℃和−10℃两个养护制度下的复合胶凝材料浆体受温度的影响较为明显，胶凝材料前期的抗压强度降低明显，而 14d 龄期时的抗压强度则与 0℃养护制度下的浆体抗压强度差距减小；0℃养护制度下的胶凝材料浆体前期的抗压强度与+5℃养护制度下的胶凝材料浆体抗压强度相比并没有明显的下降，但是 7d 龄期以后浆体抗压强度的增长速度有些缓慢，加大了与+5℃时浆体的抗压强度差距；在+5℃养护制度下不同水化环境中的复合胶凝材料浆体中，在掺有亚硝酸钠的水溶液中水化的胶凝材料浆体早期强度增长迅速，3d 和 7d 龄期时，浆体的抗压强度均高于在纯水溶液中水化的胶凝材料浆体，而在 7d 龄期以后在复杂水溶液中水化的胶凝材料浆体抗压强度增长缓慢，到 14d 龄期时每一个配合比的胶凝材料浆体抗压强度均低于在纯水环境中水化的胶凝材料浆体。另外，在每一个养护制度中，随着粉煤灰掺量的不断增加，其胶凝材料浆体的抗压强度呈现逐渐减小的趋势，这些强度发展趋势均与水泥-粉煤灰胶凝材料胶砂试件的抗压强度的发展大体一致。

2.1.3　低温条件下复合胶凝材料浆体晶相与微观分析

通过上述对水泥-粉煤灰复合胶凝材料的胶砂试件和净浆浆体的宏观强度的测试结果，得出胶凝材料宏观强度的发展规律，另外，材料的性能很大程度上取决于材料内部的组成和结构，本章运用 *X* 射线衍射方法对水化一定龄期的胶凝材料浆体主要晶体物相组成进行确定，并对胶凝材料浆体中的主要晶体生成物进行半定量分析，并运用扫描电镜对水化一定龄期的胶凝材料浆体进行微观形貌的观察、分析，来初步探索养护温度、粉煤灰不同掺量及不同水化溶液环境对胶凝材料浆体水化的影响规律。

（1）水泥-粉煤灰复合胶凝材料浆体的晶体物相分析

XRD 对水泥-粉煤灰物相进行分析时，主要分析的物质为晶体，当 *X* 射线射向晶体的时候，会发生衍射，而发生衍射最基础的条件就是满足布拉格方程。即式（2-3）。

$$2d\sin\theta = n\lambda \tag{2-3}$$

式中：d——晶体（hkl）晶面的间距；

θ——X 射线与反射面之间的夹角；

n——反射级数（任意正整数），但通常取 1；

λ——X 射线的波长，在试验所用仪器中靶材为铜靶，即 $\lambda_{CuKal} = 1.5406\text{Å}$。

对于某一晶体来说，晶面间距 d 为一系列的定值，所以，如果当 λ 一定时，随着 θ 不断变化会得到一系列的晶面间距 d，对应已有的晶面间距，就可以判定晶体的类别，因此，通过 XRD 可以对胶凝材料熟料和水化产物内的晶体成分进行分析和判别。

首先对本实验中所用的胶凝材料进行晶体物相成分的分析，分析结果如图 2-7 和图 2-8 所示。

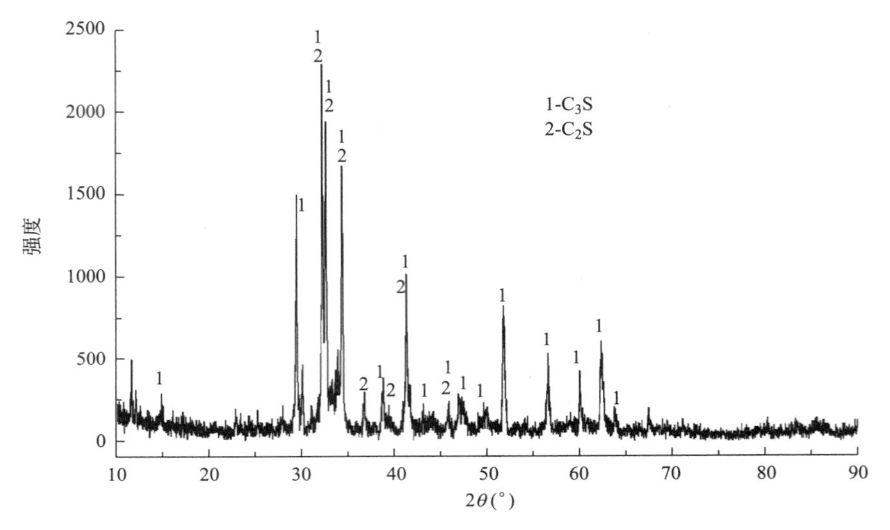

图 2-7　硅酸盐水泥熟料的 XRD 图

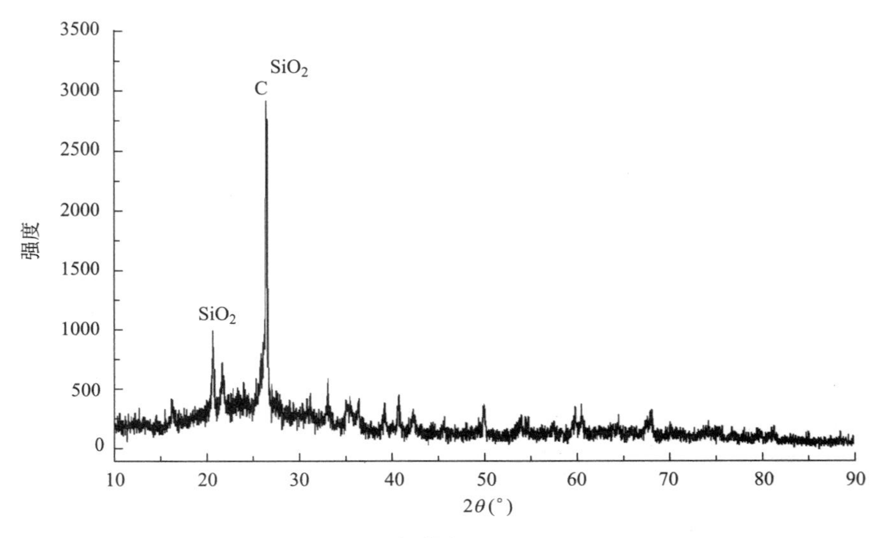

图 2-8　粉煤灰的 XRD 图

图 2-7 为硅酸盐水泥熟料的 XRD 图，从图 2-7 中可以看出，试验所用的硅酸盐水泥的主要晶体成分为硅酸二钙（简写 C_2S）和硅酸三钙（简写 C_3S）。通过与其对应的 PDF 卡片对照得知，C_2S 的几个主要衍射峰（晶面间距）位于 $2\theta=32.10°$（$d=2.7861Å$），32.60°（$d=2.7445Å$），34.40°（$d=2.6049Å$），41.25°（$d=2.1868Å$）左右，其中 $2\theta=32.10°$左右的峰为 C_2S 的主峰；C_3S 的几个主要衍射峰（晶面间距）分别在 $2\theta=29.40°$（$d=3.0355Å$），32.21°（$d=2.7768Å$），32.60°（$d=2.7445Å$），34.36°（$d=2.6078Å$），41.32°（$d=2.1834Å$），51.72°（$d=1.7660Å$），56.50°（$d=1.6274Å$），62.35°（$d=1.4881Å$）左右，其中 $2\theta=32.21°$左右的峰为 C_3S 的主峰。

图 2-8 为粉煤灰粉末的 XRD 成分分析图，从图 2-8 中可以看出，试验所用的粉煤灰中含有晶体二氧化硅（SiO_2）和未燃尽的碳（C）。与其对应的 PDF 卡片对照得知，SiO_2 的主要衍射峰（晶面间距）位于 $2\theta=20.76°$（$d=4.2753Å$），$2\theta=26.52°$（$d=3.3583Å$）左右，其中 $2\theta=26.52°$左右的峰为 SiO_2 的主峰；C 的主要衍射峰位于 $2\theta=26.54°\sim26.62°$（$d=3.3459Å$），其中 $2\theta=26.54°$（$d=3.3558Å$）左右的峰为 C 的主峰。另外，我们知道通过 X 射线衍射得到的物相均为晶体，晶体 SiO_2 和 C 属于惰性晶相，具有较低的活性，粉煤灰的成分中含有这些晶体物质，势必会影响它的活性，这也应该是粉煤灰活性不高的一个原因，将此类粉煤灰作为矿物掺合料取代硅酸盐水泥用作胶凝材料，从某种程度也降低了水泥-粉煤灰复合胶凝体系的水化活性，也会对复合胶凝材料试件早期的宏观强度产生一定的影响。

通过图 2-7 和图 2-8 分析了硅酸盐水泥和粉煤灰的晶体组成和活性，在此基础上将上边所分析的粉煤灰等质量取代硅酸盐水泥，研究不同养护制度、粉煤灰掺量和不同水化溶液环境对低温条件下水泥-粉煤灰复合胶凝材料浆体早期水化晶体产物的影响。

① 温度对胶凝材料浆体早期水化晶体产物的影响

图 2-9 和图 2-10 分别为在不同养护制度下（+5℃、0℃、−5℃和−10℃）养护 7d（A）和 14d（B）的纯水泥和粉煤灰掺量为 20%复合胶凝材料浆体的 X 射线衍射图像。

从图 2-9 中可以看出，在试验的此类浆体粉末中，主要含有三种晶体物质，分别为 C_3S、C_2S 和氢氧化钙（CH），其中 C_3S 和 C_2S 是硅酸盐水泥熟料中本身具有的晶体物质，在分析图 2-7 时已经对它们的主要衍射峰和晶面间距进行分析，C_3S 的衍射主峰（晶面间距）在 $2\theta=32.21°$（$d=2.7768Å$）左右，C_2S 的衍射主峰（晶面间距）在 $2\theta=32.10°$（$d=2.7861Å$）左右。而 CH 则是胶凝材料浆体参与水化反应后形成的主要晶体物质，对应其 PDF 卡片，得到如图 2-9 所示的几个主要衍射峰，并应用公式（2-3）计算得到衍射峰处相对应的晶面间距，CH 的几个主要衍射峰（晶面间距）分别位于 $2\theta=18.00°$（$d=4.9241Å$），28.66°（$d=3.1122Å$），34.04°（$d=2.6317Å$），47.00°（$d=1.9318Å$），50.74°（$d=1.7978Å$），54.28°（$d=1.6886Å$），62.52°（$d=1.4844Å$），64.04°（$d=1.4528Å$）左右，其中 CH 晶体的衍射主峰（晶面间距）在 $2\theta=34.04°$（$d=2.6317Å$）左右。

在水泥水化反应中，C_3S 和 C_2S 为水化反应的主要反应物，从 C_3S 和 C_2S 的衍射主峰（晶面间距）$2\theta=32.21°$（$d=2.7768Å$）和 $2\theta=32.10°$（$d=2.7861Å$）处衍射峰来看，它们的主峰位置极为接近，在 XRD 衍射图像中，其主峰是相互叠加的，其两者均为水化反应中的反应物，暂且把它们看作一个反应的整体，从整体角度来看，在+5℃和 0℃两个

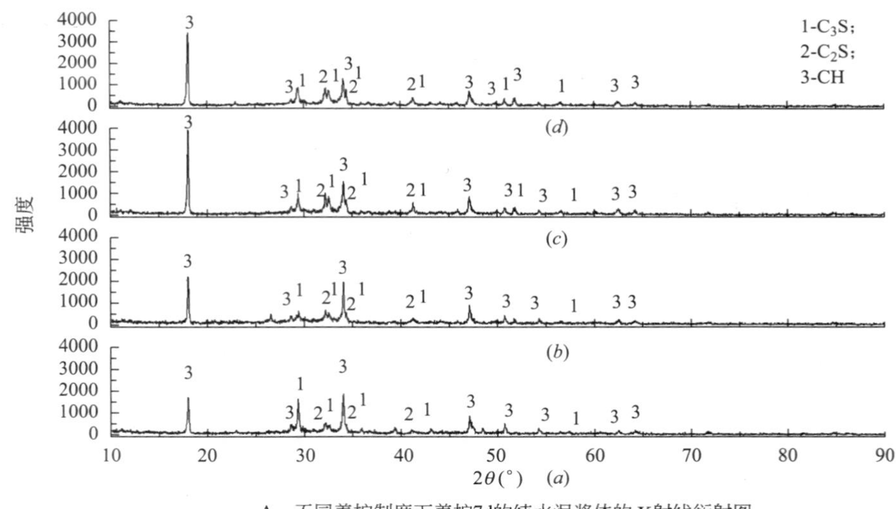

A　不同养护制度下养护7d的纯水泥浆体的X射线衍射图

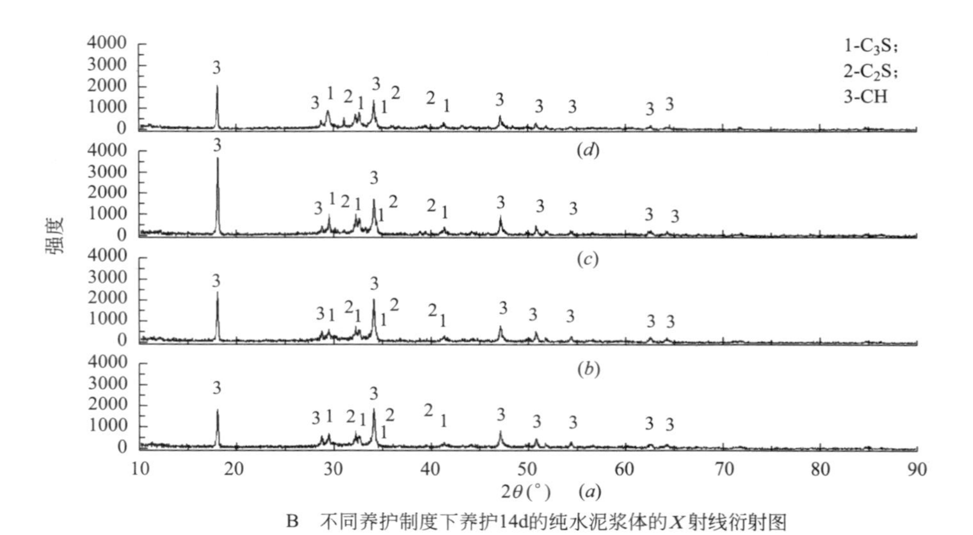

B　不同养护制度下养护14d的纯水泥浆体的X射线衍射图

图 2-9　不同养护温度下纯水泥浆体的 XRD 曲线

养护制度下养护 7d 和 14d 的纯水泥浆体粉末，在 C_3S 和 C_2S 的衍射主峰位置处的衍射峰并不明显，而在－5℃和－10℃两个养护制度下养护的 7d 和 14d 纯水泥浆体粉末的 XRD 衍射图像中，在 C_3S 和 C_2S 的衍射主峰位置处的衍射峰却比较明显。这说明养护温度的降低影响了硅酸盐水泥的水化速率，在 0℃及其以上的养护制度中养护的纯水泥浆体水化反应速率较快，消耗了大部分的 C_3S 和 C_2S，而在 0℃以下的养护制度下养护的纯水泥浆体受温度的影响较大，水化反应速率较慢，消耗的 C_3S 和 C_2S 相对较少。

从晶体生成物 CH 的角度来看，首先从 CH 的衍射主峰 $2\theta=34.04°$（$d=2.6317$Å）的位置来看，＋5℃和 0℃两个养护制度下养护 7d 和 14d 的浆体在此处都有较明显的衍射峰，而在－5℃养护制度下的浆体在此处的衍射峰有所减弱，－10℃养护制度下的浆体在此处的衍射峰最弱，另外从 CH 的 $2\theta=18.00°$（$d=4.9241$Å）处的衍射峰强度来看，随

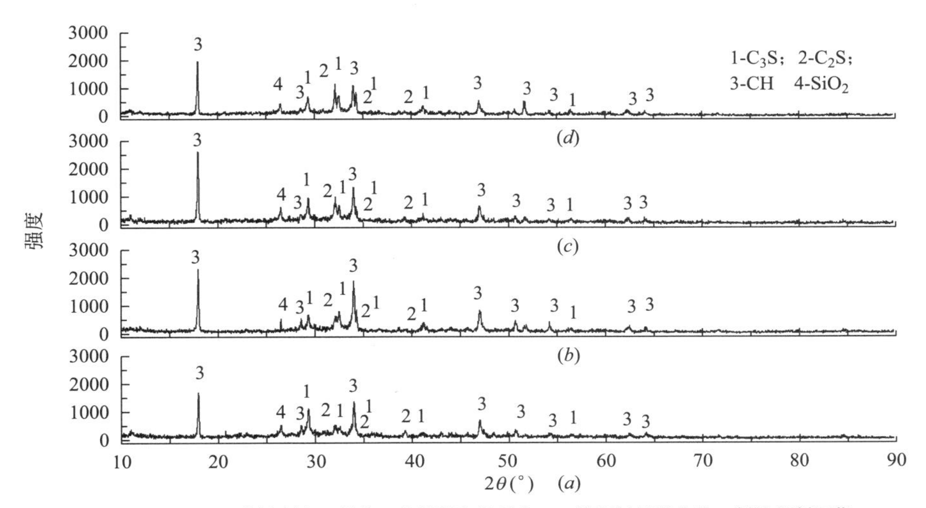

A　不同养护制度下养护7d的粉煤灰掺量为20%胶凝材料浆体的X射线衍射图像

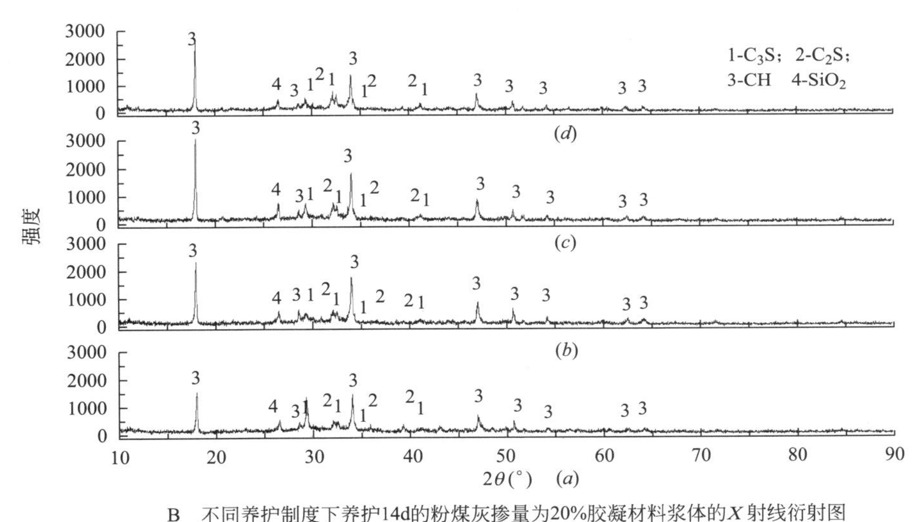

B　不同养护制度下养护14d的粉煤灰掺量为20%胶凝材料浆体的X射线衍射图

图 2-10　不同温度下粉煤灰掺量为 20%的胶凝材料浆体的 XRD 曲线

着养护温度的降低两个养护龄期的胶凝材料浆体在此处衍射峰的强度都呈现出先增强后减弱的趋势，在－5℃养护制度下的纯水泥浆体在此处的衍射峰最为强烈。

通过对水化晶体生成物 CH 在 2θ＝18.00°，34.04°两处衍射峰的强弱程度来进行比较，说明不同养护温度下，相同养护龄期的纯水泥浆体处于不同的水化反应阶段。＋5℃和 0℃两个养护制度下的养护 7d 和 14d 的纯水泥浆体，已经进入晶体产物 CH 形成较为缓慢的阶段，且生成的较为完整的 CH 晶体。而－5℃养护制度下浆体粉末的衍射峰虽在 2θ＝18.00°处的 CH 衍射峰非常强烈，但是由 2θ＝34.04°处 CH 的衍射主峰来看，较＋5℃和 0℃养护制度下的浆体粉末在此处的衍射峰弱，这说明在－5℃养护制度下的水泥浆体水化 7d 时，仍处于 CH 快速生成的阶段，这个阶段形成的 CH 晶体存在缺陷。

另外，养护 14d 的胶凝材料浆体中生成物 CH 在 2θ＝34.04°处的衍射峰较相同养护温度下养护 7d 的胶凝材料浆体中 CH 在此处的衍射峰强度有所变强，而在 $2\theta=18.00°$处的衍射峰，在+5℃和 0℃两个养护制度下养护 14d 的胶凝材料浆体中 CH 在此处的衍射峰强度较相同养护温度下养护 7d 的胶凝材料浆体中 CH 的衍射峰无明显变化，而在-5℃和-10℃养护制度下养护 14d 的胶凝材料浆体中 CH 在此处的衍射峰强度较 7d 的有所减弱，这也说明+5℃和 0℃两个养护制度下养护的硅酸盐水泥浆体养护 7d 以后进入水化反应较缓慢的时期，而 0℃养护温度以下养护的硅酸盐水泥浆体 7d 以后的水化反应仍比较明显。

在图 2-10 中不同养护制度下养护 7d（A）和 14d（B）的粉煤灰掺量为 20%的复合胶凝材料浆体粉末的 XRD 曲线时，和分析不同养护制度下硅酸盐水泥浆体粉末 XRD 曲线中的衍射峰强度一样，分析水化反应物 C_3S 和 C_2S 时，仍把反应物看做一个整体，选择它们在 XRD 图像中 $2\theta=32.21°$和 $2\theta=32.10°$处的衍射峰。另外由于在胶凝材料中用 20%的粉煤灰等量取代硅酸盐水泥，在粉煤灰的 XRD 图像中得出粉煤灰含有晶体 SiO_2，在图 2-10 的 XRD 曲线中 $2\theta=26.54°$（$d=3.3558Å$）左右有较明显的衍射峰，这也是图 2-10 与图 2-9 中 XRD 曲线相比较明显的不同。对于生成物 CH 来说，仍选择其在 $2\theta=18.00°$和 34.04°左右的衍射峰进行分析。

从反应物 C_2S 和 C_3S 的衍射主峰来看，它的衍射强度趋势与图 2-9 中的衍射强度趋势一致，均为随着养护温度的降低，反应物 C_2S 和 C_3S 在 $2\theta=32.21°$和 $2\theta=32.10°$处的衍射峰越来越明显，养护 14d 的胶凝材料浆体在此处的衍射峰强度较养护 7d 的胶凝材料浆体有所减弱，从生成物 CH 的衍射峰来看，随着养护温度的降低，养护 7d 和 14d 的胶凝材料浆体粉末的 XRD 图谱上在 $2\theta=34.04°$处的衍射峰强度出现先增大后减小的趋势，在 0℃养护制度得到的 CH 衍射峰强度最大，虽然在 $2\theta=18.00°$处的衍射峰强度也出现先增大后减小的趋势，但是，衍射峰的最大强度出现在了-5℃养护制度下养护的粉末图像中，这和图 2-9 中硅酸盐水泥浆体图像中的趋势是相同的，不同的是，在图 2-10 中，在-5℃和-10℃养护制度下养护 14d 的胶凝材料浆体中 CH 在 $2\theta=18.00°$处的衍射峰强度较 7d 的有所增强，这与图 2-9 中的图像相反。

通过对水化晶体生成物 CH 在 $2\theta=18.00°$，34.04°两处衍射峰的强弱程度来进行比较，说明了+5℃和 0℃养护的复合胶凝材料浆体在 7d 龄期时已经进入了 CH 生成量较为缓慢的阶段，且 7d 以后复合胶凝材料浆体处于水化较缓慢的时期，而-5℃和-10℃养护下的浆体 7d 龄期时则处于 CH 生成量较快速增长的阶段，养护 7d 以后复合胶凝材料浆体的水化仍比较明显。

另外，通过对图 2-10 和图 2-9 进行比较还可以看出，图 2-10 中所有物质的衍射峰（SiO_2 的衍射峰除外）均有所降低，这与用粉煤灰等质量取代硅酸盐水泥作为低温条件下的胶凝材料进行水化有关。

通过对不同养护制度下 7d 和 14d 养护龄期下纯水泥和粉煤灰掺量为 20%的复合胶凝材料粉末的 XRD 图像进行分析，大体上了解了胶凝材料水化过程中反应物和生成物中晶体物质的种类和这些晶体物质的几个主要衍射峰的位置，并通过这些物质衍射峰的强度，对不同养护制度下胶凝材料的水化过程和水化程度做出了初步的判断，但是并不能对胶凝材料浆体中所含的晶体物质进行定量的分析。在晶体物质的定量分析中，本试验选择了 XRD 中对物相进行定量分析的内标法中的 K 值法对低温条件下胶凝材料水化浆体中晶体物质的相对含量进行分析。

表 2-8 和图 2-11 为通过 K 值法计算得到的不同养护制度下纯水泥和粉煤灰掺量为 20%的胶凝材料浆体中晶体 CH 在每张 X 射线衍射图谱中的相对百分含量。

不同养护温度下养护一定龄期的胶凝材料浆体中 CH 的相对百分含量　　表 2-8

编号 NO.	配合比	养护温度	氢氧化钙相对百分含量(%)	
			7d	14d
B	纯水泥	+5℃	24.84	29.08
B2	粉煤灰掺量 20%	+5℃	23.4	25.26
C	纯水泥	0℃	25.23	29.29
C2	粉煤灰掺量 20%	0℃	24.53	25.51
D	纯水泥	−5℃	20.04	25.51
D2	粉煤灰掺量 20%	−5℃	16.69	24.04
E	纯水泥	−10℃	19.71	21.21
E2	粉煤灰掺量 20%	−10℃	16.36	17.9

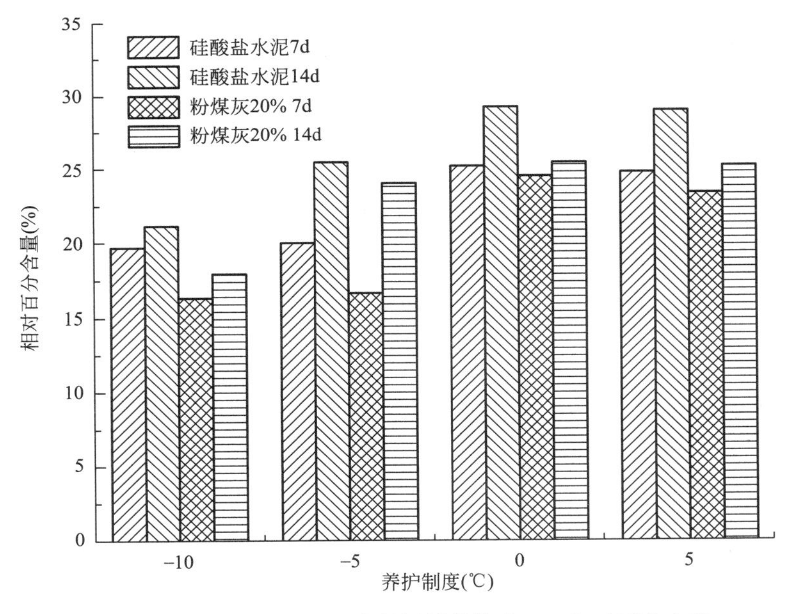

图 2-11　不同养护制度下胶凝材料浆体中 CH 相对百分含量

通过图 2-11 可以看出，在不同养护制度下养护 7d 和 14d 的胶凝材料浆体，随着养护温度的逐渐降低，胶凝材料浆体中 CH 的相对百分含量都呈现先增大后减小的趋势，在 0℃养护制度下的胶凝材料浆体中的 CH 的相对百分含量达到最大值，但是 0℃和+5℃养护制度下，相同龄期、相同配合比下的胶凝材料浆体中 CH 的相对百分含量相差不大，通过表 2-8 中的数值计算得到这两个养护温度下养护 7d、14d 的纯水泥和粉煤灰掺量 20%的胶凝材料浆体中 CH 的相对百分含量差值约为 1.5%、0.7%和 4.6%、1%。这说明 0℃及其以上的养护制度中，养护 7d 以后的胶凝材料的水化已处于较为平稳的时期。

从图 2-11 还可以看出，0℃以下养护制度下养护的胶凝材料浆体中的 CH 相对百分含量与 0℃以上养护制度下养护的胶凝材料浆体中 CH 的相对百分含量有较为明显的下降，通过表 2-8 中的数值计算得到 0℃和－5℃两个养护制度养护的 7d、14d 的纯水泥和粉煤灰掺量为 20％的胶凝材料浆体中 CH 的相对百分含量的差值分别约为 20.6％、12.9％和 31.1％、5.8％。这说明，以 0℃为界点，负温养护对胶凝材料的水化影响更为明显。

另外从－5℃和－10℃两个养护制度分别来看，－5℃养护制度下养护的每一个配合比下胶凝材料浆体 CH 随着养护龄期从 7d 增加至 14d，胶凝材料浆体中 CH 的相对百分含量增加较为明显，纯水泥和粉煤灰掺量为 20％的胶凝材料浆体中 CH 的增加值分别为 21.4％和 30.6％。而－10℃养护的胶凝材料浆体中 CH 的相对百分含量的增加相对较少，纯水泥和粉煤灰掺量为 20％的胶凝材料浆体中 CH 的增加值分别为 7.1％和 8.6％。这说明－5℃养护制度养护的胶凝材料浆体中 CH 相对百分含量的增长还是较为迅速的，受低温养护的影响并不明显。

另外，通过图中同一养护制度不同养护龄期下对硅酸盐水泥和粉煤灰掺量为 20％的复合胶凝材料浆体中 CH 的相对百分含量的增长值的对比可以看出，在 0℃及以上的养护制度养护的胶凝材料中，硅酸盐水泥浆体中 CH 的相对百分含量增长值大于掺有粉煤灰的胶凝材料浆体，通过计算得其增长值分别为 14.6％、13.9％和 7.4％、3.8％；而在 0℃以下的养护制度中养护的胶凝材料浆体中，硅酸盐水泥浆体中 CH 的相对百分含量增长值则小于掺有粉煤灰的胶凝材料浆体的现象，通过计算得其值分别为 21.44％、7.1％和 30.57％、8.6％。这说明粉煤灰掺入有利于负温养护条件下胶凝材料浆体后期的水化。

② 粉煤灰掺量对胶凝材料浆体水化晶体产物的影响

图 2-12 为－5℃（A 和 B）和－10℃（C 和 D）两个养护温度下养护 7d 和 14d 粉煤灰不同掺量（0、10％、20％和 30％）下的胶凝材料浆体的 X 射线衍射图。

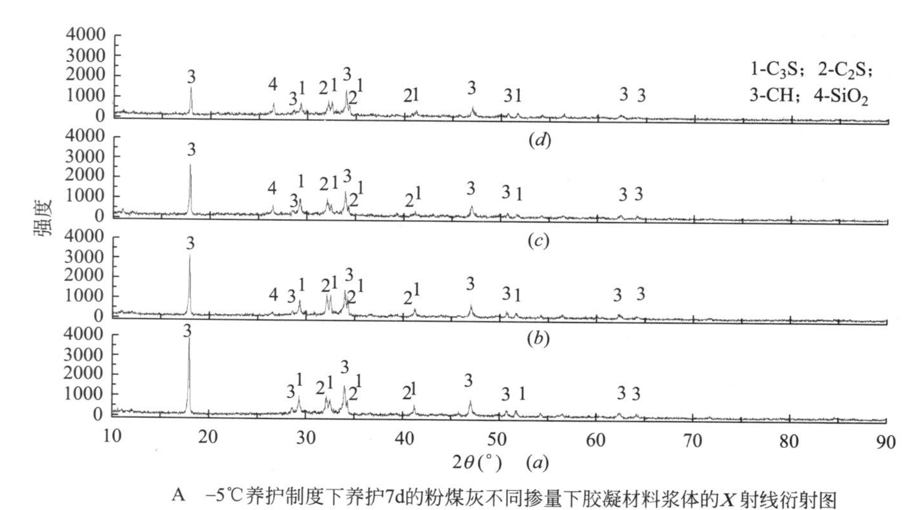

A　−5℃养护制度下养护7d的粉煤灰不同掺量下胶凝材料浆体的X射线衍射图

图 2-12　－5℃和－10℃两个养护制度下胶凝材料浆体的 XRD 曲线（一）

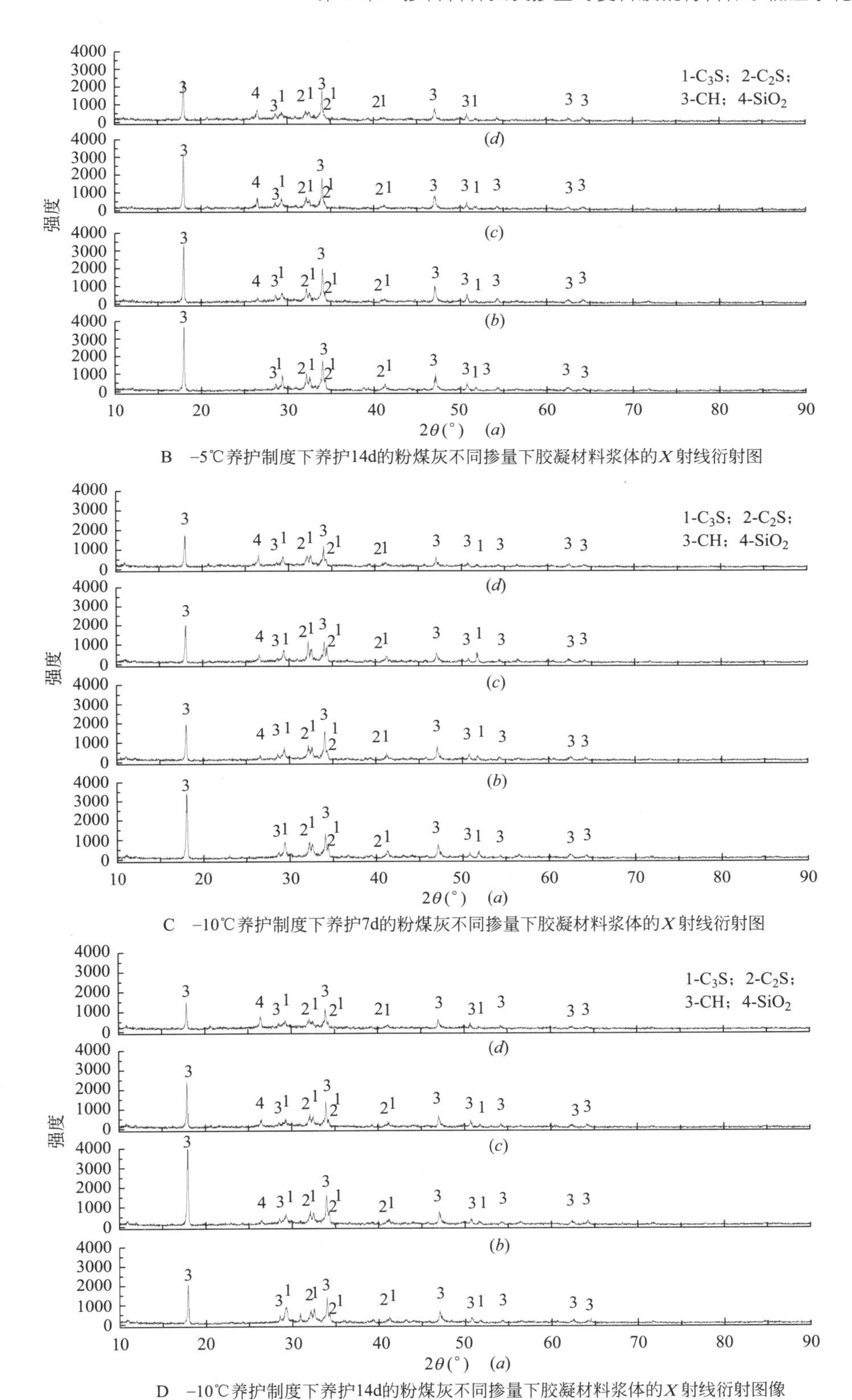

B　−5℃养护制度下养护14d的粉煤灰不同掺量下胶凝材料浆体的X射线衍射图

C　−10℃养护制度下养护7d的粉煤灰不同掺量下胶凝材料浆体的X射线衍射图

D　−10℃养护制度下养护14d的粉煤灰不同掺量下胶凝材料浆体的X射线衍射图像

图 2-12　−5℃和−10℃两个养护制度下胶凝材料浆体的 XRD 曲线（二）

在对图 2-12 中胶凝材料浆体的 X 射线衍射图像对比分析的过程中，对胶凝材料水化过程中反应物 C_3S 和 C_2S 进行分析时仍选择 XRD 图像中 $2\theta=32.21°$ 和 $2\theta=32.10°$ 处的衍射峰，分析掺有粉煤灰的复合胶凝材料的 X 射线衍射图像时除选择上面所提及的 C_3S 和 C_2S 的衍射峰还选择了 SiO_2 在 $2\theta=26.54°$（$d=3.3558Å$）左右的衍射主峰，对生成物 CH 进行分析时仍选择 XRD 图像中 $2\theta=18.00°$（$d=4.9241Å$）和 $2\theta=34.04°$（$d=2.6317Å$）处的主要衍射峰进行分析。

从图 2-12 中 A、B、C、D 都可以看出，随着粉煤灰掺入量的逐渐增加，胶凝材料中反应物 C_3S 和 C_2S 的衍射主峰强度呈现逐渐减弱的趋势，而 SiO_2 在主峰位置的衍射峰强度则呈现逐渐加强的趋势，这说明反应物 C_3S 和 C_2S 衍射峰的减弱并不是胶凝材料水化反应消耗所致，而是由于粉煤灰等质量取代了硅酸盐水泥的结果。胶凝材料浆体中生成物 CH 在 XRD 图谱中两个主要的衍射峰随着粉煤灰掺入量的逐渐增大在同一养护龄期中也大都呈现逐渐减弱的趋势，这说明在一定的养护制度下，粉煤灰掺入量的逐渐增大，影响了胶凝材料水化反应过程中 CH 的生成。

从图 2-12 中的 A 和 B、C 和 D 图的对比中可以看出，随着胶凝材料养护龄期延长到 14d 时，同一配合比下胶凝材料浆体所对应的 XRD 图谱中，反应物 C_3S 和 C_2S 的主要衍射峰强度较 7d 时有所减弱，而同一配合比不同龄期下浆体中 SiO_2 在 XRD 图谱中的主要衍射峰强度则没有明显的变化。这说明反应物 C_3S 和 C_2S 随着养护龄期的增加在更多的参与到水化反应中，而 SiO_2 的火山灰效应在这个时期并没有得到明显的体现。随着养护龄期延长至 14d 时，在 XRD 图谱中生成物 CH 在 $2\theta=34.04°$（$d=2.6317Å$）处的衍射峰强度较 7d 龄期时均有所增加，而在 $2\theta=18.00°$（$d=4.9241Å$）处的衍射峰强度，除硅酸盐水泥浆体 14d 时的强度较 7d 时有所减弱外，其他配合比下的胶凝材料浆体养护 14d 在此处得到的衍射峰强度均高于 7d 时的衍射峰强度。这说明粉煤灰的掺入延缓了胶凝材料水化进程，硅酸盐水泥浆体 14d 时已进入 CH 生成较为缓慢的阶段。而掺有粉煤灰的复合胶凝材料浆体养护 14d 时 CH 的量仍有较快的增长。

另外，在不同养护制度下同一养护龄期的比较中，A 和 C、B 和 D 图中，XRD 图像中不同配合比下各晶体物质的各衍射峰强度变化趋势是类似的，只是在−10℃养护制度各配合比下胶凝材料浆体中 CH 晶体物质的衍射峰强度相比−5℃养护制度下胶凝材料浆体得到的 XRD 衍射峰强度有所降低。

采用 X 射线衍射物相定量分析中的 K 值法对水化一定龄期的胶凝材料浆体中 CH 的相对百分含量的计算，表 2-9 和图 2-13 为通过 K 值法计算得到的−5℃和 −10℃养护制度下粉煤灰不同掺量（0、10%、20%和 30%）的胶凝材料浆体中晶体 CH 的相对百分含量。

−5℃和−10℃两个养护制度下粉煤灰不同掺量胶凝材料浆体中 CH 的相对百分含量　　表 2-9

编号 NO.	粉煤灰掺量(%)	养护温度(℃)	氢氧化钙相对百分含量(%)	
			7d	14d
D	0	−5℃	20.04	25.51
D1	10%	−5℃	17.73	24.47
D2	20%	−5℃	16.69	24.04

续表

编号 NO.	粉煤灰掺量(%)	养护温度(℃)	氢氧化钙相对百分含量(%)	
			7d	14d
D3	30%	−5℃	16.45	23.9
E	0	−10℃	19.71	21.21
E1	10%	−10℃	17.1	19.45
E2	20%	−10℃	16.36	17.9
E3	30%	−10℃	15.15	15.5

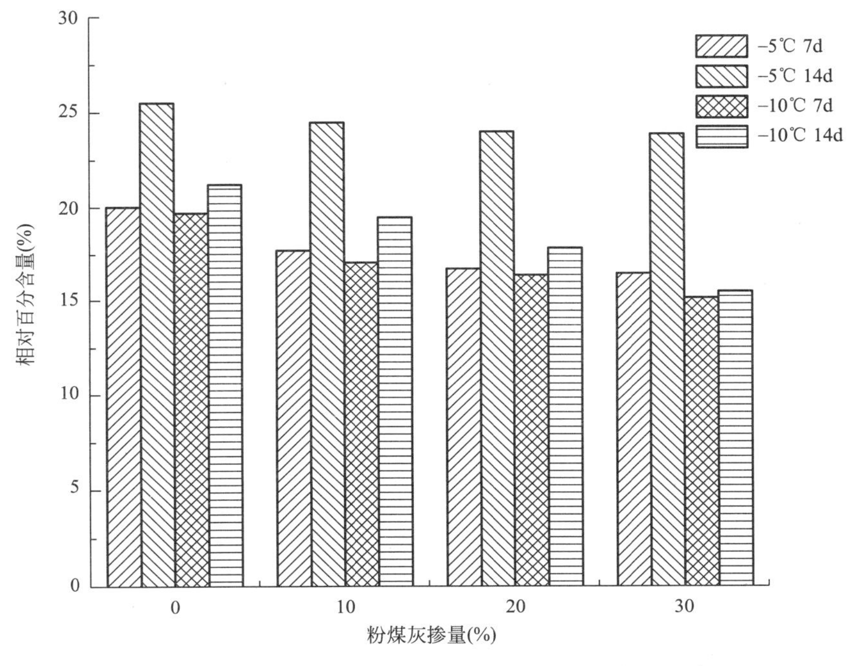

图 2-13　粉煤灰不同掺量胶凝材料浆体中 CH 的相对百分含量

从图 2-13 中可以看出，每一个养护制度下相同龄期的胶凝材料浆体中的 CH 含量，随着粉煤灰掺量的逐渐增大，呈现逐渐减少的趋势。通过表 2-9 中的数值计算得到−5℃养护制度下养护 7d 的胶凝材料浆体，随着粉煤灰掺量的逐渐增加浆体中 CH 的相对百分含量分别减少约 11.5%、5.9%和 1.4%，养护 14d 的胶凝材料浆体中 CH 的相对百分含量分别减少 4.1%、1.8%和 0.6%；在−10℃养护制度下养护 7d 的胶凝材料浆体中 CH 的相对百分含量分别减少约 13.2%、4.3%和 7.4%，养护 14d 的胶凝材料浆体中 CH 的相对百分含量分别减少约 8.3%、8%和 13.4%。这说明粉煤灰的掺入影响了胶凝材料低温条件下早期水化产物的形成。

另外，从每一个养护制度来看，胶凝材料浆体中生成物 CH 的相对百分含量随着龄期的逐渐增加均呈现增加趋势，但是增长量有很大的不同，−5℃养护制度下养护的胶凝材料浆体，掺有粉煤灰的胶凝材料浆体从 7d 养护到 14d 时 CH 的相对含量增加量要大于硅酸盐水泥中 CH 相对含量的增加量，通过计算得到每一个配合比下胶凝材料浆体中 CH 的相对百分含量分别增长了约 21.4%、27.5%、30.69%和 31.2%；而－10℃养护制度下养护的胶凝材料浆体，只有粉煤灰掺量为 10%的胶凝材料浆体从 7d 养护到 14d 时的 CH 的相对含量增加值大于硅酸盐水泥中 CH 相对含量的增加量，增长率约为 12.1%，粉煤灰掺量大于 10%时其 CH 相对含量的增加值则小于硅酸盐水泥，粉煤灰掺量为 30%的胶凝材料浆体 7d 到 14d 的 CH 相对含量几乎没有增长，增长率仅有 2.6%，这说明粉煤灰的掺入促进了低温条件下胶凝材料在 7d 到 14d 龄期的水化反应，但是养护温度低于－5℃时，水泥-粉煤灰复合胶凝材料浆体的水化活性受温度影响较大，应将粉煤灰等质量取代硅酸盐水泥的量控制在 20%以内。

③ 亚硝酸钠对胶凝材料浆体水化晶体产物的影响

图 2-14 为＋5℃养护温度下在不同水化溶液环境中养护 7d 和 14d 粉煤灰不同掺量（0、10%、20%和 30%）下的胶凝材料浆体的 X 射线衍射图。

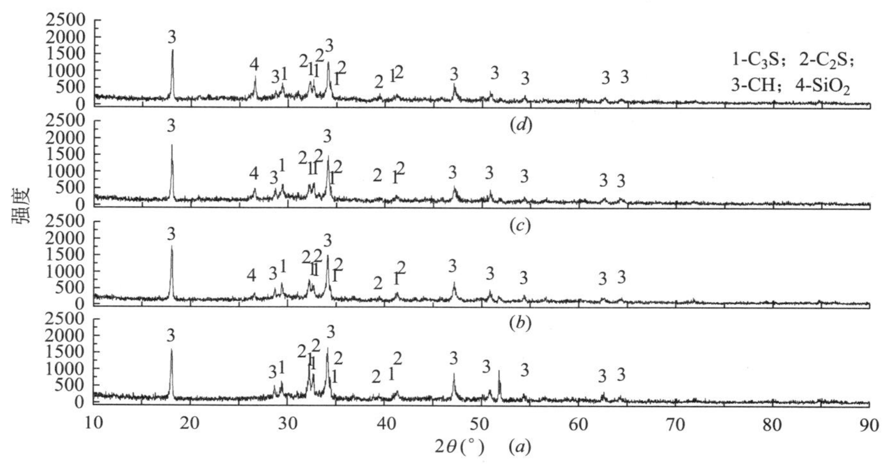

A　+5℃养护制度下在自来水水化环境中水化7d的胶凝材料浆体的X射线衍射图

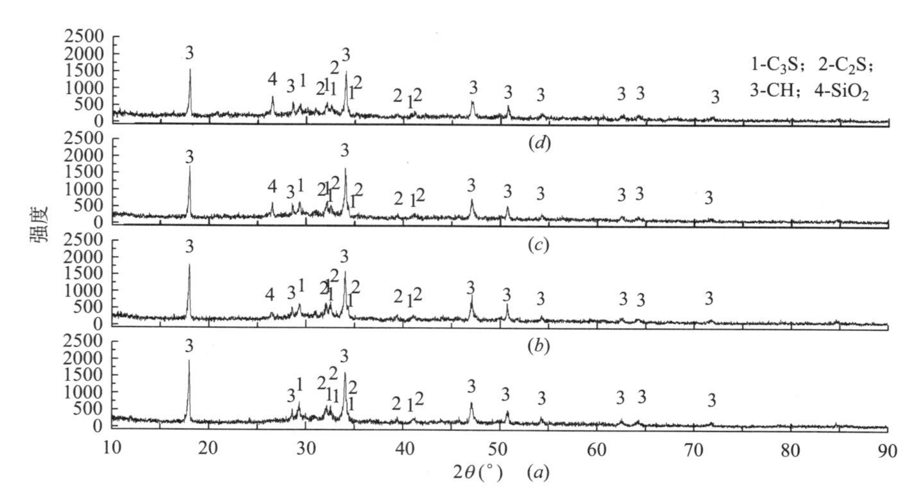

B　+5℃养护制度下在自来水水化环境中水化14d的胶凝材料浆体的X射线衍射图

图 2-14　＋5℃养护制度下不同水化溶液环境下胶凝材料浆体的 XRD 曲线（一）

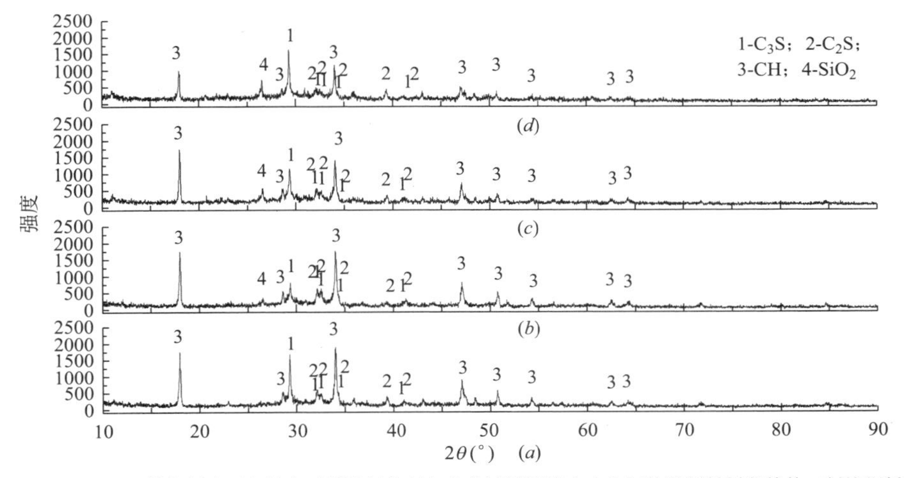

C　+5℃养护制度下在掺有亚硝酸钠的复杂水化溶液环境中水化7d的胶凝材料浆体的X射线衍射图

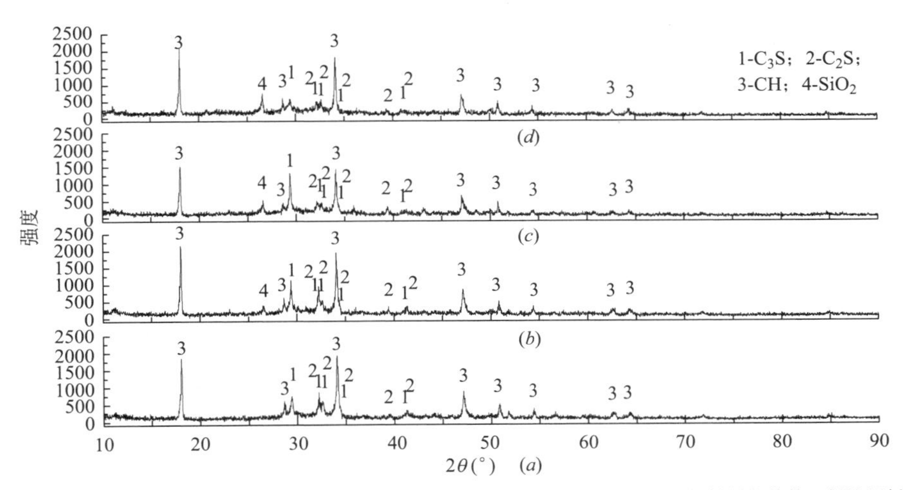

D　+5℃养护制度下在掺有亚硝酸钠的复杂水化溶液环境中水化14d的胶凝材料浆体的X射线衍射图

图 2-14　+5℃养护制度下不同水化溶液环境下胶凝材料浆体的 XRD 曲线（二）

在对图 2-14 中胶凝材料浆体的 XRD 图像中衍射峰强度的对比分析的过程中，对胶凝材料水化过程中反应物 C_3S 和 C_2S 进行分析时仍选择 XRD 图像中 $2\theta=32.21°$和 $2\theta=32.10°$处的衍射峰，分析掺有粉煤灰的复合胶凝材料时除选择上面所提及的 C_3S 和 C_2S 的衍射峰还选择了 SiO_2在 $2\theta=26.54°$（$d=3.3558Å$）左右的衍射主峰，对生成物 CH 进行分析时仍选择 XRD 图像中 $2\theta=18.00°$（$d=4.9241Å$）和 $2\theta=34.04°$（$d=2.6317Å$）处的主要衍射峰。

由图 2-14 中 A、B、C、D 四个图中可以看出，在不同水化溶液环境中水化一定龄期的相同配合比的胶凝材料浆体中 C_3S 和 C_2S 的衍射主峰和 SiO_2 的衍射主峰处衍射峰强度变化规律没有明显的差异，在同一图像中的四条 X 射线衍射曲线中且衍射峰强度有明显变化且变化规律基本一致，这种变化是由于粉煤灰取代硅酸盐水泥作为胶凝材料造成的。而在不同水化环境中水化的胶凝材料浆体中 CH 的衍射峰变化则有很大的不同，这是由于亚硝酸钠促进了胶凝材料浆体 7d 以后的水化所引起。

从 A、B 图中可以看出，在自来水水化环境中水化的胶凝材料浆体，随着养护龄期的逐渐增加浆体中 CH 在 $2\theta=18.00°$（$d=4.9241Å$）处的衍射峰除硅酸盐水泥中 CH 衍射峰有所增加外，其他配合比浆体中 CH 衍射峰都没有明显的变化，CH 在 $2\theta=34.04°$（$d=2.6317Å$）处的衍射峰衍射强度变化也不明显，而从 C、D 两幅图来看，在掺有亚硝酸钠的水溶液中水化的胶凝材料浆体，随着养护龄期从 7d 增加到 14d，浆体中 CH 的衍射峰强度在 $2\theta=18.00°$（$d=4.9241Å$）和 $2\theta=34.04°$（$d=2.6317Å$）处都有明显的增加，这说明在自来水中水化的胶凝材料浆体养护到 14d 时水化已经非常缓慢，这与水化后期参与水化的水分不足有关，而在掺有亚硝酸钠水溶液中水化的胶凝材料浆体，由于亚硝酸钠较容易吸水潮解，为胶凝材料的水化提供了一些水分，这也保证了胶凝材料水化后期水化反应的缓慢进行。

采用 X 射线衍射物相定量分析中的 K 值法对水化一定龄期的胶凝材料浆体中 CH 的相对百分含量的计算，表 2-10 和图 2-15 为通过 K 值法计算得到的＋5℃养护制度下在自来水和掺有亚硝酸钠复杂水化溶液环境中水化的粉煤灰不同掺量（0、10%、20%和 30%）的胶凝材料浆体中晶体 CH 的相对百分含量。

不同水化溶液环境下水化一定龄期的胶凝材料浆体中 CH 的相对百分含量　　表 2-10

编号 NO.	粉煤灰掺量(%)	养护温度(℃)	水化溶液环境	氢氧化钙相对百分含量(%)	
				7d	14d
A	0	+5℃	水	24.64	25.57
A1	10%	+5℃		22.84	24.76
A2	20%	+5℃		22.06	24.11
A3	30%	+5℃		19.38	21.97
B	0	+5℃	亚硝酸钠	24.84	29.08
B1	10%	+5℃		24.34	26.74
B2	20%	+5℃		23.4	25.26
B3	30%	+5℃		20.49	23.32

从图 2-15 中可以看出，每一个配合比下相同龄期的在掺有亚硝酸钠复杂溶液中水化的胶凝材料浆体中 CH 的相对百分含量都高于在水环境中水化的浆体，通过计算得出，每一配合比下不同水化溶液环境中水化 7d 的胶凝材料浆体中 CH 的相对百分含量分别增长了 0.8%、6.2%、5.7%和 5.4%，水化 14d 的胶凝材料浆体中 CH 的相对百分含量分别增长了 12.1%、7.4%、4.5%和 5.8%。且在掺有亚硝酸钠的复杂溶液中水化的胶凝材料浆体从 7d 养护至 14d 时，CH 相对百分含量的增长也相对较明显，通过计算得到在自来水中水化的胶凝材料浆体随着水化龄期从 7d 养护至 14d 时，随着粉煤灰掺量的增多，每一个配合比下胶凝材料中 CH 的相对百分含量分别增加了 3.6%、7.8%、8.5%和 11.8%，而在掺有亚硝酸钠的复杂水化溶液中水化的胶凝材料浆体随着水化龄期从 7d 养护至 14d 时，随着粉煤灰掺量的增多，每一个配合比下胶凝材料中 CH 的相对百分含量分别增加了 14.6%、9%、7.4%和 12.4%。这说明亚硝酸钠的加入在一定程度上促进了胶凝材料浆体的水化。

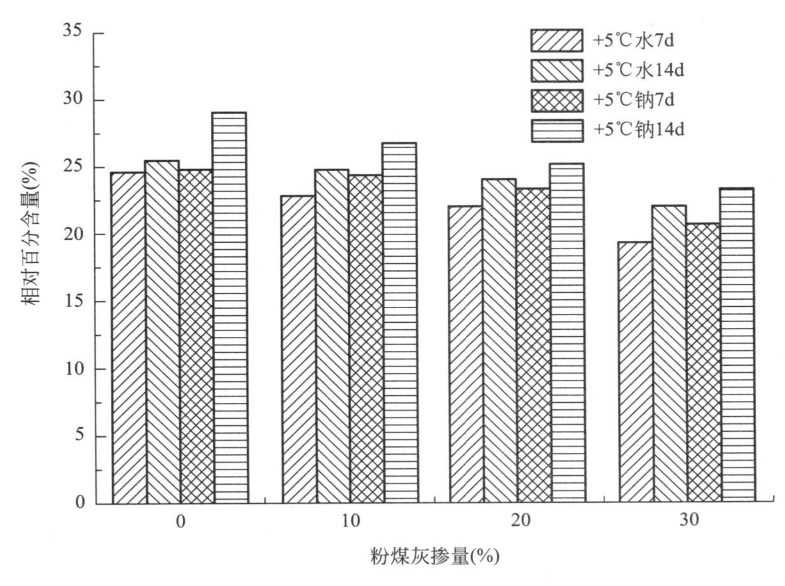

图 2-15　不同水化环境中胶凝材料浆体中 CH 的相对百分含量

另外从图 2-15 中还可以看出，在两种不同水化环境中水化的胶凝材料浆体，对于硅酸盐水泥来说，养护 7d 时浆体中 CH 的相对百分含量相差不大，而养护 14d 的浆体中 CH 的相对百分含量相差较为明显，而对于掺有粉煤灰的复合胶凝材料而言，养护 7d 和 14d 的浆体中 CH 的相对含量均有较明显的差别，这说明，在掺有亚硝酸钠的水化环境中水化的胶凝材料浆体，对于硅酸盐水泥而言，亚硝酸钠促进其 7d 以后的水化效果较为明显，而对掺有粉煤灰的复合胶凝材料而言，亚硝酸钠对胶凝材料 7d 以前的水化就有明显的促进作用，尤其是粉煤灰掺量为 10%时效果最为明显，水化 7d 和 14d 时胶凝材料浆体中 CH 的相对百分含量分别增长了 6.2%和 7.4%。

（2）水泥-粉煤灰复合胶凝材料浆体微观形貌分析

① 温度对胶凝材料浆体微观形貌的影响

图 2-16 为+5℃（A、B）和－5℃（C、D）两个养护制度下养护 7d 的硅酸盐水泥（A、C）和粉煤灰掺量为 20%（B、D）的复合胶凝材料浆体试样的 SEM 扫描图片。

从图 2-16 中的（A）和（C）可以看出，在+5℃养护制度下养护 7d 的硅酸盐水泥浆体较－5℃养护制度下养护 7d 的硅酸盐水泥浆体中生成了数量较多的薄片状的 CH，且 CH 交错生长填充着胶凝材料内部的空隙，结构较－5℃养护的胶凝材料浆体显得更为密实，从图中（B）和（D）的粉煤灰掺量为 20%的复合胶凝材料浆体的 SEM 图片中可以看出，+5℃养护制度下养护 7d 的胶凝材料浆体中粉煤灰颗粒周围和表面附着着水化的胶凝材料浆体，整个胶凝材料浆体结构显得较为密实，而－5℃养护制度下养护 7d 的胶凝材料浆体中的粉煤灰颗粒周围则较为疏松，粉煤灰颗粒表面附着着较少的水化产物，这说明+5℃养护制度下养护的硅酸盐水泥和粉煤灰掺量为 20%的复合胶凝材料较－5℃养护的胶凝材料浆体都有较大程度的水化。

② 粉煤灰掺量对胶凝材料浆体微观形貌的影响

图 2-17 为－5℃养护制度下养护 7d 的硅酸盐水泥（A）和养护 7d 的粉煤灰掺量为

A +5℃养护制度下养护7d的硅酸盐水泥浆体的扫描电镜图片

B +5℃养护制度下养护7d的粉煤灰掺量为20%的复合胶凝材料浆体的扫描电镜图片

C −5℃养护制度下养护7d的硅酸盐水泥浆体扫描电镜图片

D −5℃养护制度下养护7d的粉煤灰掺量为20%的复合胶凝材料浆体的扫描电镜图片

图 2-16　不同养护制度下 20%的浆体的扫描电镜图片胶凝材料浆体的微观形貌

10%（B）和养护 7d（C）及 14d（D）的粉煤灰掺量为 20%的复合胶凝材料浆体试样的 SEM 扫描图片。

从图 2-17 中的（A）、（B）、（C）图中可以看出，在−5℃养护制度下养护 7d 的胶凝材料浆体随着粉煤灰取代硅酸盐水泥量的增加，胶凝材料浆体的微观结构越来越疏松，粉煤灰颗粒周围和表面的水化产物也越来越少，这说明−5℃养护制度下养护 7d 的胶凝材料浆体由于粉煤灰掺量的增大，减少了参与反应的硅酸盐水泥颗粒的数量，使得生成的水化产物很难达到包裹粉煤灰颗粒的数量，也就使得在低温养护制度下水化早期中的胶凝材料浆体中的粉煤灰颗粒很难起到微集料效应，来改善胶凝材料浆体的宏观力学性能。

从图 2-17 的（C）和（D）可以看出，在−5℃养护制度下养护的粉煤灰掺量为 20%的胶凝材料浆体，随着养护龄期从 7d 增加至 14d，胶凝材料浆体的微观结构越来越密实，胶凝材料浆体中粉煤灰颗粒的周围和表面也有一定数量的水化产物进行填充和覆盖，这说明−5℃养护制度下养护 14d 的水泥-粉煤灰复合胶凝材料浆体中的粉煤灰颗粒起到一定程度微集料的作用，使得胶凝材料浆体的微观结构更加密实，在一定程度上提高了胶凝材料浆体的宏观性能。

A −5℃养护制度下养护7d的硅酸盐水泥浆体的扫描电镜图片

B −5℃养护制度下养护7d的粉煤灰掺量10%的浆体的扫描电镜图片

C −5℃养护制度下养护7d的粉煤灰掺量为20%的浆体的扫描电镜图片

D −5℃养护制度下养护14d的粉煤灰掺量为20%的浆体的扫描电镜图片

图 2-17 不同粉煤灰掺量下胶凝材料浆体的微观形貌

③ 亚硝酸钠对胶凝材料浆体微观形貌的影响

图 2-18 为＋5℃养护制度下在自来水（A、B）和掺有亚硝酸钠的复杂水化溶液环境（C、D）中水化 7d 的硅酸盐水泥（A、C）和粉煤灰掺量为 20%（B、D）的复合胶凝材料浆体试样的 SEM 扫描图片。

图 2-18 中（A）、（B）为＋5℃养护制度下在自来水中水化 7d 的硅酸盐水泥和粉煤灰掺量为 20%的胶凝材料浆体的 SEM 扫描图片，（C）、（D）为＋5℃养护制度下在掺有亚硝酸钠的复杂水化溶液中水化 7d 的硅酸盐水泥和粉煤灰掺量为 20%的胶凝材料浆体的 SEM 扫描图片。从图中可以看出，在这一养护制度下养护的相同配合比下胶凝材料浆体的疏松程度没有很大的差别，单从水化的硅酸盐水泥浆体的微观结构看，在不同水化溶液中水化的浆体中水化产物的微观结构存在很大的差异，在水溶液中水化的硅酸盐水泥浆体中水化产物的颗粒较小、较厚，且出现水化产物的相互搭接，而在掺有亚硝酸钠的复杂水化溶液中水化的硅酸盐水泥浆体中的水化产物则数量较多，且水化产物较大，较薄。而掺有粉煤灰的胶凝材料浆体的微观结构中没有明显的不同，这说明亚硝酸钠的掺入在一定程度上影响了胶凝材料水化产物的微观形貌。

④ 低温条件下复合胶凝材料浆体中非自由水和氢氧化钙含量的测定

在本章用同步热分析仪对＋5℃、0℃、−5℃和−10℃四个养护制度下养护一定龄期

A +5℃养护制度下在自来水中水化养护7d
硅酸盐水泥的浆体的扫描电镜图片

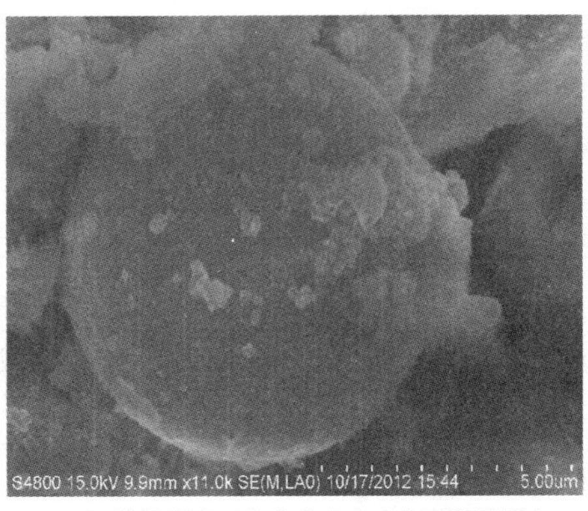

B +5℃养护制度下在自来水中水化7d的粉煤灰
掺量为20%的浆体的扫描电镜图片

C +5℃养护制度下在复杂水化溶液中水化7d
硅酸盐水泥的浆体的扫描电镜图片

D +5℃养护制度下在复杂水化溶液中水化7d
粉煤灰掺量为20%的浆体的扫描电镜图片

图 2-18　不同水化溶液环境中水化胶凝材料浆体的 SEM 图片

的胶凝材料浆体进行热分析试验，主要应用热分析中热重法来确定养护一定龄期的胶凝材料浆体中非自由水的含量和通过同步热分析仪对胶凝材料浆体进行热分析得到的示差扫描量热曲线（DSC）和微商量热曲线（DTG）确定热重曲线（TG）上 CH 的分解温度区间的失水量，以对不同养护制度下不同配合比的胶凝材料水化过程中储存的 CH 量进行较为准确的测定。研究了温度、粉煤灰不同掺量和亚硝酸钠的掺入对胶凝材料低温养护条件下早期水化浆体中非自由含量和早期水化产物 CH 含量的影响规律。另外从第四章对胶凝材料浆体 *X* 射线衍射图像中得知，低温条件下养护的胶凝材料浆体中并没有含有大量的碳酸钙，可以忽略胶凝材料浆体在水化和制样过程中胶凝材料浆体的碳化对试验带来的影响。

2.1.4　低温条件下复合胶凝材料浆体中非自由水和氢氧化钙含量的测定

（1）非自由水含量的测定

非自由水含量的测定方法有多种，有用高氯酸镁做干燥剂的 P-干燥法，用干冰做干燥剂的 D-干燥法，恒温箱干燥法，还有本试验所应用的方法同步热分析中的热重法（TG），用热重法来测定某一温度制度下养护的胶凝材料浆体养护到一定龄期时浆体中所含有的非自由水含量的依据为随着浆体试样在可以控制升温速率的环境中被加热，试样中的结合水和反应水均随着仪器中保护气体的流动而散失，测定的试样质量便随着温度的变化而产生改变，这种质量的改变转化为重量损失曲线被输出，从热重曲线中可以初步测定胶凝材料浆体中非自由水的含量。

CH 含量的测定，本实验用热分析法对水化浆体中 CH 的含量进行较为准确的测定，这种方法的依据为被测的养护一定龄期的胶凝材料浆体试样在被加热的过程中，水化浆体中的水化产物会在某些不同的温度进行分解或失水。经过大量试验证实水泥基胶凝材料浆体的水化产物中大部分的水化硅酸钙凝胶（C-S-H）、水化硫铝酸钙（AFt）、单型硫铝酸钙（AFm）在摄氏温度为 100～400℃时将会发生分解失去结合力较弱的化学结合水；生成物 CH 则会在温度为 400～550℃之间失水发生分解反应；650℃以上的温度则会出现晶型的转变（晶型的转变不会造成质量的损失）和水化硅酸钙凝胶的显著脱水。这些化学结合水的失去和物质的高温分解就会造成热重曲线上的失重现象，在示差扫描量热曲线（DSC）上出现吸热峰等。在物质的失水和分解温度区间可以看出在 400～550℃温度区间的反应是比较单一的，即为 CH 的分解，可以通过这一温度区间的失重来计算胶凝材料水化浆体中 CH 的含量。非自由水的测定和 CH 含量的测定方法如图 2-19 所示。

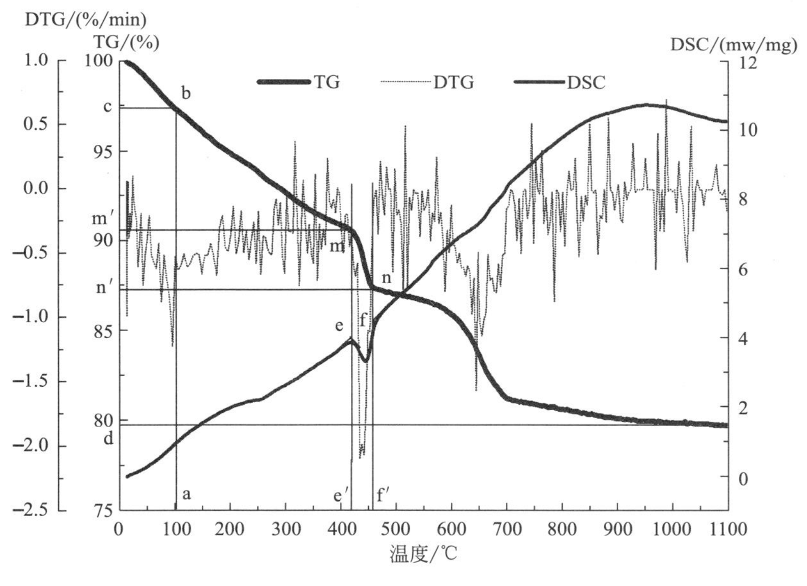

图 2-19　水泥基材料的热分析图像

根据图 2-19 对每克水化胶凝材料中非自由水含量进行计算，具体方法如下：根据前人研究在温度横坐标上选择 100℃处的 a 点（a 点以前为自由水的蒸发，a 点以后为非自由水开始挥发的温度），过 a 点垂直于温度轴的直线交 TG 曲线于点 b，过 b 点平行于温度轴交质量损失的纵轴于点 c，即 c 点为养护一定龄期的胶凝材料浆体粉末非自由水挥发的起始点，记作 MC。

本试验将胶凝材料浆体粉末加热到 1100℃，恒温 10min，确保水分的彻底挥发，过 TG 曲线与 1100℃的交点做平行于温度轴的直线交质量损失的纵轴于点 d，即点 d 为非自由水挥发的终止点，记作 Md。质量损失的纵轴上点 c 与点 d 之间的差值即为每克养护一定龄期的胶凝材料加热到 1100℃时所损失的质量，即 Mc-Md。为了较为准确的计算每克胶凝材料中所含非自由水的量，引入原材料的烧失量对计算结果进行修正。原材料烧失量的计算基于原材料硅酸盐水泥和粉煤灰在100℃烘干的基础上，根据式（2-4）和（2-5）计算所得，计算结果见表2-11和表2-12。

$$S_C=\frac{m_{c100}-m_{c1100}}{m_{c100}}\times 100\% \tag{2-4}$$

式中：S_C——硅酸盐水泥的烧失量；

m_{c100}——硅酸盐水泥经100℃烘干时的质量；

m_{c1100}——硅酸盐水泥经1100℃烧后的质量。

$$S_{FA}=\frac{m_{FA100}-m_{FA1100}}{m_{FA100}}\times 100\% \tag{2-5}$$

式中：S_{FA}——粉煤灰的烧失量；

m_{FA100}——粉煤灰经100℃烘干时的质量；

m_{FA1100}——粉煤灰经1100℃烧后的质量。

假设1克水化的胶凝材料浆体中含有非自由水的质量为M_n，则含有胶凝材料的质量为$1-M_n$，在胶凝材料中硅酸盐水泥质量占胶凝材料质量百分数为ω，胶凝材料中粉煤灰质量占胶凝材料的质量百分数则为$1-\omega$。TG坐标上的质量损失M_c-M_d为1克胶凝材料中非自由水含量与胶凝材料各组分烧失量之和，可用公式（2-6）表示，经整理得式（2-7），即式（2-7）中的M_n为试验中每克养护到一定龄期的胶凝材料浆体中非自由水的含量。

$$M_c-M_d=M_n+(1-M_n)\omega S_c+(1-M_n)(1-\omega)S_{FA} \tag{2-6}$$

$$M_n=\frac{M_c-M_d-\omega S_c-(1-\omega)S_{FA}}{1-\omega S_c-(1-\omega)S_{FA}} \tag{2-7}$$

每克水化的胶凝材料中生成物CH的质量也根据图2-19中的曲线获得，具体方法如下：研究表明CH在400～550℃温度区间内失水分解，且水泥基材料中在此温度区间内失水的物相较为单一，可根据此温度区间内的失重质量计算每克水化胶凝材料中生成物CH的质量。在此温度区间内TG曲线上的失重区间主要根据DSC曲线上在此温度区间的吸热峰决定，DTG曲线由TG曲线上的数据对时间一次微分所得，能较为准确的反应出每个失重区间的起始反应温度和终止反应温度，对失重区间的选取起到一定的辅助作用。DSC曲线上吸热和放热峰的转变点可根据国际热分析协会（ICTA）所确定的外推法获得。通过一个峰的两个转变点来确定反应起始温度和终止温度。如图2-19所示，在400～550℃温度区间内找到一较明显的吸热峰，为生成物CH分解所致，通过外推法获得吸热峰上的两个转变点e和f点，过点e和点f做垂直于温度轴的直线，交温度轴于e′和f′，e′和f′之间的温度范围代表CH的分解的起始温度和终止温度，交TG曲线于点m和点n，过点m和点n做平行于温度轴的直线交TG纵坐标于点m′和n′，且与DTG曲线上反应的失重阶段相吻合，m′和n′之间的质量变化为CH分解时的失水质量，记为M_1（$M_1=M'_m-M'_n$）。

在求得每克水化胶凝材料浆体在e′和f′温度之间的失水质量后，可根据化学方程式：

$$Ca(OH)_2 \longrightarrow CaO+H_2O \text{（400～550℃）}$$

根据化学方程式上CH和水的相对分子质量关系求得每克胶凝材料水化浆体中的CH的质量。如公式（2-8）所示。

$$M_{CH}=4.115\times M_1 \tag{2-8}$$

式中：M_{CH}——每克胶凝材料水化浆体中所含的 CH 的质量。

（2）水泥-粉煤灰复合胶凝材料浆体中非自由水的含量

水作为一种不可或缺的组分，在胶凝材料水化的过程中起到了非常重要的作用，保证了胶凝材料水化的正常进行，也从始至终影响着水泥基胶凝材料的水化产物的生成和性能的发展，在掺有矿物掺合料的复合胶凝材料中，水的一些信息，在一定程度上也反映了矿物掺和料对复合胶凝材料体系水化行为的影响。在研究胶凝材料水化的过程中，水化到一定龄期的胶凝材料浆体中化学结合水含量也就成为判断胶凝材料水化程度的一个重要参数，为了研究的需要，通常把化学结合水含量用较容易计算的非自由水含量来代替，即用水化浆体中非自由水的含量来反映胶凝材料浆体的水化程度。另外影响胶凝材料水化程度的因素很多，例如胶凝材料成分，养护温度、制度，水胶比，掺入不同种类、不同数量的矿物掺合料和外加剂等，都会对水化一定龄期的胶凝材料浆体中非自由水的含量造成不同程度的影响，本试验在研究低温水泥-粉煤灰复合胶凝材料水化的过程中主要从养护温度制度，粉煤灰不同掺量和亚硝酸钠大量掺入对水化一定龄期的胶凝材料中非自由水含量变化的影响来判断以上因素对胶凝材料浆体水化程度的影响规律，水化到一定龄期的胶凝材料浆体中非自由水含量通过同步热分析测得的 TG 曲线结合公式（2-7）来计算获得。

① 温度对胶凝材料浆体水化过程中非自由水含量的影响

表 2-11 为通过上述非自由水的测定方法和公式（2-7）计算得到的不同养护温度下（+5℃、0℃、－5℃和－10℃）养护 7d 和 14d 的每克纯水泥和粉煤灰掺量为 20%的胶凝材料浆体中非自由水的含量。并根据非自由水含量值绘制不同养护温度下养护 7d 和 14d 的胶凝材料浆体中非自由水含量的柱状图，如图 2-20 所示。

不同养护制度下养护 7d 和 14d 胶凝材料浆体中非自由水的含量　　表 2-11

编号 NO.	配合比	养护温度	胶凝材料浆体中非自由水含量 mg/g	
			7d	14d
B	纯水泥	+5℃	193.34	211.67
B2	粉煤灰掺量 20%	+5℃	164.71	181.91
C	纯水泥	0℃	175.65	198.43
C2	粉煤灰掺量 20%	0℃	151.62	171.13
D	纯水泥	−5℃	166.18	190.19
D2	粉煤灰掺量 20%	−5℃	142.33	161.47
E	纯水泥	−10℃	160.24	183.95
E2	粉煤灰掺量 20%	−10℃	141.52	153.43

从图 2-20 中可以看出随着养护温度的逐渐降低，两个养护龄期下胶凝材料浆体中非自由水的含量呈现不同程度的下降趋势，通过表 2-11 中的数值计算得出两个相邻的养护温度之间，养护 7d 的纯水泥浆体中非自由水的含量分别减少了 9.1%、5.4%和 3.6%，养护 14d 的纯水泥浆体中非自由水的含量分别减少了 6.3%、4.2%和 3.3%；养护 7d 的粉煤灰掺量为 20%的胶凝材料浆体中非自由水的含量分别减少了 7.9%、6.1%和 0.6%，养护 14d 的粉煤灰掺量为 20%的胶凝材料浆体中非自由水的含量分别减少了 5.9%、5.6%和 5%。这说明养护温度的降低，延缓了胶凝材料浆体早期的水化反应，降低了胶凝

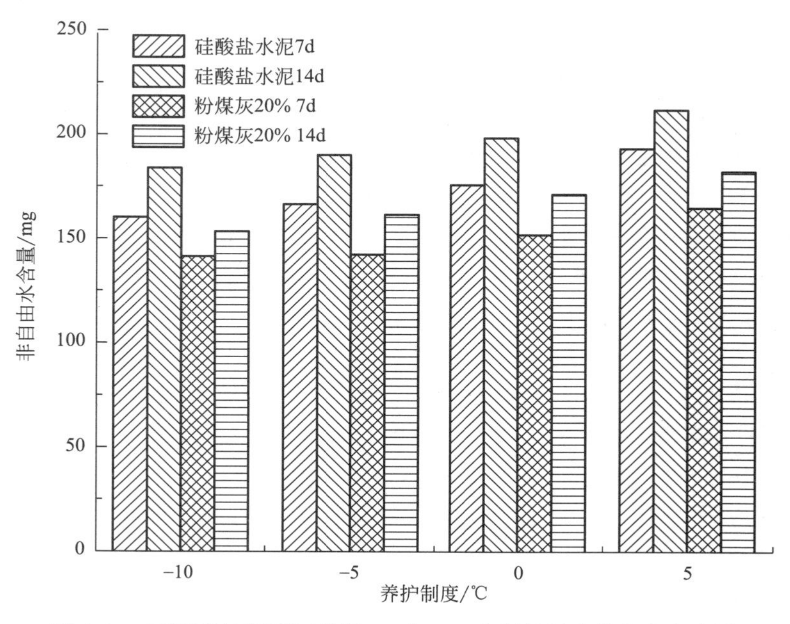

图 2-20　不同养护制度下养护 7d 和 14d 胶凝材料中非自由水含量

材料浆体的水化反应程度。

另外，随着温度的逐渐降低，养护一定龄期胶凝材料浆体中非自由水含量受温度的影响越来越小，最大的降幅出现在+5℃养护制度和 0℃养护制度下养护 7d 的硅酸盐水泥浆体，最小降幅则出现在−5℃养护制度和−10℃养护制度养护的粉煤灰掺量为 20%的胶凝材料浆体之间，非自由水含量的差值不足 1%，这说明相同条件下负温养护较正低温养护对胶凝材料的水化早期反应进程影响更为明显，从胶凝材料的组成来看，水泥基复合胶凝材料浆体的水化反应进程受低温的影响程度要小于纯的硅酸盐水泥浆体，粉煤灰的掺入虽然降低了胶凝材料的水化程度，但是同时也改善了温度变化对负温养护制度下的胶凝材料浆体水化反应的影响。

② 粉煤灰掺量对胶凝材料浆体水化过程中非自由水含量的影响

表 2-12 为通过上述非自由水的测定方法和公式（2-7）计算得到的−5℃和−10℃两个养护温度下养护 7d 和 14d 的粉煤灰不同掺量的（0、10%、20%和 30%）胶凝材料浆体中非自由水的含量。并根据非自由水含量值绘制不同养护温度下养护 7d 和 14d 的胶凝材料浆体中非自由水含量的柱状图，如图 2-21 所示。

−5℃和−10℃两个养护制度下的粉煤灰不同掺量的胶凝材料浆体中非自由水的含量

表 2-12

编号 NO.	配合比	养护温度℃	胶凝材料浆体中非自由水含量 mg/g	
			7d	14d
D	纯水泥	−5℃	166.18	190.19
D1	粉煤灰掺量 10%	−5℃	158.18	175.64
D2	粉煤灰掺量 20%	−5℃	142.33	161.47
D3	粉煤灰掺量 30%	−5℃	129.53	138.32

续表

编号 NO.	配合比	养护温度℃	胶凝材料浆体中非自由水含量 mg/g	
			7d	14d
E	纯水泥	－10℃	160.24	183.95
E1	粉煤灰掺量 10％	－10℃	147.57	170.24
E2	粉煤灰掺量 20％	－10℃	141.52	153.43
E3	粉煤灰掺量 30％	－10℃	124.45	132.53

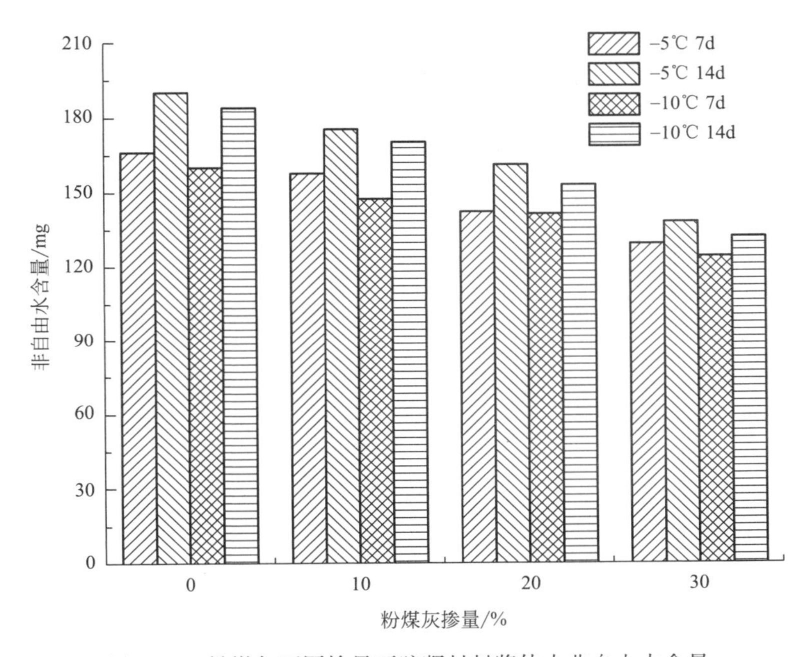

图 2-21　粉煤灰不同掺量下胶凝材料浆体中非自由水含量

从图 2-21 中可以看出，每一个养护制度下，每一个养护龄期的胶凝材料浆体中非自由水的含量均为随着粉煤灰掺量的不断增加呈现不同程度的减小趋势，通过表 2-12 中的数值计算得知，－5℃养护制度下养护 7d 的相邻配合比之间的胶凝材料浆体中非自由水含量的减小量分别约为 4.8％、10％和 9％，养护 14d 的相邻配合比之间的胶凝材料浆体中非自由水含量的减小量分别约为 7.6％、8.1％和 14.3％，－10℃养护制度下养护 7d 的相邻配合比之间的胶凝材料浆体中非自由水含量的减小量分别约为 7.9％、4.1％和 12.1％，养护 14d 的相邻配合比之间的胶凝材料浆体中非自由水含量的减小量分别约为 7.5％、9.9％和 13.6％。这说明粉煤灰的掺入影响了胶凝材料的水化反应进程，降低了胶凝材料的水化反应程度，粉煤灰的活性效应在此养护制度下并没有得到很明显的体现。

另外，从每一个养护制度来看，－5℃和－10℃养护制度下从 7d 养护至 14d 的胶凝材料浆体中非自由水的含量都出现了不同程度的增长，通过计算得出随着粉煤灰掺量的增加，不同养护制度下相同配合比的胶凝材料浆体中非自由水的含量分别约增加了 12.6％和 12.9％（纯水泥）、9.9％和 13.3％（粉煤灰掺量 10％）、11.9％和 7.7％（粉煤灰掺量 20％）、6.4％和 6.1％（粉煤灰掺量为 30％），从计算的数值可以看出，－5℃养护制度下粉煤灰掺量小于等于20%的胶凝材料浆体中非自由水的含量都有较大的增长，而−10℃养护制度下粉煤灰掺量为20%和30%的胶凝材料浆体中非自由水的含量的增长并不明显，这说明粉煤灰的大量掺入会影响到低温养护条件下养护的水泥-粉煤灰复合胶凝材料浆体7d以后的水化进程，尤其是在最低养护温度为−10℃时，粉煤灰在胶凝材料中的掺量应小于20%。

③ 亚硝酸钠的掺入对胶凝材料浆体水化过程中非自由水含量的影响

表2-13为通过上述非自由水的测定方法和公式（2-7）计算得到的+5℃养护温度下在自来水和掺有亚硝酸钠的复杂水化溶液环境中水化7d和14d的粉煤灰不同掺量（0、10%、20%和30%）胶凝材料浆体中非自由水的含量。并根据非自由水含量值绘制不同水化溶液环境中水化7d和14d的胶凝材料浆体中非自由水含量的柱状图，如图2-22所示。

+5℃养护温度下在不同水化溶液环境中水化的胶凝材料浆体中非自由水的含量 表2-13

编号 NO.	配合比	养护温度	水化溶液环境	胶凝材料浆体中非自由水含量 mg/g	
				7d	14d
A	纯水泥	+5℃	水	195.09	205.05
A1	粉煤灰掺量10%	+5℃		172.66	186.35
A2	粉煤灰掺量20%	+5℃		162.3	176.93
A3	粉煤灰掺量30%	+5℃		150.23	162.57
B	纯水泥	+5℃	亚硝酸钠	193.34	211.67
B1	粉煤灰掺量10%	+5℃		170.69	198.12
B2	粉煤灰掺量20%	+5℃		164.71	181.91
B3	粉煤灰掺量30%	+5℃		154.32	165.93

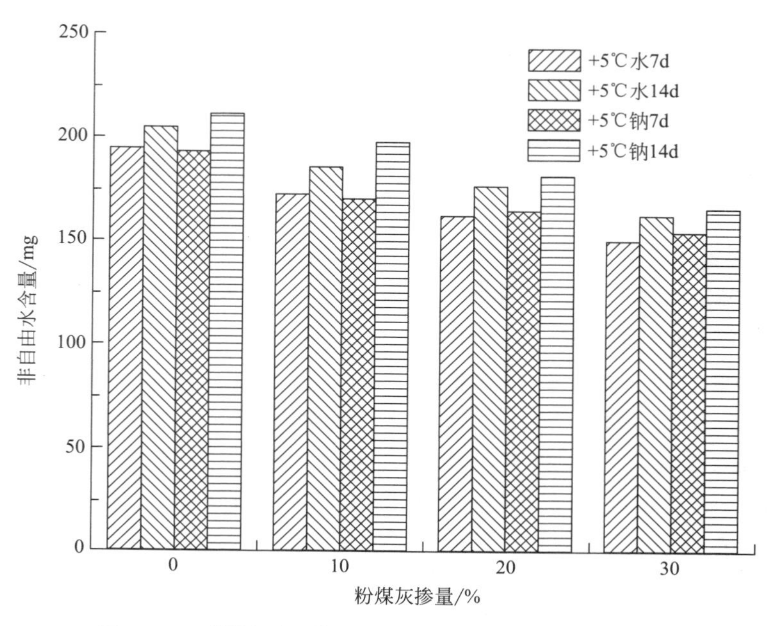

图2-22 不同溶液环境下胶凝材料浆体中非自由水含量

从图 2-22 中可以看出，不同水化溶液环境中养护 7d 和养护 14d 的胶凝材料浆体中非自由水含量的变化趋势是不同的，在养护 7d 的胶凝材料浆体中，在粉煤灰掺量不大于10％时，在掺有亚硝酸钠的溶液环境中水化的胶凝材料浆体中非自由水的含量小于在水中水化的胶凝材料浆体中非自由水的含量，而在粉煤灰掺量为 20％和 30％的胶凝材料浆体中则出现了相反的情况，通过计算得到在掺有亚硝酸钠的复杂水化溶液环境与在自来水中水化的相同配合比下胶凝材料中非自由水含量的差值约为－1％、－1.2％、1.5％和2.7％；在养护 14d 的胶凝材料浆体中，每一个配合比下在掺有亚硝酸钠的溶液环境中水化的胶凝材料浆体中非自由水的含量都大于在水中水化的胶凝材料浆体中非自由水的含量，在掺有亚硝酸钠的复杂水化溶液环境与在自来水中水化的相同配合比下胶凝材料中非自由水的差值约为 3.1％、5.9％、2.7％和 2％。

这说明在＋5℃养护制度下，亚硝酸钠的掺入并没有促进 7d 龄期时硅酸盐水泥和粉煤灰掺量为 10％的胶凝材料浆体的水化反应，但是促进了这一龄期下粉煤灰掺量为 20％和30％的胶凝材料浆体的水化反应，随着养护龄期至 14d 时，亚硝酸钠对每一个配合比下胶凝材料的水化反应都有较明显的促进作用，对硅酸盐水泥和粉煤灰掺量为 10％和 20％胶凝材料水化的促进作用较为明显，增加值分别约为 3.1％、5.9％和 2.7％，甚至使得硅酸盐水泥和粉煤灰掺量为 10％的胶凝材料浆体中非自由水的含量超过了在水环境中水化的相同龄期相同配合比的胶凝材料浆体中非自由水的含量，这也就从另一个方面说明了，亚硝酸钠促进胶凝材料水化反应是需要具备一些条件的，只有满足这些条件时，亚硝酸钠才能促进胶凝材料浆体的水化。

(3) 水泥-粉煤灰复合胶凝材料浆体中 CH 的含量

胶凝材料水化的主要产物有水化硅酸钙（C-S-H）和氢氧化钙（CH），水化硅酸钙为凝胶状水化产物，分子式内没有固定分子量的化学结合水，其结构和分子式很难得到确定，而氢氧化钙为晶体物质，具有固定的分子式，可以进行定量计算。虽然胶凝材料浆体中的氢氧化钙具有很低的强度，化学稳定性也较差，但是其仍是使胶凝材料浆体保持相对稳定性的一种不可或缺的水化产物。另外，水化温度、矿物掺合料和外加剂对胶凝材料浆体水化反应的进程都有一定程度的影响，CH 作为胶凝材料水化的主要晶体产物，其在水化的胶凝材料浆体的含量也会受到以上因素的影响而发生变化，本章节主要从不同养护制度、粉煤灰不同掺量、不同水化溶液环境三个方面对水化的胶凝材料浆体中 CH 的含量影响进行研究，并结合热分析图像计算每克水化的胶凝材料浆体中 CH 的含量。

① 温度对胶凝材料浆体中 CH 含量的影响

表 2-14 为通过上述氢氧化钙（CH）的测定方法和公式（2-8）计算得到的不同养护温度下（＋5℃、0℃、－5℃和－10℃）养护 7d 和 14d 的每克纯水泥和粉煤灰掺量为 20％的胶凝材料浆体中 CH 的含量。并根据 CH 含量值绘制不同养护温度下养护 7d 和 14 的胶凝材料浆体中 CH 含量的柱状图，如图 2-23 所示。

不同养护制度下养护 7d 和 14d 胶凝材料浆体中 CH 的含量　　表 2-14

编号 NO.	配合比	养护温度	胶凝材料浆体中氢氧化钙含量 mg/g	
			7d	14d
B	纯水泥	＋5℃	130.11	143.92

续表

编号 NO.	配合比	养护温度	胶凝材料浆体中氢氧化钙含量 mg/g	
			7d	14d
B2	粉煤灰掺量 20%	+5℃	101.21	121.67
C	纯水泥	0℃	125.37	139.57
C2	粉煤灰掺量 20%	0℃	94.31	116.44
D	纯水泥	−5℃	103.64	122.95
D2	粉煤灰掺量 20%	−5℃	74.64	99.31
E	纯水泥	−10℃	97.3	120.33
E2	粉煤灰掺量 20%	−10℃	69.75	95.86

从图 2-23 中可以看出每一配合比下胶凝材料浆体随着养护温度的逐渐减低，其内部的 CH 的含量呈现不同程度的减小趋势，根据表 2-14 中的数据计算得到，相邻养护温度之间，养护 7d 的纯水泥浆体中 CH 的含量分别约减少 3.6%、17.3%和 6.1%，养护 14d 的纯水泥浆体中 CH 的含量分别约减少 3.0%、11.9%和 2.1%；养护 7d 的粉煤灰掺量为 20%的浆体中 CH 的含量分别约减少 6.8%、20.9%和 6.6%，养护 14d 的粉煤灰掺量为 20%的浆体中 CH 的含量分别约减少 4.3%、14.7%和 3.5%。这说明养护温度的降低，延缓了胶凝材料的水化进程，减少了生产物 CH 在水化到一定龄期的胶凝材料浆体中的含量。

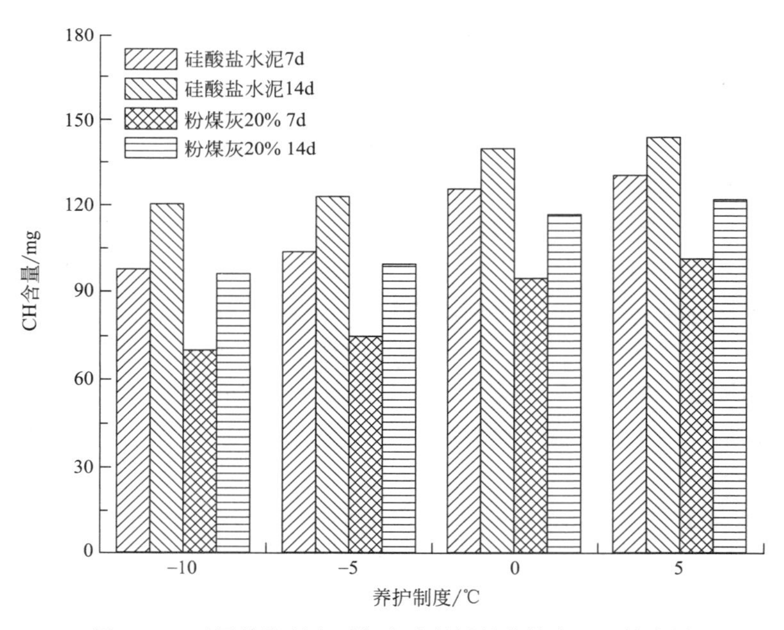

图 2-23 不同养护制度下每克胶凝材料浆体中 CH 的含量

从图 2-23 和所计算的数值中还可以明显的看出，以 0℃为分界点，0℃以下养护的胶凝材料浆体中的 CH 含量较 0℃养护制度下胶凝材料浆体中 CH 的含量有较明显的减少，7d 龄期时硅酸盐水泥和粉煤灰掺量为 20%的胶凝材料浆体中 CH 含量的减少分别达到 17.3%和 20.9%，养护 14d 的硅酸盐水泥和粉煤灰掺量为 20%的胶凝材料浆体中 CH 含量的减少也分别达到 11.9%和 14.7%，而−10℃和−5℃养护制度及 0℃和+5℃养护制度之间养护 7d 和 14d 的相同配合比下胶凝材料浆体中 CH 含量的减少量则相对不是很明显，最大差值不足 7%，这说明负温条件下养护对胶凝材料浆体的水化影响更为明显一些。

另外，每两个相邻的养护温度之间硅酸盐水泥浆体中 CH 含量的减少程度均小于粉煤灰掺量为 20%的复合胶凝材料浆体中 CH 含量的减小值，这说明养护温度的降低，对掺有粉煤灰的胶凝材料浆体水化的影响更为明显。

② 粉煤灰掺量对胶凝材料浆体中 CH 含量的影响

表 2-15 为通过上述氢氧化钙（CH）的测定方法和公式（2-8）计算得到的−5℃和−10℃两个养护制度下养护 7d 和 14d 的粉煤灰不同掺量下（0、10%、20%和 30%）胶凝材料浆体中 CH 的含量。并根据 CH 含量值绘制不同养护温度下养护 7d 和 14d 的胶凝材料浆体中 CH 含量的柱状图，如图 2-24 所示。

−5℃和−10℃两个养护制度下的粉煤灰不同掺量的胶凝材料浆体中 CH 的含量　表 2-15

编号 NO.	粉煤灰掺量%	养护温度℃	胶凝材料浆体中氢氧化钙含量 mg/g	
			7d	14d
D	0	−5℃	103.64	122.95
D1	10%	−5℃	90.33	118.73
D2	20%	−5℃	74.64	99.31
D3	30%	−5℃	67.11	97.22
E	0	−10℃	97.3	120.33
E1	10%	−10℃	86.52	115.26
E2	20%	−10℃	69.75	95.86
E3	30%	−10℃	67.07	92.11

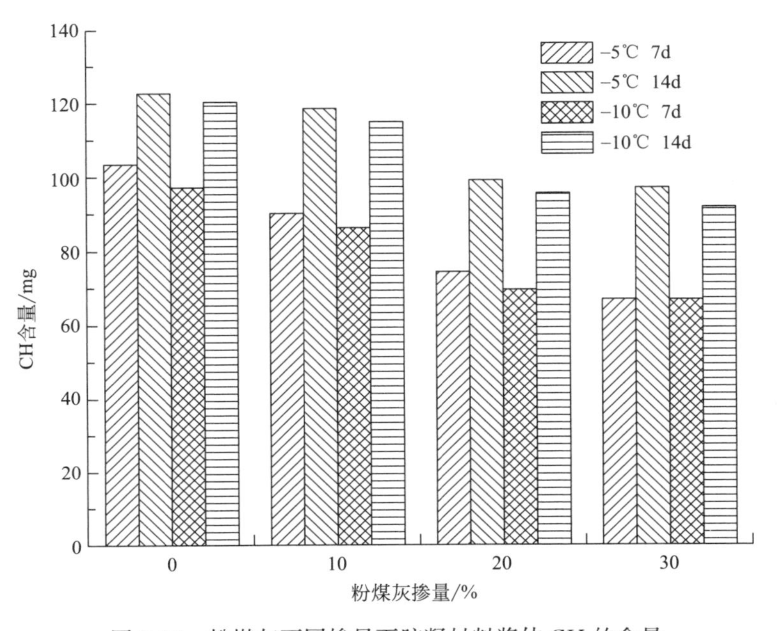

图 2-24　粉煤灰不同掺量下胶凝材料浆体 CH 的含量

从图 2-24 中可以看出，在这两个养护制度下养护的胶凝材料浆体，随着粉煤灰掺量的逐渐增加，在每一个养护龄期下的胶凝材料浆体中 CH 的含量都出现了不同程度的减少趋势。以粉煤灰掺量为 20%为界，当粉煤灰掺量大于等于 20%时，复合胶凝材料浆体中 CH 的含量出现较硅酸盐水泥和粉煤灰掺量为 10%的胶凝材料而言有较为明显的降低。通过表 2-15 中的数据计算得出，随着粉煤灰掺量的增加，－5℃养护制度下养护 7d 的相邻配合比的胶凝材料中 CH 含量分别减少约 12.8%、17.3%和 10.1%，养护 14d 的相邻配合比的胶凝材料中 CH 含量分别减少约 3.4%、16.4%和 2.1%，－10℃养护制度下养护 7d 的相邻配合比的胶凝材料中 CH 含量分别减少约 11.1%、19.4%和 3.8%，养护 14d 的相邻配合比的胶凝材料中 CH 含量分别减少约 4.2%、16.8%和 3.9%，这说明粉煤灰的掺入影响了低温养护条件下胶凝材料浆体水化反应的进程，当粉煤灰掺量大于等于 20%时对胶凝材料浆体水化反应的影响更为明显。

从养护龄期来看，在这两个养护制度下将胶凝材料浆体从 7d 养护至 14d，－5℃和－10℃养护温度下胶凝材料浆体中 CH 含量分别增长约 15.7%、24%、24.8%、31.0%和 19.1%、24.9%、27.2%、27.2%。掺有粉煤灰的胶凝材料浆体中 CH 含量的增长值明显高于硅酸盐水泥浆体中 CH 含量的增长值，这是由于粉煤灰的掺入间接的增大了胶凝材料水化过程中的水灰比，促进了胶凝材料水化反应的进程。

另外，在－5℃和－10℃这两个养护制度下将胶凝材料浆体从 7d 养护至 14d，除粉煤灰掺量为 30%的胶凝材料浆体外，其他配合比下的胶凝材料浆体，－5℃养护温度下胶凝材料浆体中 CH 含量分别增长值均小于－10℃养护温度下胶凝材料浆体中 CH 含量分别增长值。这说明养护 7d 以后，－10℃养护温度下胶凝材料浆体的水化反应速率大于－5℃养护温度下胶凝材料浆体。

③ 亚硝酸钠的掺入对胶凝材料浆体中 CH 含量的影响

表 2-16 为通过上述氢氧化钙（CH）的测定方法和公式（2-8）计算得到的－5℃和－10℃两个养护制度下养护 7d 和 14d 的粉煤灰不同掺量下（0、10%、20%和 30%）胶凝材料浆体中 CH 的含量。并根据 CH 含量值绘制不同养护温度下养护 7d 和 14d 的胶凝材料浆体中 CH 含量的柱状图，如图 2-25 所示。

＋5℃养护温度下在不同水化溶液环境中水化的胶凝材料浆体中 CH 的含量　　表 2-16

编号 NO.	粉煤灰掺量%	养护温度℃	水化溶液环境	胶凝材料浆体中氢氧化钙含量 mg/g	
				7d	14d
A	0	＋5℃	水	130.71	141.63
A1	10%	＋5℃		117.01	131.21
A2	20%	＋5℃		100.64	117.48
A3	30%	＋5℃		83.07	107.79
B	0	＋5℃	亚硝酸钠	130.11	143.92
B1	10%	＋5℃		116.89	133.83
B2	20%	＋5℃		101.214	121.673
B3	30%	＋5℃		85.36	112.75

从图 2-25 中可以看出，在＋5℃养护制度下，不同水化溶液环境中养护 7d 和养护 14d

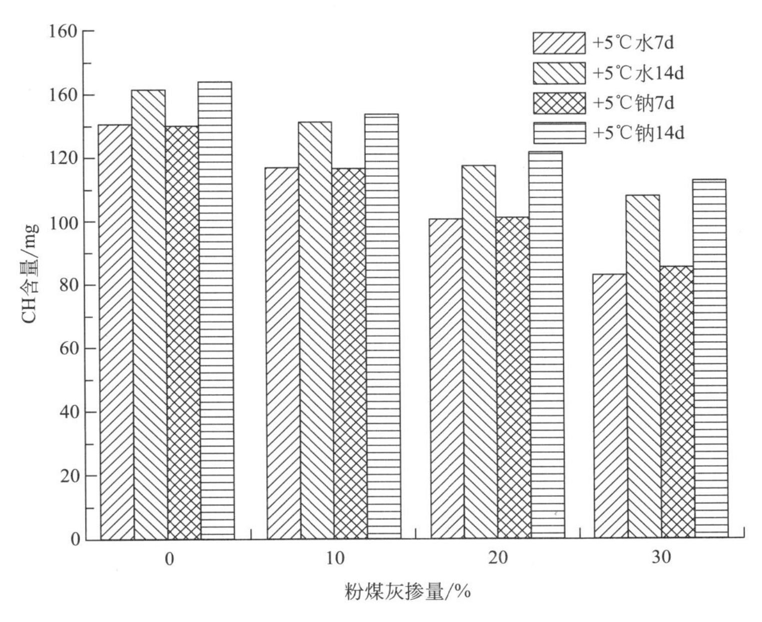

图 2-25　不同溶液环境下胶凝材料浆体中非自由水含量

的胶凝材料浆体中 CH 含量的变化趋势是不同的，养护 7d 的胶凝材料浆体中，除粉煤灰掺量为 30％的复合胶凝材料中 CH 的含量有明显变化外，其他配合比条件下两种不同溶液环境下水化的胶凝材料浆体中 CH 含量没有明显的差别，通过表 2-16 中的数据计算得知，在掺有亚硝酸钠的复杂水化溶液环境中水化 7d 的胶凝材料中 CH 的含量与在自来水水化 7d 的胶凝材料浆体中 CH 含量的最大差值约为 0.5％，远远小于粉煤灰掺量为 30％的胶凝材料之间的差值 2.7％。

在养护 14d 的胶凝材料浆体中，在掺有亚硝酸钠的复杂溶液中水化的每一个配合比下胶凝材料浆体中 CH 的含量都高于在水环境中水化的胶凝材料浆体中 CH 的含量。在掺有亚硝酸钠的复杂水化溶液环境中水化 14d 的胶凝材料中 CH 的含量与在自来水水化 14d 的胶凝材料浆体中 CH 含量的增长值约为 1.6％、2.0％、3.4％和 4.7％。

这说明在＋5℃养护制度下，亚硝酸钠的掺入并没有明显影响胶凝材料浆体的水化进程，随着养护龄期至 14d 时，亚硝酸钠对每一个配合比下胶凝材料的水化反应程度都有较明显的促进作用。

另外，从图中还可以看出，亚硝酸钠的掺入对掺有粉煤灰的复合胶凝材料浆体中 CH 含量的促进作用要明显于硅酸盐水泥浆体。这是由于粉煤灰的掺入，间接的增加了水灰比，使得水化 7d 以后仍有较充足的水参与水泥熟料的水化反应中。

2.2　水泥-粉煤灰-硅灰复合胶凝材料体系低温水化的研究

2.2.1　试验原材料与配合比

（1）试验原材料

① 水泥

本试验采用的水泥为大连小野田水泥厂（P·Ⅱ 52.5R）硅酸盐水泥，其主要化学成分见表2-17。

硅酸盐水泥的化学成分（ω/%） 表2-17

SiO_2	CaO	Fe_2O_3	Al_2O_3	MgO	SO_3	Other	Loss
21.26	63.66	2.80	4.50	1.66	2.58	3.54	2.66

② 粉煤灰

本试验所选用的粉煤灰为沈阳沈海热电厂Ⅰ级粉煤灰。从氧化物含量来看，氧化硅含量59.57%>50%，氧化钙含量3.43%<5%，烧失量为1.20%<5%，符合《用于水泥和混凝土中的粉煤灰》（GB/T 1596-2017）的要求，其主要成分见表2-18。

粉煤灰的化学成分（ω/%） 表2-18

SiO_2	Al_2O_3	Fe_2O_3	CaO	MgO	Na_2O	K_2O	Other	Loss
59.57	25.24	5.62	3.43	1.62	0.86	2.46	1.20	1.20

③ 硅灰

本试验所用的硅灰产自沈阳建恺特种工程材料有限公司，其主要成分见表2-19。

硅灰的化学成分（ω/%） 表2-19

SiO_2	Al_2O_3	Fe_2O_3	CaO	Loss
88～95	2.1	3.0	<1.5	<3

④ 标准砂

本试验用砂全采用标准砂，产自厦门艾思欧标准砂有限公司，其标准砂颗粒分布见表2-20，该标准砂满足《水泥胶砂强度检验方法（ISO法）》（GB/T 17671）中对标准砂的要求。

标准砂颗粒分布（%） 表2-20

方孔边长(mm)	2.0	1.6	1.0	0.5	0.16	0.08
累计筛余(%)	0	7±5	33±5	67±5	87±5	99±5

⑤ 其他试验材料

本试验拌合时所用的拌合水采用普通自来水。另外在拌合中加入复合早强剂，其主要成分为亚硝酸钠，采用广州白云山明兴制药有限公司生产的亚硝酸钠。

（2）水泥胶砂试验配合比

试验配合比设计首先进行前期试验：通过水泥胶砂的拌后状态和工作性逐渐调整水灰比。经过大量的前期调整试验最终将水灰比定为0.42。根据《水泥水化热测定方法》（GB/T 12959-2008）中的要求，将砂率定为33.33%、胶砂总量为800g在试验所选择（0℃、−5℃和−10℃）的三个养护制度中的每一个养护温度下，固定水灰比改变粉煤灰和硅灰掺量。根据实际施工经验将粉煤灰掺量定为10%、20%和30%、硅灰掺量定为2%、5%和8%与硅酸盐水泥做对比，组成10组配比。设计试验所用配合比见表2-21。

水泥胶砂配合比　　表2-21

试样编号	外掺料替代率（粉煤灰+硅灰）%	水泥（g）	粉煤灰（g）	硅灰（g）	标准砂（g）	水（g）	外加剂（g）
0	0+0	200	0	0	600	84	17
F_1	0+2	196	0	4	600	84	17
F_2	0+5	190	0	10	600	84	17
F_3	0+8	184	0	16	600	84	17
G_1	10+0	180	20	0	600	84	17
G_2	20+0	160	40	0	600	84	17
G_3	30+0	140	60	0	600	84	17
H_1	10+2	176	20	4	600	84	17
H_2	20+5	150	40	10	600	84	17
H_3	30+8	124	60	16	600	84	17

2.2.2　复合胶凝材料体系低温早期水化进程研究

（1）胶凝材料浆体中结合水含量的测定方法

结合水含量的测定方法比较多，主要的测试方法有：用干冰做干燥剂的D-干燥法，用高氯酸镁做干燥剂的P-干燥法，恒温箱干燥法，还有本试验所应用的方法同步热分析中的热重法（TG）。

用热重法来测定某一温度制度下养护的胶凝材料养护到一定龄期时浆体中所含有的结合水含量的依据为：随着浆体试样在可以控制升温速率的环境中被加热，试样中的非结合水和结合水均随着仪器中保护气体的流动而散失，测定的试样质量便随着温度的变化而产生改变，这种质量的改变转化为重量损失曲线被输出，在数据上的表现为：随着温度的升高，样品的质量持续降低。由于结合水与水泥水化产物之间有较强的分子键或化学键的作用，而非结合水与水泥水化产物之间只有分子力的作用，这样在较低的温度区域内（110℃）样品的质量损失主要以非结合水为主，通过对热重曲线中110℃之前的质量损失加以计算便可以初步测定胶凝材料中结合水的含量。

本试验将到达水化龄期的胶凝材料浆体粉末加热到1100℃，并在110℃时恒温10min，以确保非结合水完全挥发，得到的数据如图2-26：

图2-26中黑色实线即为差热分析曲线，我们可以看出曲线在m、n两点温度为400～500℃之间有接近5%的质量损失，而且示差扫描量热的DSC曲线中也有一个明显的吸热峰出现，这是由于胶凝材料中的氢氧化钙分解造成的。水化硅酸钙中的凝胶脱水温度在650℃以上，而且在氢氧化钙分解温度下也伴随着结合力较弱的结合水分解，故无法直接测出参与反应的水的质量，只能通过侧面计算结合水的含量来表征水泥水化反应的程度。

图2-26中b点为曲线在110℃时所记录的质量损失，在110℃之前差热TG曲线与示差扫描量热的DSC曲线均呈直线状，说明在这一温度区间内反应比较单一，即为水化产物中未参与反应的非结合水蒸发。

结合水的计算表达式如式（2-9）：

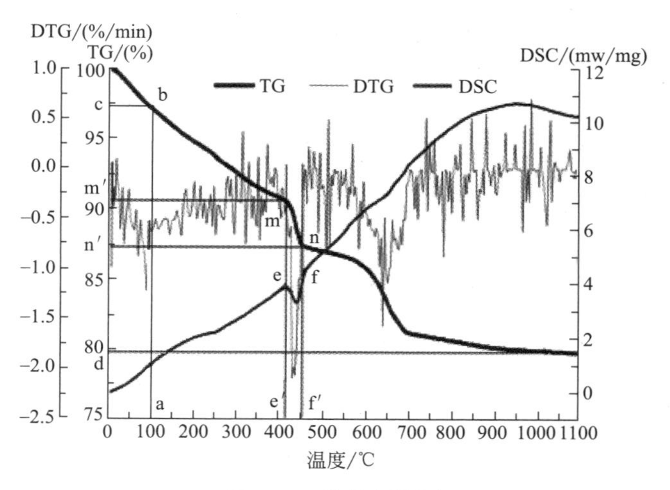

图 2-26 热分析像图

$$结合水含量=(1-\frac{非结合水质量}{总水量})\times 100\% \tag{2-9}$$

由于样品中所含的总水量我们无法通过 TG 曲线准确测量，所以我们假设试件制备时所有的水是均匀分布的。因此式（2-9）可由式（2-10）表达：

$$结合水含量=(1-\frac{试件质量\times(1-TG\%)}{试件质量\times(\frac{水灰比}{1+水灰比})})\times 100\% \tag{2-10}$$

将试验数据和水灰比带入式（2-10）即可得到结合水的含量。

（2）温度对胶凝材料浆体水化过程中结合水含量的影响

表 2-22 为通过上述结合水的测定方法和公式（2-10）计算得到的不同养护温度下（0℃、−5℃和−10℃）不同矿物掺合料掺量（粉煤灰：0、10%、20%、30%；硅灰：0、2%、5%、8%）养护 7d 时的结合水的含量。

不同养护温度下不同矿物掺合料掺量的胶凝材料中养护 7d 时结合水的含量　　表 2-22

试样编号	0℃	−5℃	−10℃
0	95.23	93.41	91.98
F_1	95.89	94.02	92.46
F_2	96.41	94.35	92.69
F_3	96.85	94.57	92.89
G_1	95.64	93.25	91.57
G_2	95.12	92.63	90.84
G_3	94.03	91.69	89.26
H_1	95.79	93.92	92.36
H_2	96.31	94.25	92.59
H_3	96.75	94.47	92.79

根据表 2-22 中的数据，按试验组别对比不同养护温度下胶凝材料水化产物中结合水含量，如图 2-27（*a*）（*b*）（*c*）所示。

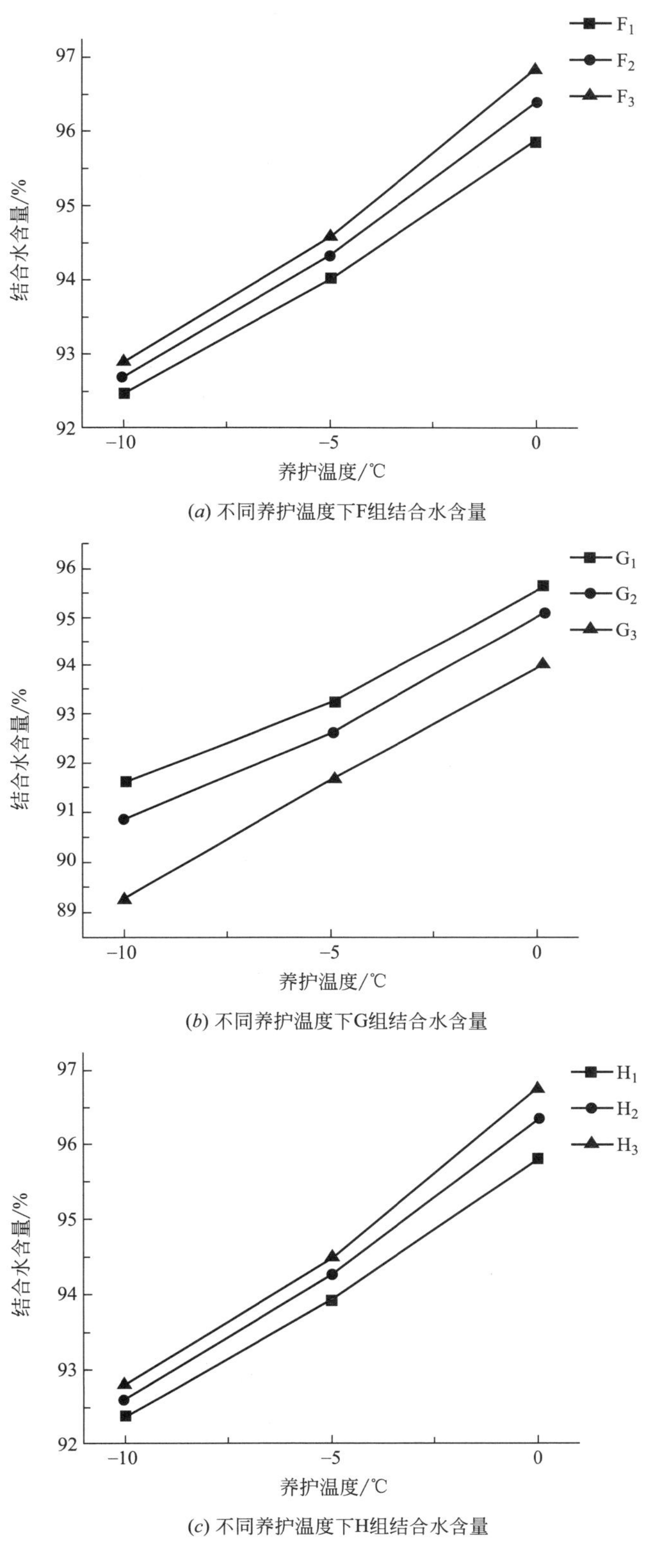

(*a*) 不同养护温度下F组结合水含量

(*b*) 不同养护温度下G组结合水含量

(*c*) 不同养护温度下H组结合水含量

图 2-27　不同养护温度下各组试样的结合水含量

由图 2-27 可知无论是单掺硅灰、单掺粉煤灰或是粉煤灰、硅灰复掺，复合胶凝材料体系中的结合水含量均随着温度的降低呈现出减少的趋势。说明养护温度的降低对复合胶凝材料体系早期水化起到抑制作用。计算同一温度下十组数据的平均值：养护温度为 0℃时平均值为 95.82%；养护温度为－5℃时平均值为 93.56%；养护温度为－10℃时平均值为 91.79%。养护温度为 0℃与养护温度为－5℃平均值之间差值为 2.26%，而养护温度为－5℃与养护温度为－10℃之间的平均值差值却仅为 1.77%。这说明当养护温度在 0～－10℃之间时，随着温度的降低，温度对复合胶凝材料体系水化程度的抑制作用呈减小的趋势。

(3) 矿物掺合料掺量对复合胶凝材料体系水化过程中结合水含量的影响

① 硅灰掺量对复合胶凝材料体系水化过程中结合水含量的影响

以硅灰掺量为横坐标绘制 0 组和 A 组数据的线性图，如图 2-28 所示。

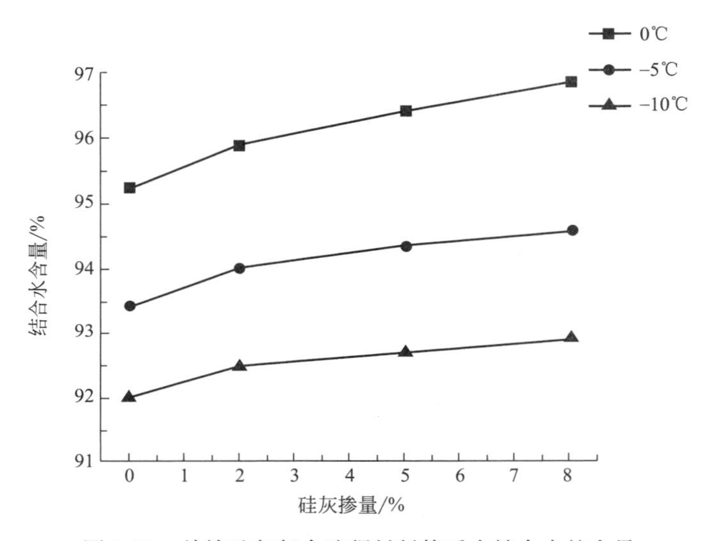

图 2-28　单掺硅灰复合胶凝材料体系中结合水的含量

从图 2-28 可以看出硅灰掺量在 0%～8%范围内随着硅灰掺量的增加，复合胶凝材料体系中的结合水含量呈增长趋势，说明在此范围内硅灰对复合胶凝材料体系早期水化起到促进作用。这是由于硅灰中的活性部分会与早期水化产物中的氢氧化钙发生二次水化反应，即：$Ca(OH)_2+SiO_2+H_2O \rightarrow C\text{-}S\text{-}H$ 反应会消耗掉复合胶凝材料体系中的非结合水，当硅灰掺量在 0%～8%范围内时，此时由于掺入的硅灰含量较低，可以充分发挥二次水化作用，故随着硅灰掺量的增加，体系中的结合水含量呈增长趋势，复合胶凝材料体系水化程度增大。

比较硅灰掺量为 2%与纯水泥之间三个养护温度下复合胶凝材料体系中结合水的差值：在 0℃时，2%硅灰掺量的值为 95.89%，纯水泥的值为 95.23%，其差值为 0.66%。在－5℃时，差值为 0.61%。在－10℃时，差值为 0.48%。可见随着温度的降低，2%硅灰掺量的复合胶凝材料体系中结合水含量增长速率呈降低趋势。通过计算得到：其他各段增长速率均随着温度降低而呈现减少的趋势。说明硅灰对复合胶凝材料体系水化的促进作用会随温度的降低而减弱。这是由于随着温度的降低，二次水化反应被抑制，消耗的反应物中的非结合水就会相对减少。其表现结果为：随着温度的降低复合胶凝材料体系中结合水含量增长率呈降低趋势。

将各个掺量下三种温度的结合水含量取平均值，如图 2-29。

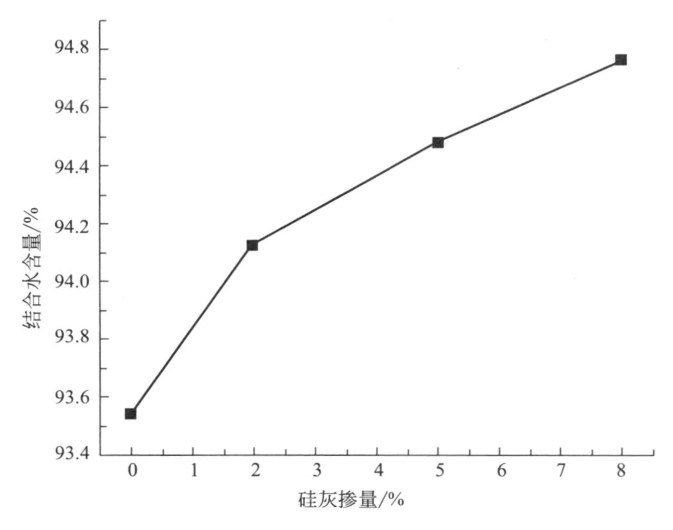

图 2-29　不同硅灰掺量的结合水含量的平均值

图 2-29 可以看到随着硅灰掺量的增加，复合胶凝材料体系中结合水含量增长率逐渐减小，这是因为当硅灰掺量在 0%～2%之间时，由于硅灰的掺量较小，硅灰在复合胶凝材料体系中的分散性较好，在环境中能与氢氧化钙充分接触，反应迅速，故此时消耗的非结合水较多。当硅灰掺量逐渐增加，由于硅灰具有较高的表面活性，会在复合胶凝材料体系中产生团聚，实际参与反应的硅灰并没有增加的太多。另一方面硅灰的粒径远小于水泥粒径，过多的硅灰会附着在水泥熟料表面阻碍其水化反应，虽然这种现象在硅灰掺量为 0%～8%中可能作用不明显，但是也是使复合胶凝材料体系中结合水含量增长率逐渐减小的影响因素之一。

② 粉煤灰掺量对复合胶凝材料体系水化过程中结合水含量的影响

以粉煤灰掺量为横坐标绘制 0 组和 B 组数据的线性图，如图 2-30 所示。

从图 2-30 可以看出粉煤灰掺量在 0%～30%范围内随着粉煤灰掺量的增加，总体上复合胶凝材料体系中的结合水含量呈减少趋势，说明在此范围内粉煤灰对复合胶凝材料体系早期水化起到抑制作用，使复合胶凝材料体系水化程度减小。这是由于粉煤灰中的活性部分活性较低，在复合胶凝材料体系水化早期粉煤灰很少参与反应，使得粉煤灰替代的复合胶凝材料体系有效水化水泥含量低于纯水泥胶凝体系中的水泥含量。虽然在常温下会与早期水化产物中的氢氧化钙发生二次水化反应，但是这一现象比较滞后，大量试验研究表明：粉煤灰-水泥复合胶凝材料体系大约在 28d 的时候其水化程度才会与纯水泥相当，在 28d 之前其水化程度远小于纯水泥水化程度。在低温条件下，这一现象更加明显：在 0℃时，粉煤灰掺量为 10%的复合胶凝材料体系的结合水含量高于此温度下纯水泥胶凝材料体系的结合水含量，说明在此温度下粉煤灰已经开始发挥其火山灰作用，与早期灰化产物氢氧化钙和非结合水反应，生成水化硅酸钙凝胶。而在 −5℃和 −10℃时，粉煤灰掺量为

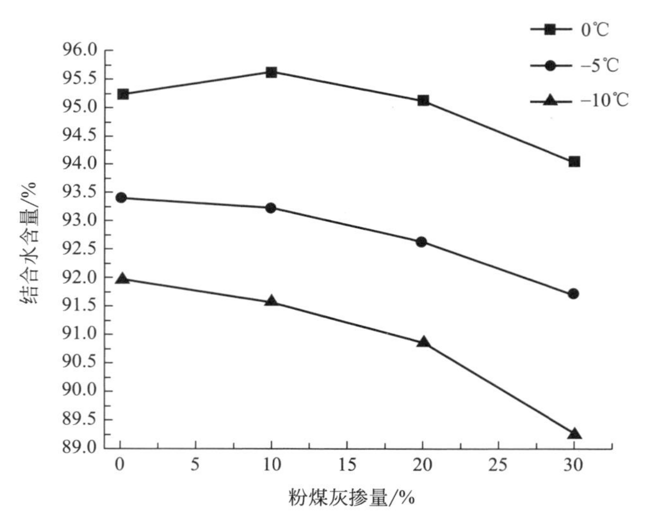

图 2-30 单掺粉煤灰复合胶凝材料体系中结合水的含量

10%的复合胶凝材料体系的结合水含量已经明显低于此温度下纯水泥胶凝材料体系的结合水含量，说明随着温度的降低粉煤灰的火山灰效应被抑制，其水化程度减小。

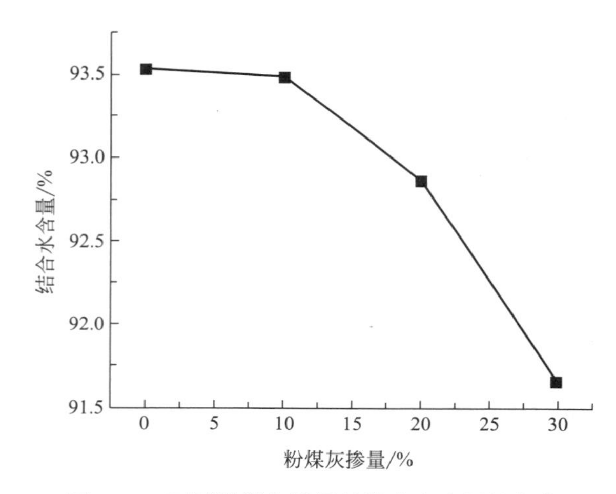

图 2-31 不同粉煤灰掺量的结合水含量的均值

另外从图 2-30 中可以看出各个粉煤灰掺量下 0℃与－5℃之间复合胶凝材料体系的结合水含量差值明显大于－5℃与－10℃之间复合胶凝材料体系的结合水含量差值。这说明随着温度的降低，温度对粉煤灰进行的火山灰反应抑制作用在降低。

将各个掺量下三种温度的结合水含量取平均值，如图 2-31。

图 2-31 可以看到随着粉煤灰掺量的增加，复合胶凝材料体系中结合水含量降低率逐渐增大，这是因为在复合胶凝材料体系水化初期粉煤灰几乎不参与反应。在粉煤灰掺量为 0%～10%的范围内会有少量的粉煤灰发挥其火山灰效应，使得复合胶凝材料体系水化程度增加。但是继续增加粉煤灰掺量对粉煤灰的火山灰效应并没有起到促进作用，反而会因为粉煤灰的较大掺量而减少水泥含量，在水灰比一定的条件下，水泥反应消耗的非结合水就会减少，剩余的结合水就会增多。所以随着粉煤灰掺量的增加，复合胶凝材料体系中结合水含量会大量减少。

③ 硅灰、粉煤灰复掺复合胶凝材料体系水化过程中结合水含量的结果及分析

绘制 0 组和 C 组数据的线性图，如图 2-32 所示。

从图 2-32 可以显然看出随着温度的降低，复合胶凝材料体系的结合水含量呈现出减

少的趋势。这与单掺粉煤灰和硅灰的试验组规律一致，都表现出了降低温度对复合胶凝材料体系水化程度的抑制作用。通过对 F 组和 G 组的分析，我们得出：随着粉煤灰掺入量的增加，复合胶凝材料体系的结合水含量呈降低趋势；而随着硅灰掺入量的增加，复合胶凝材料体系的结合水含量呈升高趋势。H_1 组的粉煤灰掺量为 10%、硅灰掺量为 2%；H_2 组的粉煤灰掺量为 20%、硅灰掺量为 5%；H_3 组的粉煤灰掺量为 30%、硅灰掺量为 8%，硅灰与粉煤灰的掺入量均增加，在图 2-32 中发现随着复掺掺量的增加，复合胶凝材料体系的结合水含量呈升高趋势。这说明在此种掺量下，硅灰对复合胶凝材料体系水化过程的促进作用大于粉煤灰对复合胶凝材料体系水化过程的抑制作用。

另外从图 2-32 中还可以看出各个粉煤灰掺量下 0℃与−5℃之间复合胶凝材料体系的结合水含量差值明显大于−5℃与−10℃之间复合胶凝材料体系的结合水含量差值。这说明随着温度的降低，温度对硅灰的二次水化反应和粉煤灰的火山灰反应抑制作用在降低。

以硅灰掺量为 x 轴，以粉煤灰掺量为 y 轴，复合胶凝材料体系的结合水含量为 z 轴，绘制 3d 数据图如图 2-33。

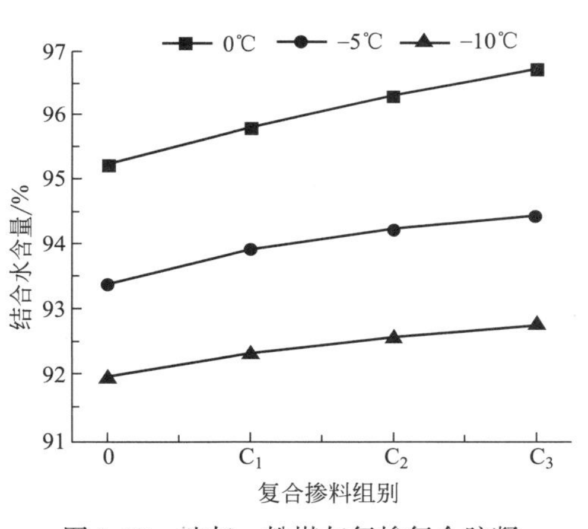

图 2-32　硅灰、粉煤灰复掺复合胶凝材料体系中结合水的含量

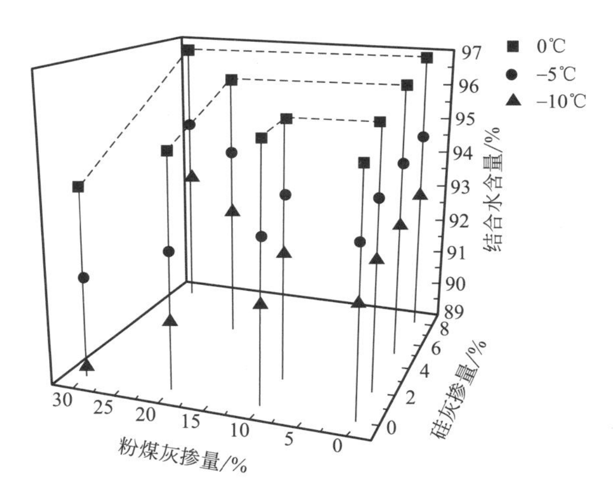

图 2-33　复合胶凝材料体系的结合水含量 3d 图

对比相同温度下，F、G、H 三组中相同编号的试验组。例如：0℃的 F_1、G_1、H_1 三组，F_1 组为单掺 2%硅灰的复合胶凝材料体系，G_1 为单掺 10%粉煤灰的复合胶凝材料体系，H_1 为复掺 2%硅灰和 10%粉煤灰的复合胶凝材料体系，在图中将这三点用虚线连接起来。从图中可以看出：复掺硅灰、粉煤灰的复合胶凝材料体系的结合水含量低于同硅灰掺量的单掺硅灰的复合胶凝材料体系的结合水含量。说明粉煤灰在复掺硅灰、粉煤灰的复合胶凝材料体系水化中仍起到抑制作用；复掺硅灰、粉煤灰的复合胶凝材料体系的结合水含量高于同粉煤灰掺量的单掺粉煤灰的复合胶凝材料体系的结合水含量。说明硅灰在复掺硅灰、粉煤灰的复合胶凝材料体系水化中仍起到促进作用。

2.2.3　复合胶凝材料体系低温早期水化放热研究

（1）低温复合胶凝材料体系早期水化放热速率计算方法

① 数据的测量、记录与选取

试验开始后，自动水泥水化热测定仪开始记录和保存温度数据，其测量和记录的时间间隔为 2min。试验结束后，保存试验温度数据，并将试验数据以时间为横坐标作图。以−10℃掺量为 20％的粉煤灰数据为例，保存的试验数据，会在水化热测定仪中以图 2-34 的形式出现，另外还可以将试验数据输出为 excel 数据文件。

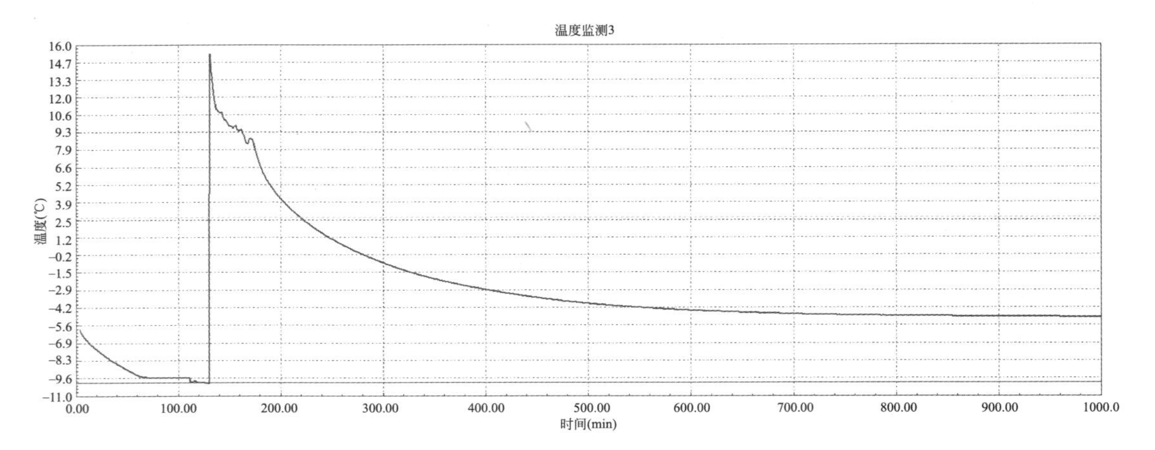

图 2-34 水化热测定仪测量并记录的−10℃掺量为 20％的粉煤灰水化时环境温度的变化

从图 2-34 可以看出：大约在 130 分钟时水化环境温度由−10℃瞬间上涨至 15.8℃，这是将试验仪器的温度传感器由外界恒温水槽中转移至拌合后的复合胶凝材料体系中时，所产生的瞬时温度变化。在此之前的数据由于传感器没有接触到复合胶凝材料体系，所以并没有任何研究意义，要将其截去。并将此时的时刻重新设定为 0min。在此后的约 400min 时温度变化已不十分明显，此后的数据研究意义也不大，故需要对此后的数据截取。

② 温度时间曲线面积的计算方法

对保留的 400min 内数据进行计算，首先做出恒温水槽的温度恒温线。其次以每 2min 作为一个计算单位，并作为矩形的宽度，矩形的长度（温度值）通过面积补偿法来确定。面积补偿法示意图如图 2-35 所示。

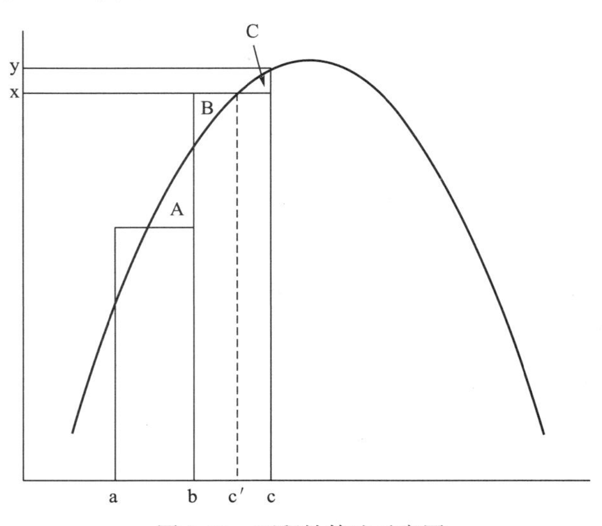

图 2-35 面积补偿法示意图

图2-35中a、b、c为任意三个相邻数据记录点，c点的温度为y。在b、c两点之间寻找点c'，c'点满足a、b间的矩形和b、c间过c'的矩形与温度曲线之间围成的A、B、C三个区域面积$B=A+C$。用c'点对应的温度x代替c点对应的温度y进行面积计算，则b、c间的面积为$2\times(x-t)/60$（h·℃），t为恒温水槽的温度。将每一个矩形的面积求和得到曲线面积$\sum T_{0\sim x}$。

③ 热量计热容量的计算方法

试验仪器一共有8个传感通道，在计算热量计的热容量之前，要先将8个热量计的保温瓶、软木塞、铜套管、衬筒和相应的传感器做标记，严格做到一一对应。在称量完毕热量计的各个配件之后，将软木塞与铜套管拼接起来，并在接缝处进行蜡封处理。

每个热量计的热容量按式（2-11）进行计算，计算结果保留至0.01J·℃$^{-1}$。

$$C=0.84\times\frac{g}{2}+1.88\times\frac{g_1}{2}+0.40\times g_2+1.02\times g_3+3.30\times g_4+1.92\times V \tag{2-11}$$

式中：C——不装原材料时热量计的热容量，单位为焦耳每摄氏度（J·℃$^{-1}$）；

g——保温瓶质量，单位为克（g）；

g_1——软木塞质量，单位为克（g）；

g_2——铜套管质量，单位为克（g）；

g_3——衬筒盖质量，单位为克（g）；

g_4——软木塞底面蜡质量，单位为克（g）；

V——传感器伸入热量计的体积，单位为立方厘米（cm^3）。

式中各系数分别为所用材料的比热容，单位为焦耳每摄氏度（J·g^{-1}·℃$^{-1}$）。

其中，软木塞底面的蜡质量指的是：对软木塞和铜套管进行蜡封时消耗的石蜡的质量。其计算方式是：用蜡封过的总质量减去软木塞和铜套管的质量和。

④ 热量计散热常数的测定方法和计算方法

测定前24h开启恒温水槽，使水温恒定在（20±0.1)℃范围内。试验前要将热量计各部件和试验用品在试验中（20±2)℃温度下，恒温24h。将热量计中的保温瓶胆垂直固定于恒温水槽内进行试验。用漏斗向圆筒内注入温度约为（50±1)℃的（500±10）g温水，准确记录加水质量（W）。然后用配套的插有传感器的软木塞盖紧，并用蜡封的方式对保温瓶口与软木塞的接缝处进行处理。当传感器显示温度为$45_0^{+0.2}$℃时，加水时间（精确到min)。恒温水槽内的水应始终保持（20±0.1)℃，从开始加水到开始6h读取第一次温度T_1（一般为34℃左右)，到44h读取第二次温度T_2（一般为21.5℃以上)。热量计散热常数K按式（2-12）计算，计算结果保留至0.01（J·h^{-1}·℃$^{-1}$)：

$$K=(C+W\times 4.1816)\frac{\lg(T_1-20)-\lg(T_2-20)}{0.4334\Delta t} \tag{2-12}$$

式中：K——散热常数，单位为焦耳每小时摄氏度（J·h^{-1}·℃$^{-1}$)；

W——加水质量，单位为克（g)；

C——热量计热容量，单位为焦耳每摄氏度（J·℃)；

T_1——试验开始后6h读取热量计的温度，单位为摄氏度（℃)；

T_2——试验开始后44h读取热量计的温度，单位为摄氏度（℃)；

Δt——读数T_1至T_2所经过的时间，38h。

另外，热量计的散热常数应测定两次，当两次差值小于4.18（$J \cdot h^{-1} \cdot ℃^{-1}$）时，取其平均值作为该热量计的散热常数。若两次差值大于4.18（$J \cdot h^{-1} \cdot ℃^{-1}$）则应重新测量。当热量计散热常数$K$小于167.00（$J \cdot h^{-1} \cdot ℃^{-1}$）时，才可以作为该热量计的散热常数。若热量计散热常数大于167.00（$J \cdot h^{-1} \cdot ℃^{-1}$），则应更换新的热量计，并重新进行热量计的散热常数测定。

⑤ 水化反应总热量的计算方法

在试验进行到复合胶凝材料体系的某个水化龄期时，复合胶凝材料体系的水化放热总量应为热量计中蓄积的热量和散失到热量计外的热量之和。水化反应的总热量Q_x按式（2-13）进行计算，将计算结果保留至0.1J：

$$Q_x = C_p (t_x - t_0) + K \sum T_{0\sim x} \tag{2-13}$$

式中：Q_x——某个水化龄期时，水化放出的总热量，单位为焦耳（J）；

C_p——装入试验原材料后热量计的总热容量，单位为焦耳每摄氏度（$J \cdot ℃^{-1}$）；

t_x——龄期为x小时的复合胶凝材料体系温度，单位为摄氏度（℃）；

t_0——复合胶凝材料体系的初始温度，单位为摄氏度（℃）；

K——热量计散热常数，单位为焦耳每小时摄氏度（$J \cdot h^{-1} \cdot ℃^{-1}$）；

$\sum T_{0\sim x}$——在$0\sim x$小时水槽温度恒温线与胶砂温度曲线的面积，单位为小时摄氏度（$h \cdot ℃$）。

其中$\sum T_{0\sim x}$曲线的面积通过面积补偿法来计算，热量计的散热常数K的计算方法在前文中已经提到。装入原材料后热量计的总热容量C_p通过热量计总热容和原材料（水、水泥、矿物掺合料、外加剂）的热容量之和来算出。

⑥ 复合胶凝材料体系水化热与放热速率的计算方法

在水化龄期x小时复合胶凝材料体系的水化热q_x，按式（2-14）计算，计算结果保留至$1J \cdot g^{-1}$：

$$q_x = \frac{Q_x}{G} \tag{2-14}$$

式中：q_x——复合胶凝材料体系某一龄期的水化热，单位为焦耳每克（$J \cdot g^{-1}$）；

Q_x——复合胶凝材料体系某一龄期的总热量，单位为焦耳（J）；

G——试验用水泥质量，单位为克（g）。

将计算出的水化热q_x对时间进行求导，即可得出复合胶凝材料体系的水化放热速率V_x（$J \cdot g^{-1} \cdot h^{-1}$），绘制复合胶凝材料体系的水化放热速率$V_x$与时间的线性图，并分析温度和矿物掺合料掺量对复合胶凝材料体系的水化放热速率的影响规律。

（2）低温复合胶凝体系的水化放热速率概述

在试验设定的三个温度条件下，根据表2-21中所提供的配合比准备相应的试验原材料，进行试验。并对试验数据进行上述计算处理。

以时间为横坐标，以复合胶凝材料体系的水化放热速率为纵坐标绘制线性图，以0℃、硅灰掺量为2%的数据图为例，如图2-36所示。

图2-36中A点之前为产生了一个放热速率为200（$J \cdot g^{-1} \cdot h^{-1}$）以上的放热峰，这是由于此时将传感器从外界恒温水槽中转移至拌合后的复合胶凝材料体系中时，会产生较大的温度变化，传感器采集的此时温度数据为20.825℃。在2min记录的最高水化放热峰

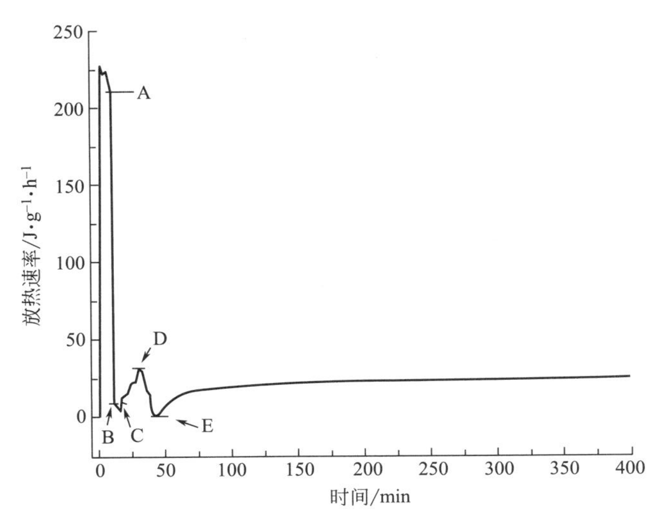

图 2-36　0℃硅灰掺量为 2%的复合胶凝材料体系的水化放热速率图

之后一般还会有一个略小一点的放热峰，其值一般不超过最高峰，这个峰是由于软木塞与保温瓶体之间有一定的缝隙，在对软木塞与保温瓶体之间的缝隙进行蜡封时流入保温瓶内部的蜡液冷却时产生的放热峰。虽然流入到保温瓶体内的蜡液有限，但是蜡液温度约为 120℃，远大于环境温度，所以会产生一个较明显的放热峰。

BC 段之间为复合胶凝材料体系的水化诱导期，CD 段为复合胶凝材料体系的水化加速期，DE 段为复合胶凝材料体系的水化减速期。其中不难看出诱导期的时间和水化加速期与水化减速期之间组成的第二放热峰时间比较短，大量研究与文献证明：在常温环境（温度为 20～30℃）下，从试验开始到第二放热峰结束约为 24 小时，但是在低温条件下此过程仅为 1 小时，这并不能直接说明低温条件下，复合胶凝材料体系水化诱导期和水化第二放热峰时间缩短。这是由于 E 点之后复合胶凝材料体系内部的温度已低于恒温水槽上方空气温度。由于铜套管与传感器之间存在着比较大的缝隙，而且铜套管的比热容较小，易于传热，此时试验室内的空气直接与传感器接触或通过铜套管间接与传感器接触，在试验数据中表现出放热峰骤然升高，所以 E 点之后的数据已经没有研究意义。

另外，由于水泥水化热测定仪的热量计结构原因，导致了复合胶凝材料体系中产生了温度差异，这种温度差异也会对试验数据产生影响。复合胶凝材料体系中产生了温度差异的示意图如图 2-37 所示。

图 2-37 为将拌合后的复合胶凝材料体系装入热量计中的塑料套筒中，并将铜套管插入拌合后的复合胶凝材料体系中的横截面温度示意图。图中的黑色区域为温度相对较高的区域，白色区域为温度相对较低的区域。由于塑料套筒与保温瓶之间存在着一定空隙，外围的复合胶凝材料体系在水化过程中产生的热量会与空隙中的空隙产生热交换，导致外围的复合胶凝材料体系温度较低，而复合胶凝材料体系内部却由于其密实性，导致热量无法散发，使得内部温度较高。这种温度差使得传感器初期测得的复合胶凝材料体系水化放热速率偏大，但是由于所有的反应均存在这一现象，所以这一现象产生的偏差只会影响到数据测量的精确性，而不会影响到温度和矿物掺合料掺量对复合胶凝材料体系的水化放热速率的影响规律。

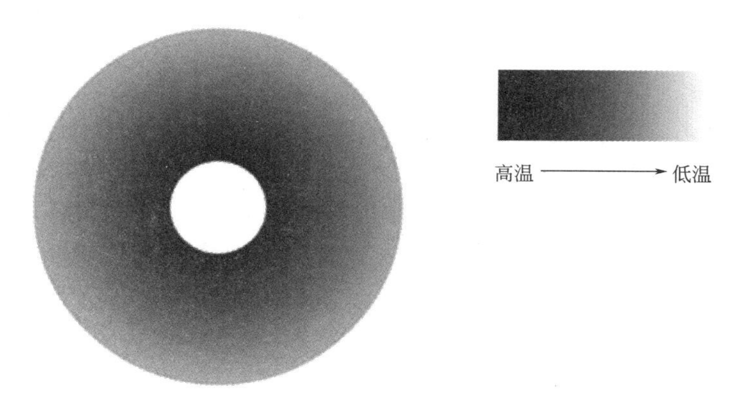

图 2-37 复合胶凝材料体系中温度差异示意图

(3) 温度对复合胶凝体系的水化放热速率的影响

① 温度对硅灰-水泥复合胶凝体系的水化放热速率的影响

对比三个温度条件下 F_1、F_2、F_3 三组的放热速率曲线，如图 2-38 (*a*)、(*b*)、(*c*) 所示：

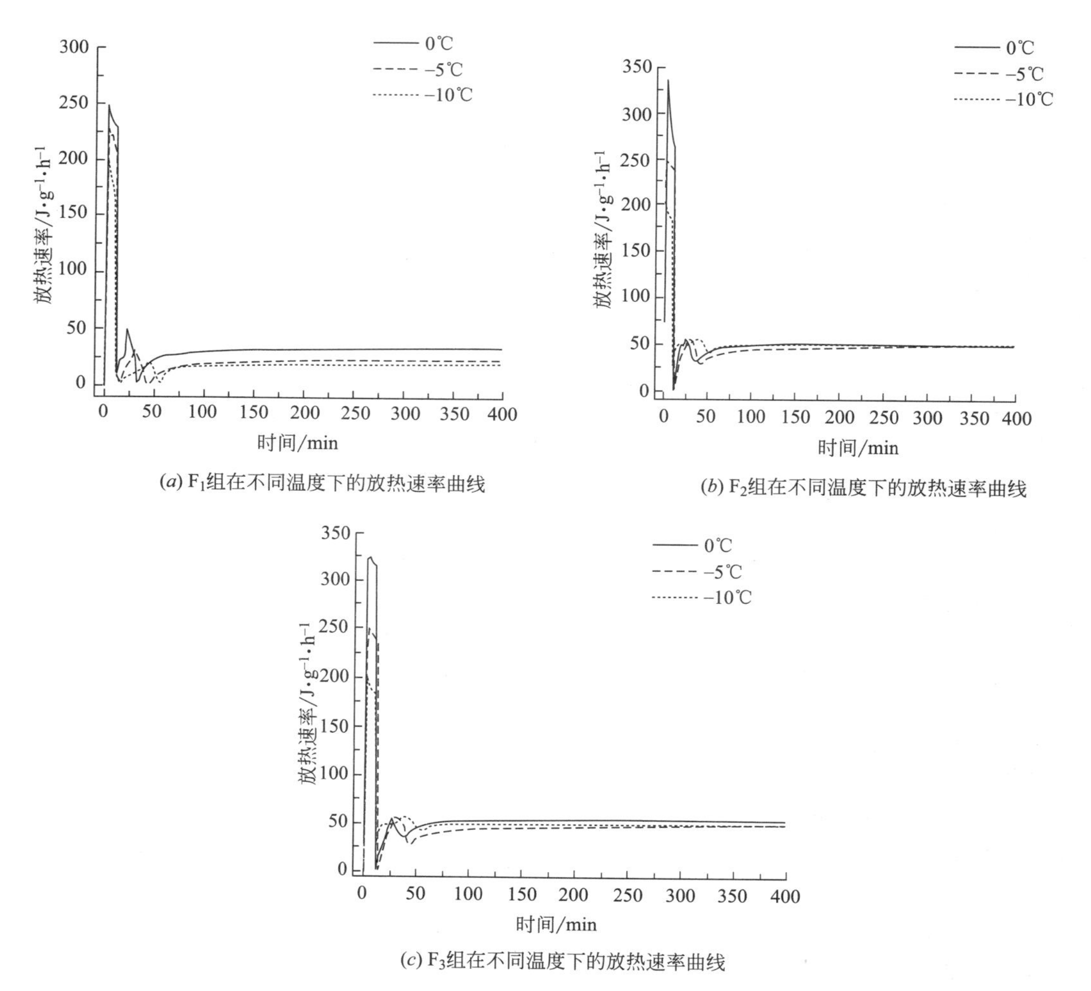

(*a*) F_1组在不同温度下的放热速率曲线

(*b*) F_2组在不同温度下的放热速率曲线

(*c*) F_3组在不同温度下的放热速率曲线

图 2-38 温度对硅灰-水泥复合胶凝材料体系放热速率的影响

从图 2-38 可以明显看出：随着温度的降低，复合胶凝体系的水化放热速率呈减少的趋势。说明温度对复合胶凝体系的水化起到抑制作用。另外，随着温度的降低，复合胶凝体系的水化诱导期呈延长趋势，二次放热峰明显缩小和滞后也同样有力的说明了温度对复合胶凝体系的水化起到抑制作用。

② 温度对粉煤灰-水泥复合胶凝体系的水化放热速率的影响

对比三个温度条件下 G_1、G_2、G_3 三组的放热速率曲线，如图 2-39（*a*）、（*b*）、（*c*）所示：

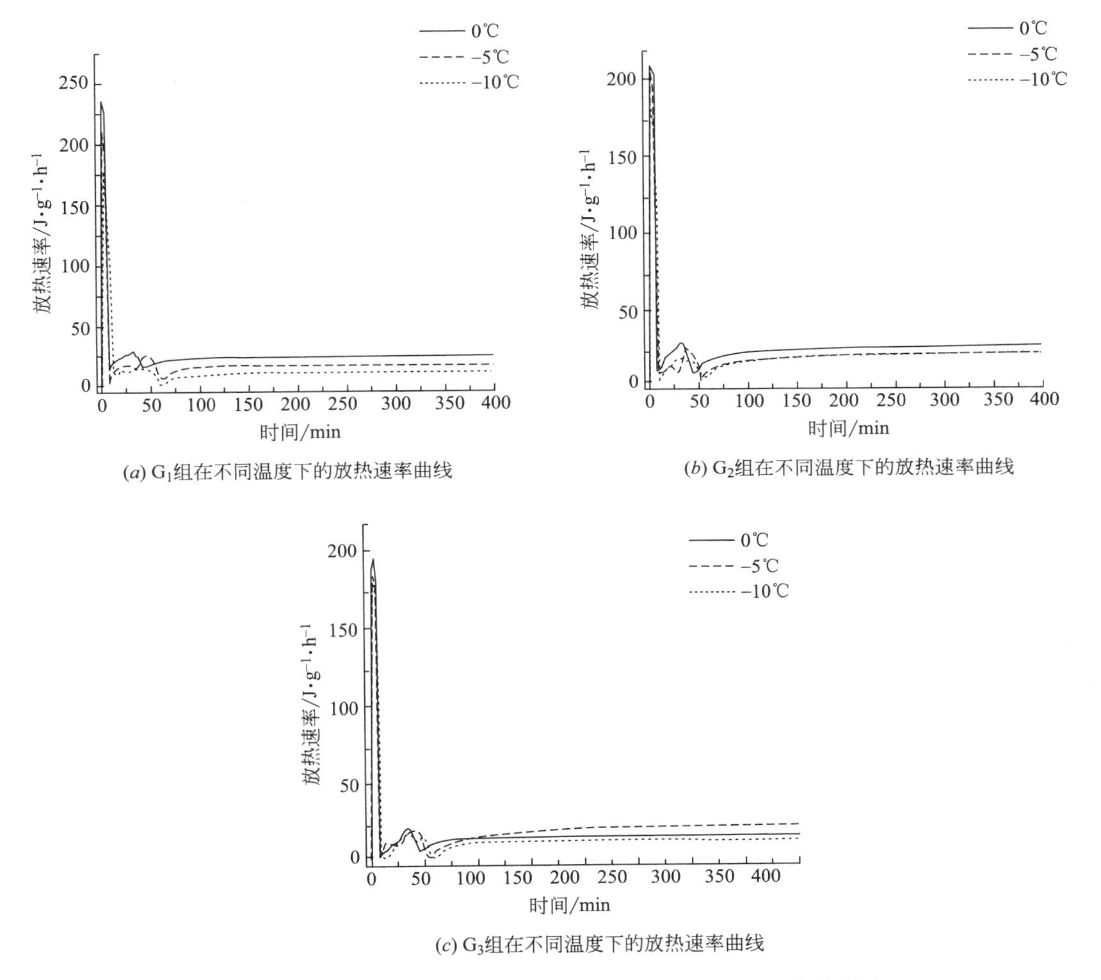

(*a*) G_1组在不同温度下的放热速率曲线

(*b*) G_2组在不同温度下的放热速率曲线

(*c*) G_3组在不同温度下的放热速率曲线

图 2-39　温度对粉煤灰-水泥复合胶凝材料体系放热速率的影响

从图 2-39 可以看出：随着温度的降低，复合胶凝体系的水化放热速率呈减少的趋势。说明温度对单掺粉煤灰的复合胶凝体系水化起到抑制作用。另外，随着温度的降低，复合胶凝体系水化的诱导期略有延长，二次水化放热峰的加速期时间延长，但是增长速率降低，二次放热峰明显滞后也同样有力的说明了温度对单掺粉煤灰的复合胶凝材料体系水化起到抑制作用。

③ 温度对硅灰-粉煤灰-水泥复合胶凝体系的水化放热速率的影响

对比三个温度条件下 H_1、H_2、H_3 三组的放热速率曲线，如图 2-40（*a*）、（*b*）、（*c*）所示：

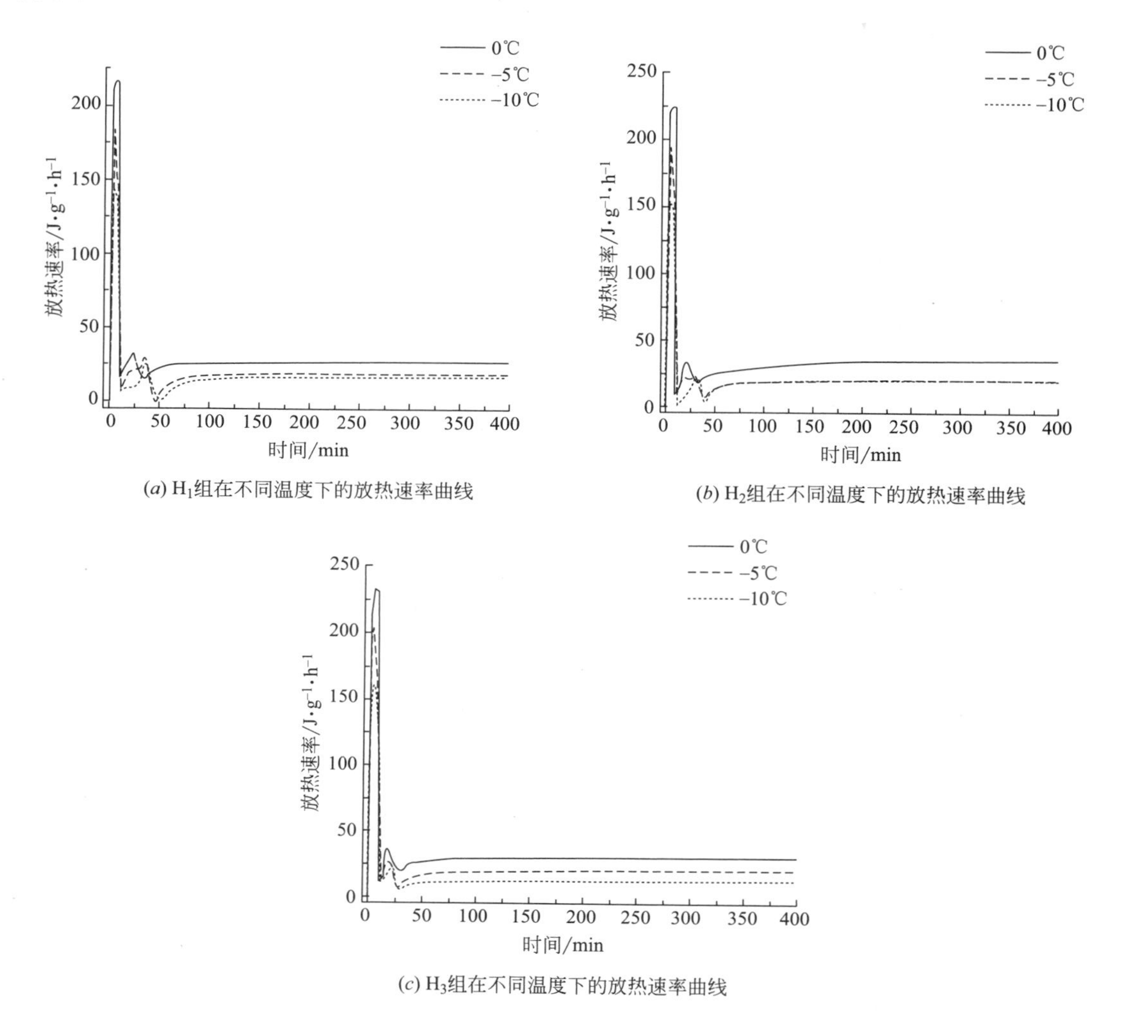

(*a*) H_1组在不同温度下的放热速率曲线

(*b*) H_2组在不同温度下的放热速率曲线

(*c*) H_3组在不同温度下的放热速率曲线

图 2-40　温度对硅灰、粉煤灰复掺的复合胶凝材料体系放热速率的影响

从图 2-40 可以看出：随着温度的降低，复合胶凝体系的水化放热速率呈减少的趋势。说明温度对硅灰、粉煤灰复掺的复合胶凝体系水化起到抑制作用。另外，随着温度的降低，复合胶凝体系水化的诱导期延长，二次水化放热峰的最大放热速率降低，二次放热峰滞后，说明了温度对硅灰、粉煤灰复掺的复合胶凝材料体系水化起到抑制作用。

（4）矿物掺合料掺量对复合胶凝体系的水化放热速率的影响

① 硅灰掺量对复合胶凝体系的水化放热速率的影响

对比 F 组三个不同硅灰掺量的水化放热速率图，发现在不同温度下硅灰掺量对复合胶凝材料体系反应诱导期和二次水化放热峰的影响规律大致相同。现以 0℃的 F 组三个不同硅灰掺量的复合胶凝材料体系水化放热速率图为例，将横坐标刻度值选为 0～100（min），纵坐标选为 0～100（$J \cdot g^{-1} \cdot h^{-1}$），如图 2-41 所示。

从图 2-41 可以看出：随着硅灰掺量的增加，复合胶凝材料体系的水化反应诱导期略

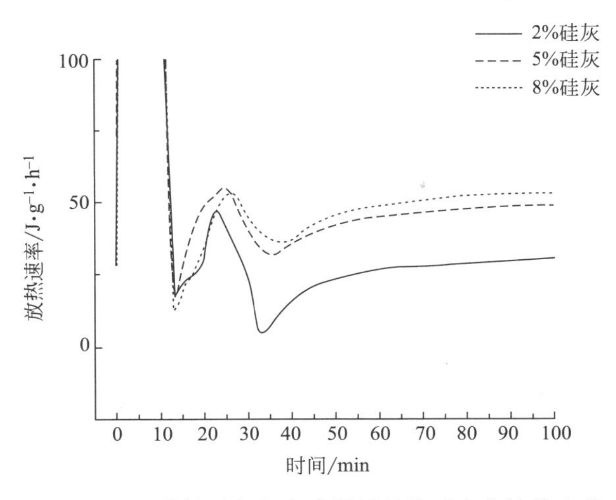

图 2-41　0℃单掺硅灰复合胶凝材料体系水化放热速率

延长。大量试验研究表明，在常温条件下，硅灰掺量的增加会使复合胶凝材料体系水化反应诱导期延长，但是这一现象在低温环境中被极大抑制。在 0℃时诱导期的时间可能只有几分钟左右，诱导期之间的差值不会超过 1 分钟。另外，随着硅灰掺量的增加，二次放热峰出现的时间向后推迟，二次放热峰的最大放热量随着硅灰掺量的增加而增加。但是由于反映环境温度较低，所以推迟效果和增大量均不明显。这些现象说明：虽然随着硅灰掺量的增加复合胶凝材料体系的水化诱导期会稍延长，但是随着硅灰掺量的增加复合胶凝材料体系水化放热速率明显加快。

② 粉煤灰掺量对复合胶凝体系的水化放热速率的影响

对比 G 组三个不同粉煤灰掺量的水化放热速率图，发现在不同温度下粉煤灰掺量对复合胶凝材料体系反应诱导期和二次水化放热峰的影响规律大致相同。现以 0℃的 B 组三个不同粉煤灰掺量的复合胶凝材料体系水化放热速率图为例，将横坐标刻度值选为 0～100（min），纵坐标选为 0～100（$J \cdot g^{-1} \cdot h^{-1}$），如图 2-42 所示。

从图 2-42 可以看出：随着粉煤灰掺量的增加，复合胶凝材料体系的水化反应诱导期延长。诱导期与二次放热峰的加速期交界并不明显。另外，随着粉煤灰掺量的增加，二次放热峰出现的时间略向后推迟，但是现象并不明显。二次放热峰的最大放热量随着粉煤灰掺量的增加而减小。这些现象说明：随着粉煤灰掺量的增加，复合胶凝材料体系水化程度降低。

③ 硅灰、粉煤灰复掺胶凝材料浆体水化放热速率的结果及分析

对比不同温度下 F、G、H 组三个中相同编号的复合胶凝材料体系水化放热速率图，发现在不同温度下硅灰和粉煤灰掺量对复合胶凝材料体系反应诱导期和二次水化放热峰的影响规律大致相同。现以 0℃的 F_1、F_2、F_3 组的复合胶凝材料体系水化放热速率图为例，将横坐标刻度值选为 0～50（min），纵坐标选为 0～100（$J \cdot g^{-1} \cdot h^{-1}$），如图 2-43 所示。

F_1 组为单掺 2%硅灰的复合胶凝材料体系，G_1 为单掺 10%粉煤灰的复合胶凝材料体系，H_1 为复掺 2%硅灰和 10%粉煤灰的复合胶凝材料体系。在图中可以发现：H_1 组复合胶凝材料体系的水化诱导期时间最长，F_1 组时间最短。比较三组间复合胶凝材料体系水化

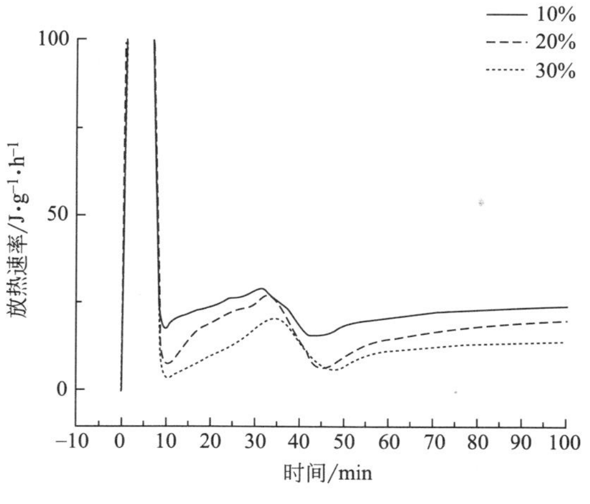

图 2-42　0℃单掺粉煤灰复合胶凝材料体系水化放热速率

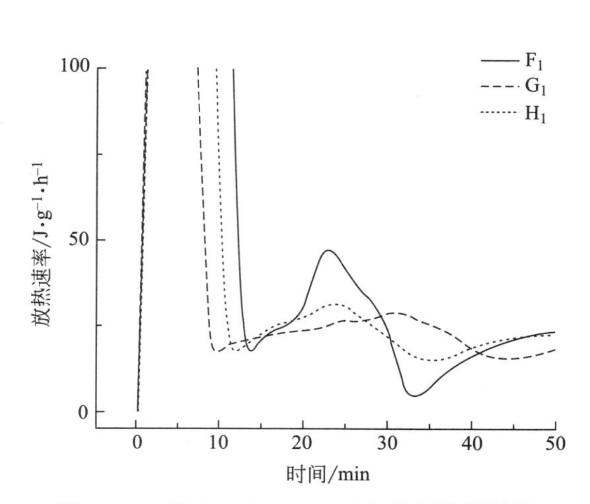

图 2-43　0℃F_1、G_1、H_1 三组复合胶凝材料体系水化放热速率

二次放热峰：A_1 组出现的最早而且最大放热速率最大，G_1 出现的最晚，且最大放热速率最小，H_1 组的二次放热峰形状与 G_1 组类似，但是出现时间略早于 G_1 组，而且 H_1 组的二次放热峰的最大放热速率也高于 G_1 组。这是因为硅灰活性较高，硅灰中的活性部分会与复合胶凝材料体系中早期水化产物中的氢氧化钙发生二次水化反应，即：$Ca(OH)_2+SiO_2+H_2O \rightarrow C\text{-}S\text{-}H$，反应会放出大量热量，会导致诱导期和二次放热峰的提前出现。这一现象同样作用于硅灰和粉煤灰复掺的复合胶凝材料体系。所以，H_1 组的水化二次放热峰相比于 G_1 组出现的更早，最大放热速率也更高。由于低温条件下硅灰的活性并不能完全发挥出来，使得硅灰和粉煤灰复掺的复合胶凝材料体系中非活性物质最多，阻碍了复合胶凝材料体系中水泥的水化过程，延长了诱导期。

对比 0℃下 H 组三个不同掺量的复合胶凝材料体系水化放热速率，如图 2-44 所示。

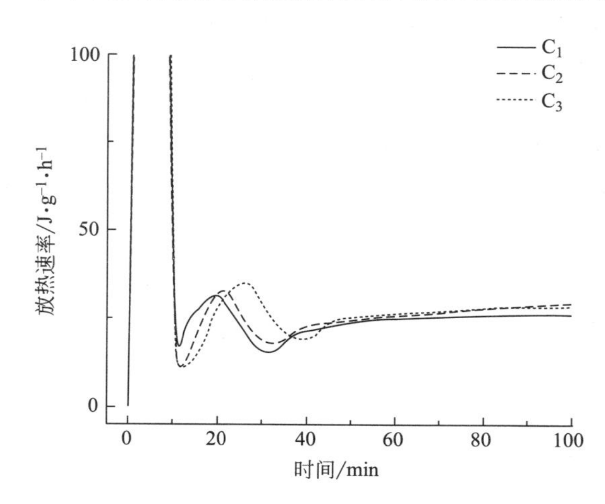

图 2-44　0℃硅灰、粉煤灰复掺的复合胶凝材料体系水化放热速率

H_1 组的粉煤灰掺量为 10%、硅灰掺量为 2%；H_2 组的粉煤灰掺量为 20%、硅灰掺量为 5%；H_3 组的粉煤灰掺量为 30%、硅灰掺量为 8%，硅灰与粉煤灰的掺入量均增加。通

过单掺硅灰和单掺粉煤灰的试验发现：增大硅灰和粉煤灰掺量均会使复合胶凝材料体系的诱导期延长，水化二次放热峰出现时间滞后；增大硅灰掺量会使二次峰最高放热速率增大，而随着粉煤灰掺量的增加二次峰最高放热速率减小。通过图 2-44 可以发现：增大硅灰和粉煤灰掺量会使硅灰、粉煤灰复掺的复合胶凝材料体系的诱导期延长，水化二次放热峰出现时间滞后，这与二者单掺时所表现出的效果一致。而硅灰、粉煤灰复掺的复合胶凝材料体系的二次峰最高放热速率呈现出增大的趋势，说明在此种掺量下，硅灰对复合胶凝材料体系水化过程的促进作用大于粉煤灰对复合胶凝材料体系水化过程的抑制作用。

2.2.4　复合胶凝材料体系低温水化动力学研究

（1）水化反应动力学模型的确立

如今可用于复合胶凝材料体系水化反应的动力学模型主要有以下四种：

Fernandez-Jimenez 等对碱激发矿渣的水化过程进行了动力学研究，但只对初期由扩散控制的反应进行了分析。由于缺少对晶体的动力学研究，所以此模型不适用于低温复合胶凝材料体系的水化动力学研究。

de Schutter 用等温量热法和绝热温升法研究了矿渣硅酸盐水泥的水化过程，认为硅酸盐水泥与矿渣的水化过程是可以分离的。但并未解释不同水化阶段的反应机理，而且此模型只针对于矿渣与硅酸盐水泥复合的胶凝材料体系，其研究内容过于狭窄，故此模型也不适用于低温复合的胶凝材料体系水化动力学的研究。

Swaddiwudhipong 等的研究结果表明：在相同条件下，水泥的水化产物与单个组成矿物的水化产物在化学和物理性质上相当接近。进一步推广到水泥熟料矿物的独立水化假设：在相同条件下，水泥的水化反应可用各种熟料组分单独反应相加的总和；根据水泥的矿物组成，可在一定基础上描述各种水泥的水化特征。但是复合胶凝材料中的矿物掺合料的水化反应需要硅酸盐水泥水化产物的激发，是多相多级、相互关联的复杂反应，其反应动力学过程复杂，不能简单的使用各组分独立水化的假设。故此模型也不适用于低温复合胶凝材料体系的水化动力学研究。

Krstulovic 等提出水泥基材料的水化反应的动力学模型，认为水泥基材料的水化反应有 3 个基本反应过程：结晶成核与晶体生长过程（NG）、相边界反应过程（I）和扩散过程（D）。3 个反应过程可同时发生，但是水化过程的整体发展取决于其中最慢的一个反应过程。基于 Krstulovic-Dabic 模型，根据等温水化放热测定结果，提出了确定的复合胶凝材料的水化反应机理，及其相应的动力学参数的方法。此模型的适用范围广，适合研究复合胶凝材料动力学参数的变化规律。故选用此模型，并以此模型为基础，研究不同温度及不同矿物掺合料掺量对复合胶凝材料动力学参数的影响规律。

（2）Krstulovic-Dabic 水化模型的计算方法

① Krstulovic-Dabic 水化模型的基本动力学方程

在复合胶凝材料体系的 Krstulovic-Dabic 模型中将水泥的水化过程分为三个基本反应过程：结晶成核与晶体生长过程（NG）、相边界反应过程（I）和扩散过程（D）。

复合胶凝材料体系中的结晶成核与晶体生长过程（NG）的动力学方程式可写为式（2-15）：

$$[-\ln(1-\alpha)]^{1/n}=K_1(t-t_0)=K'_1(t-t_0) \tag{2-15}$$

复合胶凝材料体系中的相的边界反应过程（I）的动力学方程式可写为式（2-16）：

$$[1-(1-\alpha)^{1/3}]^1=K_2r^{-1}(t-t_0)=K'_2(t-t_0) \tag{2-16}$$

复合胶凝材料体系中的扩散过程（D）的动力学方程式可写为式（2-17）：

$$[1-(1-\alpha)^{1/3}]^2=K_3r^{-2}(t-t_0)=K'_3(t-t_0) \tag{2-17}$$

式中 α 为复合胶凝材料体系的水化程度，n 为反应级数，r 为参与反应颗粒直径，t_0 为诱导期结束时间，K_1、K_2、K_3 分别为 NG、I、D 三个水化反应过程的反应速率常数，由于参与反应颗粒直径 r 与反应速率常数 K 在微分计算中无变化，故可将 r 与对应的 K 值合并，记为新的水化过程反应速率常数 K'_1、K'_2、K'_3。

将式（2-15）~式（2-17）中的 α 对 t 进行微分，得到复合胶凝材料体系三个基本反应过程的反应速率表达式，见式（2-18）~式（2-20）。

NG 过程的反应速率表达式可写为式（2-18）：

$$\frac{d\alpha}{dt}=V_1(\alpha)=K'_1n(1-\alpha)[-\ln(1-\alpha)]^{(n-1)/n} \tag{2-18}$$

I 过程的反应速率表达式可写为式（2-19）：

$$\frac{d\alpha}{dt}=V_2(\alpha)=K'_2\cdot 3(1-\alpha)^{2/3} \tag{2-19}$$

D 过程的反应速率表达式可写为式（2-20）：

$$\frac{d\alpha}{dt}=V_3(\alpha)=\frac{K'_3\cdot 3(1-\alpha)^{2/3}}{2-2(1-\alpha)^{1/3}} \tag{2-20}$$

通过微分计算得到的 NG、I、D 三个过程反应速率是一个反应速率 V 与复合胶凝材料体系的水化程度 α、反应速率常数 K 和反应级数 n 之间的表达式。通过表达式可以看出只有晶核成长与晶体成长过程与反应级数有关，相的边界反应和扩散过程只与水化程度和反应速率常数有关。为准确计算三个过程的反应速率 V，利用式（2-14）计算得到的复合胶凝材料体系水化放热量计算复合胶凝材料体系的水化程度 α、反应速率常数 K 和反应级数 n。

② 复合胶凝材料体系水化程度与最大水化放热量的计算方法

复合胶凝材料体系水化程度 α，可通过式（2-21）来计算。

$$\alpha(t)=\frac{Q(t)}{Q_{max}} \tag{2-21}$$

式中的 α（t）为水化反应程度关于时间的变化曲线，$Q(t)$ 为复合胶凝材料体系的水化放热量关于时间的变化曲线，Q_{max} 为完全水化后的复合胶凝材料体系的水化放热总量。t 时刻复合胶凝材料体系的水化放热量可通过式（2-14）计算得出，而完全水化后的复合胶凝材料体系的水化放热总量是无法通过试验测得的，只能通过推导得出。其推导原理为：记 t 时刻对应的放热总量为 Q_t，则完全水化时间为 t_{max}，放热总量为 Q_{max}。在理论上 t_{max} 趋近于无穷大，而放热量对时间的曲线为一条收敛的曲线，所以当 t_{max} 趋近于无穷大时 Q_{max} 会收敛于某特定值。由于时间 t 与放热总量 Q 之间呈一一对应关系，使得对时间和放热量数据同时取倒数后的 $1/t$ 和 $1/Q$ 仍存在一一对应关系。以 $1/t$ 为横坐标 $1/Q$ 为纵坐标将试验测得数据点带入式中并对散点进行线性拟合，得到的拟合曲线与 y 轴之间的交点即为水化时间为 t_{max} 的放热总量为 Q_{max} 的倒数。

根据式（2-21）和式（2-14）即可将时间 t 转换为对应的复合胶凝材料体系的水化程度 α。

③ 复合胶凝材料体系反应速率常数与反应级数的计算方法

对于一个温度和矿物掺合料掺量确定的复合胶凝材料体系来说，其水化过程反应级数 n 为一个定值。由于只有 NG 过程的水化动力学方程中含有反应级数 n，对 NG 过程的水化动力学方程等式左右两侧同时取对数，表达式为式（2-22）。

$$\frac{\ln[-\ln(1-\alpha)]}{n}=\ln[K'_1(t-t_0)] \tag{2-22}$$

将式（2-22）变形后得到式（2-23）。

$$\ln[-\ln(1-\alpha)]=n\ln K'_1+n\ln(t-t_0) \tag{2-23}$$

将式（2-21）计算得到的水化反应程度关于时间的变化曲线 $\alpha(t)$ 带入式（2-23）并以 $\ln[-\ln(1-\alpha)]$为纵坐标，ln（$t-t_0$）为横坐标做双对数曲线，并对曲线进行线性拟合。曲线斜率即为水化过程反应级数 n，再将 n 值代入 2-22 式中即可得到 NG 过程的水化反应速率常数 K'_1，同理，利用双对数曲线和水化反应程度关于时间的变化曲线可轻易求出 I、D 过程的水化反应速率常数 K'_2、K'_3。

至此 Krstulovic-Dabic 水化模型计算中未知的复合胶凝材料体系的水化程度 α，反应级数 n，NG、I、D 三个水化过程反应速率常数 K'_1、K'_2、K'_3，已全部求出，现可以通过该模型对低温条件下的复合胶凝材料体系水化过程进行分析。

（3）Krstulovic-Dabic 水化模型的计算示例

以 0℃掺量为 2%的硅灰数据为例进行 Krstulovic-Dabic 水化模型的计算，并利用模型对水化机理进行分析。

首先进行复合胶凝材料体系水化程度关于时间的函数 $\alpha(t)$ 的计算，由于水化热测定仪的设计缺陷，在复合胶凝材料体系内部的温度低于恒温水槽上方空气温度时。由于铜套管与传感器之间存在着比较大的缝隙，而且铜套管的比热容较小，易于传热，此时试验室内的空气直接与传感器接触或通过铜套管间接与传感器接触，在试验数据中表现出放热峰，使得计算出的水化放热总量偏大。

因为复合胶凝材料体系的水化放热量关于时间的函数 $Q(t)$ 为状态函数，根据热力学第一定律可知：状态函数只与物质的始末状态有关，与环境及过程无关。所以任何温度、任何试验条件下测得的复合胶凝材料体系的最大水化放热量 Q_{max}，其值在理论上应为同一个值。

美国 TAM Air 仪器为全通道封闭测试环境的微量热仪，其各个通道为独立封闭环境，且温度传感器完全不会与外界环境有热量传导，故利用此仪器对 10 个试验组进行试验，测试各组数据在+5℃时的水化时的温度变化。并计算其水化放热量对于时间的函数 $Q(t)$，用此函数代替各温度下用于计算复合胶凝材料体系的最大水化放热量 Q_{max} 的函数。

在计算出的掺量为 2%的硅灰的放热量对于时间的函数 $Q(t)$ 选取时间段为 4000～7000min 的数据，以 $1/t$ 为横坐标 $1/Q_{总}$ 为纵坐标将试验测得数据点代入式中并对散点进行线性拟合如图 2-45 所示。

经过线性拟合得到方程：$1/Q=1.66731(1/t)+3.81264\times10^{-4}$，拟合的相关系数为 $r=0.99897$，说明拟合曲线能非常好的替代试验曲线。当 t 趋近于无穷大时，$1/t$ 趋近于 0，所以在 $1/t=0$ 时对应的 $1/Q_{总}$ 即为 $Q_{总max}$ 的倒数。故 $Q_{总max}$ 的值为 2622.98J，用最大总放热量除以试验复合胶凝材料总质量 $g=7.525$（g）得到复合胶凝材料体系的最大水化

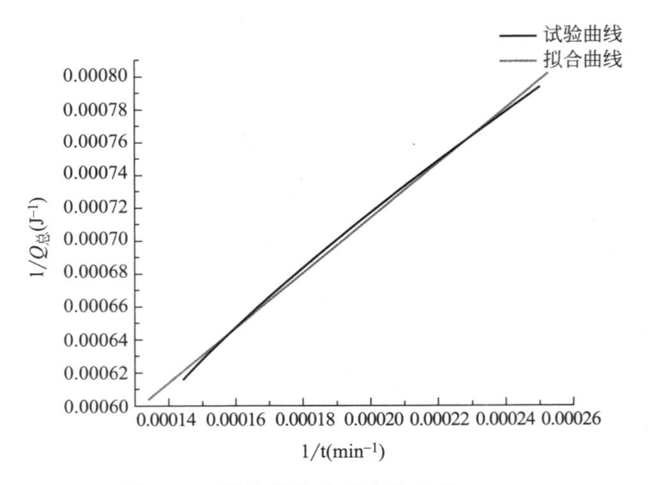

图 2-45　线性拟合求最大放热量 $Q_{总max}$

放热量 $Q_{max}=348.57J\cdot g^{-1}$。

将计算出的 Q_{max} 代入式（2-21）得到式中的水化反应程度关于时间的函数 $\alpha(t)$，选取函数中二次水化放热峰之前的数据并代入式（2-23），以 ln［－ln（1－α）］为纵坐标，以 ln（$t-t_0$）为横坐标作图，并对散点进行拟合，如图 2-46 所示。

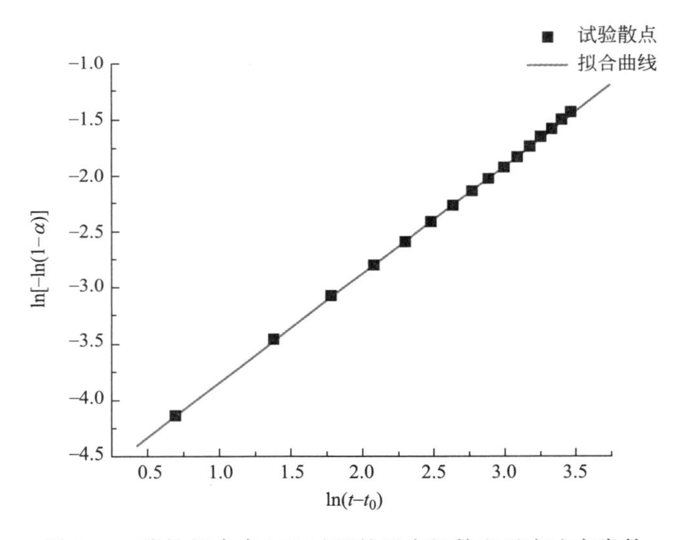

图 2-46　线性拟合求 NG 过程的反应级数和反应速率常数

经过线性拟合得到方程：ln［－ln(1－α)］＝1.56798×ln（$t-t_0$）－4.81675，拟合相关系数为：$r=0.9999$，拟合性非常好。由式（2-23）可知 ln（$t-t_0$）前的系数即为复合胶凝材料体系水化反应级数，故 $n=1.56798$。拟合方程常数项为 $n\ln K'_1$，经过计算：NG 过程的反应速率常数 $K'_1=0.0069$。

对式（2-16）等号左右两侧同时取对数，得到式（2-24）。

$$\ln[1-(1-\alpha)^{1/3}]=\ln K'_2+\ln(t-t_0) \tag{2-24}$$

水化反应程度关于时间的函数 $\alpha(t)$ 中二次水化放热峰之前的数据代入式（2-24），以 ln

$[1-(1-\alpha)^{1/3}]$ 为纵坐标，以 $\ln(t-t_0)$ 为横坐标作图，并对散点进行拟合，如图 2-47 所示。

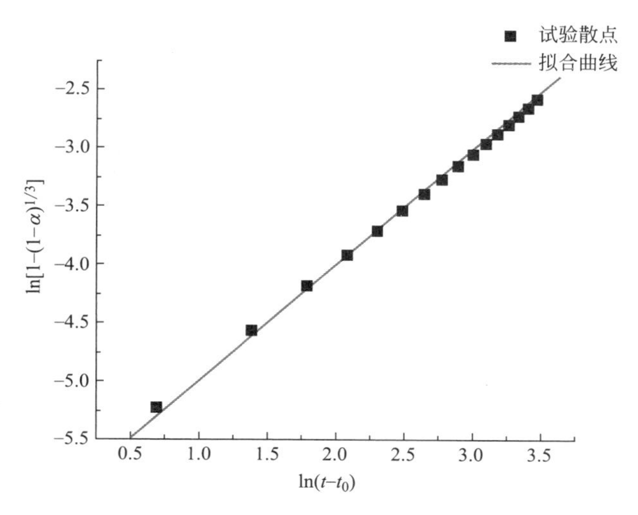

图 2-47　线性拟合求 I 过程的反应速率常数

经过线性拟合得到方程：$\ln[1-(1-\alpha)^{1/3}]=\ln(t-t_0)-5.99548$，由于斜率为确定值所以拟合的相关系数为：$r=1$，离散系数 $CV=0.04728$，从图中可以明显看出，数据点均在拟合曲线周围，散点离散性较低，说明拟合性较好。由式（2-24）可知拟合方程常数项为 $n\ln K_2'$，经过计算：I 过程的反应速率常数 $K_2'=0.00249$。

对式（2-17）等号左右两侧同时取对数，得到式（2-25）。

$$2\ln[1-(1-\alpha)^{1/3}]=\ln K_3'+\ln(t-t_0) \tag{2-25}$$

水化反应程度关于时间的函数 $\alpha(t)$ 中二次水化放热峰之前的数据代入式（2-25），以 $2\ln[1-(1-\alpha)^{1/3}]$ 为纵坐标，以 $\ln(t-t_0)$ 为横坐标作图，并对散点进行拟合，如图 2-48 所示。

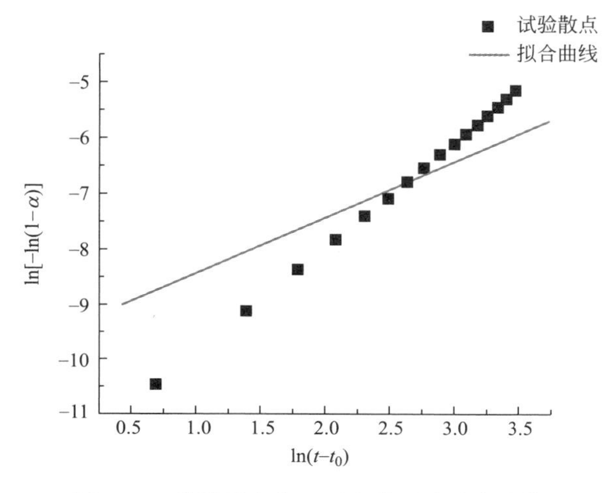

图 2-48　线性拟合求 D 过程的反应速率常数

经过线性拟合得到方程：$2\ln[1-(1-\alpha)^{1/3}]=\ln(t-t_0)-9.42926$，由于斜率为确定值所以拟合的相关系数为：$r=0.99995$，但是离散系数 $CV=0.71728$，说明数据离散性较大，从图中可以看出，拟合曲线周围只有少量数据点，散点离散性较高，说明拟合性不是很好。由式（2-25）可知拟合方程常数项为 $n\ln K'_3$，经过计算：D 过程的反应速率常数 $K'_3=8.03386\times10^{-5}$。

将计算完毕的 n、K'_1、K'_2、K'_3 代入式（2-18）～式（2-20）中，并以复合胶凝材料体系水化程度 α 为横坐标，以水化速率 $d\alpha/dt$ 为纵坐标绘制具有 NG-I-D 过程的水化反应速率曲线，如图 2-48 所示。

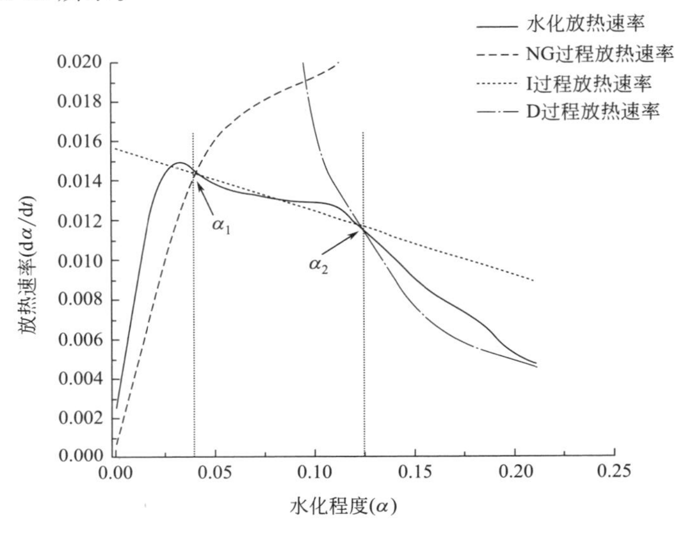

图 2-49　Krstulovic-Dabic 水化模型模拟水化反应速率曲线

图 2-49 中点 α_1 为 NG 过程与 I 过程的转变点，其值为 $\alpha_1=0.0398$，α_2 为 I 过程与 D 过程的转变点，其值为 $\alpha_2=0.1261$。

在 α_1 之前复合胶凝材料体系主要以晶核生成和晶体生长为主，在 α_1 和 α_2 之间复合胶凝材料体系的相边界反应加剧，在此阶段相边界反应为复合胶凝材料体系的主要反应。在 α_2 之后主要以复合胶凝材料体系的扩散反应为主。

至此 Krstulovic-Dabic 水化模型中的反应级数 n，NG、I、D 三个水化过程反应速率常数 K'_1、K'_2、K'_3 以及 NG-I 转变点 α_1 和 I-D 转变点 α_2 已经计算完毕，通过分析各组数据间数值的差异，即可分析出温度和矿物掺合料掺量对复合胶凝材料体系水化放热速率的影响规律。

（4）温度对复合胶凝材料体系水化动力学参数的影响

将三个温度体系下的 10 组配比的水化放热速率数据进行处理，得到的结果汇总于表 2-23。

不同试验条件的水化动力学参数　　表 2-23

试验序号	n	K'_1	K'_2	K'_3	α_1	α_2
0℃0	1.55986	0.00665	0.00251	6.96423×10^{-5}	0.0435	0.1298
0℃A_1	1.56798	0.00690	0.00255	8.03386×10^{-5}	0.0398	0.1261

续表

试验序号	n	K_1'	K_2'	K_3'	α_1	α_2
0℃A_2	1.57652	0.00724	0.00260	1.05216×10^{-4}	0.0375	0.1225
0℃A_3	1.58638	0.00751	—	1.13254×10^{-4}	0.0358	—
0℃B_1	1.60654	0.00648	0.00258	4.96423×10^{-5}	0.0501	0.1365
0℃B_2	1.62654	0.00624	0.00267	6.84654×10^{-5}	0.0553	0.1412
0℃B_3	1.65659	0.00618	0.00276	5.79232×10^{-5}	0.0578	0.1439
0℃C_1	1.5827	0.00668	0.00285	7.34519×10^{-5}	0.0453	0.1325
0℃C_2	1.59984	0.00692	0.00291	9.45129×10^{-5}	0.0479	0.1334
0℃C_3	1.61321	0.00701	0.00318	6.32479×10^{-5}	0.0498	0.1349
−5℃0	1.58689	0.00635	0.00231	5.68132×10^{-5}	0.0415	0.1278
−5℃A_1	1.59768	0.00662	0.00236	6.31259×10^{-5}	0.0378	0.1242
−5℃A_2	1.60552	0.00694	0.00247	8.95480×10^{-5}	0.0355	0.1205
−5℃A_3	1.61218	0.00721	0.00249	9.86827×10^{-5}	0.0338	0.1173
−5℃B_1	1.64656	0.00667	0.00238	4.45689×10^{-5}	0.0481	0.1345
−5℃B_2	1.66654	0.00595	0.00241	5.42175×10^{-5}	0.0533	0.1392
−5℃B_3	1.69659	0.00587	0.00257	7.65421×10^{-5}	0.0558	0.1419
−5℃C_1	1.61277	0.00638	0.00265	7.31324×10^{-5}	0.0433	0.1305
−5℃C_2	1.63984	0.00662	0.00272	8.32158×10^{-5}	0.0459	0.1314
−5℃C_3	1.65328	0.00671	0.00298	4.63524×10^{-5}	0.0478	0.1329
−10℃0	1.61384	0.00615	0.00217	5.38132×10^{-5}	0.0395	0.1258
−10℃A_1	1.64218	0.00643	0.00218	6.01259×10^{-5}	0.0358	0.1221
−10℃A_2	1.65216	0.00674	0.00222	7.25480×10^{-5}	0.0335	0.1185
−10℃A_3	1.66327	0.00701	0.00229	8.16865×10^{-5}	0.0390	0.1151
−10℃B_1	1.68654	0.00598	0.00218	4.15632×10^{-5}	0.0461	0.1325
−10℃B_2	1.70655	0.00574	0.00227	6.42145×10^{-5}	0.0513	0.1372
−10℃B_3	1.73659	0.00568	0.00236	5.85421×10^{-5}	0.0538	0.1399
−10℃C_1	1.66277	0.00618	0.00245	7.30989×10^{-5}	0.0413	0.1285
−10℃C_2	1.68984	0.00642	0.00250	3.32158×10^{-5}	0.0439	0.1294
−10℃C_3	1.70321	0.00651	0.00278	4.43234×10^{-5}	0.0458	0.1309

比较相同组别在不同温度下的水化动力学参数的变化规律，发现温度对不同组别的水化动力学参数影响大致相同。以不同温度下硅灰掺量为 2%的试验组为例，以温度为横坐标，以水化动力学参数值为纵坐标作图。如图 2-50（*a*）（*b*）（*c*）所示。

在图 2-50（*a*）中，反应级数均不为整数且随着温度降低呈升高趋势，反应级数不为整数说明在复合胶凝材料体系中的化学反应为非基元反应。在化学反应中，对于非基元反应，不能直接应用质量作用定律，因而不存在反应分子数为几的问题。化学反应速率的一般式写成各反应组分浓度积的形式：$V=kC_A^{n_A}C_A^{n_B}\cdots$，式中 V 是反应速率，k 是反应速率常数，C_A 代表 A 物质的浓度，n_A 代表 A 物质的反应分级数，各个物质反应分级数的总和即为反应总级数（简称反应级数）。通过计算求得的是复合胶凝材料体系的反应总级数，反应级数随着温度的降低而升高，说明随着温度的降低，反应物浓度对反应速率的影响呈

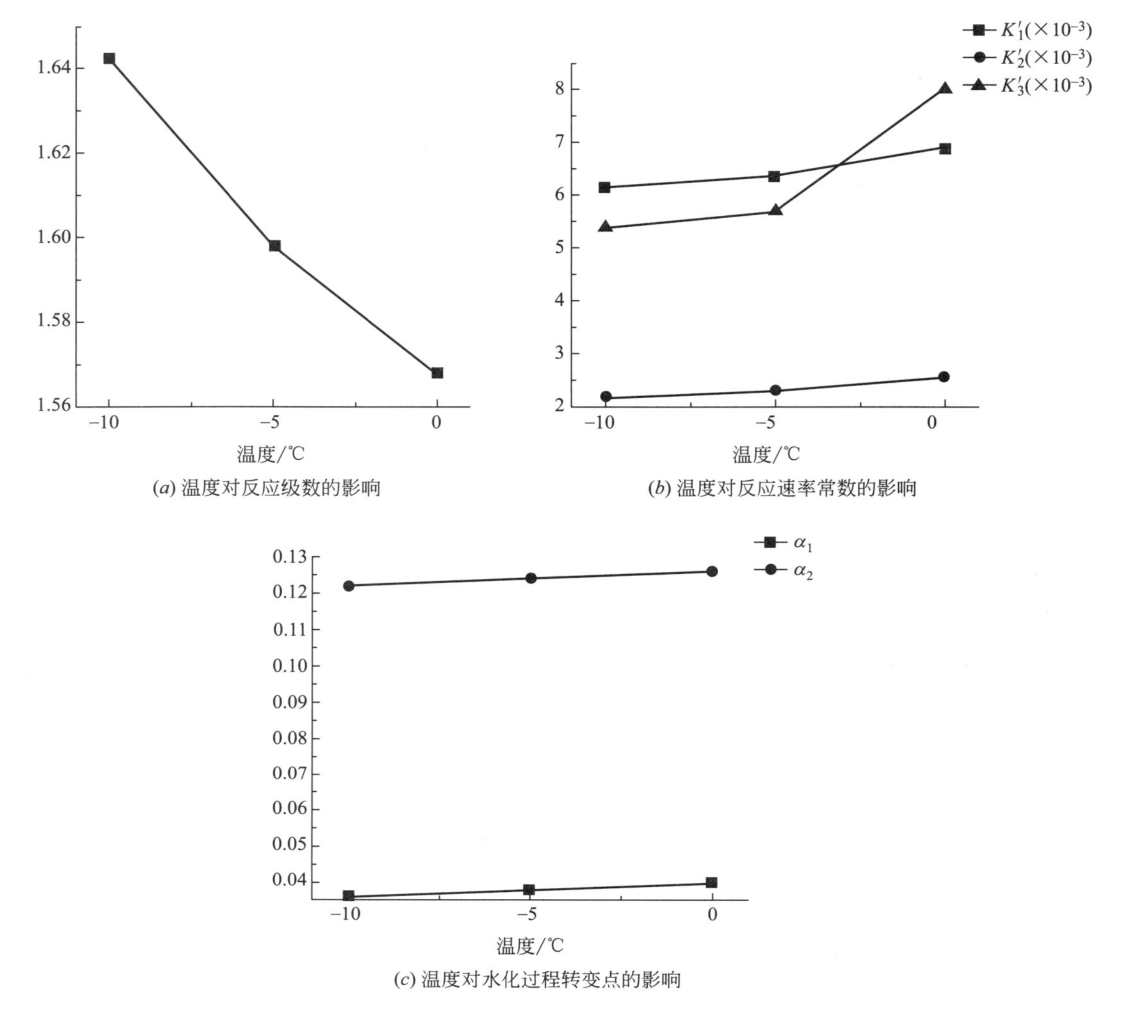

(*a*) 温度对反应级数的影响

(*b*) 温度对反应速率常数的影响

(*c*) 温度对水化过程转变点的影响

图 2-50　温度对水化动力学参数的影响

增大的趋势。而且普遍存在着 0～－5℃反应级数增长量大于－5～－10℃反应级数增长量，这说明温度越低温度影响反应浓度对反应速率的影响越大。

在图 2-50（*b*）中各阶段反应速率常数均随着温度的降低呈减小趋势。由于反应速率常数代表各反应物浓度均为单位浓度时的反应速率，因此反应速率常数 k 为反应的本身属性。根据范特霍夫规则：$k_{T+10K}/k_T \approx 2 \sim 4$，即温度每升高 10K，反应速率大约要变为原来速率的 2 至 4 倍，此倍数也成为反应速率的温度系数。但是此规则适用的最低温度为常温（20±5℃），在低温条件下范特霍夫规则的趋势仍然是正确的，但是在数值上要小很多。这是因为活化分子占总分子的数量随着温度变化呈近似正态分布，随着温度的降低，分子的热运动降低，达到活化能的活化分子数就会减少，所以当温度降低到一定程度时，反应速率常数降低速度随温度的降低而减缓，另外在图中还可以发现 NG 和 I 两个过程反应速率常数降低速度比较缓慢，但是 D 过程降低速度较快，根据阿伦尼乌斯方程微分形式的外推式定义的活化能公式为：$E_a = RT^2 \dfrac{\mathrm{d}\ln k}{\mathrm{d}T}$，此式表明 $\ln k$ 随 T 的变化率与活化能 E_a

成正比。也就是说，活化能越高，随着温度的升高反应速率加快的越快。所以 D 过程的活化能明显高于 NG 和 I 两过程的，而通过计算发现 NG 与 I 的活化能差别不大。另外 NG 过程的反应速率常数要高于 I 和 D 两过程，说明在低温条件下，NG 过程对水化放热速率影响最大。

在图 2-50（c）中 NG-I 过程的转变点 α_1 和 I-D 过程的转变点 α_2 均随着温度的降低而减小。α_1 的减小说明随着温度的降低，NG 过程被抑制，I 过程控制反应提前，而 α_2 的减小同样也说明随着温度的降低，I 过程被抑制，D 过程控制反应提前，说明了在低温条件下不利于结晶成核与晶体生长过程及相边界的反应过程。

（5）矿物掺合料对复合胶凝材料体系水化动力学参数的影响

① 硅灰掺量对复合胶凝材料体系水化动力学参数的影响

比较 F 组别在不同温度下的水化动力学参数的变化规律，发现硅灰掺量在不同温度下对复合胶凝材料体系的水化动力学参数影响大致相同。以 0℃的 F 试验组为例，以硅灰掺量为横坐标，以水化动力学参数值为纵坐标作图。如图 2-51（a）（b）（c）所示。

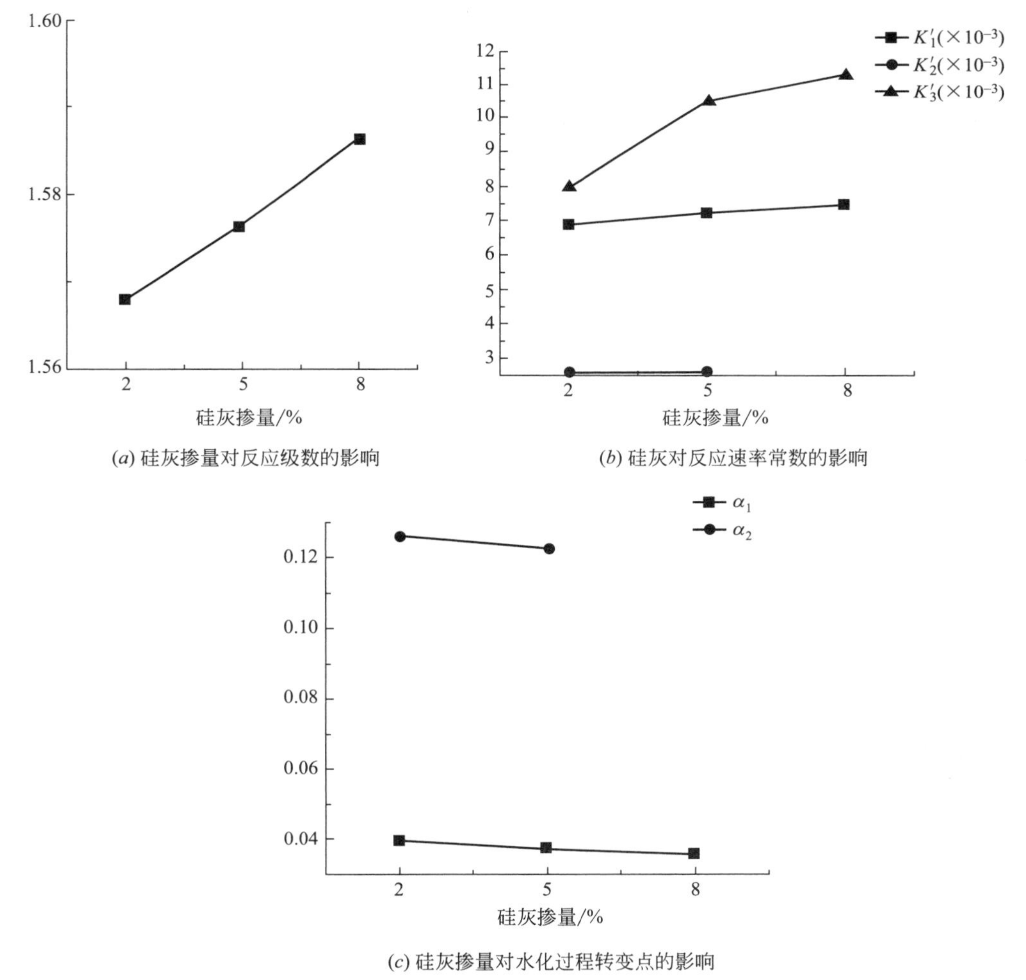

(a) 硅灰掺量对反应级数的影响

(b) 硅灰对反应速率常数的影响

(c) 硅灰掺量对水化过程转变点的影响

图 2-51　硅灰掺量对水化动力学参数的影响

在图 2-51 中可以看出反应级数和反应速率常数随着硅灰掺量的增加而增加，而 NG-I 过程转变点 α_1 和 I-D 过程转变点 α_2 随着硅灰掺量的增加而减少。随着硅灰掺量的增加，NG、I、D 三个反应过程反应速率常数的增大，可以很明显的说明了随着硅灰的加入，促进了复合胶凝材料体系的水化。NG-I 过程转变点 α_1 略有提前，I-D 过程转变点 α_2 的提前量要大于 α_1，说明了硅灰的加入主要作用于复合胶凝材料体系的相边界反应过程和扩散过程。这是由于硅灰具有较高的活性和比表面积，而且硅灰在复合胶凝材料体系中的分散性较好，有利于复合胶凝材料体系的相边界反应进行和扩散过程的进行。值得注意的是，在 0℃硅灰掺量为 8%的水化过程从 NG-I-D 三过程转变为 NG-D 两过程，说明在此温度和掺量下，复合胶凝材料体系的水化最为剧烈。

② 粉煤灰掺量对复合胶凝材料体系水化动力学参数的影响

比较 G 组别在不同温度下的水化动力学参数的变化规律，发现粉煤灰掺量在不同温度下对复合胶凝材料体系的水化动力学参数影响大致相同。以 0℃的 G 试验组为例，以粉煤灰掺量为横坐标，以水化动力学参数值为纵坐标作图。如图 2-52（a）（b）（c）所示。

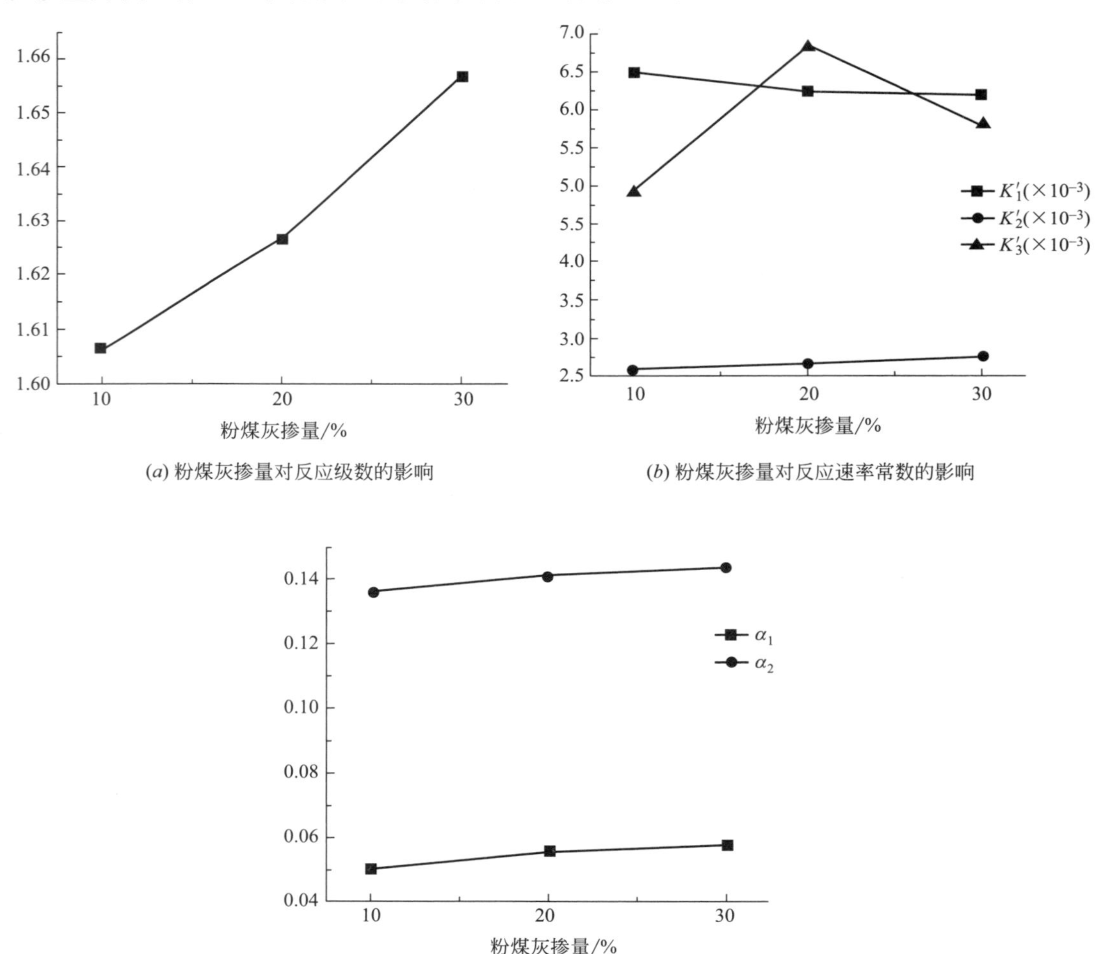

(a) 粉煤灰掺量对反应级数的影响

(b) 粉煤灰掺量对反应速率常数的影响

(c) 粉煤灰掺量对水化过程转变点的影响

图 2-52 粉煤灰掺量对水化动力学参数的影响

在图 2-52 中可以看出反应级数随着粉煤灰掺量的增加而增加，NG 过程的反应速率常数随着粉煤灰掺量的增加而减小，I 过程的反应速率常数随着粉煤灰掺量的增加而增大，D 过程的反应速率常数在各温度体系下均没有明显的变化规律。NG-I 过程转变点 α_1 和 I-D 过程转变点 α_2 随着粉煤灰掺量的增加而滞后。反应速率常数的变化规律，说明了粉煤灰加入对复合胶凝材料体系的结晶成核与晶体生长过程起到了抑制作用，而对复合胶凝材料体系的相边界反应起到了抑制作用，其原因是粉煤灰在复合胶凝材料体系水化初期基本不参与反应，随着粉煤灰掺量的增加复合胶凝材料体系中的水泥相对含量减少，导致在结晶成核过程中晶体相生长缓慢，但是粉煤灰在复合胶凝材料体系中分布均匀，使得相边界反应过程易于发生。而扩散过程的影响因素较多，随着粉煤灰掺量的增加，在各个温度体系下反应速率常数均没有明显的变化规律，其结果有待于进一步分析。NG-I 过程转变点 α_1 和 I-D 过程转变 α_2 随着粉煤灰掺量的增加均有所滞后，说明了粉煤灰的加入使得整个水化过程滞后。

③ 硅灰、粉煤灰复掺复合胶凝材料体系水化动力学参数的结果及分析

对比不同温度下 H 组的水化动力学参数的变化规律，发现在不同温度下，硅灰和粉煤灰掺量对复合胶凝材料体系的水化动力学参数影响大致相同。现以 0℃的 H 组为例，以试验组别为横坐标，以水化动力学参数值为纵坐标作图。如图 2-53（*a*）（*b*）（*c*）所示。

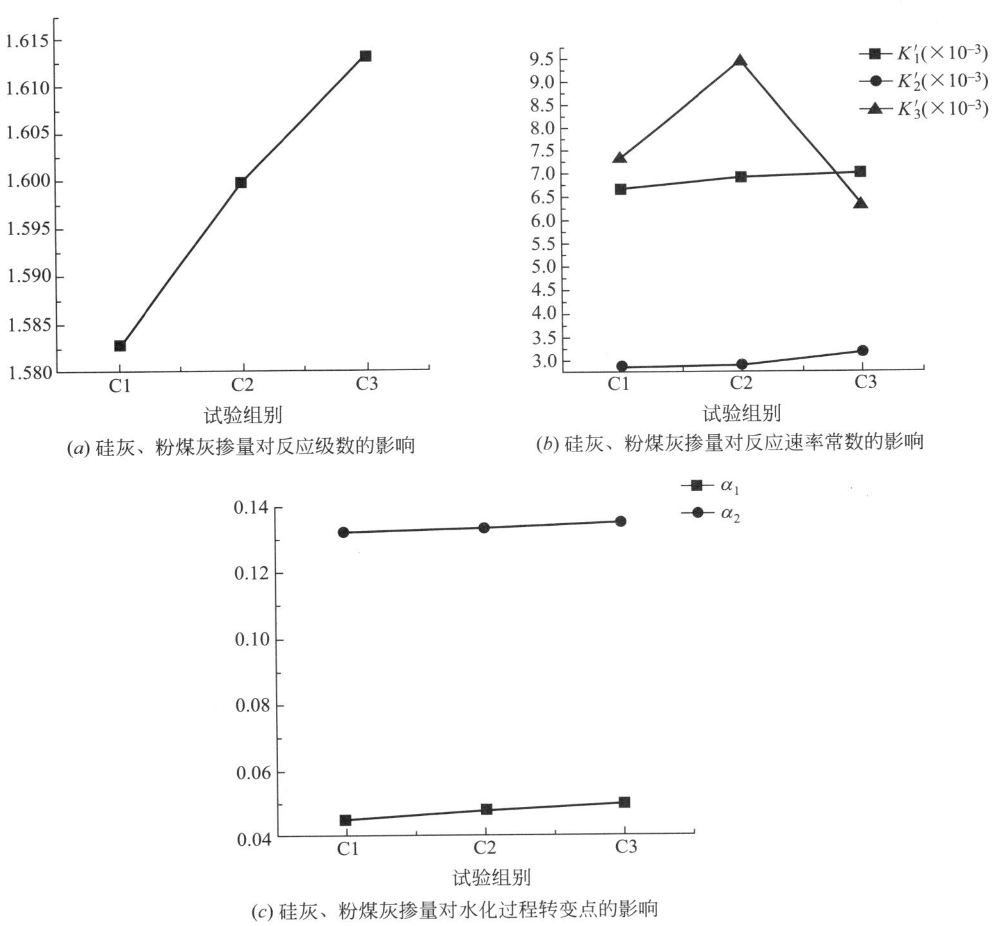

(*a*) 硅灰、粉煤灰掺量对反应级数的影响

(*b*) 硅灰、粉煤灰掺量对反应速率常数的影响

(*c*) 硅灰、粉煤灰掺量对水化过程转变点的影响

图 2-53　硅灰、粉煤灰掺量对水化动力学参数的影响

在图 2-53 中可以看出反应级数随着复合矿物掺合料掺量的增加而增加。NG 过程的反应速率常数随着粉煤灰掺量的增加而增加，在硅灰和粉煤灰单掺的体系中随着硅灰掺量的增加 NG 过程的反应速率常数增加，随着粉煤灰掺量的增加 NG 过程的反应速率常数减小，这说明在试验掺量范围内，硅灰对 NG 过程的促进作用大于粉煤灰的抑制作用。I 过程的反应速率常数随着粉煤灰掺量的增加而增大，这与单掺硅灰和粉煤灰的体系变化规律相同，但是复掺体系 I 过程的反应速率常数明显大于同组号的 F 组和 G 组数值，说明 I 过程的反应速率常数与矿物掺合料掺量大致呈正比。但是 D 过程的反应速率常数在各温度体系下依旧没有明显的变化规律，这点与单掺粉煤灰体系相似，其原因有待于进一步研究。NG-I 过程转变点 α_1 和 I-D 过程转变点 α_2 随着粉煤灰掺量的增加而滞后。但是滞后量小于相同粉煤灰掺量的单掺粉煤灰复合胶凝材料体系。

第3章 掺合料粒度分布对复合胶凝材料体系低温水化的影响

3.1 粉煤灰粒度分布对低温混凝土性能的影响

3.1.1 试验原材料及配合比设计

（1）试验原材料

① 水泥

本试验使用的水泥为42.5级普通硅酸盐水泥，由沈阳冀东水泥有限公司生产，其主要化学成分和技术指标见表3-1、表3-2。

水泥的化学组成成分（%） 表3-1

SiO_2	Al_2O_3	Fe_2O_3	CaO	MgO	SO_3	R_2O	Other	Loss
21.72	5.81	4.33	62.41	1.73	2.56	0.50	0.94	1.47

水泥物理性能指标 表3-2

强度等级	细度	安定性	凝结时间		抗压强度(MPa)		抗折强度(MPa)	
			初凝	终凝	3d	28d	3d	28d
42.5	3.0	合格	55min	8.5h	26.9	45	5.6	8.4

② 粉煤灰

粉煤灰主要来源于燃煤电厂，它是煤燃烧后排出的主要固体废弃物，具有突出的三大效应即：微集料效应、火山灰效应、形态效应。混凝土中掺入适量的粉煤灰可以起到一定的减水作用，并且粉煤灰的适量掺入可以提高拌浆体的流动性、保水性。

本试验选用沈阳热电厂生产的Ⅱ级粉煤灰，并通过改变球磨仪的研磨时间来改变粉煤灰的粒径分布，其中未作研磨处理的粉煤灰记为F0，研磨30min的粉煤灰记为F1，研磨60min的粉煤灰记为F2。其各项化学性能及物理指标见表2-2及表3-3～表3-5。

粉煤灰粒度分布的特征一览表 表3-3

编号	表面积平均粒径/μm	体积平均粒径/μm	颗粒粒度中粒径 d_{50}/μm	d_{10}/μm	d_{50}/μm	分布宽度 S
F0	7.63	38.20	19.82	3.22	97.73	24.20
F1	6.60	29.40	16.41	2.83	67.82	17.17
F2	5.93	20.46	13.13	2.55	47.81	13.60

粉煤灰粒度范围一览表 **表 3-4**

编号	粒度范围					
	0～5μm	5～10μm	10～20μm	20～50μm	50～100μm	>100μm
F0	16.5	14.67	19.75	24.52	14.91	9.65
F1	20.7	17.53	22.23	22.4	11.52	5.62
F2	24.83	20.55	24.44	19.27	8.62	2.38

不同粒径粉煤灰的物理性能一览表 **表 3-5**

编号	比表面积/(m^2/kg)	需水量/%
F0	300.09	98%
F1	354.2	96%
F2	394.5	95%

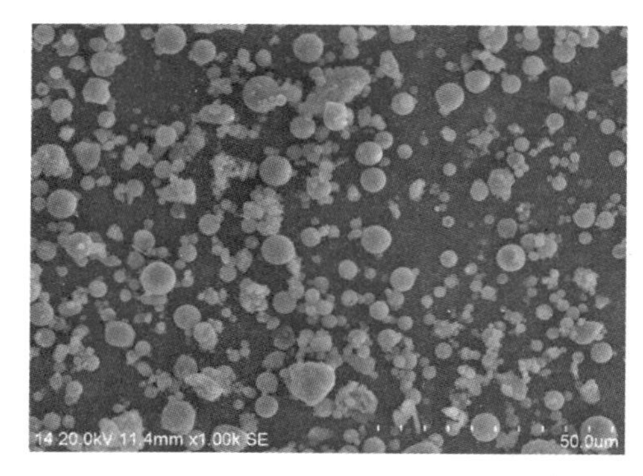

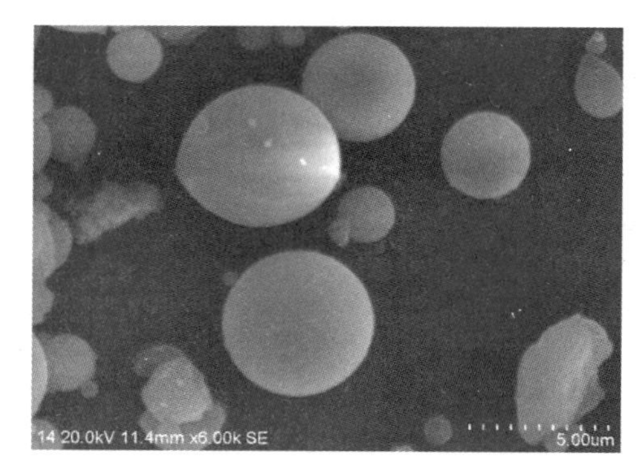

图 3-1 粉煤灰的微观形貌图

③ 集料

粗集料的品种及物理性能指标见表 3-6。

粗集料的品种及物理参数 **表 3-6**

品种	级配	粒径范围	压碎指标	含泥量	表观密度
石灰岩碎石	连续级配	5～20mm	2.0%	0.8%	2580kg/m^3

细集料选用河砂，其颗粒级配和物理参数见表 3-7、表 3-8。

细集料的筛分结果 **表 3-7**

筛孔尺寸 (mm)	筛余量 (g)	累计筛余量 (g)	累计筛余分数 (%)	
4.75	39.2	39.2	7.84	A1
2.36	74.3	113.5	22.7	A2
1.18	71.5	185.0	37.0	A3
0.60	78.3	263.3	52.7	A4

续表

筛孔尺寸(mm)	筛余量(g)	累计筛余量(g)	累计筛余分数(%)	
0.30	95.2	358.5	71.7	A5
0.15	106.5	465.0	93.0	A6
筛底	35.0	500.0	100.0	
细度模数	$M_x=[(A_2+A_3+A_4+A_5+A_6)-5A_1]/(100-A_1)=2.67$			

细集料的物理参数 **表 3-8**

类型	细度模数	含泥量	表观密度
中砂	2.67	1.1%	2450 kg/m^3

④ 减水剂

减水剂有很多种，本试验所用的是高效萘系减水剂，其减水率为18%～25%。它是经过人工化学合成的非引气型高效减水剂。萘系减水剂加入水泥中能很好的把水泥粒子分散开来，故适量的减水剂可以改善浆体的流动性。萘系减水剂也能提高和改善水泥和混凝土的各种性能，对高性能混凝土或者有其他性能要求的水泥或混凝土有很好的使用效果。

⑤ 拌合水

本试验所用拌合水为自来水。

⑥ 其他原材料

无水乙醇以及符合《水泥组分的定量测定》GB/T 12960—2007 的盐酸溶液和 EDTA 溶液。

3.1.2 粉煤灰粒度分布对混凝土抗压强度的影响

在一定范围内，粒径较细的粉煤灰颗粒，其微集料效应和减水效应较为显著[37]；能够更好的改善新拌混凝土的流动性及其他工作性能；同时较细粒径的粉煤灰颗粒其化学性质较活泼。

在试验组中，当粉煤灰掺量为15%时混凝土的抗压强度较大，具有较好的代表性，能够较好的凸显粉煤灰粒径分布对抗压强度的影响，同时也为了和3.4.4中有关粉煤灰粒度分布对低温混凝土孔结构的影响一节相对应，故在探究粉煤灰粒径与混凝土抗压强度的关系时，选取粉煤灰掺量为15%，粒径大小为F0、F1、F2三种粒径的粉煤灰混凝土，测试混凝土在常温养护下龄期为3d、7d、28d和变温养护下龄期为－3＋3d、－3＋7d、－3＋28d的抗压强度，其中粒径为F0的粉煤灰混凝土为对照组，粒径为F1、F2的粉煤灰混凝土为试验组。

(1) 常温养护下粉煤灰粒径对混凝土抗压强度的影响

由图3-2常温养护下粉煤灰粒径与混凝土抗压强度可知，随着养护龄期的延长，混凝土的抗压强度逐渐增大且在试件养护早期（3d～7d）时，粉煤灰粒径较小的试验组抗压强度在一定程度上高于对照组的抗压强度，而在养护后期（28d）时两者之间的抗压强度极为接近。例如养护龄期为7d时，粉煤灰粒径F2所对应的混凝土的抗压强度与粉煤灰粒径

F0 所对应的混凝土的抗压强度之差为 1.9MPa，而在养护龄期为 28d 时 F2 与 F1 之间的抗压强度差为 0.8MPa。这是因为在养护早期时，粒径较细的粉煤灰颗粒能够和未水化的水泥颗粒形成良好的次级颗粒级配，这种阶梯式的颗粒级配能很好地增加混凝土的早期抗压强度，而且在一定范围内粉煤灰的粒径越细其需水比越小，减水效果越好，能够提高混凝土中的实际水胶比，可以让更多的水泥颗粒参与水化反应；其次粉煤灰粒径越细其化学活性越佳，能更早、更快地和 $Ca(OH)_2$ 发生二次水化反应，生成更多具有较好粘结力和强度的水化硅酸钙和水化铝酸钙凝胶，增强混凝土各材料的粘结性和整体性，从而更好的提高混凝土的抗压强度。因此在养护早期时粉煤灰粒径较细的混凝土抗压强度相对较高；而在养护后期时，大部分水泥已经发生水化反应，其水化生成的 $Ca(OH)_2$ 量几乎相同，因此能参与二次水化反应的粉煤灰的量也几乎相同，故养护后期时各组混凝土的抗压强度极为接近。

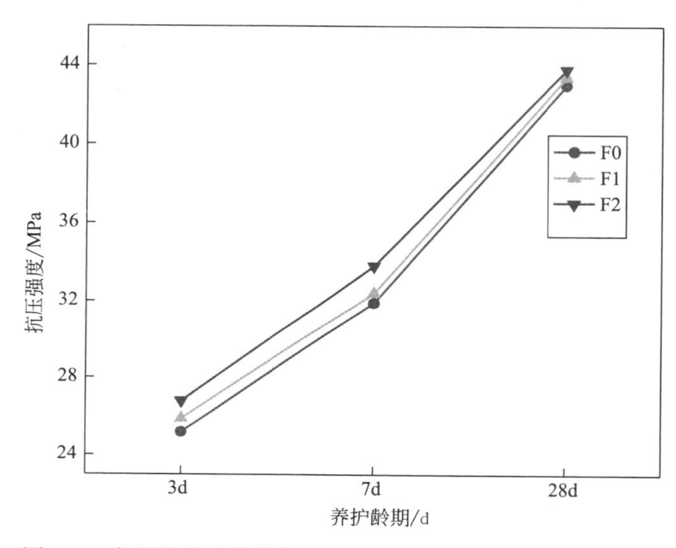

图 3-2　常温养护时粉煤灰粒径大小与混凝土抗压强度的关系

(2) 变温养护下粉煤灰粒径对混凝土抗压强度的影响

由图 3-3 变温养护时粉煤灰粒径对混凝土的抗压强度可知，在试件养护早期（−3+3d），各组混凝土的抗压强度值极为接近，区别较小，而随着养护龄期的延长，混凝土的抗压强度出现一定差别。这可能是由于在养护早期时，混凝土水泥的水化速率相对较低，能够起到粘结作用的凝胶含量相对较少，粉煤灰并未或者极少量参与水化反应，只是起到单纯的微集料效应。而随着养护龄期的延长，粒径较细的粉煤灰拥有更高的化学活性因此能更快的参与二次水化反应，其二次水化产物在一定程度上更好的弥补因早期冻害产生的微裂纹，从而增强混凝土的抗压强度。而且混凝土的抗压强度在−3+7d 龄期时出现转折，从该龄期起混凝土抗压强度的增长速率逐渐缓慢，没有早期强度增加幅度大。例如，粒径为 F2 的粉煤灰混凝土，从−3+3d 龄期养护至−3+7d 龄期时，其抗压强度提高了 30.2%，而从−3+7d 龄期养护至−3+28d 龄期时，其抗压强度仅提高了 13.6%。将图 3-2、图 3-3 相比，发现同龄期、同粒径的混凝土的抗压强度在不同养护温度下有较大的差异，以粉煤灰粒径为 F2 所对应混凝土为例，其在常温养护至 28d 龄期时的抗压强度为 43.8MPa，而在变温养护至 28d 龄期时的抗压强度为 25MPa，抗压强度值下降了 43%，分析原因：一是在低温条件下水泥水化反应速率相对较低，水化产物也相对较少，因此在早期时段根本凸显不出对照组与试验组抗压强度的明显差异。二是随着粉煤灰的加入，因其减水效应使混凝土的自由水含量增多，较多的自由水在低温条件下极易结冰，这是一个体积膨胀的过程，混凝土结构会因此而产生许多细小裂纹，这些微裂纹即使经过后期的养护也并不能得以修复，这一致命缺陷足以明显降低混凝土在早期和后期的抗压强度。因此与常温养护条件的混凝土相比，变温养护下的混凝土抗压强度较低。

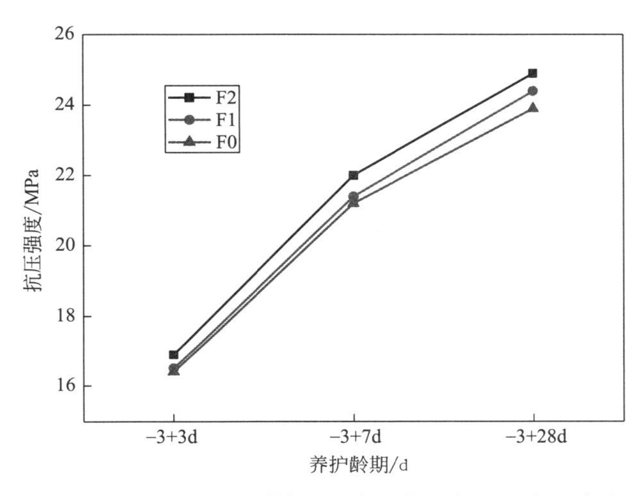

图 3-3　变温养护时粉煤灰粒径与混凝土抗压强度的关系

3.1.3　粉煤灰的粒径分布对混凝土孔结构的影响

粉煤灰的粒径越小，其微集料效应越是显著，化学活性越是活跃，能够较好的优化混凝土的孔结构。在试验组中当粉煤灰掺量为 15%时，混凝土的抗压强度相对较大，且混凝土的孔结构与其抗压强度密切相关，因此本文选取粉煤灰掺量为 15%，粒径分别为 F0（对照组）、F1、F2（试验组）的混凝土碎块作为样本，分别测试常温养护下龄期为 7d 和变温养护下龄期为−3d+7d 的孔结构参数，探究在不同养护温度下，同一掺量不同粒径的粉煤灰对混凝土结构的影响。

（1）粉煤灰的粒径分布对混凝土孔径分布的影响

① 常温养护时，粉煤灰粒径对混凝土孔径分布的影响，其测试结果见图 3-4。

如图 3-4 所示，粒径较小的粉煤灰颗粒对混凝土孔径分布的优化作用较为显著。与同水胶比的对照组 F0 相比，随着粉煤灰研磨时间的延长，试验组内部孔径分布有较大改善，例如，粒径 F1 所对应的混凝土无害孔和少害孔的比率分别上升了 6.4%和 9.8%，有害孔和多害孔的比率下降了 8.8%和 22%；粒径 F2 所对应的混凝土无害孔和少害孔的比率分别上升了 10.6%和 16.1%，有害孔和多害孔的比率下降了 17%和 34%。由此可见粉煤灰的粒径对混凝土孔径分布的优化作用较为显著。分析原因：一是较小粒径的粉煤灰拥有更好的微集料效应，能够较好的填充颗粒之间的孔隙，进而细化孔径。二是粉煤灰的化学活性因其粒径的变小而增大，粒径的细化能极大提高粉煤灰与 $Ca(OH)_2$ 发生二次水化的速

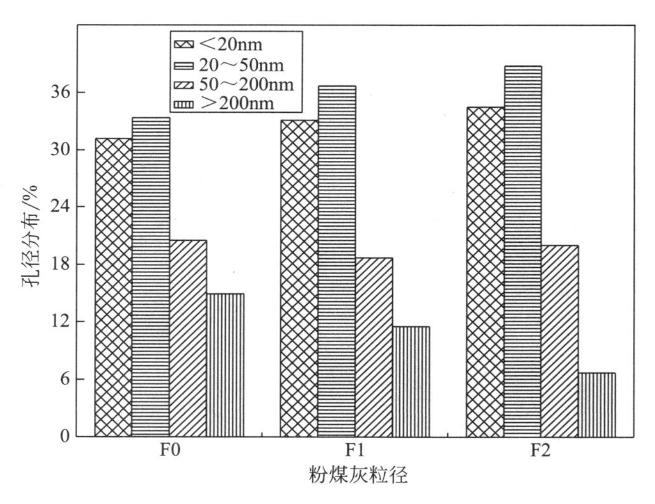

图 3-4　常温养护时粉煤灰的粒径对混凝土孔径分布的影响

率以及单位时间内水化产物（水化硅酸钙、水化铝酸钙）的量，从而更好优化孔径分布，提高混凝土的密实性。这要比对照组混凝土中，仅仅依靠水泥颗粒自身的填充效果和水化产物来改善混凝土孔结构，要更加经济、科学、合理。

② 变温养护时，粉煤灰的粒径对混凝土孔径分布的影响其测试结果见图 3-5。

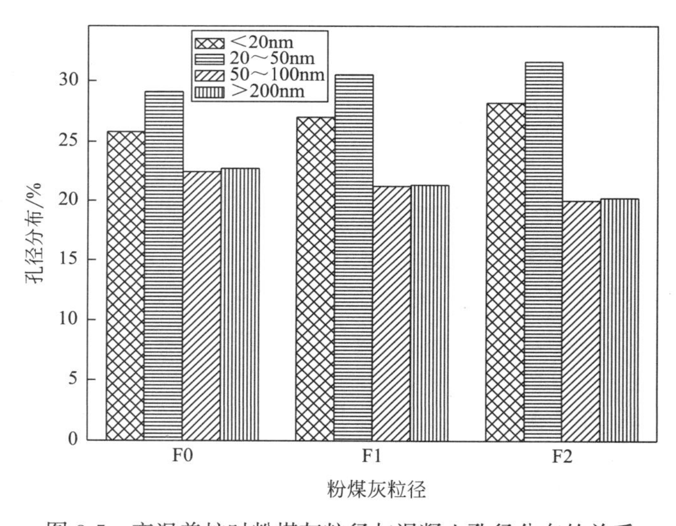

图 3-5　变温养护时粉煤灰粒径与混凝土孔径分布的关系

由图 3-5 可知，混凝土在幼龄期遭受低温冻害后，其内部各区间的孔径分配比例相对来说比较均匀，粒径较小的粉煤灰颗粒对混凝土孔径分布的优化作用也相当显著。例如，与对照组 F0 相比，粒径 F2 所对应的混凝土中无害孔和少害孔的含量分别增加了 9.3％和 8.6％，有害孔和多害孔分别下降了 10.7％和 11％。这是因为随着粉煤灰粒径的逐渐细化，其化学活性越高，微集料效应和形态效应越是显著，它能够细化混凝土孔径，从而降低自由水的冰点，进而可以提高水泥的水化程度（拥有较多的水化产物），更好的完善混凝土的孔径分布，降低大孔含量、收缩孔径，从而形成合理的内部孔结构，使混凝土孔结构更加致密，提高混凝土抵御低温冻害的能力。

将图 3-5 与图 3-4 进行对比，可以发现图 3-4 中各组混凝土的无害孔和少害孔含量要明显大于图 3-5 所对应混凝土中无害孔和少害孔的含量，由此可见混凝土在幼龄期遭受低温冻害，对其内部孔径分布的优化具有极大的阻碍作用。试验结果表明：在低温养护条件下，水泥的化学活性相对较为微弱，水泥水化的反应速率也相对较低，虽然粉煤灰的微集料效应在一定程度上能够改善混凝土的孔结构，降低孔隙率，提高密实度。然而与常温养护条件下同粒径的混凝土相比，低温混凝土中水泥的水化产物相对较少，不能较好的填充颗粒之间的孔隙，致使不利孔含量较高，混凝土结构疏松。

（2）粉煤灰的粒径分布对混凝土孔隙率的影响

① 常温养护时，粉煤灰粒径对混凝土孔隙率的影响，其测试结果见图 3-6。

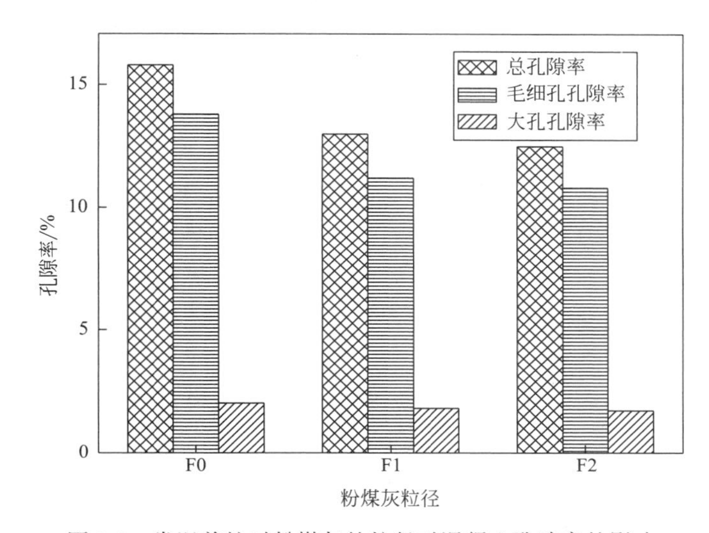

图 3-6　常温养护时粉煤灰的粒径对混凝土孔隙率的影响

由图 3-6 可知，当粉煤灰取代量一定时，粒径越小的粉煤灰颗粒对混凝土孔隙率的改善作用越显著，与对照组 F0 相比，粒径为 F1 的混凝土中总孔隙率、毛细孔孔隙率和大孔孔隙率分别下降了 17.7％、10％和 18.8％；粒径为 F2 的混凝土中总孔隙率、毛细孔孔隙率、大孔孔隙率分别下降了 20％、15％和 21.7％。由此可见粉煤灰粒径的变化对混凝土孔隙率的改善有着极为重要的作用。分析原因：一是较为细小的粉煤灰颗粒能够拥有更好的填充作用，能和胶凝材料颗粒之间形成良好的次级级配，提高混凝土结构的致密性，降低孔径尺寸同时减少不利孔的数量。二是粒径较细的粉煤灰颗粒，具有较大的比表面积和相对较高的化学活性，能够提升其二次水化的反应速率，因此单位时间内生成更多的水化产物，从而达到细化孔径，降低孔隙率，改善混凝土孔径的目的。

② 变温养护时，粉煤灰粒径对混凝土孔隙率的影响，其测试结果见图 3-7。

由图 3-7 可知，对在幼龄期遭受低温冻害的混凝土而言，粒径较细的粉煤灰颗粒也能较为明显的降低混凝土孔隙率的含量。与同水胶比的对照组混凝土 F0 相比，粒径为 F2 的混凝土总孔隙率、毛细孔孔隙率、大孔孔隙率分别下降了 23.5％、16％和 24.6％。将图 3-7 和图 3-6 进行对比，发现即使同掺量同粒径的粉煤灰混凝土，在不同的养护制度下，其内部孔隙率的差别是相当明显的，在变温养护条件下的混凝土孔隙率相对较高。然而无

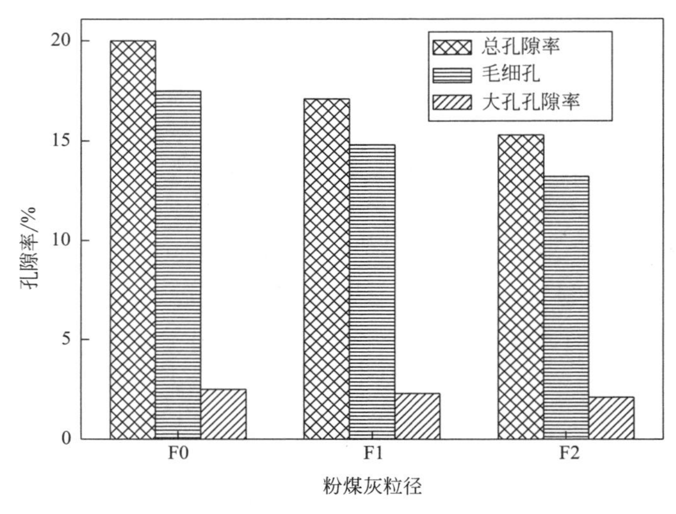

图 3-7　变温养护时粉煤灰粒径对混凝土孔隙率的影响

论在何种养护制度下，粉煤灰的粒径对大孔孔隙率的改善作用较为显著。试验结果表明：混凝土即使在幼龄期因低温冻害产生许多细小裂纹，然而在粉煤灰掺入之后，混凝土中的总孔隙率也有一定幅度的下降，这是因为粒径较细的粉煤灰颗粒的微集料效应和火山灰效应较为显著，混凝土密实度得到较大的提升，毛细孔的孔径得以细化，使混凝土中自由水的冰点有所下降，从而提高混凝土在低温条件下的抗冻性能，使水泥在相对较低的温度下也能够进行水化反应，进而增加水泥水化产物的量，进一步密实混凝土，改善孔结构，降低孔隙率。

（3）粉煤灰的粒径分布对混凝土平均孔径的影响

由图 3-8 可知，无论在何种养护制度下，粒径越细的粉煤灰颗粒对混凝土平均孔径的改善作用越显著。例如在常温养护条件下，与同水胶比的对照组 F0 相比，粒径 F1 所对应混凝土的平均孔径下降了 12.2％，粒径 F2 所对应混凝土的平均孔径下降了 22％；低温冻

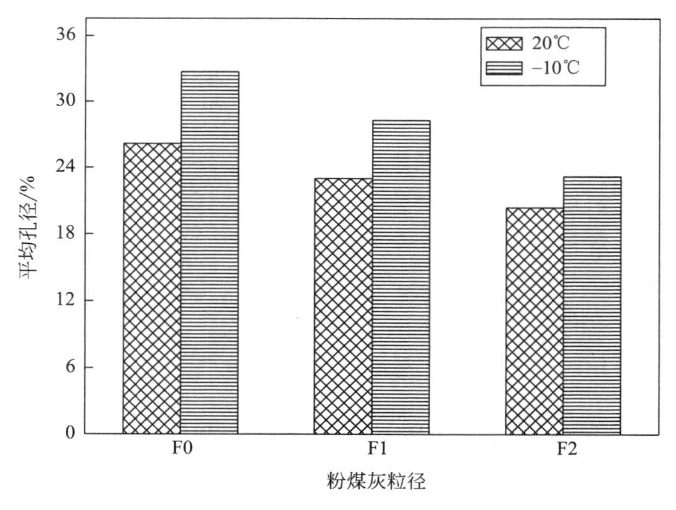

图 3-8　粉煤灰粒径对混凝土平均孔径的影响

害条件下，与同水胶比的对照组F0相比，粒径F1所对应混凝土的平均孔径下降了13.5%，粒径F2所对应混凝土的平均孔径下降了27%。无论哪种粉煤灰粒径所对应的混凝土，其常温养护条件下的平均孔径均明显小于低温冻害条件下的平均孔径。分析上述现象之原因：混凝土在幼龄期遭受低温冻害，会使其内部产生较多的微裂纹，平均孔径有所升高，然而较细粒径的粉煤灰掺入其中，由于其本身具有较好的微集料效应，因此能较好的填充颗粒之间的孔隙，减小孔径尺寸，使混凝土结构变得更加致密，从而降低混凝土平均孔径，使孔径分布变得相对更加合理，尽力弥补因冻害而造成的混凝土平均孔径较大的弊端。

3.1.4　粉煤灰粒径分布与混凝土孔结构及强度的灰色关联分析

粉煤灰作为一种性能优良的矿物掺合料，它的掺入能够提升混凝土的多项性能指标。粉煤灰的活性和胶凝材料间的颗粒级配在很大程度上决定混凝土的微观结构，而粉煤灰的细度对其自身的化学活性和胶凝材料间的颗粒级配影响较大，细度是制约混凝土工作性能、耐久性能、内部孔结构以及宏观力学性能的主要因素之一。进一步研究发现，在一定细度范围内，不同粒径的粉煤灰，会对混凝土的宏观性能产生一定差异，因此改善粉煤灰的粒径分布，可以在一定程度上提高胶凝材料间的次级颗粒级配，可以更好的改善和提高混凝土的各项技术指标。

本章以定性的研究方式分析粉煤灰粒径分布对混凝土抗压强度以及孔径分布、平均孔径、孔隙率等孔结构参数的影响。但未能量化性的具体指出哪种粒度分布区间对其影响是主要的，哪种是次要的。因此为了能够量化性的分析多种粉煤灰粒径分布区间与混凝土宏观力学性能以及孔隙率、平均孔径等孔结构参数的强弱关系，本章采用以往学者在面对小样本、贫信息、不确定性问题时所经常使用的能够对动态过程发展趋势进行量化分析的比较经典的灰色关联理论，研究分析了粉煤灰各粒度分布区间与混凝土抗压强度和孔结构参数的灰色关联度。

(1) 灰色关联分析理论

灰色关联分析是研究若干没有确定关系的一种系统。系统中有已知的若干信息也有未知的若干信息，这些已知和未知的信息能够对系统整体性能产生巨大的影响力。通常灰色系统的各个因素的关系不是十分的明确，但它是定量分析这些不确定因素对不确定系统的性能及影响力，普遍使用的研究方法。各影响因子序列是构成灰色关联分析的重要部分，灰色关联研究可以使之前不太明确的因素更直接，更清晰，它用各个因素之间的相似度关系来评价他们之间的影响力。

设 $X_0=(x_0(1), x_0(2), \cdots, x_0(n))$ 为系统特征序列(即母序列)，

则 $X_1=(x_1(1), x_1(2), \cdots, x_1(n))$

$$\vdots$$

$X_i=(x_i(1), x_i(2), \cdots, x_i(n))$

$$\vdots$$

$X_m=(x_m(1), x_m(2), \cdots, x_m(n))$ 为相关因素序列（即子序列）。

则 $X'_i=X_i/x_i(1)=(x_i(1), x_i(2), \cdots x_i(n))=\left(\frac{X_i(1)}{X_i(1)}, \frac{X_i(2)}{X_i(1)}, \cdots\frac{X_i(n)}{X_i(1)}\right)$；

且 $x_i(1) \neq 0(i=0, 1, 2, \cdots m)$；

那么各行为序列的差序列为：

$$\Delta_i(k)=| x'_0(k)-x'_i(k) |, \quad \Delta_i=(\Delta_i(1), \Delta_i(2), \cdots \Delta_i(n));$$
$$k=1, 2, \cdots, n, i=1, 2, \cdots m$$

两极最大差与最小差分别为：

$$M=\max_i \max_k \Delta_i(k), \quad m=\min_i \min_k \Delta_i(k)$$

对于 $\zeta \in (0, 1)$，称 ζ 为分辨系数，则 k 点的关联系数为：

$$\gamma_{0i}=\gamma(x_0(k), x_i(k))=\frac{m+\zeta M}{\Delta_i(k)+\zeta M'}, \ i=1, 2, \cdots, m; \ k=1, 2, \cdots, n$$

X_0 与 X_i 的灰色关联度为：

$$\gamma_{0i}=\gamma(X_0, X_i)=\frac{1}{n}\sum_{k=1}^{n}\gamma(x_0(k), x_i(k))=\frac{1}{n}\sum\gamma_{0i}(k), \ i=1, 2, \cdots m$$

在计算 $\gamma_{0i}(k)$ 时，由于使用 $\Delta_i(k)=| x_0{}'(k)-x_i{}'(k) |$，故不能区别因素关联的性质，即是正关联还是负关联，也就是关联极性的问题，可以采用下列方法来判断关联极性。

$$\theta_i=\sum_{k=1}^{n}kX_i(k)-\sum_{k=1}^{n}X_i(k)\sum_{k=1}^{n}k/n\theta_k=\sum_{k=1}^{n}k^2-(\sum_{k=1}^{n}k)^2/n$$

若 $\mathrm{sgn}\left(\frac{\theta_i}{\theta_k}\right)=\mathrm{sgn}\left(\frac{\theta_0}{\theta_k}\right)$，则 X_i 与 X_0 为正关联；若 $\mathrm{sgn}\left(\frac{\theta_i}{\theta_k}\right)=-\mathrm{sgn}\left(\frac{\theta_0}{\theta_k}\right)$，则 X_i 与 X_0 为负关联。其中 sgn 为符号函数，即 x 大于 0，$\mathrm{sgn}x=+1$；$x=0$，$\mathrm{sgn}x=0$；x 小于 0，$\mathrm{sgn}x=-1$。

（2）粉煤灰粒径分布与孔隙率的灰色关联分析

当粉煤灰掺量为 15%时，以 7d 龄期混凝土的孔隙率为母序列，以粉煤灰粒径 F0、F1、F2 为子序列，由此计算出在不同养护温度条件下，粉煤灰的粒径分布与混凝土孔隙率的关联度与关联极性。混凝土在常温养护和变温养护时，不同粉煤灰粒径与混凝土孔隙率的关联度分析及强弱关系，见表 3-9、表 3-10 及图 3-9。

母序及子序列 **表 3-9**

系列	序数	F0	F1	F2
$X_{01}(k)$	20℃7d 孔隙率	15.8	13	12.5
$X_{02}(k)$	−10℃7d 孔隙率	20	17.1	15.3
$X_1(k)$	0～5μm	16.5	20.7	24.83
$X_2(k)$	5～10μm	14.67	17.53	20.55
$X_3(k)$	10～20μm	19.75	22.23	24.44
$X_4(k)$	20～50μm	24.52	22.4	19.27
$X_5(k)$	50～100μm	14.91	11.52	8.62
$X_6(k)$	＞100μm	9.65	5.62	2.38

粒径分布与混凝土孔隙率的强度关联性　　表 3-10

粒径分布	0～5μm	5～10μm	10～20μm	20～50μm	50～100μm	>100μm
常温时 7d 孔隙率	0.7020	0.7291	0.7473	－0.8073	－0.7250	－0.5564
变温时 7d 孔隙率	0.7148	0.7478	0.7654	－0.8225	－0.7116	0.5455

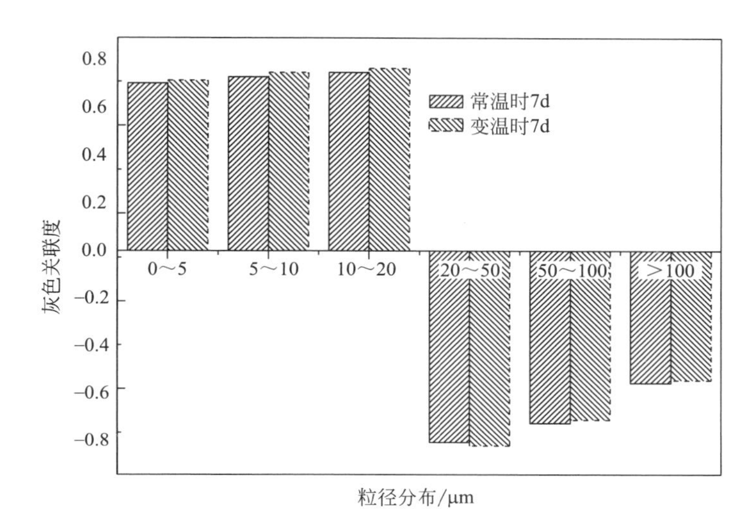

图 3-9　粉煤灰粒度分布与混凝土孔隙率的强弱关系

根据表 3-11 粒径分布与混凝土孔隙率的关联度值可知：

① 对养护温度为 20℃、养护龄期为 7d 的粉煤灰混凝土来说，粉煤灰粒径小于等于 20μm 的颗粒与混凝土的孔隙率成正关联，这是因为在这一范围内，粉煤灰的化学活性较大，自身颗粒级配以及与水泥颗粒之间的级配较为理想，能够更好的降低混凝土的孔隙率。若按粉煤灰颗粒对混凝土孔隙率正关联性的强弱进行排序如图 3-9 所示，其结果如下：(10～20μm)＞(5～10μm)＞(0～5μm) 即粉煤灰粒径在 10～20μm 的范围时与混凝土的孔隙率正关联性最大，粉煤灰粒径小于 10μm 的颗粒与混凝土的孔隙率正关联度值相对较小，这可能是由于随着研磨时间的延长，粉煤灰表面的坚硬外壳被机械破坏，由此而造成其需水量增大，活性受到削弱造成的；而粒径大于 20μm 的颗粒对混凝土的孔隙率呈负关联，彼此之间的强弱关系如图 3-9 所示，其关联值大小为(＞100μm)＞(50～100μm)＞(20～50μm)，即粉煤灰粒径大于 100μm 的颗粒，对混凝土孔隙率的负面影响最大，这是因为较大粒径的粉煤灰颗粒其化学活性相对较低，颗粒之间的级配情况相对较差，粉煤灰的微集料效应相对较弱，因此对混凝土孔隙率的改善情况不太理想。

② 对于变温条件下养护龄期为－3＋7d 的粉煤灰混凝土来说，粉煤灰粒径分布对混凝土孔隙率的关联性与常温养护的情况相似，即粉煤灰粒径小于 20μm 的颗粒与混凝土孔隙率呈正相关，粉煤灰粒径大于 20μm 的颗粒与混凝土的孔隙率呈负相关。从表 3-10 可知：在不同养护温度下，即使同粒径区间的粉煤灰颗粒对混凝土孔隙率的关联度值也各不相同，粉煤灰粒径分布与变温养护下混凝土孔隙率关联度值相对较大，这可能是因为在变温养护条件下，粉煤灰的微集料效应和火山灰效应对孔隙率的作用在胶凝材料对孔隙率的作用中比例略有增加。

③ 从粉煤灰粒径分布的角度来讲，若要改善混凝土的孔隙率，首先要增加 10～20μm 的粉煤灰颗粒的含量，其次要减小大于 20μm 颗粒的含量。这与 3.4.4 粉煤灰对混凝土孔结构的影响一文中，在粉煤灰掺量相同的情况下，粒径为 F2 所对应的混凝土孔隙率最小的结论相一致，这是因为在粒径为 F2 的粉煤灰样品中 10～20μm 范围内颗粒含量最大。

（3）粉煤灰粒径分布与平均孔径的灰色关联分析

当粉煤灰掺量为 15%时，以 7d 龄期混凝土的平均孔径为母序列，以粉煤灰 F0、F1、F2 为子序列，由此计算出在不同养护温度条件下，粉煤灰的粒径分布与混凝土平均孔径的关联度与关联极性。

混凝土在常温养护和变温养护时，不同粉煤灰粒径与混凝土平均孔径的关联度分析及强弱关系见表 3-11、表 3-12 及图 3-10。

母序及子序 **表 3-11**

系列	序数	F0	F1	F2
$X_{01}(k)$	常温时 7d 平均孔径/nm	26.2	23	20.4
$X_{02}(k)$	变温时 7d 平均孔径/nm	32.7	28.3	23.2
$X_1(k)$	0～5μm	16.5	20.7	24.83
$X_2(k)$	5～10μm	14.67	17.53	20.55
$X_3(k)$	10～20μm	19.75	22.23	24.44
$X_4(k)$	20～50μm	24.52	22.4	19.27
$X_5(k)$	50～100μm	14.91	11.52	8.62
$X_6(k)$	>100μm	9.65	5.62	2.38

粒径分布与混凝土平均孔径的关联性 **表 3-12**

粒径分布	0～5μm	5～10μm	10～20μm	20～50μm	50～100μm	>100μm
常温时 7d 平均孔径	0.748	0.7789	0.8002	−0.8669	−0.7105	−0.5561
变温时 7d 平均孔径	0.7365	0.7751	0.8108	−0.856	−0.6937	−0.5391

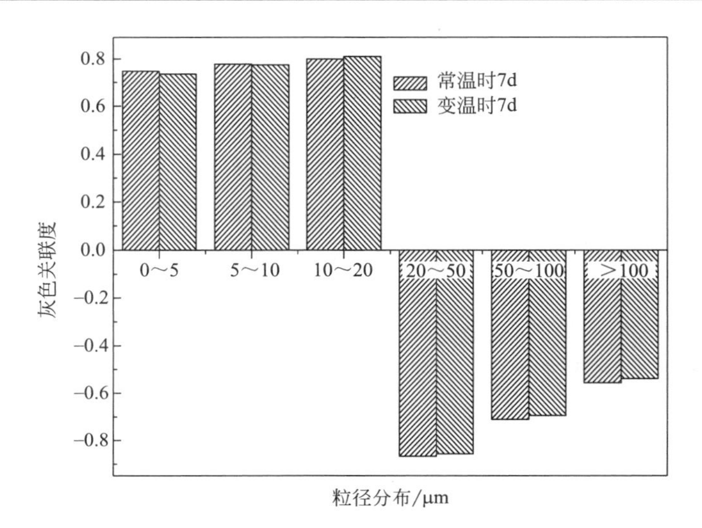

图 3-10 粉煤灰粒度分布与混凝土平均孔径的强弱关系

根据表 3-12 粉煤灰粒径分布与混凝土平均孔径的关联度值可知：

① 对于常温条件下，养护龄期为 7d 的粉煤灰混凝土来说，粉煤灰粒径小于 20μm 的颗粒的体积分数与混凝土的平均孔径呈正关联，各粒径分布区间的贡献大小排序如图 3-10 所示为：(10～20μm)＞(5～10μm)＞(0～5μm)，由此可见粉煤灰粒径在 10～20μm 范围内的颗粒对混凝土的平均孔径关联度值最大，这表明在这一粒度范围内的颗粒对混凝土的平均孔径的降低作用最大；而粉煤灰粒径大于 20μm 的含量与混凝土的平均孔径呈负关联，尤其是粒径大于 100μm 的含量与混凝土平均孔径的负关联值最大，这表明大于 100μm 的粉煤灰颗粒最不利于混凝土平均孔径的改善。

② 对于变温养护且养护龄期为 7d 的粉煤灰混凝土来说，不同粉煤灰粒径分布的体积分数对混凝土平均孔径的正负关联性与上组相同，即粒径小于 20μm 的颗粒的体积分数与混凝土的平均孔径呈正关联，而粉煤灰粒径大于 20μm 的体积分数与混凝土的平均孔径呈负关联。然而即使同粒径范围的含量对不同养护温度下混凝土的平均孔径关联度值不同，其中粒径分布对低温养护混凝土的平均孔径的关联度值相对较大，这可能是因为在变温条件下，水泥水化程度相对较低，水化产物相对较少，而粉煤灰的微集料效应在此阶段所对混凝土平均孔径的改善作用占比重略微增加。

③ 从粉煤灰粒径分布的角度来讲，增加 10～20μm 的粉煤灰颗粒的含量，能够较好的细化粉煤灰混凝土的平均孔径，这与 3.1.3 中在粉煤灰掺量相同的情况下，粒径为 F2 所对应的混凝土平均孔径最小的结论相一致，这是因为在粒径为 F2 的粉煤灰样品中 10～20μm 范围内颗粒含量最大。

（4）粉煤灰粒径分布与混凝土强度的灰色关联分析

当粉煤灰掺量为 15％时，以 3d、7d、28d 龄期混凝土的平均孔径为母序列，以粉煤灰 F0、F1、F2 为子序列，由此计算出在不同养护温度条件下，粉煤灰的粒径分布与混凝土抗压强度的关联度与关联极性。

混凝土在养护温度为 20℃时，不同粉煤灰粒径与不同养护龄期的混凝土抗压强度的关联度分析及强弱关系见表 3-13、表 3-14 及图 3-11。

① 常温条件下粉煤灰粒径分布与混凝土强度的灰色关联分析

母序及子序　　**表 3-13**

系列	序数	F0	F1	F2
$X_{01}(k)$	3d 抗压强度/MPa	25.2	25.9	26.8
$X_{02}(k)$	7d 抗压强度/MPa	31.9	32.4	33.8
$X_{03}(k)$	28d 抗压强度/MPa	43.0	43.4	43.8
$X_1(k)$	0～5μm	16.5	20.7	24.83
$X_2(k)$	5～10μm	14.67	17.53	20.55
$X_3(k)$	10～20μm	19.75	22.23	24.44
$X_4(k)$	20～50μm	24.52	22.4	19.27
$X_5(k)$	50～100μm	14.91	11.52	8.62
$X_6(k)$	＞100μm	9.65	5.62	2.38

常温条件下粒径分布与混凝土抗压强度的关联性　　表 3-14

粒径分布	0～5μm	5～10μm	10～20μm	20～50μm	50～100μm	>100μm
3d 抗压强度	0.8321	0.8807	0.912	−0.9932	−0.6714	−0.5455
7d 抗压强度	0.8286	0.8777	0.9087	−0.9885	−0.6707	−0.5445
28d 抗压强度	0.8049	0.8511	0.8882	−0.9531	−0.6778	−0.5442

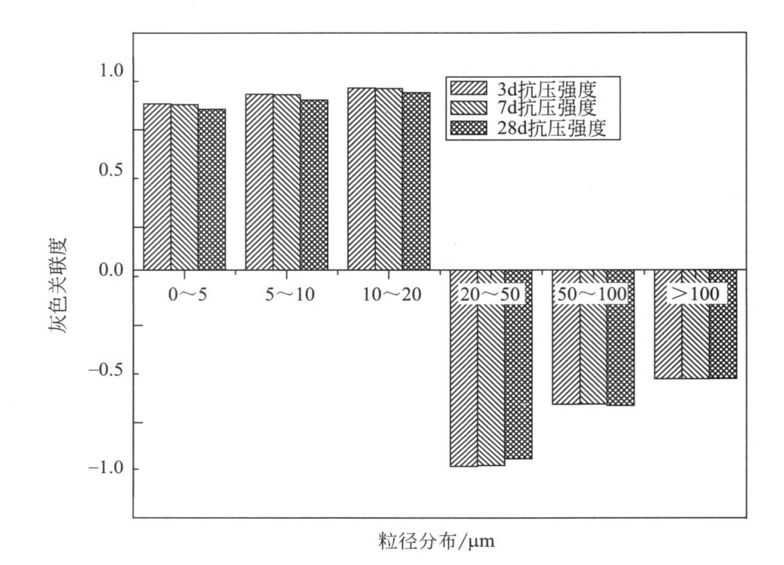

图 3-11　常温养护下粉煤灰粒度分布与各龄期抗压强度的强弱关系

由表 3-14 可知，在常温养护条件下，粉煤灰粒径分布与各龄期混凝土抗压强度的关联度值可知：

a. 粉煤灰粒径小于等于 20μm 的颗粒体积分数对于 3d、7d、28d 的混凝土强度都是呈正关联性，彼此之间的强弱关系如图 3-11 所示。这说明小于 20μm 的粉煤灰颗粒对混凝土强度的增长起到促进作用，其中粒径分布在 10～20μm 范围内的粉煤灰颗粒含量对混凝土强度的关联值最大；而粒径大于 20μm 的颗粒体积分数对混凝土呈负关联性，即粒径大于 20μm 的粉煤灰颗粒对混凝土的增长起消极作用。

b. 随着混凝土养护龄期的延长，相同粒径分布的粉煤灰颗粒体积分数，对混凝土的抗压强度关联度值逐渐减小，分析原因：可能是因为在混凝土养护早期，水泥水化程度较弱，水化产物相对较少，相对而言粉煤灰的粒度分布对混凝土抗压强度的影响作用相对较大，随着养护龄期的延长，水泥水化程度逐渐增大故而粉煤灰对混凝土抗压强度的影响作用相对减小，因此在混凝土养护早期，粉煤灰的粒径分布与混凝土强度的正关联度值较大。

c. 从粉煤灰粒径分布的角度来讲，若要提高粉煤灰混凝土在常温养护下的抗压强度，首先要着重提高 10～20μm 的粉煤灰颗粒的含量以及最大可能的减小大于 20μm 颗粒的含量。这与 3.1.2 粉煤灰对混凝土抗压强度的影响一文中，在养护温度相同、掺量相同的情况下，粒径 F2 所对应的混凝土的抗压强度相对较大的结论相一致，这是因为在粒径为 F2

的粉煤灰样品中 10～20μm 范围内颗粒含量最大。

② 变温养护下粉煤灰粒径分布与混凝土强度的灰色关联分析

混凝土在变温养护时，不同粉煤灰粒径与不同养护龄期的混凝土抗压强度的关联度分析及强弱关系见表 3-15、表 3-16 及图 3-12。

母序及子序　　**表 3-15**

系列	序数	F0	F1	F2
$X_{01}(k)$	−3+3d 抗压强度/MPa	16.5	16.8	16.9
$X_{02}(k)$	−3+7d 抗压强度/MPa	21.4	21.2	22.0
$X_{03}(k)$	−3+28d 抗压强度/MPa	23.4	24.5	25.0
$X_1(k)$	0～5μm	16.5	20.7	24.83
$X_2(k)$	5～10μm	14.67	17.53	20.55
$X_3(k)$	10～20μm	19.75	22.23	24.44
$X_4(k)$	20～50μm	24.52	22.4	19.27
$X_5(k)$	50～100μm	14.91	11.52	8.62
$X_6(k)$	>100μm	9.65	5.62	2.38

变温养护条件下粒径分布与混凝土抗压强度的关联性　　**表 3-16**

粒径分布	0～5μm	5～10μm	10～20μm	20～50μm	50～100μm	>100μm
−3+3d 抗压强度	0.742	0.7999	0.852	−0.9314	−0.7134	−0.6194
−3+7d 抗压强度	0.7999	0.8696	0.9329	−0.9715	−0.6972	−0.6161
−3+28d 抗压强度	0.7681	0.8317	0.8895	−0.977	−0.6998	−0.6131

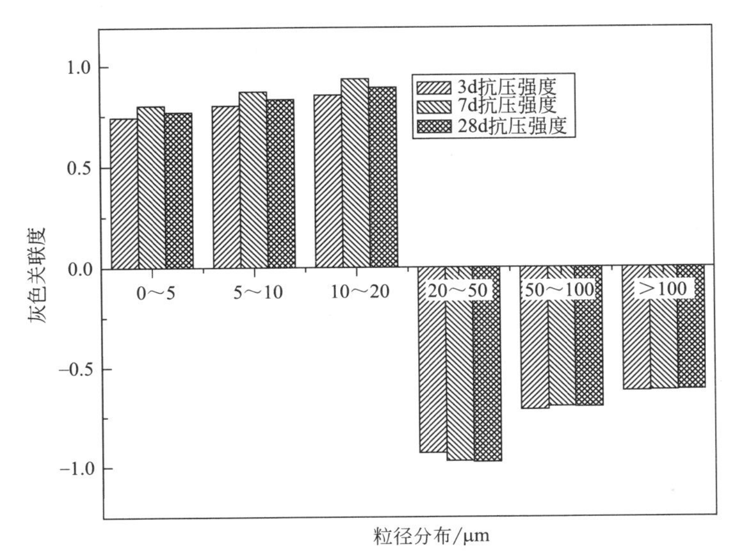

图 3-12　变温养护下粉煤灰粒度分布与各龄期抗压强度的强弱关系

由表 3-16 可知，在变温养护条件下，粒径分布与混凝土抗压强度的关联度值可知：

a. 在变温养护条件下，粒径小于等于 20μm 的粉煤灰颗粒体积分数与混凝土抗压强度呈正关联性，且彼此之间的强弱关系如图 3-12 所示，其中 10～20μm 的体积分数与混凝土抗压强度的关联度值最大；而粒径大于 20μm 的粉煤灰颗粒体积分数与混凝土抗压强度呈负相关性。

b. 在－3＋7d 龄期时，相同粒径分布的粉煤灰颗粒体积分数与混凝土抗压强度的关联度值要比其他养护龄期的关联度值要大，分析原因：可能是因为在低温条件下，水泥的水化程度相对较弱，其自身抗压强度相对较低，而且混凝土在低温冻害的作用下产生许多细小裂缝，更削弱了混凝土的抗压强度，而粉煤灰的微骨料效应和火山灰效应在此时对混凝土抗压强度的作用较为显著，因此粉煤灰的颗粒体积分数对混凝土抗压强度的关联度值相对较大。当养护龄期为－3＋28d 时，水泥的水化程度逐渐增大故而粉煤灰粒度分布对混凝土抗压强度的影响作用相对减小，即关联度值相对较小，因此在－3＋7d 龄期时，粉煤灰颗粒体积分数与混凝土抗压强度的关联度值较大。

c. 从粉煤灰粒径分布的角度来讲，若要提高粉煤灰混凝土在幼龄期低温冻害下的抗压强度，首先要着重提高 10～20μm 的粉煤灰颗粒的含量以及最大可能地减小大于 20μm 颗粒的含量。这与 3.1.2 粉煤灰对混凝土抗压强度的影响一文中，在养护温度、粉煤灰掺量相同的情况下，粒径为 F2 所对应的混凝土的抗压强度相对较大的结论相一致，这是因为在粒径为 F2 的粉煤灰样品中颗粒分布较为均匀，级配相对较好且 10～20μm 范围内颗粒含量最大。

3.2 硅灰粒度分布对低温混凝土性能的影响

3.2.1 试验原材料及配合比设计

（1）试验原材料

① 水泥

试验采用由冀东公司生产的 42.5 级普通硅酸盐水泥，它具有强度高、凝结硬化速度快、耐久性好等特点，而且价格便宜，分布广泛，有利于混凝土的生产和推广使用。其主要化学成分和技术指标见表 3-17、表 3-18。

水泥的化学组成成分（%） **表 3-17**

SiO_2	Al_2O_3	Fe_2O_3	CaO	MgO	SO_3	R_2O	Other	Loss
21.72	5.81	4.33	62.41	1.73	2.56	0.50	0.94	1.47

水泥物理性能指标 **表 3-18**

强度等级	细度	安定性	凝结时间		抗压强度(MPa)		抗折强度(MPa)	
			初凝	终凝	3d	28d	3d	28d
P·O 42.5	3.0	合格	55min	8h30min	27.6	42.5	3.5	8.4

② 硅灰

试验选用沈阳市海沃德化工厂生产的硅灰。硅灰又称硅粉，主要化学成分为非晶态的无定型氧化硅（SiO_2），一般占 90%以上，是冶炼硅钢或硅金属半导体时从烟尘中收集的一种超细粉末，其颗粒极细，呈球状，活性很高是一种理想的改善混凝土性能的掺合料。混凝土中掺入硅灰后，由于硅灰的比表面积很大，随着硅灰掺量的提高，需水量增大，自收缩增大，因此一般将混凝土中硅灰的掺量控制在 5%～10%之间。本研究将硅灰的掺量设置为 0%、6%、8%、10%，通过改变球磨仪的研磨时间来改变硅灰的粒径分布，其中未作研磨处理的硅灰记为 F0，研磨 15min、30min、45min、60min 的硅灰分别记为 F1、F2、F3、F4。硅灰的各项化学性能及物理指标见表 3-19～表 3-21。

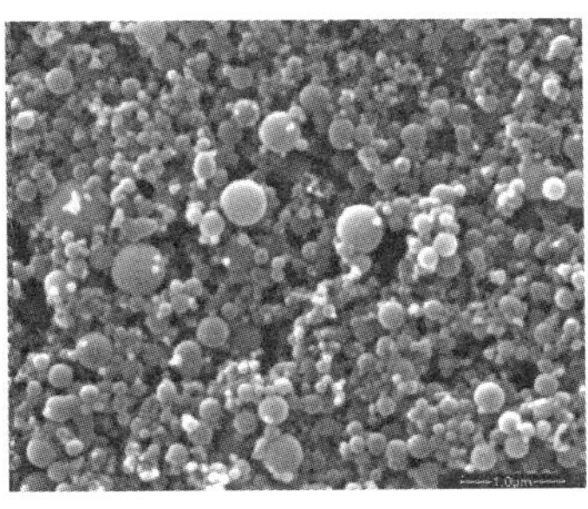

图 3-13　硅灰的微观形貌图

硅灰化学成分（%）　　**表 3-19**

SiO_2	Al_2O_3	CaO	MgO	Fe_2O_3	K_2O	Na_2O	SO_3	Other
92.32	1.63	1.14	2.23	1.82	0.31	0.12	0.24	0.19

硅灰的粒度分布（%）　　**表 3-20**

编号	粒度范围					
	0～0.1μm	0.1～0.15μm	0.15～0.2μm	0.2～0.25μm	0.25～0.4μm	>0.4μm
F0	5.76	6.35	10.91	34.52	37.98	4.48
F1	9.43	10.53	14.24	37.41	24.52	3.87
F2	16.39	21.55	26.54	19.27	13.09	3.16
F3	19.57	28.63	25.21	14.12	7.94	2.53
F4	29.92	31.89	21.77	11.16	3.58	1.68

不同粒径分布的硅灰的物理性能　　**表 3-21**

编号	比表面积/(m^2/g)
F0	16.3
F1	17.5
F2	18.2
F3	19.1
F4	20.4

③ 粗骨料

试验选用粒径 5mm～20mm、级配良好、材质坚硬、外形粗糙、空隙率低于 40%，且颗粒为针片状的石子含量在10%以下的碎石作为粗骨料。根据《建设用卵石、碎石》GB/T 14685-2011所测得的石子的筛分结果和性能指标见表3-22、3-23。

粗骨料筛分结果 表3-22

筛孔尺寸(mm)	2.5	5	10	16	20	25	31.5
累计筛余(%)	100	100	97	96	68	43	5

粗骨料性能指标 表3-23

品种	级配	粒径范围	压碎指标	含泥量	表观密度
石灰岩碎石	连续级配	5～20mm	2.0%	0.83%	2570kg/m^3

④ 细骨料

试验砂子采用河砂，属II区中砂，根《建设用砂》GB/T 14684-2011测定，砂子的筛分试验结果和物理参数见表3-24、表3-25。

细骨料筛分结果 表3-24

筛孔尺寸(mm)	筛余量(g)	累计筛余量(g)	累计筛余分数(%)	
4.75	37.4	37.4	7.84	A_1
2.36	73.1	110.5	22.1	A_2
1.18	71.5	182.0	36.4	A_3
0.60	83.5	265.5	53.1	A_4
0.30	93.2	358.7	71.7	A_5
0.15	104.3	463.0	92.6	A_6
筛底	37.0	500.0	100.0	
细度模数	$M_x=[(A_2+A_3+A_4+A_5+A_6)-5A_1]/(100-A_1)=2.58$			

细骨料的物理参数 表3-25

类型	细度模数	含泥量	表观密度
中砂	2.58	1.17%	2455kg/m^3

⑤ 减水剂

试验使用由郑州冠辉化工产品有限公司生产的萘系高效减水剂（减水率12%～20%）。它除了保持混凝土的和易性能、降低用水量外，还有分散作用，改善混凝土的孔隙结构，降低混凝土中可冻水的含量，提高混凝土的早期抗冻害性能。具体指标见表3-26。

萘系减水剂的性能指标 表3-26

检测项目	性能指标	检测项目	性能指标
外观	棕黄色粉末	$NaSO_4$(%)	≤10.0
细度0.135mm筛	≤10.0	氯离子含量(%)	无
pH值	7～9	水泥净浆流动	≥210
相对密度	1.22±0.03%	减水剂	≥20%

⑥ 防冻剂

试验采用以亚硝酸盐（$NaNO_2$）为防冻组分的外加剂，其外观为白色或浅黄色结晶，易溶于水，在空气中潮解，含量≥99.0%。能显著地降低冰点，使混凝土在一定负温条件下仍有液态水存在，并能与水泥进行水化反应，使混凝土在规定时间内获得预期强度，保证混凝土不遭受冻害。

⑦ 拌合水

试验所用拌合水为普通自来水，满足《混凝土用水标准》JGJ 63-2006 规范要求。

⑧ 指示剂

试验采用 1%酚酞酒精溶液（酒精溶液含 20%的蒸馏水）作为检测碳化深度的指示剂。

（2）配合比设计

试验用混凝土设计强度为 C40，水胶比为 0.39，减水剂掺量为 1%，防冻剂掺量 3%。本试验通过改变硅灰的掺量和粒度分布来探究这些变量对混凝土力学性能、耐久性和孔结构的影响规律。由于北方冬季的室外气温基本在 0℃以下，因此选取－10℃为混凝土恒低温养护温度，20℃为混凝土标养温度。经查阅文献资料得知在混凝土中加入 5%～10%的硅灰能提高混凝土各项性能，因此在前期试验基础上确定试验中硅灰取代水泥掺量为 0%、6%、8%、10%，并在不同养护制度下养护 3d、7d、28d，然后对混凝土进行力学性能测试和孔结构的研究，同时将进行碳化试验的混凝土试件在不同养护制度下养护 28d 后，分别进行 3d、7d、28d 碳化试验测试。配合比设计见下表 3-27。

混凝土配合比（kg/m^3）　　表 3-27

编号	粒度	硅灰	水泥	水	砂	石子	减水剂	防冻剂
0%	F	0	438	172	572	1217	4.4	13.2
6%	F0	26	412	172	572	1217	4.4	13.2
	F1	26	412	172	572	1217	4.4	13.2
	F2	26	412	172	572	1217	4.4	13.2
	F3	26	412	172	572	1217	4.4	13.2
	F4	26	412	172	572	1217	4.4	13.2
8%	F0	35.3	403	172	572	1217	4.4	13.2
	F1	35.3	403	172	572	1217	4.4	13.2
	F2	35	403	172	572	1217	4.4	13.2
	F3	35	403	172	572	1217	4.4	13.2
	F4	35	403	172	572	1217	4.4	13.2
10%	F0	43	395	172	572	1217	4.4	13.2
	F1	43	395	172	572	1217	4.4	13.2
	F2	43	395	172	572	1217	4.4	13.2
	F3	43	395	172	572	1217	4.4	13.2
	F4	43	395	172	572	1217	4.4	13.2

注："F" 代表掺量为 "0%" 各粒度硅灰。

3.2.2 硅灰粒径分布对混凝土抗压强度的影响

硅灰作为具有大量非晶态无定型二氧化硅的矿物掺合料，具有极强的粘结力。将硅灰应用到混凝土中，由于硅灰颗粒具有高度的分散性，能够充分地填充在水化水泥颗粒之间，同时在一定范围内，粒径较细的硅灰颗粒具有较高的火山灰活性，即在碱性激发下能迅速与水泥水化产物反应，生成水化硅酸钙凝胶，从而提高混凝土抗压强度，改善其流动性及其他工作性能。

为研究在不同养护温度制度下，不同粒径的硅灰对混凝土抗压强度的影响，在试验组中掺量为10%时的硅灰混凝土抗压强度较大，具有较好的代表性，因此选取硅灰掺量为10%时，粒径为F0～F4的五种硅灰混凝土试件，测试其养护龄期分别为3d、7d、28d的抗压强度。其中对照组为粒径F0的硅灰混凝土，试验组为粒径为F1、F2、F3、F4的硅灰混凝土。

（1）标准养护硅灰粒径对混凝土抗压强度的影响

由图3-14标准养护条件下硅灰粒径与混凝土不同龄期的抗压强度关系可知，随着养护龄期的增长，各硅灰粒径的混凝土抗压强度逐渐增大，且掺入研磨后的硅灰试验组混凝土试件抗压强度相对于对照组有明显提高，在养护28d时粒径为F4的硅灰混凝土抗压强度与粒径为F0的硅灰混凝土强度相接近。其中粒径为F2的硅灰混凝土各龄期的抗压强度在试验组中都是最大的，各龄期强度与对照组相比分别增长了15.9MPa、14.8MPa、14.2MPa；粒径为F3的硅灰混凝土的抗压强度在后期增长较缓，与对照组相比各龄期强度增长分别为14.0MPa、13.4MPa、7.0MPa；在混凝土龄期为28d时，粒径为F4的硅灰所对应的混凝土强度是试验组中强度最低的。混凝土养护期间，粒径为F2的硅灰颗粒能与混凝土中未水化的水泥颗粒形成良好的次级颗粒级配，这样可以让更多的水泥参与水化反应，同时这种阶梯式的颗粒级配可以很好的改善混凝土强度；其次，由于硅灰较高的化学活性能更充分的与水泥水化产物发生二次水化反应，生成粘结力和强度较好凝胶，增强了混凝土中各材料间的粘结性和整体性，从而更好的提高混凝土各龄期的抗压强度。而对于粒径为F4的硅灰由于研磨时间最长，因此其比表面积相对其他粒径的硅灰较大，硅灰越细其参与水化反应所需要的用水量也就更多，所以在水胶比一定的情况下，混凝土中未水化的胶凝材料质量增多，从而导致混凝土强度减小。因此混凝土养护期间，粒径为F2的硅灰混凝土各养护龄期的抗压强度都相对较高。

（2）恒负温养护硅灰粒径对混凝土抗压强度的影响

由图3-15恒负温养护硅灰粒径与混凝土不同龄期的抗压强度关系可知，不同粒径的硅灰混凝土强度在养护早期（3d～7d）增长较为平缓，而在养护后期混凝土的抗压强度增长趋势较快。这可能是由于在恒负温养护早期，混凝土中水泥的水化速率受温度因素的影响，水化产物的生成速率较慢，进而影响到硅灰二次水化反应的进行，同时恒负温条件硅灰活性的发挥也受到抑制，从而使得生成凝胶含量的相对较少，起到粘结作用也较小。随着养护龄期的延长混凝土强度在后期提升较快。硅灰化学活性随养护时间的增加而逐渐发挥作用，因此在负温度环境下也能参与混凝土内部的二次水化反应，并且其水化产物能够在一定程度上弥补混凝土因早期冻害所产生的细小裂纹，从而改善混凝土的抗压强度。例如，粒径为F2的硅灰混凝土，养护龄期从3d至7d时，其抗压强度由26.7MPa增长至

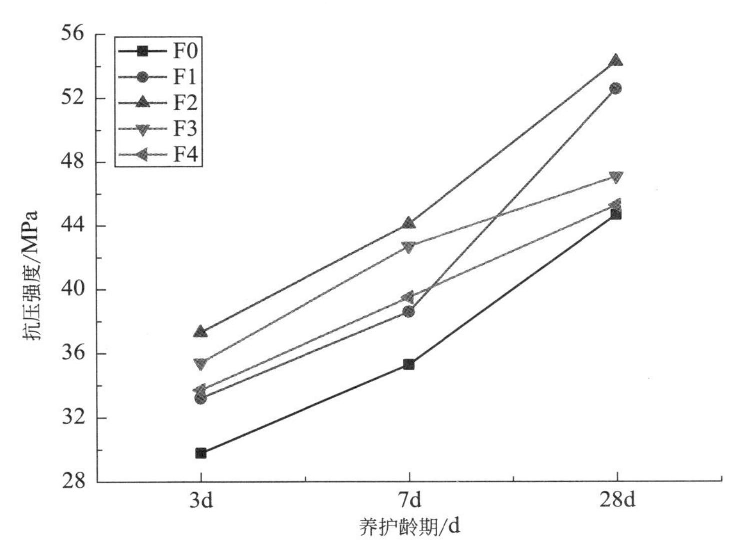

图 3-14　标准养护硅灰粒径与混凝土不同龄期的抗压强度

27.3MPa，比粒径为 F0 的混凝土抗压强度分别提高了 38.3%、26.9%，当养护龄期从 7d 增长至 28d 时，粒径为 F2 的硅灰混凝土比粒径为 F0 的混凝土抗压强度提高了 45.3%。

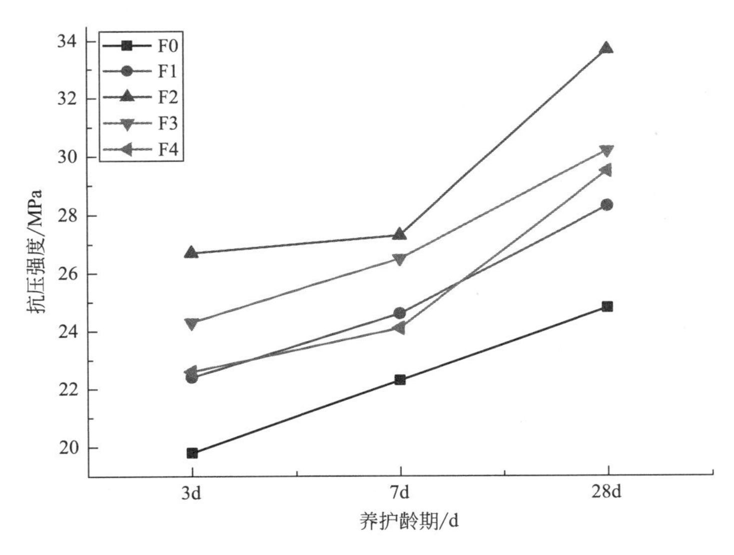

图 3-15　恒负低温养护硅灰粒径与混凝土不同龄期的抗压强度

将图 3-14 和图 3-15 比较发现，养护龄期相同、粒径相同的硅灰混凝土其抗压强度在不同养护制度下差异较大，以粒径为 F2 硅灰对应的混凝土为例，当其在标准养护条件下龄期达到 28d 时抗压强度为 54.3MPa，而在恒负温养护条件下龄期达到 28d 时其抗压强度为 33.7MPa，抗压强度值下降了 20.6MPa。由于硅灰具有较高的化学活性，在标准养护条件下能更好的参与二次水化反应，生成粘结力和强度较好的凝胶，从而增强了混凝土中各材料间的粘结性和整体性。而恒负温养护条件下水泥的水化反应速率相对较低，硅灰参与二次水化反应的活性受到抑制，致使水化产物也相对较少，强度降低。其次恒负温养护条件下混凝土中的自由水极易结冰，在体积膨胀过程中会导致混凝土结构内部产生较多微裂纹，而这些微裂纹即使经过养护也不能修复。因此，恒负温养护条件下的混凝土抗压强度要比标准养护条件下的低。

3.2.3 硅灰粒径分布对混凝土碳化的影响

为研究经不同温度制度养护后，不同粒径的硅灰对混凝土碳化性能的影响，试验组中掺量为10%时的硅灰混凝土各龄期碳化深度相对最小，具有较好的代表性，因此选取硅灰掺量为10%时，粒径为F0～F4的五种硅灰混凝土试件，分别测试各碳化龄期的碳化深度，其中选取粒径为F0的硅灰混凝土作为对照组。

（1）标准养护后硅灰粒径对混凝土碳化的影响

由图3-16标准养护后硅灰粒径与不同碳化龄期的混凝土碳化深度关系可知，随着碳化龄期的增长，各粒径硅灰混凝土的碳化深度逐渐增大，且掺经研磨后的硅灰的混凝土碳化深度要明显低于对照组（掺入未研磨硅灰的混凝土）。粒径为F2的硅灰混凝土在碳化龄期为3d、7d、28d时的碳化深度分别为0.4mm、0.7mm、0.9mm，相对于对照组F0分别减少了0.6mm、0.6mm、0.7mm，在试验组中碳化深度最小；粒径为F1的硅灰混凝土在碳化龄期由7d至28d时的碳化深度的增长趋于平缓，各龄期碳化深度相对于对照组分别减少了0.2mm、0.2mm、0.4mm。由此可见不同粒径的硅灰对混凝土抗碳化性能的提高作用不同。分析原因：在水灰比一定的条件下，粒径为F4的硅灰由于较长时间的研磨，相对其他粒径的硅灰其比表面积较大，因此参与水化反应时所需水就会增多，从而导致混凝土在标养时期强度的减小，其内部孔隙较多，减缓了空气中CO_2等酸性气体渗透的阻力，从而加快了混凝土内部碳化的速率。而其他粒径的硅灰在参与混凝土内部水化反应时，能够较好的发挥硅灰微集料效应，细化并填充混凝土内部孔隙结构，使混凝土更加密实，从而使气体的渗透能力降低，在一定程度上提升了混凝土的抗碳化能力。

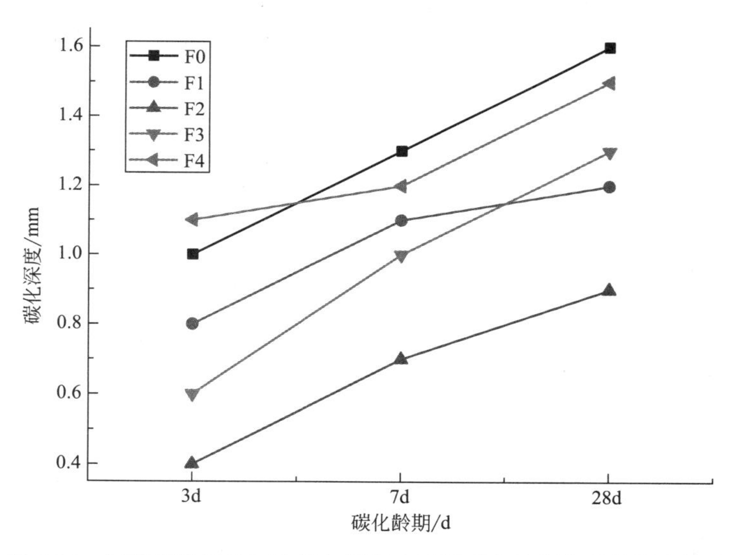

图3-16　标准养护后硅灰粒径与混凝土不同碳化龄期的碳化深度关系

（2）恒负温养护后硅灰粒径对混凝土碳化的影响

由图 3-17 可知恒负温养护后，随着混凝土碳化龄期的增长，不同粒径的硅灰混凝土碳化深度呈增长趋势。在 3d 至 7d 的碳化时间段里，混凝土碳化速度较快，而在 7d 到 28d 的碳化龄期内，混凝土碳化增长较为缓和。例如粒径 F1～F4 的硅灰混凝土在碳化龄期为 3d 时的碳化深度分别为 1.5mm、1.1mm、1.3mm、1.6 mm，相对于对照组碳化深度分别减少了 0.2mm、0.6mm、0.4mm、0.1mm；在碳化龄期为 7d、28d 时，加入经研磨的硅灰，混凝土碳化深度基本都小于参照组，但在整体试验对比中粒径为 F2 的硅灰混凝土抗碳化效果最好。恒负温养护后，在负温条件下混凝土内部的水化反应进行的比较缓慢，生成凝胶量较少，从而使混凝土中各材料之间的粘结性和整体性增强较低，因此混凝土内部孔结构密实度会在一定程度上减弱。在水灰比一定的条件下，研磨时间较长的硅灰比表面积较研磨时间短的硅灰大很多，水化时的需水量增多，导致混凝土内部孔隙较多，气体进入的阻力大大降低，碳化的速率加快，从而碳化深度加深。

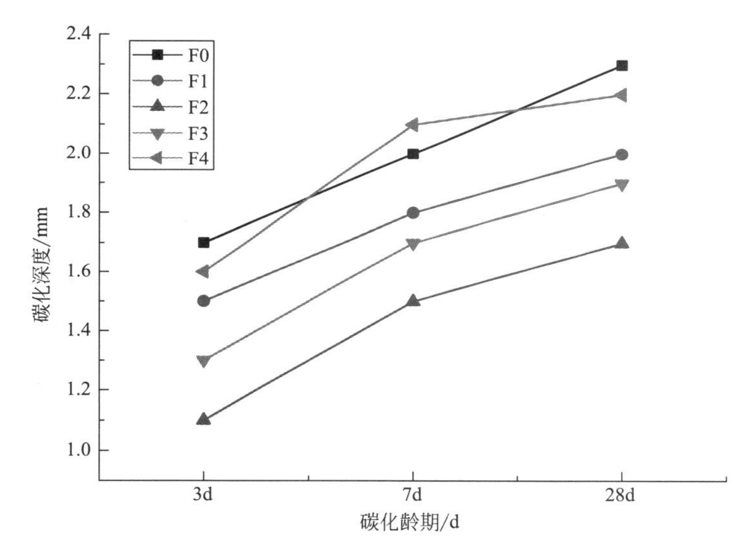

图 3-17　恒负温养护后硅灰粒径与混凝土不同碳化龄期的碳化深度关系

对比图 3-16 和图 3-17 发现，在相同的碳化龄期条件下，标养后的各粒径硅灰混凝土碳化深度均小于恒负温养护后混凝土的碳化深度。例如粒径为 F3 的硅灰混凝土标养后，在 3d 碳化龄期时的碳化深度分别为 0.6mm、1.0mm、1.3mm；而恒负温养护后，达到 3d 碳化龄期时其碳化深度分别为 1.3mm、1.7mm、1.9mm，两种情况对比恒负温养护后碳化深度分别增长了 0.7mm、0.7mm、0.6mm。由于标养后，硅灰在混凝土内部可以将不利于强度的氢氧化钙转化为凝胶，充斥在由水化作用生成的产物之间，改变混凝土内部的结构密实程度，使 CO_2 进入内部的阻力增加变大，从而提高混凝土的抗碳化性能。而恒负温养护后，硅灰在混凝土中的二次水化反应和活性受到很大抑制，很大程度上减弱了凝胶的转化率，致使密实性降低从而使气体渗透的能力增加，混凝土碳化程度加剧。

3.2.4　硅灰粒径分布对混凝土孔隙率的影响

为研究在不同养护温度制度下，不同粒径的硅灰对混凝土孔隙率的影响，试验组中掺量为10%时的硅灰混凝土抗压强度和抗碳化性能具有较好的代表性，并且混凝土的抗压强度和抗碳化性能与孔结构有着密不可分的联系，因此本节选取硅灰掺量为10%时，粒径为F0～F4的五种硅灰混凝土试件，分别测试标养和恒负温养护7d的混凝土的孔结构参数，其中对照组为粒径F0的硅灰混凝土。

（1）标准养护硅灰粒径对混凝土各孔级分孔隙率的影响

由图3-18可知，标准养护条件下随着硅灰粒径的减小，混凝土多害孔和有害孔的孔隙率先减小后增加，无害孔和少害孔呈先增加后减少的趋势。例如粒径为F3的硅灰所对应的混凝土中无害孔和少害孔的百分含量分别为4.36%、5.75%，与F0对照组相比分别增加了0.17%和2.51%，有害孔和多害孔的百分含量分别减少了0.67%和2.39%；粒径F2所对应的混凝土无害孔和少害孔的百分含量比率分别上升了0.45%和3.51%，有害孔和多害孔的比率减小了1.84%和2.77%。硅灰粒径的改变在一定范围内对混凝土孔径的分布具有优化效果，其中粒径为F2的硅灰颗粒与其他粒径的硅灰相比较对混凝土孔结构的优化效果较为显著。粒径为F2的硅灰颗粒能与混凝土中未水化的水泥颗粒形成良好的次级颗粒级配，让更多的水泥参与水化反应，因此这种阶梯式的颗粒级配可以很好的改善内部结构。硅灰粒径的细化其化学活性增大，能极大提高二次水化的速率及单位时间内水化产物的量，从而更好的优化混凝土孔径分布，提高混凝土的密实性。

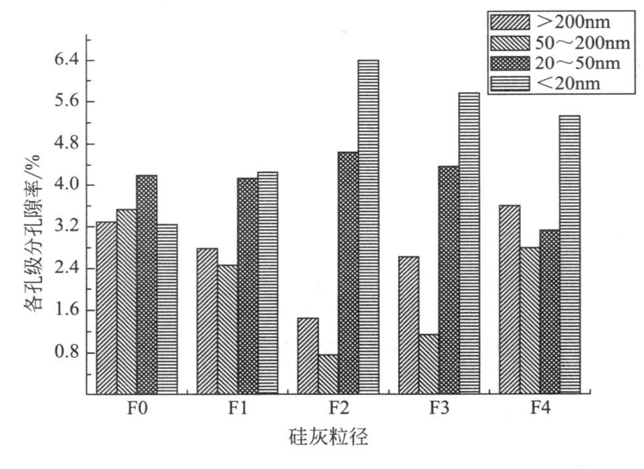

图3-18　标准养护下硅灰粒径与混凝土各孔级分孔隙率关系

（2）恒负温养护硅灰粒径对混凝土各孔级分孔隙率的影响

由图3-19可知，恒负温养护条件下，混凝土中有害孔的含量均大于其他分级孔径的，呈先减小后增加的趋势，无害孔和少害孔的含量先增加后有所下降。例如粒径F4所对应的混凝土中无害孔、少害孔、有害孔的含量较对照组F0分别增加了0.13%、0.11%、0.19%，多害孔含量下降。硅灰粒径的逐渐细化可以促进水泥的水化的程度，降低大孔含量、收缩孔径，使混凝土内部孔结构更加致密，提高混凝土抵御低温冻害的能力。粒径为F4的硅灰由于研磨时间最长，其比表面积与其他粒径的硅灰相比较大，所以在水胶比一定的情况下，参与水化反应时所需的用水量就更多，从而使混凝土中未水化的胶凝材料的质量增多，混凝土中有害孔的百分比有所增加。

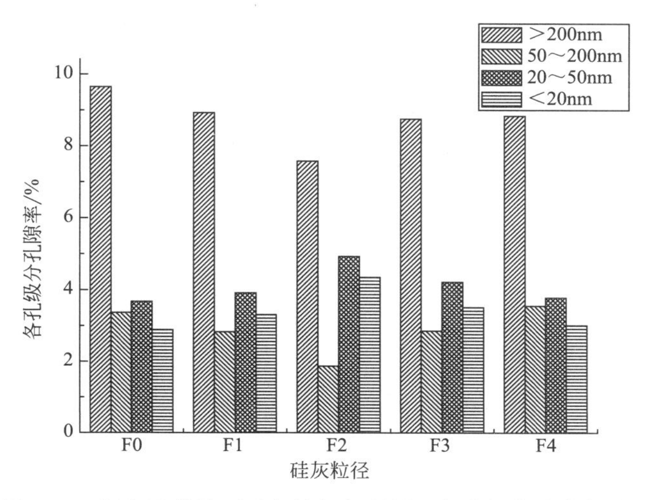

图 3-19　恒负温养护下硅灰粒径与混凝土各孔级分孔隙率关系

对比图 3-18 与图 3-19 发现，标养条件下各试验组混凝土的无害孔和少害孔百分含量要明显高于恒负温养护下的，由此可见养护条件的不同，对混凝土内部孔径分布也具有很大的影响，恒负温环境下混凝土内部孔径分布的优化阻碍较大。另外，恒负温养护条件下硅灰二次水化反应和活性受到抑制，致使水化产物也相对较少，同时水泥不仅化学活性微弱，而且水化反应速率也较低，虽然硅灰能在一定程度上通过自身的微集料效应来改善混凝土的孔结构，降低孔隙率，然而与标养条件下同硅灰粒径的混凝土相比，恒负温养护的混凝土中水化产物含量不能很好的填充在胶凝材料颗粒之间的孔隙中，从而导致有害孔和多害孔的含量增多，混凝土内部结构疏松。

3.3　硅灰-粉煤灰粒度分布对低温混凝土性能的影响

3.3.1　试验原材料及配合比设计

(1) 试验原材料

① 水泥

沈阳冀东水泥有限公司生产的 42.5 级普通硅酸盐水泥，主要成分如表 3-28 所示。

水泥的物理性能及力学性能　　表 3-28

测试指标	比表面积 kg/m^3	安定性雷氏夹法	抗折强度(MPa)		抗压强度(MPa)	
			3d	28d	3d	28d
实测值	340	合格	6.5	11.0	32.0	59.0

② 水

本试验用水采用普通自来水。

③ 集料

粗集料：本试验选用级配良好的碎石，粒径在 5～20mm 之间。

细集料：选用河砂，细度模数为2.9，属中砂，级配良好。

④ 粉煤灰

本试验所选用的粉煤灰为沈阳沈海热电厂Ⅱ级粉煤灰。其氧化硅含量61.57%>50%，氧化钙含量4.43%<5%，烧失量为1.00%（<5%），符合《用于水泥和混凝土中的粉煤灰》（GB/T 1596-2017）的要求，其主要成分如表3-29所示。

粉煤灰的化学成分（%） **表3-29**

SiO_2	Al_2O_3	Fe_2O_3	CaO	MgO	Na_2O	K_2O	other	Loss
61.57	22.24	4.35	4.43	1.62	0.76	2.45	2.58	1.00

⑤ 硅灰

本试验所用的硅灰产自沈阳建恺特种工程材料有限公司，其主要成分见表3-30。

硅灰化学成分表（%） **表3-30**

SiO_2	Al_2O_3	Fe_2O_3	CaO	Loss
88～95	2.1	3.0	<1.5	<3

⑥ 外加剂

混凝土冬期施工过程中，防冻剂是早期防冻害必不可少的组分，它能够有效地降低混凝土的冰点。而减水剂是能够在维持工作性的条件下，减少混凝土拌合用水，改善相关性能的外加剂。

本文采用的防冻剂为$NaNO_3$型防冻剂，减水剂选用萘系高效减水剂，减水率为18%～25%，细度为0.135mm<10%。

（2）掺合料的处理及试验配合比设计

① 掺合料的处理

对掺合料进行预处理的目的是为了获得不同粒度区间的掺合料。试验通过球磨机经不同时间的粉磨，从而得到不同的粒度范围。通过球磨然后采用马尔文激光粒度仪进行测试与分析，最终选择采用干磨、球料比为1∶1、粉煤灰粉磨时间为0min、10min、20min、30min、40min，硅灰粉磨时间为0min、15min、30min、45min、60min。不同细度搭配分组如表3-31，粉煤灰，硅灰粒度表如表3-32、表3-33所示。

复掺搭配表 **表3-31**

搭配	粉煤灰F0	粉煤灰F1	粉煤灰F2	粉煤灰F3	粉煤灰F4	按FA粒度
硅灰SF0	1	2	3	4	5	A
硅灰SF1	6	7	8	9	10	B
硅灰SF2	11	12	13	14	15	C
硅灰SF3	16	17	18	19	20	D
硅灰SF4	21	22	23	24	25	E
按SF粒度	F	H	I	J	K	

粉煤灰粒度表 **表3-32**

编号	各粒级范围的颗粒质量分数/%						比表面积
	0～10μm	10～20μm	20～30μm	30～40μm	40～50μm	>50μm	
F0	5.53	16.21	13.72	14.43	12.54	37.57	288.9m^2/kg

续表

编号	各粒级范围的颗粒质量分数/%						比表面积
	0～10μm	10～20μm	20～30μm	30～40μm	40～50μm	>50μm	
F1	9.14	22.53	14.14	15.41	10.81	27.97	342.4m^2/kg
F2	15.39	24.76	18.67	12.27	9.09	19.82	408.4m^2/kg
F3	17.79	26.44	24.89	10.07	8.02	12.79	448.5m^2/kg
F4	21.31	29.89	25.17	9.13	7.58	6.92	493.9m^2/kg

硅灰粒度表　　**表 3-33**

编号	各粒级范围的颗粒质量分数/%						比表面积
	0～0.1μm	0.1～0.15μm	0.15～0.2μm	0.2～0.25μm	0.25～0.4μm	>0.4μm	
SF0	5.76	6.35	10.91	34.52	37.98	4.48	16.3m^2/g
SF1	9.43	10.53	14.24	37.41	24.52	3.87	17.5m^2/g
SF2	16.39	21.55	26.54	19.27	13.09	3.16	18.2m^2/g
SF3	19.57	28.63	27.21	14.12	7.94	2.53	19.1m^2/g
SF4	29.92	31.89	21.77	11.16	3.58	1.68	20.4m^2/g

② 试验配合比设计

本文根据北方严寒地区的混凝土耐久性的设计要求制作混凝土，设计混凝土强度等级为C40。原材料选用采用42.5级普通硅酸盐水泥、萘系高效减水剂、亚硝酸钠型防冻剂，用硅灰-粉煤灰复掺料等量取代水泥的30%，粉煤灰和硅灰混合比例为2∶1，制备不同粒度分布掺合料混凝土，研究掺合料粒度分布及其混凝土相关性能的关系。其中，混凝土W/B为0.40，砂率0.32，减水剂掺量占胶凝材料总量的1.0%，防冻剂占水泥质量的3.5%。单位混凝土基准配合比如表3-34所示。

每立方米混凝土所需材料用量　　**表 3-34**

水泥	水	砂	碎石	粉煤灰	硅灰	减水剂	防冻剂
309.7	177	585.8	1244.7	88.4	44.2	4.425	10.08

3.3.2　粉煤灰-硅灰粒度对胶凝材料水化及混凝土抗压强度的影响

力学性能是混凝土宏观性能的重要指标，不同的掺合料粒度对混凝土抗压强度的影响不同。对于不同细度的掺合料，胶凝材料早期水化放热量及放热速率的差异均能影响其早期力学性能及混凝土后期结构发展。本章从水化热及抗压强度两个方面，研究不同粒度掺合料的早期水化情况以及不同粒度分布掺合料对混凝土抗压强度的影响。

(1) 粉煤灰-硅灰粒度对胶凝材料水化影响

对胶凝材料的水化研究常从放热量和放热速率两方面进行。本节选取粉磨之后的五组粉煤灰-硅灰胶凝材料体系进行水化热试验，每组共五个试样。采用TAM-AIR微量热仪测试不同粒度的粉煤灰-硅灰胶凝体系早期水化放热量及放热速率，用于分析粉磨之后掺合料活性变化情况以及铺助分析不同粒度掺合料对混凝土强度发展规律的影响。

① 粉煤灰粒度对胶凝材料的水化影响

图 3-20 为不同粒度粉煤灰及其复合胶凝材料早期水化放热的情况。从图中很明显地可以看出，从开始放热到 3d 后，水化放热速率以及水化放热量都趋于平缓，放热速率的最高峰值出现在 25～50h 之间。A、E 两组中各个试样的水化放热速率和水化放热量比较接近，说明此时粉煤灰的粉磨时间对粒度变化引起的水化放热效果不明显。对比 B、C、D 三组，大致呈现出，固定掺量不变时，粉煤灰的粒径变细时，水化放热速率峰值会有所提高，且峰值出现的时间会提前，放热量在短时间内会达到比较高的值，其中 D 组最明显，即硅灰比表面积在 19.1m^2/g 时，粉煤灰比表面积从 288.9m^2/kg 到 493.9m^2/kg 的胶凝材料的粒度与水化呈现出的线性相关度较高。

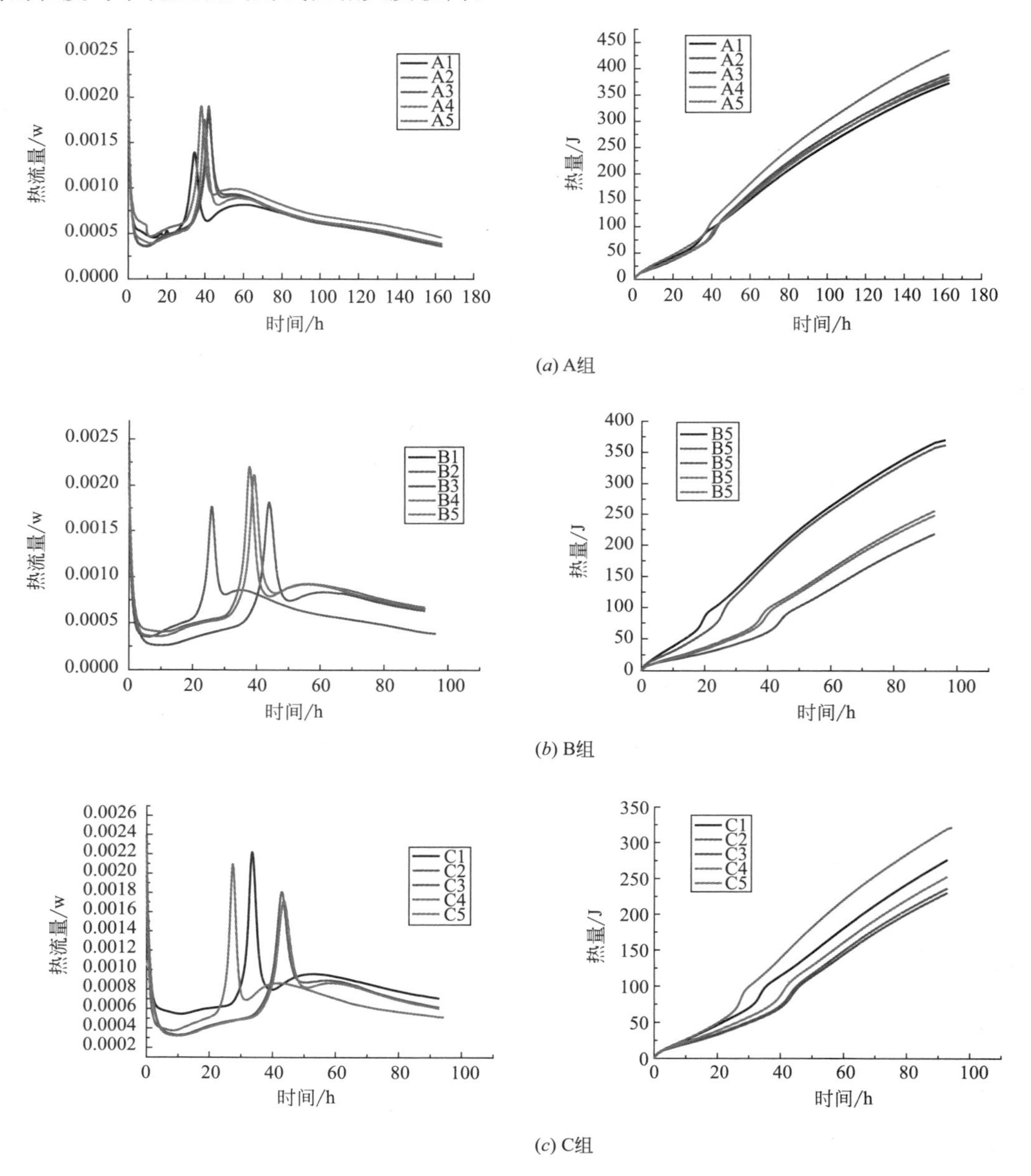

图 3-20　复合胶凝材料中粉煤灰粒度变化与早期水化放热速率及放热量的关系（一）

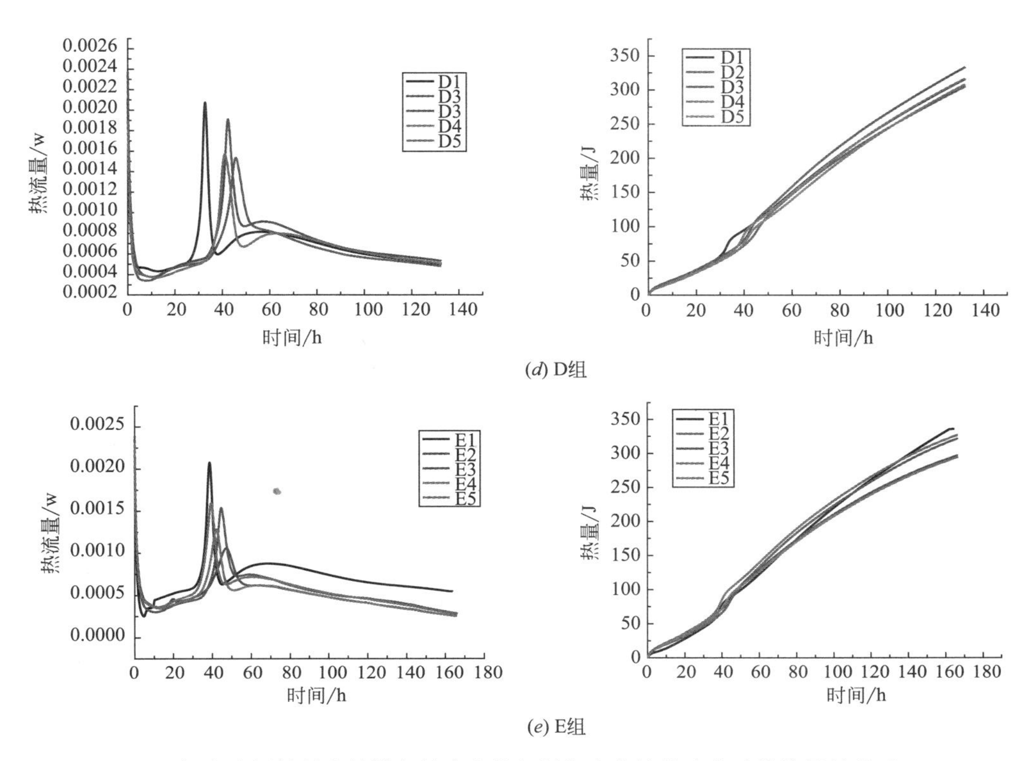

(*d*) D组

(*e*) E组

图 3-20　复合胶凝材料中粉煤灰粒度变化与早期水化放热速率及放热量的关系（二）

② 硅灰粒度对胶凝材料水化的影响

从图 3-21 中可以看出，随着粉磨时间的增加，各组试样的水化放热速率和放热量的变化比粉煤灰粒度变化时的幅度要明显。胶凝材料水化速率的峰值出现的时间在 20～50h 之内，各个试样在 120h 内的水化放热量在 190J～361J 之间。对比各组试样发现，相对来说硅灰粉磨时间较短的试样组，早期水化放热速率最先达到峰值，放热量也是组内最大的，而粉磨时间过长反而会使得放热速率峰值降低。主要是因为在一定时间范围内随着粉磨时间的增加，硅灰整体粒径会变小，即有效的粉磨时间使得硅灰比表面积增大，在相同条件下水化的需水量更大些，因此，对于硅灰粒度变化的试样组来说，粉磨时间少的硅灰颗粒在早期水化速率和水化放热量表现为组内最大，而粉磨时间越长的反而越小。

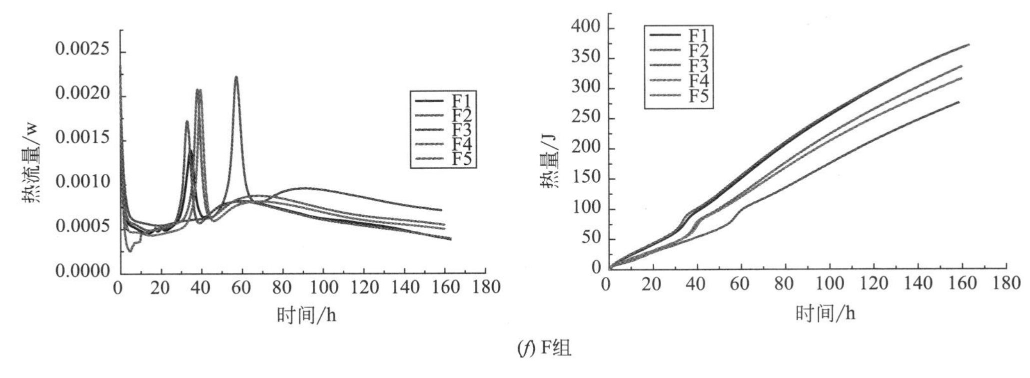

(*f*) F组

图 3-21　复合胶凝材料中硅灰粒度变化与早期水化放热速率及放热量的关系（一）

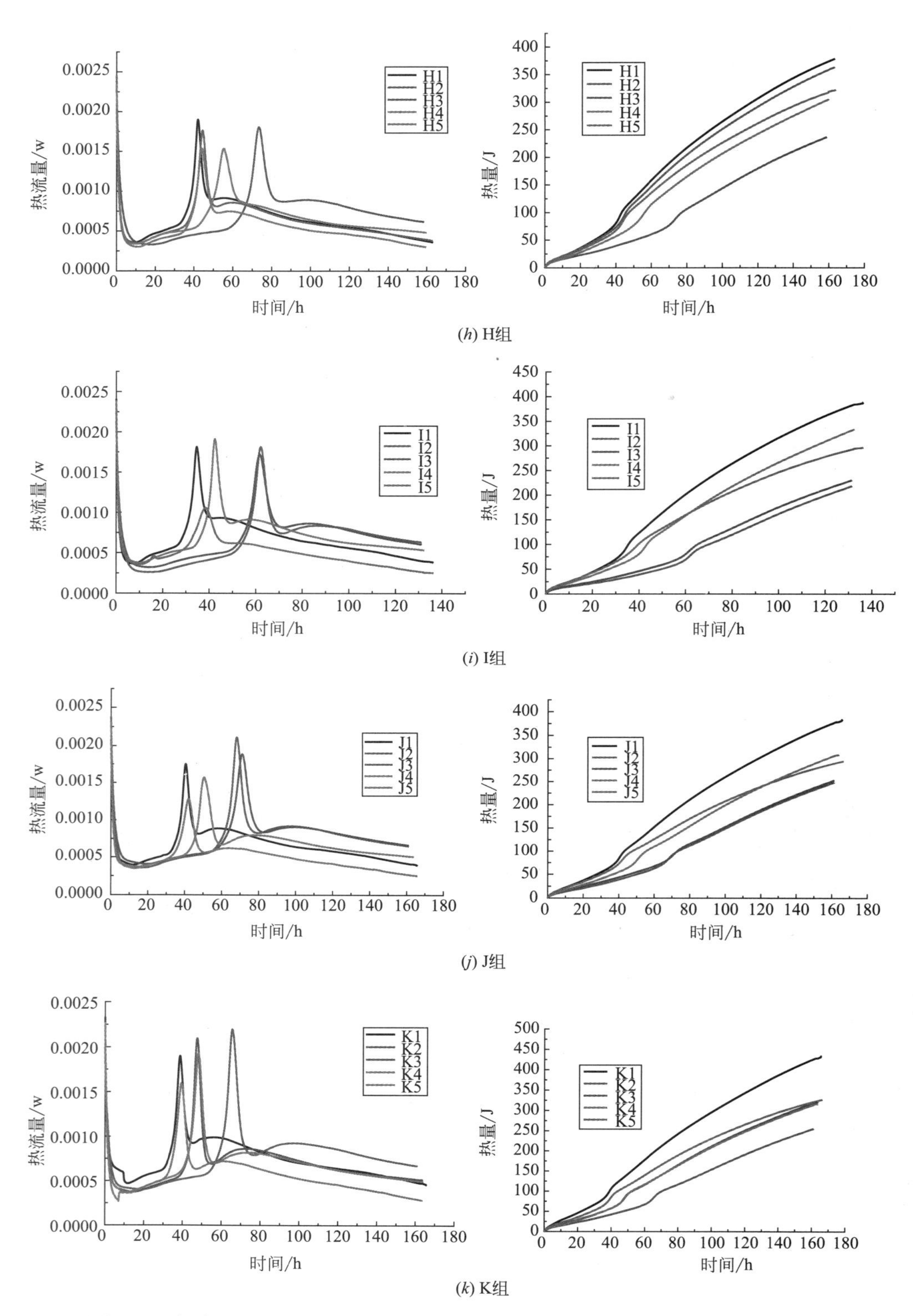

图 3-21 复合胶凝材料中硅灰粒度变化与早期水化放热速率及放热量的关系（二）

③ 粉磨时间对水化的影响

早期复掺料的粉磨时间与水化放热速率及水化放热量的关系如图 3-22 所示。T1（0，0）、T2（10，15）、T3（20，30）、T4（30，45）、T5（40，60）括号内分别为粉煤灰粉磨时间和硅灰粉磨时间，单位为 min。

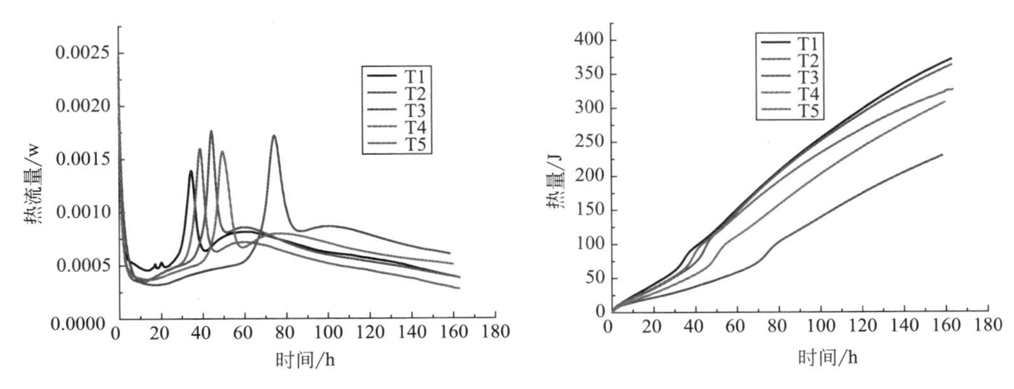

图 3-22　粉磨时间与早期水化放热速率及放热量的关系

由图 3-22 可知，水化速率放热峰值出现的时间排序为：T1＞T5＞T2＞T4＞T3，峰值最高的是在 T2，120h 时的放热量排序为：T1＞T2＞T5＞T4＞T3。粉磨时间对于胶凝早期水化放热并不是随着时间的增加而增加。出现上述的原因，粉磨时间的增加在一定程度上可以使得活性提高从而提高放热速率，但是在机械粉磨手段条件下，随着时间的推移，细颗粒的粉体由于静电斥力的作用，或多或少会被团聚在一起。使得过粉磨时间的粉体颗粒不但不变细，反而因为少量的团聚而变粗，因此会出现上述现象。

（2）粉煤灰-硅灰粒度对混凝土抗压强度的影响

本节通过在相同的掺量下，通过对不同粒度的复掺料混凝土抗压强度的测试，研究在不同的养护条件下，不同的复掺料的粒度与抗压强度之间的关系。

① 复掺料中粉煤灰粒度对混凝土抗压强度的影响

不同粒度掺合料在标准养护和－10℃养护的条件下，各组试件的抗压强度值如表 3-35～表 3-44 所示。

标准养护条件下 A 组试件不同龄期的抗压强度（MPa）　　表 3-35

抗压强度	A1	A2	A3	A4	A5
3d	18.4	19.8	20.2	22.6	23.8
7d	24.5	26.4	32.8	33.7	33.2
28d	41.6	43.4	45.5	42.8	40.9

标准养护条件下 B 组试件不同龄期的抗压强度（MPa）　　表 3-36

抗压强度	B1	B2	B3	B4	B5
3d	25.6	26.8	27.3	27.9	28.8
7d	32.0	31.1	30.4	34.7	32.5
28d	42.4	44.2	43.5	41.8	40.4

标准养护条件下C组试件不同龄期的抗压强度（MPa）　　表3-37

抗压强度	C1	C2	C3	C4	C5
3d	19.7	22.8	26.0	20.6	21.9
7d	41.0	38.2	36.9	32.8	37.9
28d	48.6	54.7	52.7	43.4	42.7

标准养护条件下D组试件不同龄期的抗压强度（MPa）　　表3-38

抗压强度	D1	D2	D3	D4	D5
3d	27.3	23.6	27.8	29.7	28.9
7d	37.4	30.8	33.4	38.4	42.9
28d	44.3	46.8	48.9	50.8	46.1

标准养护条件下E组试件不同龄期的抗压强度（MPa）　　表3-39

抗压强度	E1	E2	E3	E4	E5
3d	25.7	29.6	26.5	27.7	26.1
7d	31.0	33.7	40.1	39.8	37.6
28d	41.9	45.2	46.4	48.7	45.8

−10℃养护条件下A组试件不同龄期的抗压强度（MPa）　　表3-40

抗压强度	A1	A2	A3	A4	A5
3d	14.7	16.8	17.3	16.0	18.7
7d	18.4	20.9	21.4	24.3	22.8
28d	26.8	25.3	25.6	27.6	24.3

−10℃养护条件下B组试件不同龄期的抗压强度（MPa）　　表3-41

抗压强度	B1	B2	B3	B4	B5
3d	20.1	18.6	23.0	21.8	21.6
7d	23.7	18.9	26.2	22.6	26.3
28d	25.5	26.9	29.1	27.5	29.8

−10℃养护条件下C组试件不同龄期的抗压强度（MPa）　　表3-42

抗压强度	C1	C2	C3	C4	C5
3d	15.6	18.5	19.4	18.1	20.7
7d	22.8	21.7	20.8	21.4	24.4
28d	25.2	24.4	29.0	27.8	28.6

−10℃养护条件下D组试件不同龄期的抗压强度（MPa）　　表3-43

抗压强度	D1	D2	D3	D4	D5
3d	20.4	16.3	16.9	17.2	19.1

续表

抗压强度	D1	D2	D3	D4	D5
7d	25.4	19.6	21.6	24.4	23.8
28d	30.4	26.8	28.3	31.6	27.8

－10℃养护条件下 E 组试件不同龄期的抗压强度（MPa）　　表 3-44

抗压强度	E1	E2	E3	E4	E5
3d	19.8	24.0	22.7	22.6	18.9
7d	21.2	26.5	25.6	28.4	21.4
28d	24.9	28.2	33.8	36.1	24.2

a. 标准养护条件下复掺料粉煤灰粒度对混凝土抗压强度的影响

从图 3-23 可以看出，在标准养护条件下不同粉煤灰粒度混凝土在不同龄期的强度发展情况，虽然不同的试验组具体的数值有些差异，但各组的在这两个方面的规律大体上是一致的。

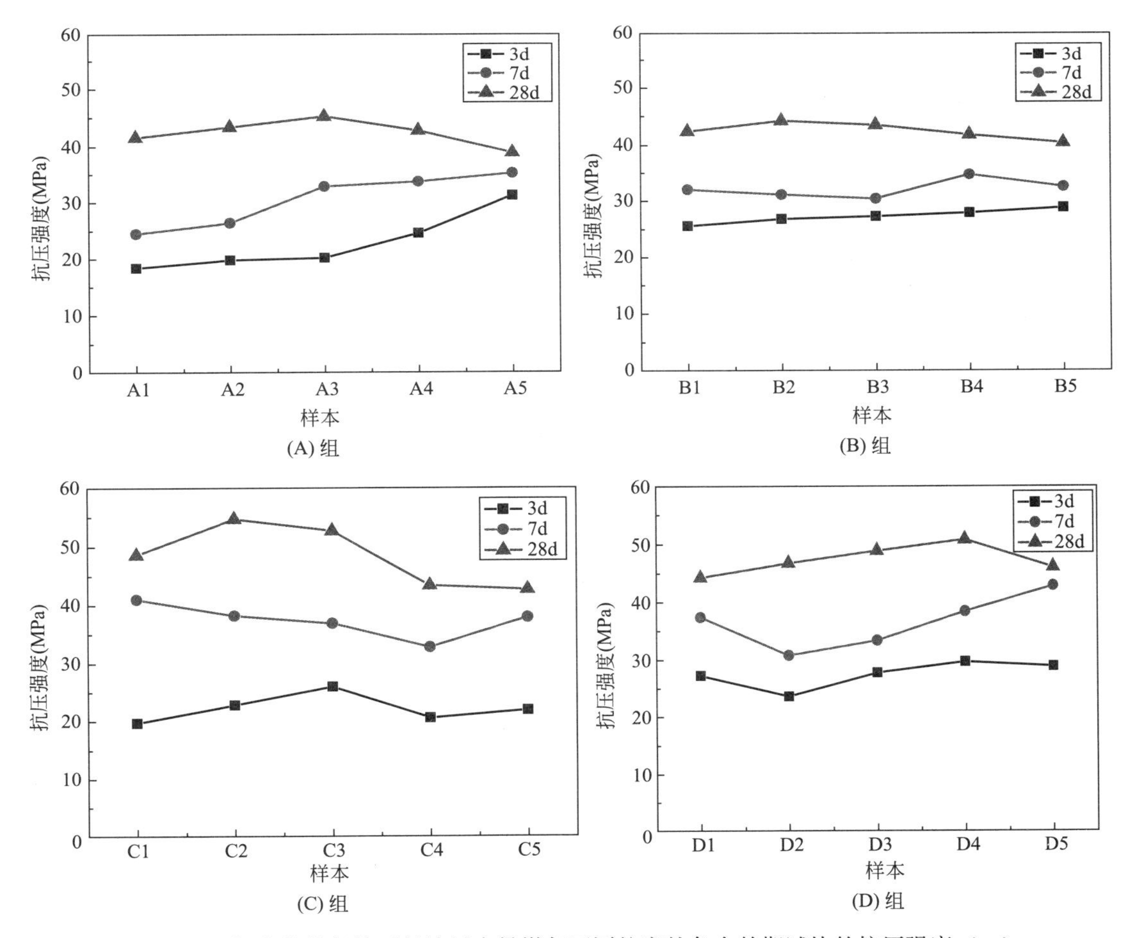

图 3-23　标准养护条件下复掺料中粉煤灰不同粒度的各个龄期试块的抗压强度（一）

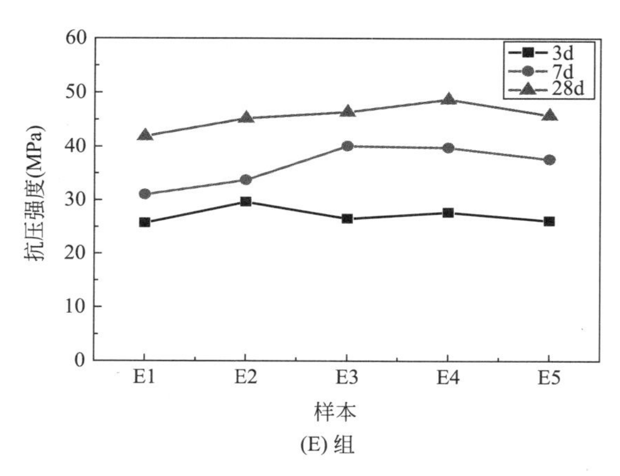

图 3-23　标准养护条件下复掺料中粉煤灰不同粒度的各个龄期试块的抗压强度（二）

其他条件相同时通过改变粉煤灰的粒径，能够改变混凝土的抗压强度。在 3d 和 7d 龄期时，随着细度的增加不断增加，抗压强度不断增加，只是增长的速率不同。抗压强度增长率与粉煤灰的粒径有着较强的相关关系，在相同的试验组早期抗压强度增长率随着粒度的变细而增加。例如 A 组中 A1、A5 这两个不同的试样，3d 龄期两者的抗压强度相差 5.4MPa。

随着养护龄期的延长，后期强度随着粉煤灰粒径变细而变化的幅度降低。大体上，混凝土 28d 的抗压强度随着粒径的变小，出现先增加后下降的趋势。

分析原因：粉煤灰经过粉磨，在一定范围内其总体均质性和颗粒级配得到改善，减弱了各种不利于早期水化的结构的不良影响，增加了表面粗糙度，表面活性点增加，会使得发挥火山灰活性时候消耗更多的 CH，水泥的水化平衡被打破，导致了硅酸二钙、硅酸三钙不断地水化，会由于水化程度的加深而得到更多粘结性能优异、强度好的水化硅酸钙及水化铝酸钙的凝胶，增强混凝土各材料的粘结性和整体性，从而提高了混凝土的抗压强度。而在其他条件相同的情况下，较细的粉煤灰水化相对粒径粗的水化充分些，也就是说，早期水化主要是细颗粒起着主要作用，粒径较细的掺合料对混凝土的强度贡献大一些，表现为在养护早期，抗压强度随着粒径细度的增加而增加。

而在 28d 养护龄期时候，出现随着粉煤灰粒径的减小抗压强度会先增加后减小的原因：其一，后期粉煤灰粉磨时间的不断增加，颗粒内部与表面之间常常由于环境不同，界面处的原子会与原晶格位置产生偏离，这种无序状态在一定程度上增加了表面能、表面活性，容易吸附气体或者周围杂质而产生团聚、粘连，使得粉体失去了颗粒表面的原有性质，滚珠、颗粒效应不再明显；其二，粗颗粒的粉煤灰在早期水化即使不充分，随着龄期的增加，水化的继续会给基体提供一定的强度，而粒径较细的粉煤灰在早期水化较快，会使得胶凝孔中多余的水分蒸发而造成水泥石结构的缺陷，使得后期强度发展受限制，因此，对 28 天龄期，越细的试样组强度反而变低。

b. －10℃养护条件下复掺料粉煤灰粒度对混凝土抗压强度的影响

从图 3-24 中可以看出，在低温条件下，混凝土抗压强度值普遍较低。在 3d 和 7d 龄期时，随着粉煤灰粒径的变细，抗压强度值总体上呈现出增加的趋势，每组中粒径大的试样其抗压强度增速缓慢，E 组最为明显。在 7d 龄期时，相对于 E1，其他四组抗压强度分别增加了 5.3、4.4、7.2、0.2MPa。而 28d 龄期时，对于 D 组以后，当粉煤灰比表面积达到 448.5m^2/kg 后如果再降低，强度值反而下降。这是由于在相同条件下，粒径较细的颗粒水化的速率会比粒径粗的快，较快地达到临界抗冻强度，对早期强度起到一定的作用，而粒径较大的掺合料由于水化不充分使得早期强度发展缓慢，随着龄期的延长，水化程度不断加深，为后期强度发展提供一定的条件。

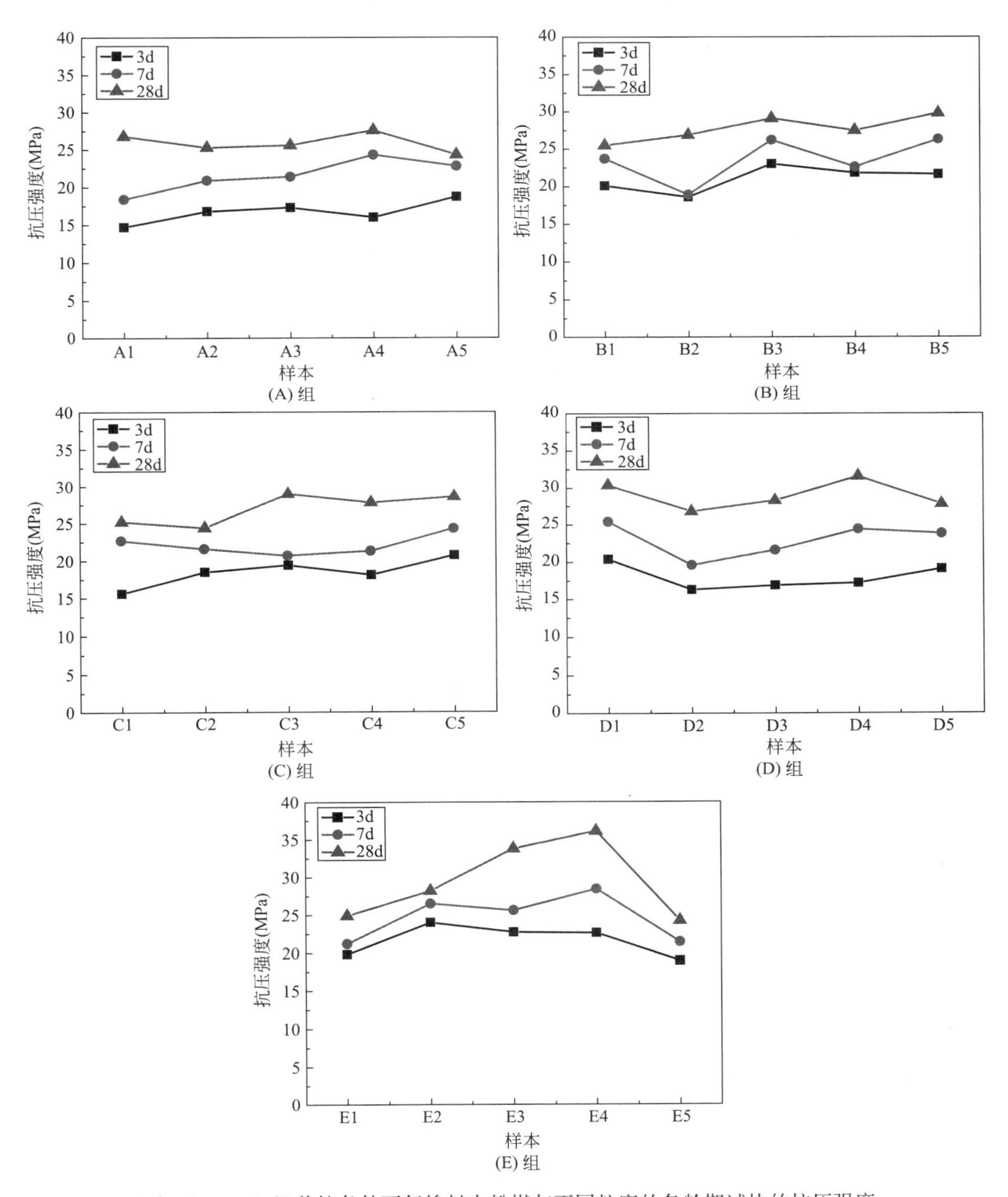

图 3-24　−10℃养护条件下复掺料中粉煤灰不同粒度的各龄期试块的抗压强度

在低温条件下，混凝土抗压强度值普遍较低。首先是因为在低温条件下胶凝材料的水化相对缓慢，掺合料主要起着填充的作用；其次，因为当处于饱和的水泥浆体处于冰冻的环境下，一些大孔中的水会结冰，而凝胶孔中的水还会以过冷的形式以液态水继续存在。这样，毛细孔中低能态的冻结水和凝胶孔中高能态的过冷水之间产生了热力学不平衡。冰和过冷水之间熵的差异，驱使后者迁移到低能状态即大孔中，然后在那里结冰。随着冰冻体积的增加，直到没有空间容纳，此后，过冷水还流向结冰区，就会产生应力而膨胀，造成内部结构的缺陷，力学性能受损，故低温养护条件下抗压强度值普遍低。

②复掺料中硅灰粒度对混凝土抗压强度的影响

标准养护条件下 F 组试件不同龄期的抗压强度（MPa） **表 3-45**

抗压强度	F1	F2	F3	F4	F5
3d	18.4	25.6	19.7	27.3	25.7
7d	24.5	32	41	37.4	31
28d	41.6	42.4	48.6	44.3	41.9

标准养护条件下 H 组试件不同龄期的抗压强度（MPa） **表 3-46**

抗压强度	H1	H2	H3	H4	H5
3d	19.8	26.8	22.8	23.6	29.6
7d	26.4	31.1	38.2	30.8	33.7
28d	43.4	44.2	54.7	46.8	45.2

标准养护条件下 I 组试件不同龄期的抗压强度（MPa） **表 3-47**

抗压强度	I1	I2	I3	I4	I5
3d	20.2	27.3	26	27.8	26.5
7d	32.8	30.4	36.9	33.4	40.1
28d	45.5	43.5	52.7	48.9	46.4

标准养护条件下 J 组试件不同龄期的抗压强度（MPa） **表 3-48**

抗压强度	J1	J2	J3	J4	J5
3d	22.6	27.9	20.6	29.7	27.7
7d	33.7	34.7	32.8	38.4	39.8
28d	42.8	41.8	43.4	50.8	48.7

标准养护条件下 K 组试件不同龄期的抗压强度（MPa） **表 3-49**

抗压强度	K1	K2	K3	K4	K5
3d	23.8	28.8	21.9	28.9	26.1
7d	33.2	32.5	37.9	42.9	37.6
28d	40.9	40.4	42.7	46.1	45.8

−10℃养护条件下F组试件不同龄期的抗压强度（MPa）　　表3-50

抗压强度	F1	F2	F3	F4	F5
3d	14.7	20.1	15.6	20.4	19.8
7d	18.4	23.7	22.8	25.4	21.2
28d	26.8	25.5	25.2	30.4	24.9

−10℃养护条件下H组试件不同龄期的抗压强度（MPa）　　表3-51

抗压强度	H1	H2	H3	H4	H5
3d	16.8	18.6	18.5	16.3	24
7d	20.9	18.9	21.7	19.6	26.5
28d	25.3	26.9	24.4	26.8	28.2

−10℃养护条件下I组试件不同龄期的抗压强度（MPa）　　表3-52

抗压强度	I1	I2	I3	I4	I5
3d	17.3	23	19.4	16.9	22.7
7d	21.4	26.2	20.8	21.6	25.6
28d	25.6	29.1	29	28.3	33.8

−10℃养护条件下J组试件不同龄期的抗压强度（MPa）　　表3-53

抗压强度	J1	J2	J3	J4	J5
3d	16	21.8	18.1	17.2	22.6
7d	24.3	22.6	21.4	24.4	28.4
28d	27.6	27.5	27.8	31.6	36.1

−10℃养护条件下K组试件不同龄期的抗压强度（MPa）　　表3-54

抗压强度	K1	K2	K3	K4	K5
3d	18.7	21.6	20.7	19.1	18.9
7d	22.8	26.3	24.4	23.8	21.4
28d	24.3	34.8	28.6	27.8	24.2

a.标准养护条件下硅灰粒度变化对混凝土抗压强度的影响

由图3-25可知，对于标准养护3d龄期，在F、J、K三组即粉煤灰比表面积为288.9m^2/kg、448.5m^2/kg、493.9m^2/kg时候，随着硅灰粒度的变化，强度值变化趋势不明确。而7d和28d抗压强度来说，尤其是28d龄期时，在同一个粉煤灰粒度条件下随着硅灰细度的增加，抗压强度大体上表现出先上升，达到一个峰值，然后下降。在F、H、I这三组即固定粉煤灰比表面积在288.9m^2/kg、342.4m^2/kg、408.4m^2/kg时，抗压强度出现峰值对应的硅灰比表面积为18.2m^2/g。在J、K两组即粉煤灰比表面积在448.5m^2/kg、493.9m^2/kg时，出现抗压强度最大值对应硅灰的比表面积为19.1m^2/g。对比这五个粉煤灰粒度下，不同硅灰变化对抗压强度的影响，可以发现在H3组的时候，28d抗压强度达到最大值54.7MPa。

对于J、K两组中，强度峰值后移到组内第四个试样的原因，是因为复掺粉煤灰和硅灰会存在一个比较合适的颗粒级配，如果其中一个粒度变化，另一个也会相应的改变。而

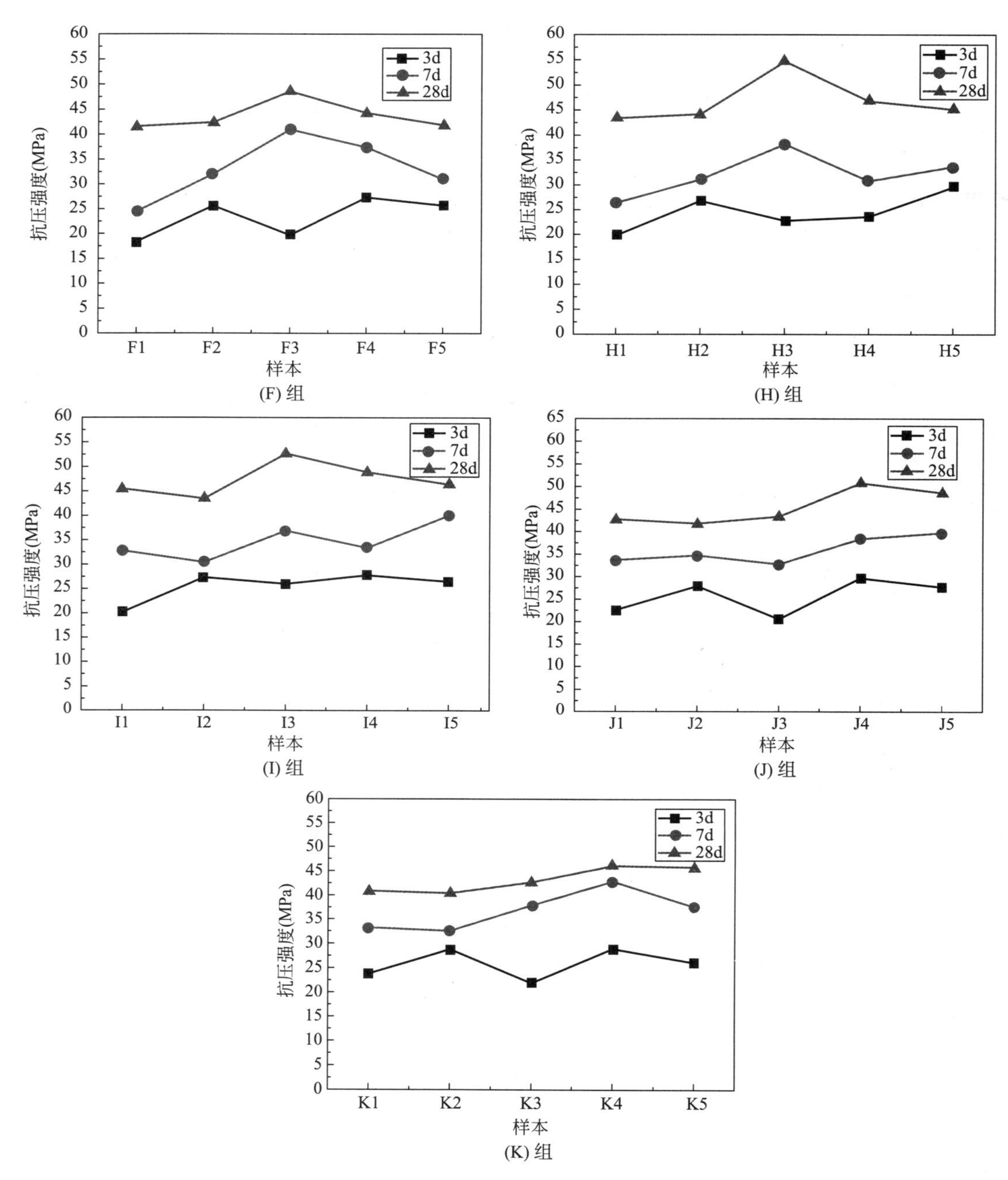

图 3-25 标准养护条件下复掺料中硅灰不同粒度的各龄期试块的抗压强度

对于 F、H、I 三组出现的随着硅灰粒度变化强度先是上升，后下降的原因是，一定范围内，硅灰越细，活性与填充效应更加明显，但是如果比表面积继续变大，在相同条件下，硅灰需水量越大，在其周边的水灰比就越大，水分用于水化、迁移、蒸发后，会在此处形成不利于强度的孔隙缺陷，对强度造成不利的影响，因此后期会下降。

b. －10℃养护条件下硅灰粒度变化对混凝土抗压强度的影响

由图 3-26 低温养护条件下复掺料中硅灰不同粒度各组龄期试块的抗压强度可以看出，在低温条件下抗压强度较低，但是相比同条件下粉煤灰粒度不同的抗压强度值有所提高。在各个龄期 F、H、I、J 四组，大体上呈现出来随着硅灰变细，强度值有所升高。因为在低温条件养护下，掺合料的活性降低以及冻害的原因，使得低温条件下强度较低，而且对于掺合料来说，活性效应发挥的不是很明显，主要是填充效应起着主要作用，因此，在固定粉煤灰比表面积在 448.5m^2/kg 以内时，随着粒度的变细，强度值大体上是有所上升的。

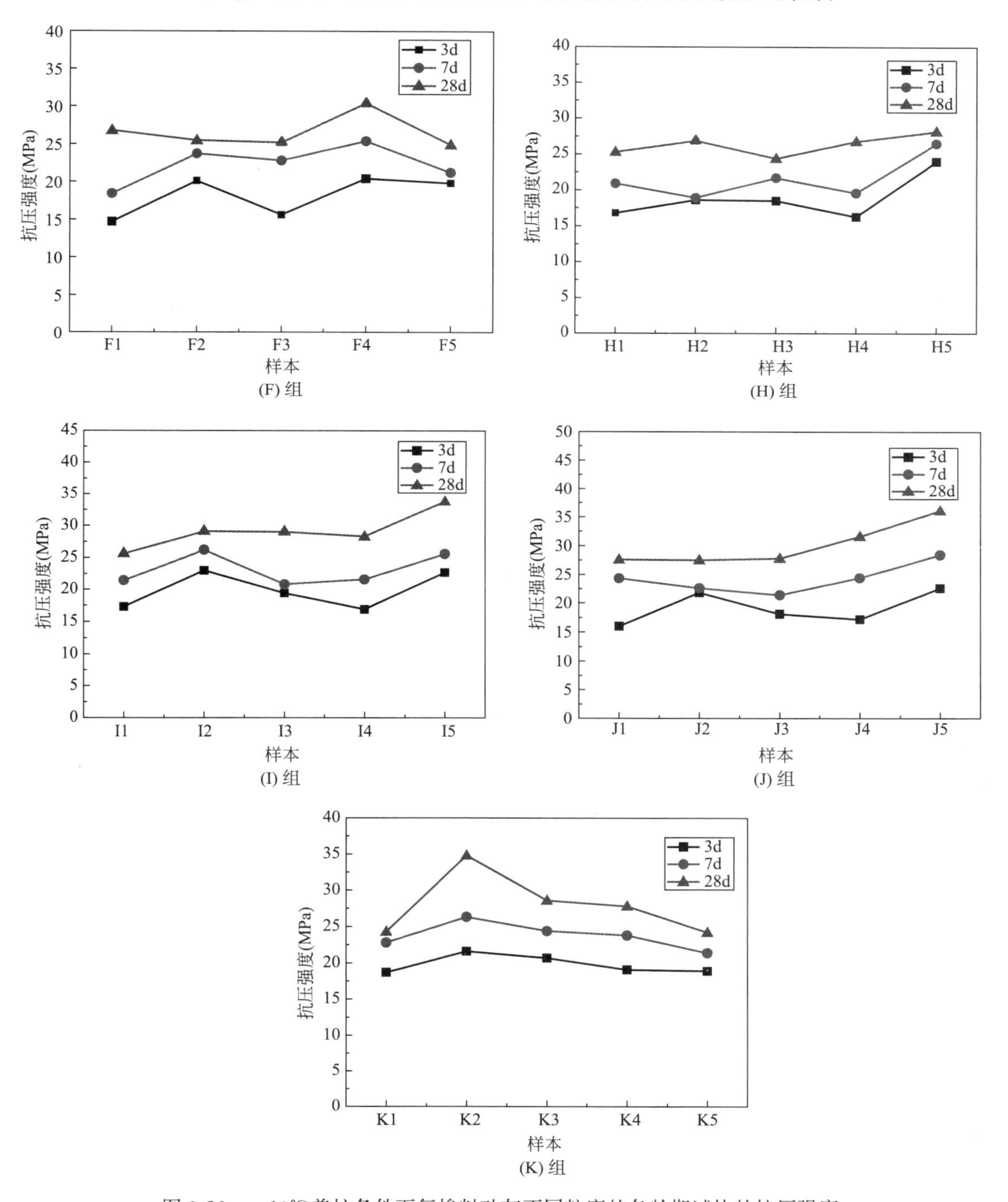

图 3-26　−10℃养护条件下复掺料硅灰不同粒度的各龄期试块的抗压强度

随着粉煤灰粒度变细，整体的需水量更大，在水饱和的状态下，可结冰的含水量也更多，结冰产生裂纹的几率更大，因此，粉煤灰的比表面积在 493.9m^2/kg 时，随着硅灰比表面积越来越大，没有和前面几组的抗压强度一样增加，而是降低。

（3）粉磨时间对混凝土抗压强度的影响

标准养护条件下不同粉磨时间与对应试件的抗压强度（MPa）　　表 3-55

抗压强度	T1(0,0)	T2(10,15)	T3(20,30)	T4(30,45)	T5(40,60)
3d	18.4	26.8	26	29.7	26.1
7d	24.5	31.1	36.9	38.4	37.6
28d	41.6	44.2	52.7	50.8	45.8

−10℃养护条件下不同粉磨时间与对应试件的抗压强度（MPa）　　表 3-56

抗压强度	T1(0,0)	T2(10,15)	T3(20,30)	T4(30,45)	T5(40,60)
3d	14.7	18.6	19.4	17.2	18.9
7d	18.4	18.9	20.8	24.4	21.4
28d	26.8	26.9	29	31.6	24.2

括号内分别为粉煤灰粉磨时间和硅灰粉磨时间，单位为 min。

① 标准养护条件下掺合料的粉磨时间对混凝土抗压强度的影响

由图 3-27 可以看出，在 T4 时间之前，即粉煤灰-硅灰未磨、粉煤灰磨 10min-硅灰磨 15min、粉煤灰磨 20min-硅灰磨 30min、粉煤灰磨 30min-硅灰磨 45min 之前，掺合料混凝土 3d、7d、28d 抗压强度呈现上升的趋势。而当粉煤灰和硅灰再继续粉磨的时候，抗压强度并不会因为粒度的减少而增加，反而出现了下降的趋势。主要原因是粉煤灰硅灰粉磨时间过长，一方面粒度的降低会使得颗粒吸水量增加，在颗粒与颗粒之间形成较大的水膜，对于硬化后的水泥石结构的密实性造成一定的影响；另一方面，单纯地追求过粉磨来改变颗粒的反应活性而没有注意到各个粒度区间对于混凝土结构和性能的作用，忽略了粉体颗粒之间的级配也会对混凝土强度造成不利的影响。

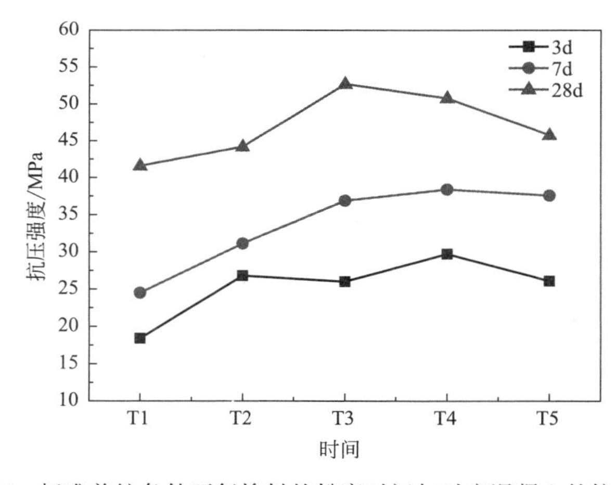

图 3-27　标准养护条件下复掺料的粉磨时间与对应混凝土的抗压强度

② －10℃养护条件下掺合料的粉磨时间对混凝土抗压强度的影响

由图 3-28 可以看出，在－10℃养护条件下掺合料粉磨时间与对应的混凝土的抗压强度之间的关系。在 3d 龄期时，对于掺合料混凝土的抗压强度随着粉磨时间的逐步增加变化不明显；对于 7d 龄期，掺合料抗压强度随着粉磨时间的逐渐增加而明显增加；而对于 28d 养护龄期，复掺料混凝土的抗压强度随着粉磨时间的增加呈现出先增加后降低的现象。出现以上现象的原因主要是，在低温养护条件下掺合料水化延迟，而过粉磨会使得掺合料之间的界面处水灰比变大，后期会产生对结构致密性不利的孔隙缺陷，随着龄期越长，缺陷越加明显。因此，在 28d 龄期试样的抗压强度会在 T4 时间后强度大幅下降。

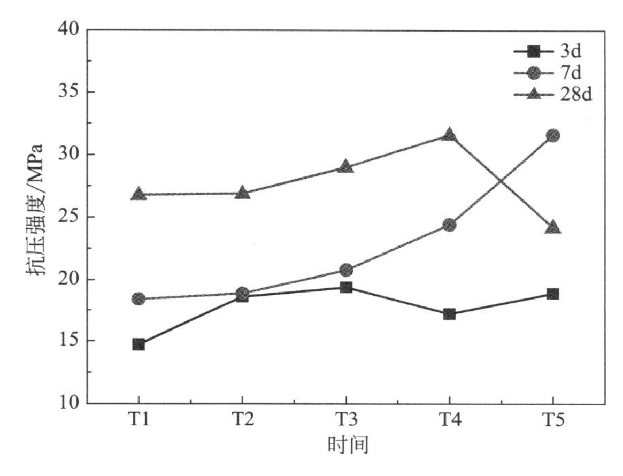

图 3-28　－10℃养护条件下复掺料的粉磨时间与对应混凝土的抗压强度

3.3.3　不同粒度掺合料对混凝土抗冻性的影响

(1) 复掺料中粉煤灰粒度对混凝土抗冻性的影响

① 试验结果

复掺料中粉煤灰粒度对于混凝土的冻融循环中的质量损失和相对动弹性模量结果如表 3-57～表 3-61 所示。

A 试件在冻融循环过程中质量损失和相对动弹性模量（%）　　表 3-57

冻融次数	编号	A1	A2	A3	A4	A5
25	质量损失	0.58	0.56	0.53	0.58	0.63
	相对动弹性模量	93.5	95.2	96.7	94.8	92.9
50	质量损失	0.81	0.68	0.64	0.73	0.79
	相对动弹性模量	88.1	90.4	91.8	90.6	87.3
75	质量损失	1.38	1.31	1.23	1.35	1.42
	相对动弹性模量	81.7	82.4	84.8	81.9	81.2
100	质量损失	2.87	2.83	2.72	2.85	2.89
	相对动弹性模量	73.5	74.8	76.1	74.4	72.9

续表

冻融次数	编号	A1	A2	A3	A4	A5
125	质量损失	3.88	3.80	3.67	3.81	3.92
	相对动弹性模量	67.4	70.1	71.8	70.6	67.8
150	质量损失	4.59	4.45	4.46	4.35	4.74
	相对动弹性模量	64.9	65.7	66.9	65.8	63.1
175	质量损失	4.95	4.86	4.72	4.68	—
	相对动弹性模量	60.5	61.4	62.8	61.4	—

B 组试件在冻融循环过程中质量损失和相对动弹性模量（%）　　表 3-58

冻融次数	编号	B1	B2	B3	B4	B5
25	质量损失	0.56	0.52	0.58	0.60	0.64
	相对动弹性模量	94.3	96.7	95.7	93.8	92.4
50	质量损失	0.76	0.64	0.72	0.76	0.78
	相对动弹性模量	90.5	92.8	91.4	89.7	88.5
75	质量损失	1.34	1.30	1.31	1.39	1.45
	相对动弹性模量	82.1	84.7	83.8	81.3	80.2
100	质量损失	2.85	2.82	2.80	2.83	2.91
	相对动弹性模量	74.8	76.5	75.1	73.4	72.2
125	质量损失	3.83	3.79	3.80	3.85	3.96
	相对动弹性模量	69.7	72.3	72.9	69.5	68.4
150	质量损失	4.55	4.42	4.56	4.45	4.77
	相对动弹性模量	65.2	66.5	65.8	64.2	64.6
175	质量损失	4.89	4.77	4.82	4.72	4.95
	相对动弹性模量	61.2	62.2	61.4	60.8	60.4

C 组试件在冻融循环过程中质量损失和相对动弹性模量（%）　　表 3-59

冻融次数	编号	C1	C2	C3	C4	C5
25	质量损失	0.44	0.43	0.44	0.56	0.58
	相对动弹性模量	96.2	98.8	98.4	95.1	94.3
50	质量损失	0.72	0.54	0.52	0.66	0.68
	相对动弹性模量	92.5	94.9	94.1	91.4	90.2
75	质量损失	1.22	1.03	1.15	1.31	1.92
	相对动弹性模量	84.6	89.9	87.9	84.3	83.0
100	质量损失	2.25	2.19	2.39	2.52	2.61
	相对动弹性模量	75.8	82.7	81.2	73.4	72.1
125	质量损失	3.41	3.22	3.23	3.65	3.78
	相对动弹性模量	70.5	76.9	75.4	69.3	68.1

续表

冻融次数	编号	C1	C2	C3	C4	C5
150	质量损失	4.55	4.02	4.15	4.35	4.38
	相对动弹性模量	66.5	70.3	69.1	64.2	63.2
175	质量损失	4.87	4.65	4.58	4.72	4.85
	相对动弹性模量	62.4	66.2	65.9	61.4	60.3

D 组试件在冻融循环过程中质量损失和相对动弹性模量（%）　　表 3-60

冻融次数	编号	D1	D2	D3	D4	D5
25	质量损失	0.51	0.49	0.47	0.46	0.50
	相对动弹性模量	95.7	96.0	96.2	97.8	94.2
50	质量损失	0.65	0.64	0.61	0.55	0.65
	相对动弹性模量	90.2	90.9	91.2	92.4	90.0
75	质量损失	1.82	1.64	1.38	1.21	1.91
	相对动弹性模量	80.9	81.8	83.5	84.3	81.4
100	质量损失	2.82	2.60	2.51	2.42	2.61
	相对动弹性模量	74.8	76.2	76.7	78.4	75.9
125	质量损失	3.81	3.63	3.37	3.55	3.77
	相对动弹性模量	68.5	70.4	72.2	73.6	69.8
150	质量损失	4.52	4.11	4.35	4.27	4.32
	相对动弹性模量	64.2	65.3	67.1	68.8	64.5
175	质量损失	4.87	4.65	4.47	4.42	4.45
	相对动弹性模量	62.5	63.2	63.9	64.4	62.7

E 组试件在冻融循环过程中质量损失和相对动弹性模量（%）　　表 3-61

冻融次数	编号	E1	E2	E3	E4	E5
25	质量损失	0.61	0.52	0.50	0.48	0.51
	相对动弹性模量	92.1	95.1	95.4	96.2	95.3
50	质量损失	0.78	0.69	0.62	0.61	0.69
	相对动弹性模量	89.9	90.6	91.3	92.4	90.8
75	质量损失	1.97	1.75	1.58	1.54	1.81
	相对动弹性模量	80.7	83.2	82.7	84.9	83.6
100	质量损失	3.01	2.72	2.64	2.45	2.71
	相对动弹性模量	73.4	75.6	76.8	77.4	75.9
125	质量损失	3.84	3.68	3.57	3.65	3.44
	相对动弹性模量	68.1	71.5	71.4	72.8	68.9
150	质量损失	4.58	4.35	4.57	4.38	4.69
	相对动弹性模量	64.4	65.1	66.7	69.3	62.2

续表

冻融次数	编号	E1	E2	E3	E4	E5
175	质量损失	4.96	4.88	4.85	4.55	—
	相对动弹性模量	61.2	61.5	62.7	64.5	—

② 复掺料中粉煤灰粒度对质量损失率的影响

复掺料中粉煤灰粒度对数次冻融循环后的质量损失率如图 3-29～图 3-33 所示。

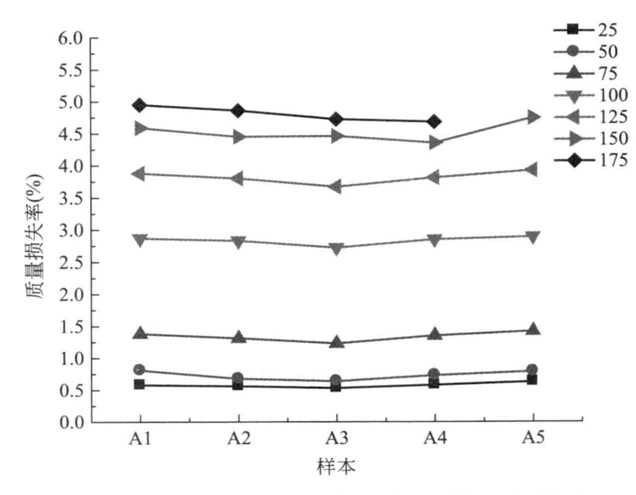

图 3-29　A 组试件在不同冻融循环次数下质量损失

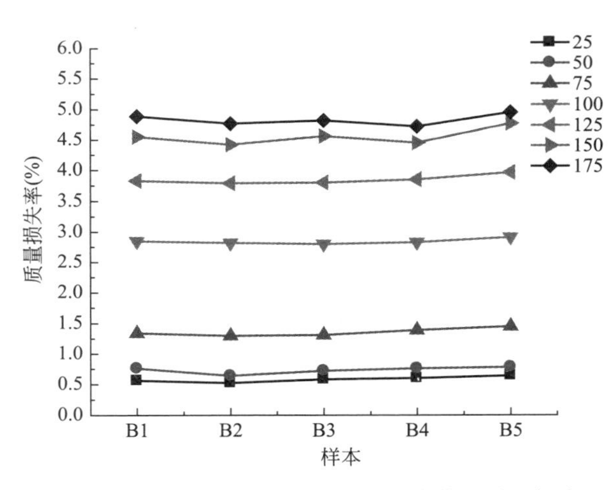

图 3-30　B 组试件在不同冻融循环次数下质量损失

从图 3-29～图 3-33 可以看出，随着冻融循环次数的增加，各组试样的质量损失率在增加。在 25、50 次冻融循环中，各组试件中各个不同粒度粉煤灰混凝土试件的质量损失率变化不大，趋于平缓的直线，25 次冻融循环之后平均损失率在 0.5%左右，而 50 次之后在 0.7%左右。而在 75 次冻融循环之后，对于 A 组来说，质量损失率随着粉煤灰变细，出现先减小后增加的现象，B 组不同粒度的各个试样组之间质量损失率变化不大，而对于

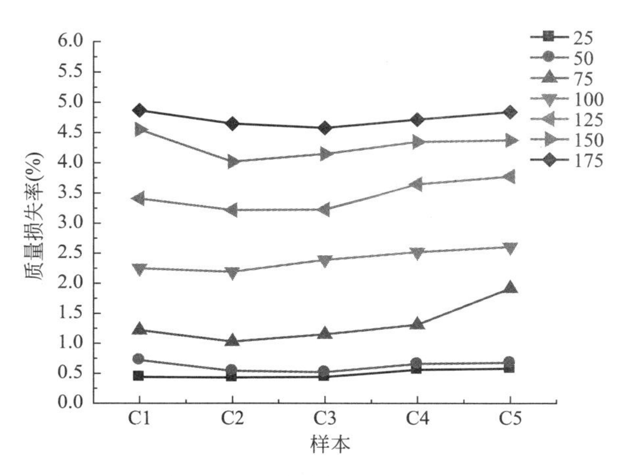

图 3-31　C 组试件在不同冻融循环次数下质量损失

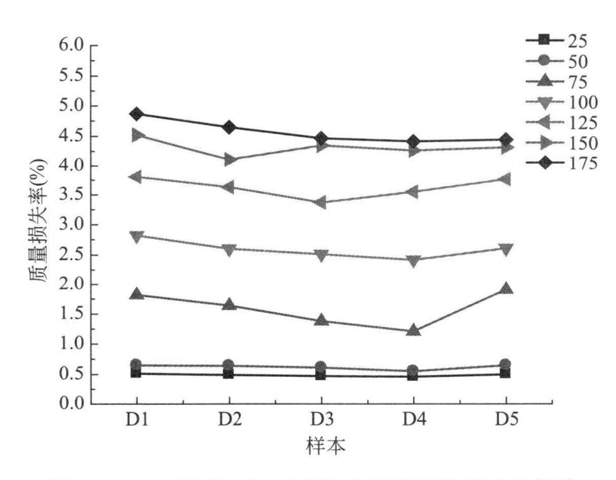

图 3-32　D 组试件在不同冻融循环次数下质量损失

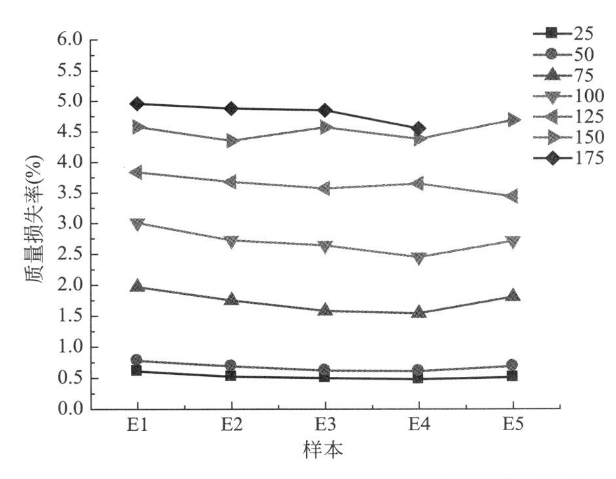

图 3-33　E 组试件在不同冻融循环次数下质量损失

C、D、E 这三组在后期的冻融循环中，随着粉煤灰粒径的变小，质量损失率明显降低，之后随着粉煤灰粒径的增加，质量损失率略微增加。第 175 次冻融循环，A、E 组这两组的试样质量损失率超过了 5%。对比各组，可以发现，在同一组中由粒径变细而引起较为显著变化的是 D 组，在 175 次冻融循环中，D 组的质量损失随着粉煤灰粒径的减少而有所下降，而后稍微有些上升。

试件在冻融循环后，质量损失增大主要是因为混凝土最外层因冻胀而剥落使得试件整体质量下降。但是，对于有些试件在冻胀过程中，由于内部裂纹的数量和体积增加，裂缝吸水等原因，当吸水质量大于冻胀剥落的质量，就会表现出质量增加。但是随着冻融循环次数的增加，冻胀损害越来越严重，使得一些裂纹扩张，甚至出现明显地开裂，原先一些吸水的结构被打破，随着剥落掉的质量不断增加，最终会表现为试件质量损失率增大。而对于 C、D、E 这些试样组，随着粉煤灰粒径的减少，质量损失出现先降低后升高的现象是因为对于较细的掺合料，早期对于混凝土的填充或者活性效应更加明显，有效地改善了内部孔结构，使得在遭受冻害的时候，对其损害较小。而当粉煤灰的粒径继续降低，比表面积较大的颗粒由于早期需水量较大，周边水灰比较大，当多余的水分蒸发和迁移时会产生较大的缺陷孔隙，不利于抗冻。因此，后期随着粉煤灰粒度变小，质量损失率会上升，也是 A、E 两组在 175 次冻融循环之后质量损失率大于 5%的主要原因。

③复掺料中粉煤灰粒度对相对动弹性模量的影响

复掺料中粉煤灰粒度对数次冻融循环后的相对动弹性模量如图 3-34～图 3-38 所示。

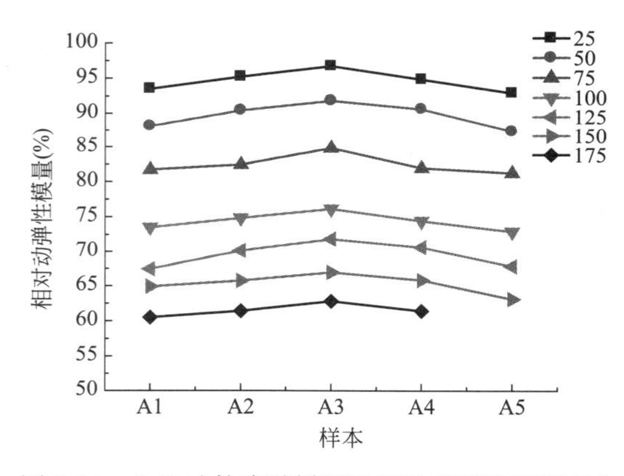

图 3-34　A 组试件冻融循环后相对动弹性模量变化

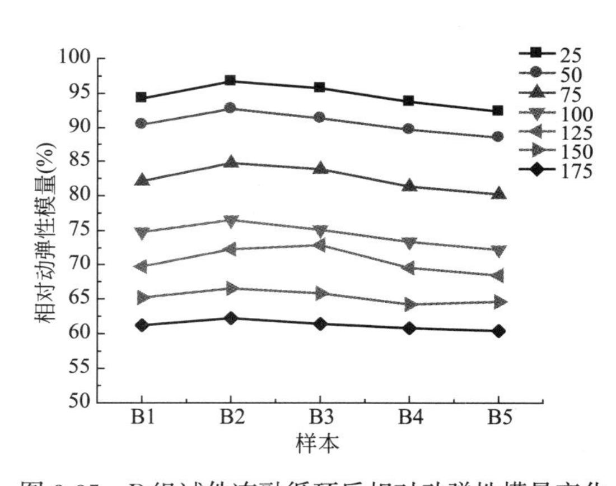

图 3-35　B 组试件冻融循环后相对动弹性模量变化

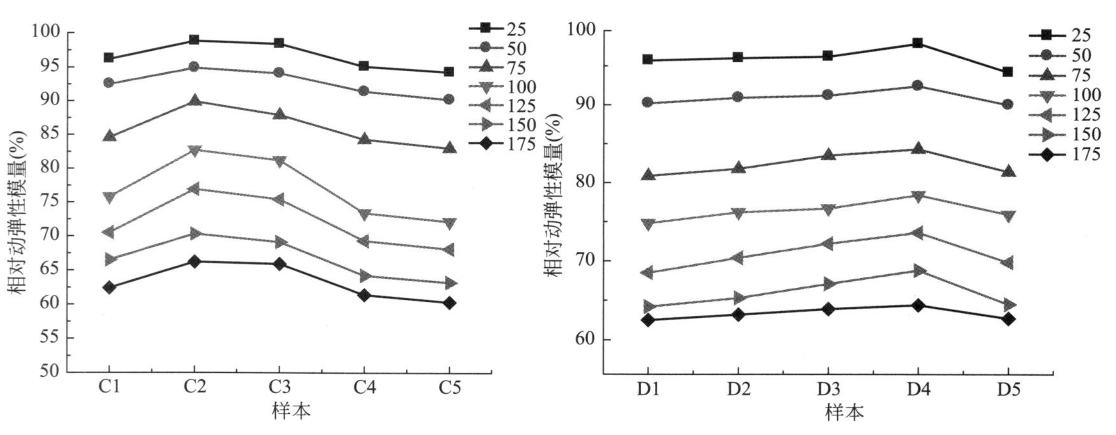

图 3-36　C 组试件冻融循环后相对动弹性模量变化　图 3-37　D 组试件冻融循环后相对动弹性模量变化

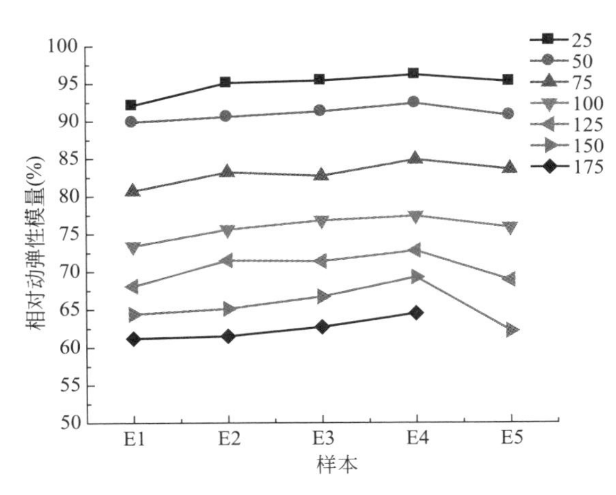

图 3-38　E 组试件冻融循环后相对动弹性模量变化

对比各组的试样的相对动弹性模量变化趋势，可以观察到，对于同组试件来说，随着粉煤灰粒度变细，会出现先增加后降低的现象，和前面分析的质量损失率规律相吻合。

当分别固定硅灰比表面积在 16.3m^2/g、17.5m^2/g、18.2m^2/g、19.1m^2/g、20.4m^2/g 时，各组内达到最大的相对动弹性模量时的粉煤灰比表面积是 408.4m^2/kg、342.4m^2/kg 342.4m^2/kg、448.5m^2/kg、493.9m^2/kg。对于各组试件，第一个试样和第四个试样的相对动弹性模量都比处于中间粒度的试样小。

在正常条件下粉煤灰过快或者过慢地水化都对混凝土有些不利的影响，颗粒较粗，水化不充分而导致结构的疏松。如果过细时，早期水化速率较快，后期水化产物得不到补充，在多余的水分蒸发后，会形成对结构不利的孔，孔隙率越大，相对含水越多，在水饱和状态时，可冻冰冻胀越明显，微裂纹越多，界面强度会逐渐衰弱，内部结构受到严重损害，会出现相对动弹性模量降低的现象，即混凝土抗冻性能下降。

（2）复掺料中硅灰粒度对混凝土抗冻性的影响

① 试验结果

复掺料中硅灰粒度对于混凝土的冻融循环中的质量损失和相对动弹性模量结果如表 3-62～表 3-66 所示。

F 组试件在冻融循环过程中质量损失和相对动弹性模量（%）　　　　**表 3-62**

冻融次数	编号	F1	F2	F3	F4	F5
25	质量损失	0.58	0.56	0.44	0.51	0.61
	相对动弹性模量	93.5	94.3	96.2	95.7	92.1
50	质量损失	0.81	0.76	0.72	0.65	0.78
	相对动弹性模量	88.1	90.5	92.5	90.2	89.9
75	质量损失	1.38	1.34	1.22	1.82	1.97
	相对动弹性模量	81.7	82.1	84.6	80.9	80.7
100	质量损失	2.87	2.85	2.25	2.82	3.01
	相对动弹性模量	73.5	74.8	75.8	74.8	73.4

续表

冻融次数	编号	F1	F2	F3	F4	F5
125	质量损失	3.88	3.83	3.41	3.81	3.84
	相对动弹性模量	67.4	69.7	70.5	68.5	68.1
150	质量损失	4.59	4.55	4.55	4.52	4.58
	相对动弹性模量	64.9	65.2	66.5	64.2	64.4
175	质量损失	4.95	4.89	4.87	4.87	4.96
	相对动弹性模量	60.5	61.2	62.4	62.5	61.2

H组试件在冻融循环过程中质量损失和相对动弹性模量（%）　　表3-63

冻融次数	编号	H1	H2	H3	H4	H5
25	质量损失	0.56	0.52	0.43	0.49	0.52
	相对动弹性模量	95.2	96.7	98.8	96.0	95.1
50	质量损失	0.68	0.64	0.54	0.64	0.69
	相对动弹性模量	90.4	92.8	94.9	90.9	90.6
75	质量损失	1.31	1.30	1.03	1.64	1.75
	相对动弹性模量	82.4	84.7	89.9	81.8	83.2
100	质量损失	2.83	2.82	2.19	2.60	2.72
	相对动弹性模量	74.8	76.5	82.7	76.2	75.6
125	质量损失	3.80	3.79	3.22	3.63	3.68
	相对动弹性模量	70.1	72.3	76.9	70.4	71.5
150	质量损失	4.45	4.42	4.02	4.11	4.35
	相对动弹性模量	65.7	66.5	70.3	65.3	65.1
175	质量损失	4.86	4.77	4.65	4.65	4.88
	相对动弹性模量	61.4	62.2	66.2	63.2	61.5

I组试件在冻融循环过程中质量损失和相对动弹性模量（%）　　表3-64

冻融次数	编号	I1	I2	I3	I4	I5
25	质量损失	0.53	0.58	0.44	0.47	0.50
	相对动弹性模量	96.7	95.7	98.4	96.2	95.4
50	质量损失	0.64	0.72	0.52	0.61	0.62
	相对动弹性模量	91.8	91.4	94.1	91.2	91.3
75	质量损失	1.23	1.31	1.15	1.38	1.58
	相对动弹性模量	84.8	83.8	87.9	83.5	82.7
100	质量损失	2.72	2.80	2.39	2.51	2.64
	相对动弹性模量	76.1	75.1	81.2	76.7	76.8
125	质量损失	3.67	3.80	3.23	3.37	3.57
	相对动弹性模量	71.8	72.9	75.4	72.2	71.4

续表

冻融次数	编号	I1	I2	I3	I4	I5
150	质量损失	4.46	4.56	4.15	4.35	4.57
	相对动弹性模量	66.9	65.8	69.1	67.1	66.7
175	质量损失	4.72	4.82	4.58	4.47	4.85
	相对动弹性模量	62.8	61.4	65.9	63.9	62.7

J组试件在冻融循环过程中质量损失和相对动弹性模量（%）　　表3-65

冻融次数	编号	J1	J2	J3	J4	J5
25	质量损失	0.58	0.60	0.56	0.46	0.48
	相对动弹性模量	94.8	93.8	95.1	97.8	96.2
50	质量损失	0.73	0.76	0.66	0.55	0.61
	相对动弹性模量	90.6	89.7	91.4	92.4	92.4
75	质量损失	1.35	1.39	1.31	1.21	1.54
	相对动弹性模量	81.9	81.3	84.3	84.3	84.9
100	质量损失	2.85	2.83	2.52	2.42	2.45
	相对动弹性模量	74.4	73.4	73.4	78.4	77.4
125	质量损失	3.81	3.85	3.65	3.55	3.65
	相对动弹性模量	70.6	69.5	69.3	73.6	72.8
150	质量损失	4.35	4.45	4.35	4.27	4.38
	相对动弹性模量	65.8	64.2	64.2	68.8	69.3
175	质量损失	4.68	4.72	4.72	4.42	4.55
	相对动弹性模量	61.4	60.8	61.4	64.4	64.5

K组试件在冻融循环过程中质量损失和相对动弹性模量（%）　　表3-66

冻融次数	编号	K1	K2	K3	K4	K5
25	质量损失	0.63	0.64	0.58	0.50	0.51
	相对动弹性模量	92.9	92.4	94.3	94.2	95.3
50	质量损失	0.79	0.78	0.68	0.65	0.69
	相对动弹性模量	87.3	88.5	90.2	90.0	90.8
75	质量损失	1.42	1.45	1.92	1.91	1.81
	相对动弹性模量	81.2	80.2	83.0	81.4	83.6
100	质量损失	2.89	2.91	2.61	2.61	2.71
	相对动弹性模量	72.9	72.2	72.1	75.9	75.9
125	质量损失	3.92	3.96	3.78	3.77	3.44
	相对动弹性模量	67.8	68.4	68.1	69.8	68.9
150	质量损失	4.74	4.77	4.38	4.32	4.69
	相对动弹性模量	63.1	64.6	63.2	64.5	62.2
175	质量损失	—	4.95	4.85	4.45	—
	相对动弹性模量	—	60.4	60.3	62.7	—

② 复掺料中硅灰粒度对质量损失率的影响

复掺料中硅灰粒度对数次冻融循环后的质量损失率的影响如图 3-39～图 3-43 所示。

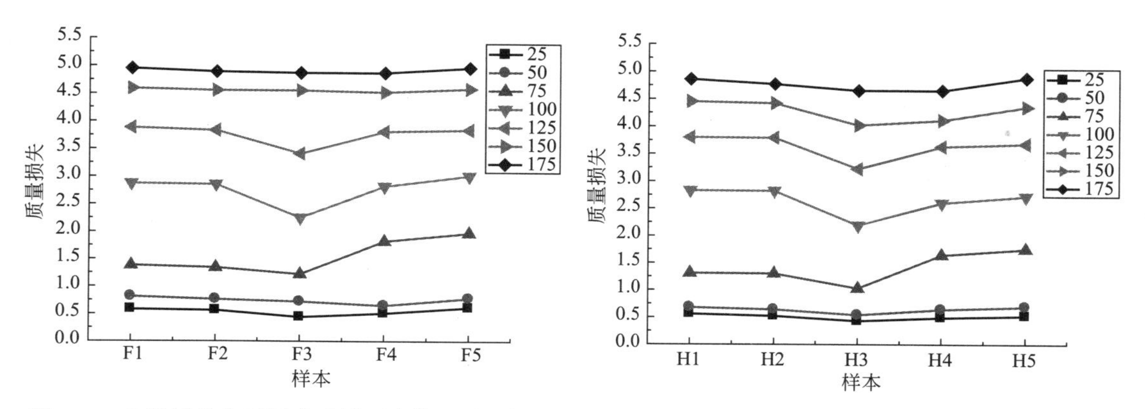

图 3-39　F 组试件在不同冻融循环次数下质量损失

图 3-40　H 组试件在不同冻融循环次数下质量损失

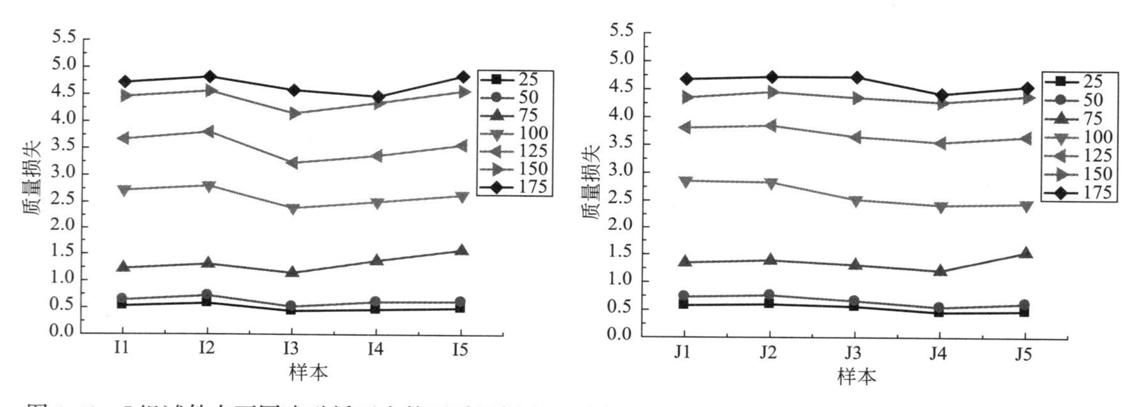

图 3-41　I 组试件在不同冻融循环次数下质量损失

图 3-42　J 组试件在不同冻融循环次数下质量损失

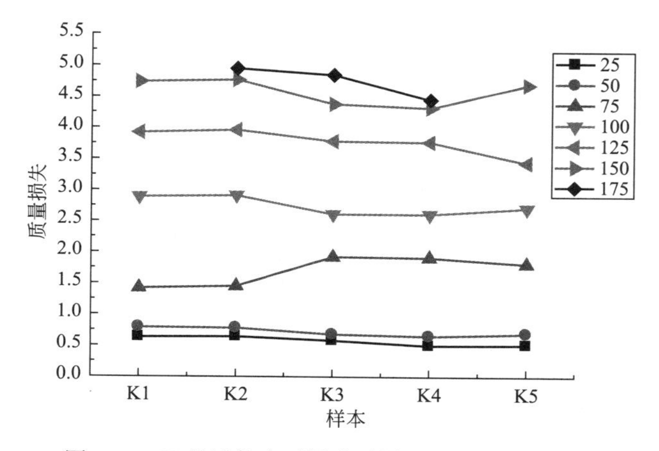

图 3-43　K 组试件在不同冻融循环次数下质量损失

从图 3-39～图 3-43 可知，随着冻融次数的增加，质量损失率不断的在增加。在 25、75 次冻融循环时候，各组试件的质量损失随着粒度的变化不大，而 75 次冻融循环之后，对于 F、H、I 组，质量损失率随着硅灰的粒度减少呈现出先减少后增加的趋势。而对于 J、K 两组，即硅灰比表面积在 $448.5m^2/kg$、$493.9m^2/kg$ 时，与硅灰粒度变化规律不明显。由图可以看到，175 次冻融循环时，对于 F 组即硅灰的比表面积为 $288.9m^2/kg$ 时，随着硅灰的比表面积变化，质量损失率不明显。对于 H、I、J 三组，质量损失率随着硅灰粒度减小，呈现出先减小后增大的趋势。在 K 组内，K1、K5 在 175 次冻融循环之后，质量损失超过了 5%。

对于冻融次数较少时，掺合料混凝土由于自身的密实性以及内部界面的粘结性较好，初始状态的抵御冻害能力较强，因此，在早期冻害时，粒度的变化与质量损失率的变化关系不显著，随着冻融循环试验的继续，内部密实性和界面结构对抗冻起着重要的作用，因此在后期硅灰的粒度与质量损失率变化明显。质量损失出现先减少后增加的原因是因为，掺合料过粗或过细对于基体结构的致密性造成一些不良的影响，而处于中间粒径范围的掺合料好一些，在 K 组即当粉煤灰比表面积在 $493.9m^2/kg$ 时表现得最明显。

③ 复掺料中硅灰粒度对相对动弹性模量的影响

复掺料中硅灰粒度对数次冻融循环后的相对动弹性模量的影响如图 3-44～图 3-48 所示。

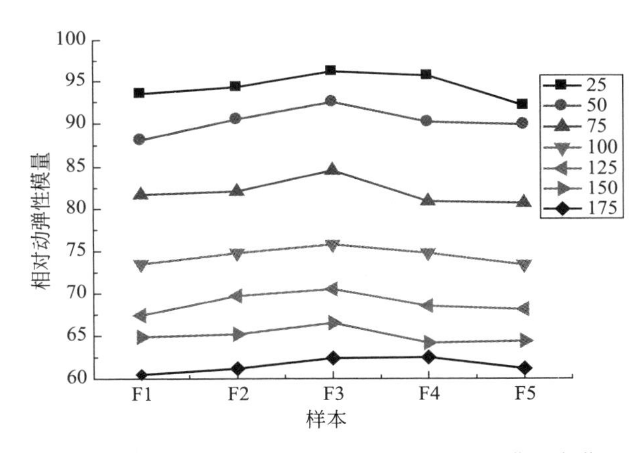

图 3-44　F 组试件冻融循环后相对动弹性模量变化

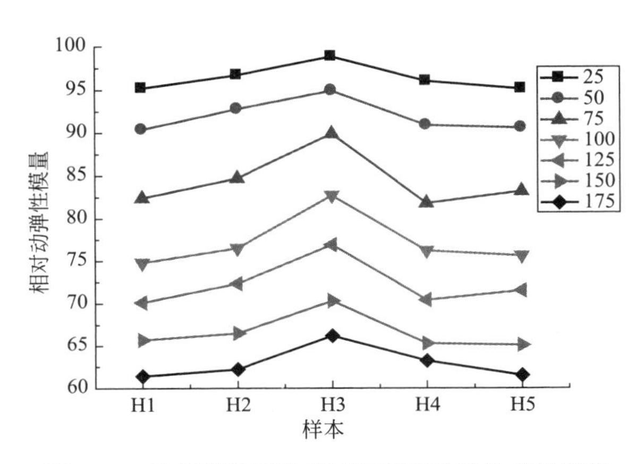

图 3-45　H 组试件冻融循环后相对动弹性模量变化

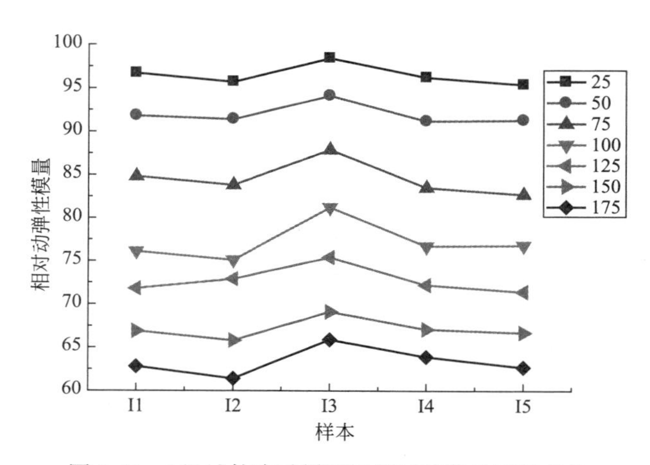

图 3-46 I 组试件冻融循环后相对动弹性模量变化

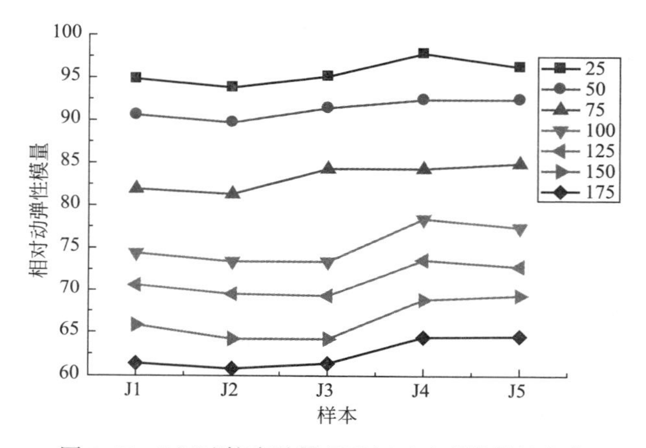

图 3-47 J 组试件冻融循环后相对动弹性模量变化

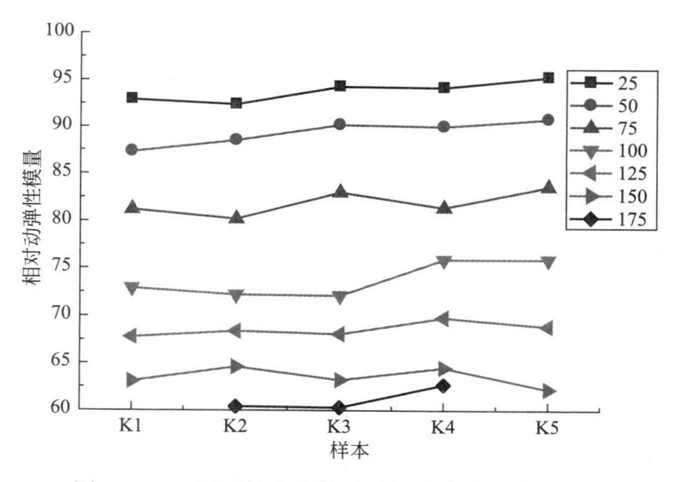

图 3-48 K 组试件冻融循环后相对动弹性模量变化

从图 3-44～图 3-48 各组试件数次冻融循环后的相对动弹性模量变化中可知，对于 F、H、I 组，其相对动弹性模量随着硅灰粒径的减小先增大然后减少，H 组在 175 次冻融循环之后，在硅灰比表面积 18.2m^2/g 时达到最大。

而对 J 组使即硅灰比表面积在 448.5m^2/kg，随着硅灰粒径的减小而增加，到第五个试样时候，趋于平缓。而当硅灰固定比表面积达到 493.9m^2/kg 即 K 组时，硅灰的五个粒径变化中，最粗和最细组抗冻性最差，相对动弹性模量均降低到 60%以下。

粉煤灰、硅灰粒径过细或者过粗均对混凝土抗冻性存在不利的影响，当两者粒径过细，虽然早期水化较快，对早期强度有一定的帮助，但是因为粉煤灰、硅灰过细而导致的高吸水率，对于后期结构的致密性来说是不利的。两者过粗，活性、填充效应不明显，早期结构致密性差，早期冻害时会造成结构的损伤，后期的强度发展会受阻。因此，在中间粒径的掺合料不管是从搭配还是发挥掺合料的效应上要优于过粗过细的部分，表现为抗冻性较好。

（3）SEM 微观分析

扫描电镜主要是利用二次电子信号成像来观察试样的表面形态，也就是利用扫描电子束，从样品表面特征发射的物理信号来成像。对于混凝土这样一种复合材料，其各个界面错综复杂，与混凝土性能有着紧密的联系，尤其是要研究粒度与混凝土相关性能的影响，有必要对试样表面进行微观分析。

结合前面章节分析，试验选用 D 组试样在 7d 龄期时的扫描电镜分析。从 7d 龄期的混凝土进行抗压强度测试，破坏后的试块从中取样，放入装有无水乙醇试剂瓶中，进行扫描电镜分析前从中取出，并置于烘干箱中烘干至恒重。D 组不同粒径掺合料的扫描电镜图见图 3-49。

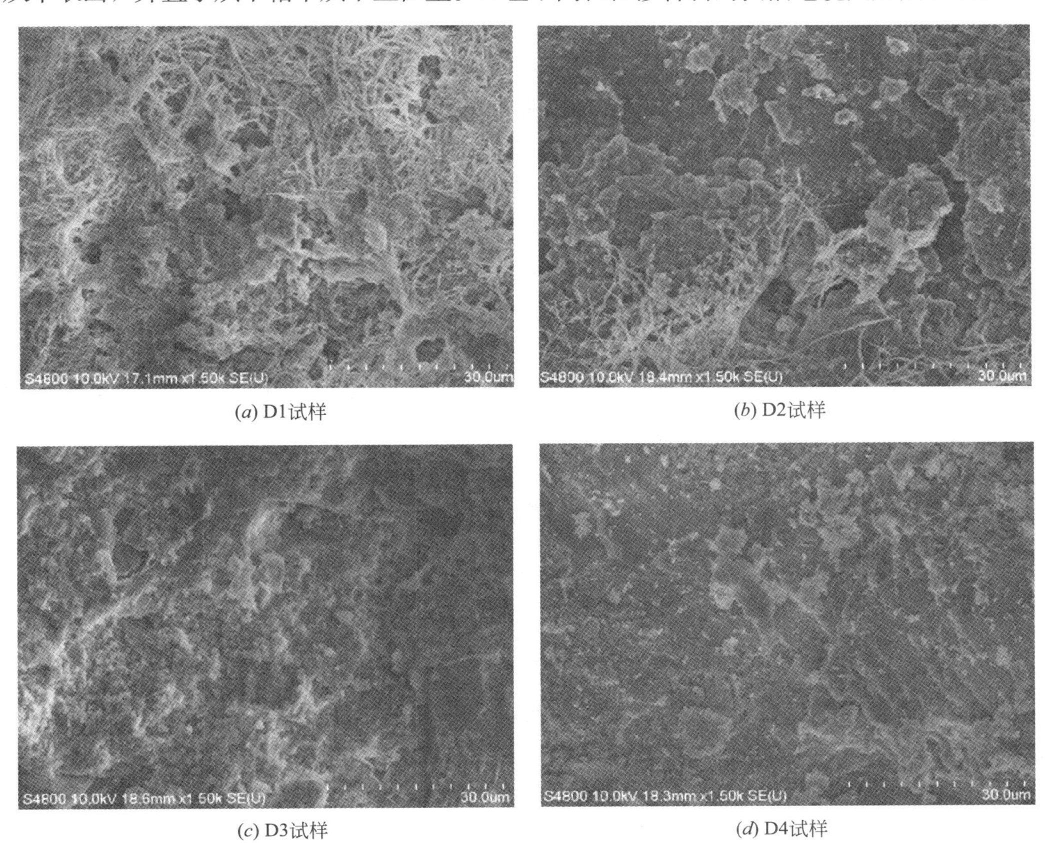

(*a*) D1试样　(*b*) D2试样

(*c*) D3试样　(*d*) D4试样

图 3-49　标准养护 7d 龄期 D 组混凝土试样微观 SEM 图（一）

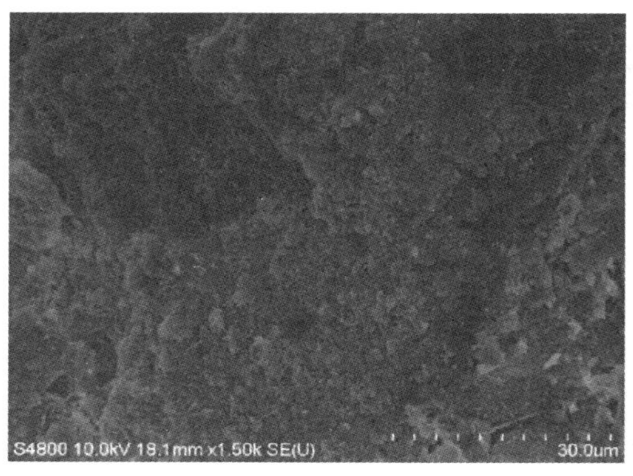

(e) D5试样

图 3-49　标准养护 7d 龄期 D 组混凝土试样微观 SEM 图（二）

从图 3-49 中可以看出，D 组掺合料在常温养护 7d 时的形貌特征。D1 组中，较多的纤维状的水化硅酸钙聚集体与块状晶体呈无规则的排列，结构疏松多孔，而在 D2 组中，纤维状的聚集体减少，块状结晶体结晶度较 D1 组差，表现为胶凝状，内部孔隙结构较 D1 组好。而随着掺合料细度的增加，后三组的结构致密性逐渐增加。在 D4 和 D5 组中，具有更多的网络状硅酸盐凝胶，内部孔隙小，结构均匀性好，几乎看不到块状 CH 晶体、针状钙矾石以及粉煤灰球状颗粒。出现以上现象的原因是，因为随着掺合料细度的增加，填充效应更加明显，活性的提高也会使水化速率加快，水化产物填充于基体中，使得各种结构重叠搭接良好，降低了内部孔隙，提高水泥石致密性。而 D4、D5 组中，找不到完整层块状 CH 晶体、针状钙矾石以及球形颗粒，是由于粉煤灰的活性效应与水化产生的 CH 晶体发生了二次水化，生成对水泥石更加有利的水化硅酸钙凝胶，改善各种结构搭接界面的粘结性，填充微孔，降低基体的孔隙率，同时，一些较细的颗粒也起到一定的填充作用，使得水泥石基体具有良好的致密性与均质性，力学性能更好。

从图 3-50 中可以看出，在−10℃养护下 7d 龄期时 D 组各个试样的形貌特征。由图可以看到，在低温条件下的不同粒径下的掺合料混凝土水化程度率普遍降低。在 D1、D2 组中明显发现有未水化的粉煤灰颗粒，D3、D4 中明显看到许多针状的钙矾石和 CH 晶体，而且结构疏松，孔隙较大。一方面，由于水化不充分，各种结构之间的搭接比较混乱无规则、粘结力较差，使得水泥石基体留下许多的孔隙，导致结构疏松，强度降低。另一方面，在低温条件下，水泥水化较慢，水化产物尚未完全包裹粒径较粗的粉煤灰颗粒，因此可以看到较多的粉煤灰颗粒。而且在负温的条件下，粒径较粗的粉煤灰颗粒活性相对弱，主要起着填充作用，随着掺合料粒径的减小，情况得到改观。

3.3.4　复掺料不同粒度对混凝土孔隙率的影响

混凝土是一种多孔材料，它的孔结构是混凝土微观结构中极其重要的组成部分。孔的好坏在某种程度上，可以反映出混凝土质量的优劣。在工程应用上，对于掺合料在混凝土中的作用都有着普遍的认识，特别是在配制绿色高性能混凝土中，掺合料的使用可以说是必不可少的第六大组分。但目前学者对掺合料的主要研究方向还是通过不同种类和不同掺量的掺合料的使用来有效地改善了混凝土的孔隙率，而通过同种掺合料在同一掺量条件

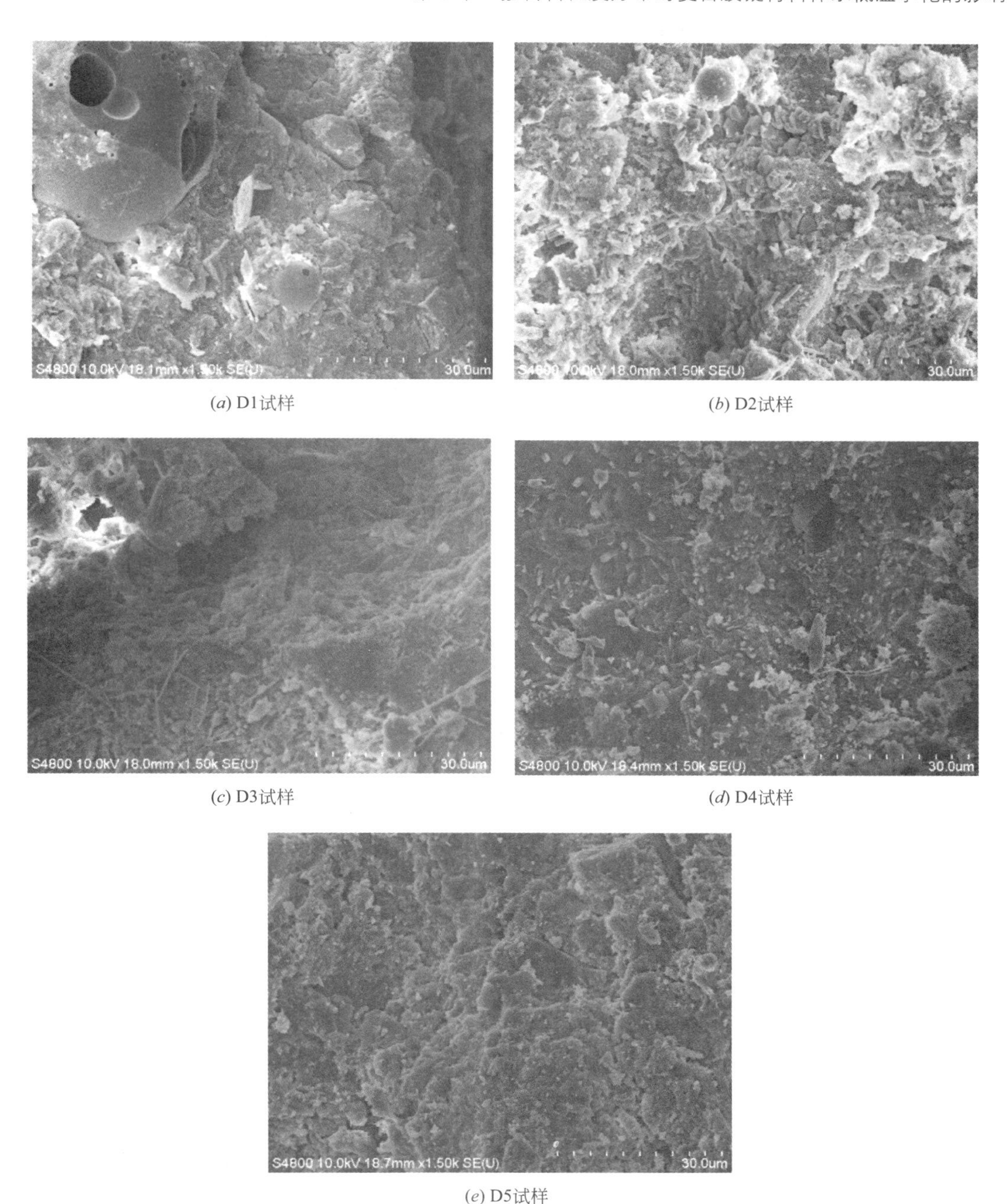

(*a*) D1试样　　(*b*) D2试样

(*c*) D3试样　　(*d*) D4试样

(*e*) D5试样

图 3-50　−10℃养护 7d 龄期 D 组混凝土试样微观 SEM 图

下，不同的粒度区间与混凝土孔隙率的研究较少。

采用压汞法对 7d 龄期的 D、H 组试样进行混凝土孔结构的测试，通过灰色关联理论分析与孔隙率关联度较高的复掺料粒度区间，并建立复掺料关联度较高的粒度区间与混凝土孔隙率的数学模型。

（1）灰色关联分析方法

灰色关联分析法常用于某一些不确定的影响因素进行预估的分析方法。在面对小样本、贫信息、不确定性问题时，运用它从整体出发，对多因素作用的事物或者现象进行预测、评价是十分有效的方法。

它主要是依据观察、计算、分析所得序列的曲线之间的相似程度来表征各个因素之间的关联度，总体上相似性与影响程度及关联度呈正比。通过确定各个因素之间的关联度，或者确定某个因素在整体因素中的贡献程度，也就是各个子序列对母序列的影响程度，进一步能够更加准确、深入地评价因素与结果之间的关系。该方法对于样本数量要求较低，而且一般分析结果与定性分析结果吻合，具有实用性与广泛性的优势，故可以选用该方法来评价粒度区间与孔隙率之间的关系。

试验选取混凝土孔隙率为系统特征序列，掺合料粒度区间为子序列，对掺合料混凝土中的粒度与孔隙率进行灰色关联分析。本试验选用 MATLAB 软件进行计算，具体计算过程为：

设 $X_0=(x_0(1), x_0(2), \cdots, x_0(n))$ 母序列，

则 $X_1=(x_1(1), x_1(2), \cdots, x_1(n))$

$\vdots$

$X_i=(x_i(1), x_i(2), \cdots, x_i(n))$

$\vdots$

$X_m=(x_m(1), x_m(2), \cdots, x_m(n))$ 子序列。

则 $X_i'=X_i/x_i(1)=(x_i(1), x_i(2), \cdots, x_i(n))=(\frac{X_i(1)}{X_i(1)}, \frac{X_i(2)}{X_i(1)}, \cdots, \frac{X_I(n)}{X_i(1)})$；

且 $x_i(1)\neq 0\ (i=0, 1, 2, \cdots, m)$；

那么各行为序列的差序列为：

$\Delta_i(k)=|x_0'(k)-x_i'(k)|$，$\Delta_i=(\Delta_i(1), \Delta_i(2), \cdots, \Delta_i(n))$；$k=1, 2, \cdots, n$，$i=1, 2, \cdots, m$

两极最大差与最小差分别为：

$M=\max\limits_i\max\limits_k\Delta_i(k)$，$m=\min\limits_i\min\limits_k\Delta_i(k)$

对于 $\zeta\in(0, 1)$，称 ζ 为分辨系数，其值越小表示关联系数之间的差异就越大，反映其分辨能力就越强，通常取值 0.5。k 点的关联系数为：

$$\gamma_{0i}=\gamma(x_0(k), x_i(k))=\frac{m+\zeta M}{\Delta_i(k)+\zeta M'}, i=1, 2, \cdots, m; k=1, 2, \cdots, n$$

X_0 与 X_i 的灰色关联度为：

$$\gamma_{0i}=\gamma(X_0, X_i)=\frac{1}{n}\sum_{k=1}^{n}\gamma(x_0(k), x_i(k))=\frac{1}{n}\sum\gamma_{0i}(k), i=1, 2, \cdots, m$$

关联系数是小于 1 的正数，它能够反映出第 i 个子序列 X_i 与参考序列 X_0 在第 j 个属性上的关联程度。

在计算 $\gamma_{0i}(k)$ 时，由于使用 $\Delta_{i(k)}=|x_0'(k)-x_i'(k)|$，因此，不能区别因素关联的性质，即是正关联还是负关联，也就是关联极性的问题，可以采用下列方法来判断关联极性。

$$\theta_i=\sum_{k=1}^{n}kX_i(k)-\sum_{k=1}^{n}X_i(k)\sum_{k=1}^{n}k/n\theta_k=\sum_{k=1}^{n}k^2-\left(\sum_{k=1}^{n}k\right)^2\Big/n$$

若 $\mathrm{sgn}\left(\frac{\theta_i}{\theta_k}\right)=\mathrm{sgn}\left(\frac{\theta_0}{\theta_k}\right)$，则 X_i 与 X_0 为正关联；若 $\mathrm{sgn}\left(\frac{\theta_i}{\theta_k}\right)=-\mathrm{sgn}\left(\frac{\theta_0}{\theta_k}\right)$，则 X_i 与 X_0 为负关联。其中，sgn 为符号函数，x 大于 0，$\mathrm{sgn}x=+1$；$x=0$，$\mathrm{sgn}\ x=0$；x 小于 0，$\mathrm{sgn}\ x=-1$。

（2）复掺料混凝土中粉煤灰粒度区间与孔隙率的灰色关联分析

以复掺料中粉煤灰粒度区间为子序列，混凝土孔隙率为特征序列进行灰色关联分析，分析D组复掺料混凝土中粉煤灰各个粒度区间与孔隙率关联强弱关系，各灰色关联序列如表3-67所示。

复掺料混凝土中粉煤灰粒度区间与孔隙率灰色关联序列表　　表3-67

序列	序数	F0	F1	F2	F3	F4
$x_{01}(k)$	（标准养护）孔隙率/%	10.6327	10.2895	9.8837	9.3587	8.7964
$x_{02}(k)$	（−10℃养护）孔隙率/%	13.7833	13.5342	13.3482	13.1252	12.5581
$X_1(k)$	0～10μm	5.53	9.14	15.39	17.79	21.31
$X_2(k)$	10～20μm	16.21	22.53	24.76	26.44	29.89
$X_3(k)$	20～30μm	13.72	14.14	18.67	24.89	25.17
$X_4(k)$	30～40μm	14.43	15.41	12.27	10.07	9.13
$X_5(k)$	40～50μm	12.54	10.81	9.09	8.02	7.58
$X_6(k)$	>50μm	37.57	27.97	19.82	12.79	6.92

选取分辨系数为0.5，运用MATLAB软件进行计算得到不同养护条件下粉煤灰粒度分布区间与孔隙率关联度值如表3-68所示，粒度区间与孔隙率之间的关联度变化情况如图3-51所示。

不同养护条件下粉煤灰粒度分布区间与孔隙率关联度　　表3-68

分布区间	0～10μm	10～20μm	20～30μm	30～40μm	>50μm
标养孔隙率/%	0.5728	0.7530	0.7913	0.9333	0.8200
−10℃孔隙率/%	0.5723	0.7607	0.8005	0.9127	0.8012

由表3-69以及图3-51可知，不同养护条件下，粉煤灰各个粒度分布区间与孔隙率的关联度的强弱。

粉煤灰粒度分布区间与孔隙率之间的关联作用强弱排序为：（30～40μm）>（40～50μm）>（>50μm）>（20～30μm）>（10～20μm）>（0～10μm）；对于硅灰比表面积在19.1m^2/g时，不管复掺料混凝土在标准养护还是负温养护条件下粉煤灰在30～40μm对孔隙率的影响最大，而处于较细的掺合料区间0～10μm、10～20μm对总孔隙率的关联作用较弱。这是因为在这两个区间范围内，虽然粉煤灰活性较高，但是粉煤灰、硅灰与水泥颗粒之间的颗粒搭配较差，没有发挥出粉煤灰对混凝土水泥石中一些较大的孔隙

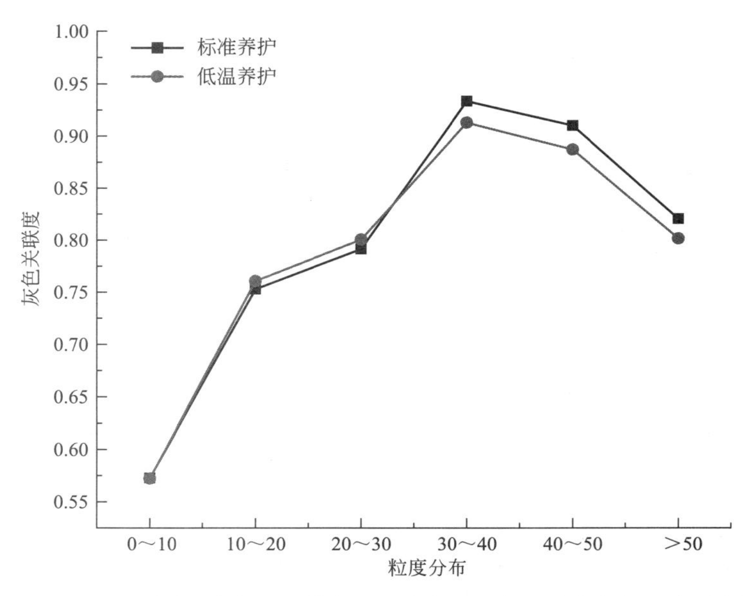

图 3-51　不同养护条件下粉煤灰粒度分布区间与孔隙率之间的关联度

的改善作用，仅仅起到填充微细孔，对混凝土总孔隙率的改善作用有限。而区间为 30～40μm 的粉煤灰，在具有一定的活性的同时，能够与较细的硅灰颗粒形成良好的级配，对孔结构改善作用明显。

由图 3-51 也可以看出不同养护条件下粉煤灰粒度区间与孔隙率之间的关联度趋势，与前面分析的章节中的结论一致，即粒度过细或过粗，对于孔结构的改善作用较低。

（3）复掺料混凝土中硅灰粒度区间与孔隙率的灰色关联分析

以复掺料中硅灰粒度区间为子序列，混凝土孔隙率为特征序列进行灰色关联分析，分析 H 组复掺料混凝土中硅灰各个粒度区间与孔隙率关联强弱关系，各灰色关联序列如表 3-69 所示。

复掺料混凝土中硅灰粒度区间与孔隙率灰色关联序列表　　表 3-69

序列	序数	SF0	SF1	SF2	SF3	SF4
$x_{01}(k)$	（标准养护） 孔隙率/%	11.7969	11.2495	10.7724	10.2895	9.9843
$x_{02}(k)$	（−10℃养护） 孔隙率/%	14.4882	14.1779	13.8582	13.5342	13.2417
$X_1(k)$	0～0.1μm	5.76	9.43	16.39	19.57	29.92
$X_2(k)$	0.1～0.15μm	6.35	10.53	21.55	28.63	31.89
$X_3(k)$	0.15～0.2μm	10.91	14.24	26.54	27.21	21.77
$X_4(k)$	0.2～0.25μm	34.52	37.41	19.27	14.12	11.16
$X_5(k)$	0.25～0.4μm	37.98	24.52	13.09	7.94	3.58
$X_6(k)$	>0.4μm	4.48	3.87	3.16	2.53	1.68

选取分辨系数为 0.5，运用 MATLAB 软件进行计算得到不同养护条件下粉煤灰粒度

分布区间与孔隙率关联度值如表 3-70 所示，粒度区间与孔隙率之间的关联度变化情况如图 3-52 所示。

不同养护条件下硅灰粒度分布区间与孔隙率关联度　　表 3-70

分布区间	0～0.1μm	0.1～0.15μm	0.15～0.2μm	0.2～0.25μm	0.25～0.4μm	>0.4μm
标养孔隙率/%	0.6172	0.5877	0.7352	0.8867	0.8355	0.9142
−10℃孔隙率/%	0.6188	0.5887	0.7404	0.8765	0.8226	0.8991

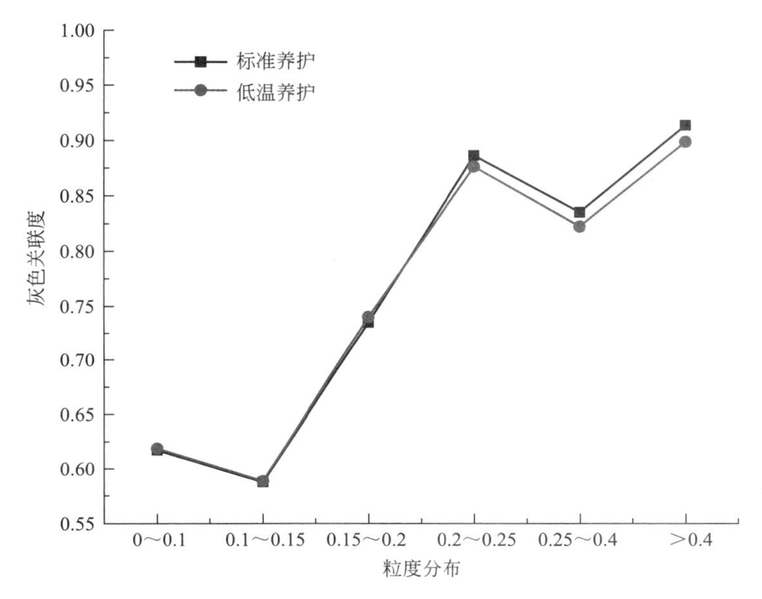

图 3-52　不同养护条件下硅灰粒度分布区间与孔隙率之间的关联度

硅灰粒度分布区间与孔隙率之间的关联作用强弱排序为：（>0.4μm）>（0.25～0.4μm）>（0.2～0.25μm）>（0.15～0.2μm）>（0～0.1μm）>（0.1～0.15μm）。

对于硅灰比表面积在 342.4m^2/kg 时，标养和低温养护硅灰各个区间对于掺合料的总孔隙率的影响关联度一致。硅灰在（>0.4μm）以及（0.25～0.4μm）这两个粒度最大的区间，对于混凝土总孔隙率的改善作用最明显。这是因为预处理后的粉煤灰比表面积是硅灰的 70 倍之多，硅灰越细，与相对较粗的粉煤灰颗粒之间形成良好级配来说不利。而且，硅灰经过粉磨之后，粒度有改变，但是对于较细的各个区间之间变化不明显，在活性差异不大的时候，特别是在低温水化程度较低时，比表面积较大的颗粒能够在降低需水量的同时，对一些较大的孔隙发挥微集料效应。而较细的粒度区间比如（0.1～0.15μm）、（0～0.1μm）活性较其他组好一些，但是与粉煤灰等级配不良、对于孔隙填充能力有限，以及大量吸水，对于改善孔隙率没有粗一些的颗粒效果明显。

（4）复合掺合料粒度区间与孔隙率数学模型

通过灰色关联分析可知，在标准养护和低温养护条件下，复掺料的粒度分布区间与混凝土孔隙率之间均存在着一些关联性较强的关系，因此，考虑通过 MATLAB 的多元线性回归，建立复掺料的粒度与混凝土孔隙率之间的数学模型。

① 复掺料混凝土中粉煤灰粒度区间与孔隙率数学模型

a. 标准养护下粉煤灰粒度区间与孔隙率数学模型

标准养护条件下，粉煤灰各个粒度区间拟合曲线如图 3-53 所示。

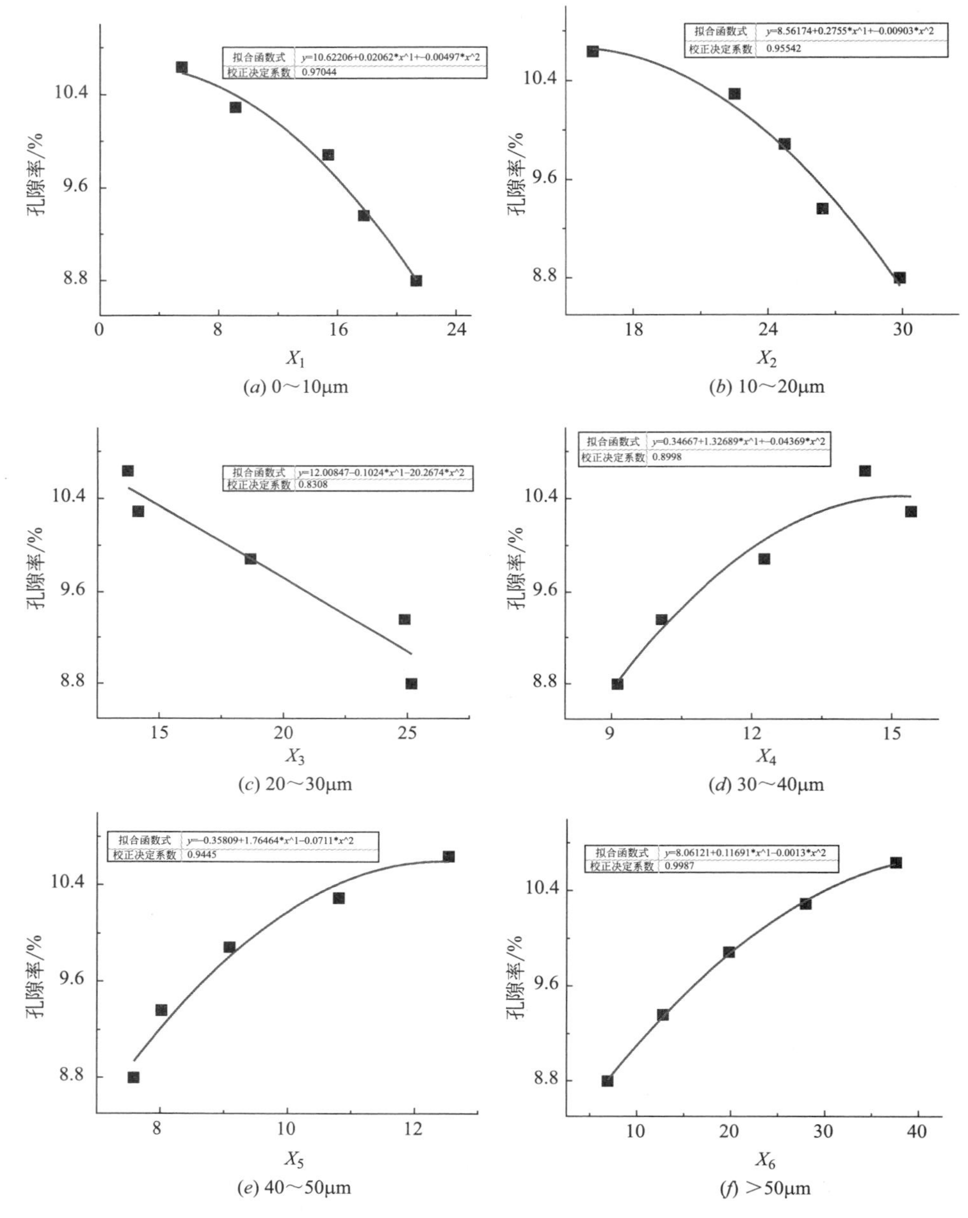

(*a*) 0～10μm (*b*) 10～20μm (*c*) 20～30μm (*d*) 30～40μm (*e*) 40～50μm (*f*) >50μm

图 3-53 标养复掺料中粉煤灰粒度分布区间与孔隙率的拟合曲线

由图 3-53 可看出，在标准养护条件下，复掺料中粉煤灰粒度区间与孔隙率之间的拟合曲线，在（30～40μm）、（40～50μm）及（>50μm）拟合效果较好，但由前面小节可知，在（40～50μm）关联度较低。因此，我们初步确定拟合函数形式为：

$$P = AY_4 + BY_6 + C \tag{3-1}$$

式中：P——混凝土总孔隙率；

$A \sim C$——相应系数；

Y_i——标准养护条件下，粉煤灰各个粒度分布区间 X_i 对应的分级孔隙率。

将粉煤灰的各个粒度分布区间及孔隙率带入上式，采用 MATLAB 软件对数据进行多元线性回归求取函数系数参数，得到式 3-2。

$$P = 1.735 \times 10^{-3} X_4^2 - 0.0528 X_4 + 0.1216 X_6 - 1.3525 \times 10^{-3} X_6^2 + 8.3694 \quad (3\text{-}2)$$

将粉煤灰各个粒度区间值带入式 3-2，将拟合所得值与实际所测值对比，如图 3-54 所示。

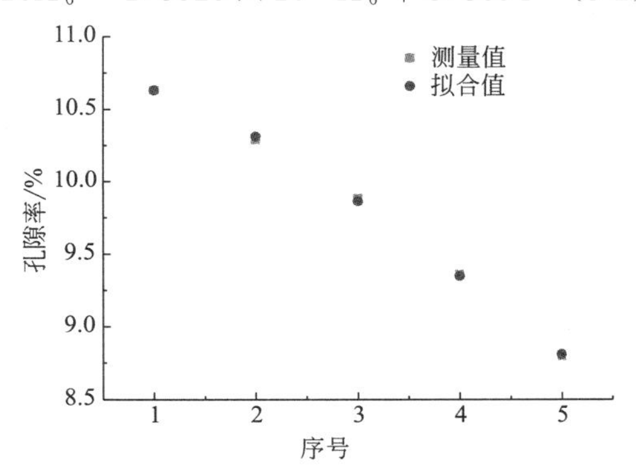

图 3-54　函数拟合所得值与实测值对比

由图 3-54 可以看出，所拟合出来的曲线值与实测值接近，即拟合函数可靠，可以用于预测标准养护条件下，粉煤灰粒度区间与孔隙率的关系。

b. 低温养护条件下粉煤灰粒度区间与孔隙率数学模型

低温养护条件下，粉煤灰各个粒度区间拟合曲线如图 3-55 所示。

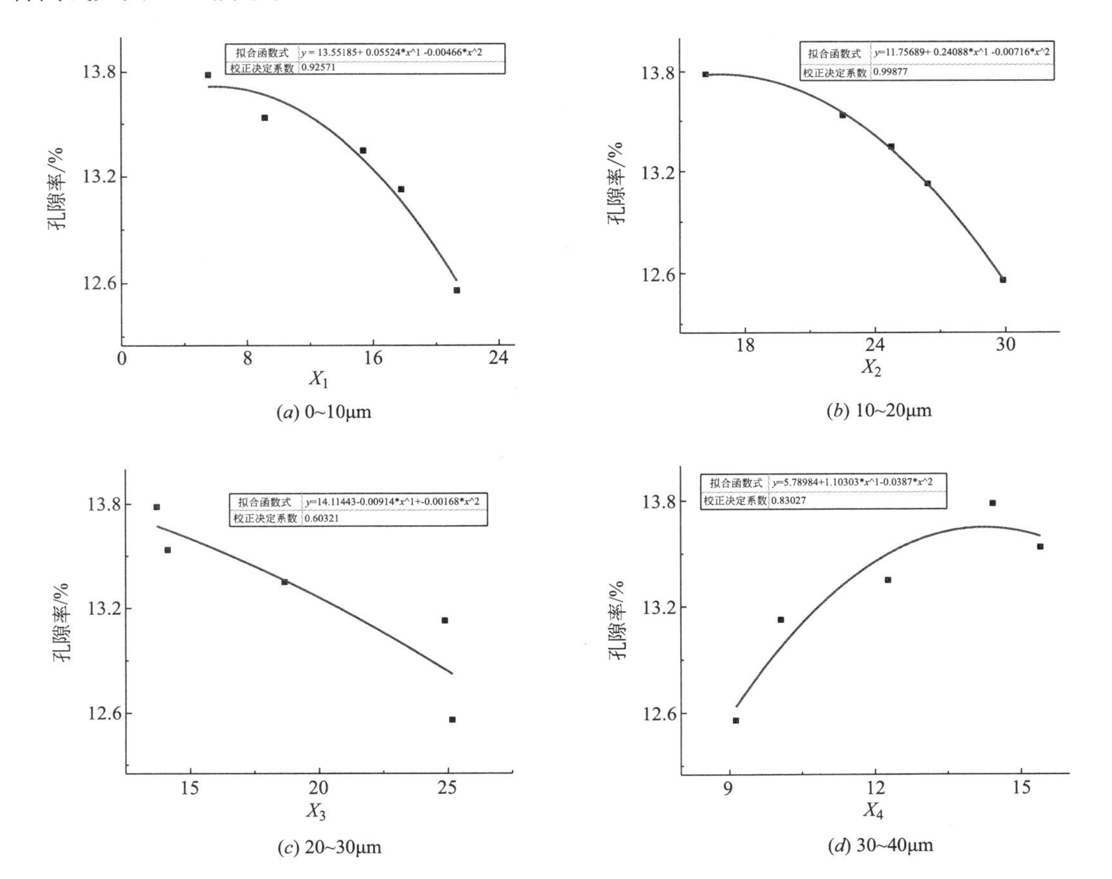

图 3-55　低温复掺料中粉煤灰粒度分布区间与孔隙率的拟合曲线（一）

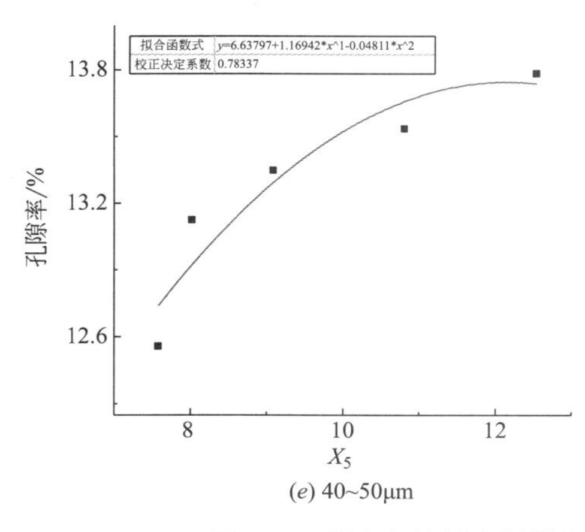

(e) 40~50μm

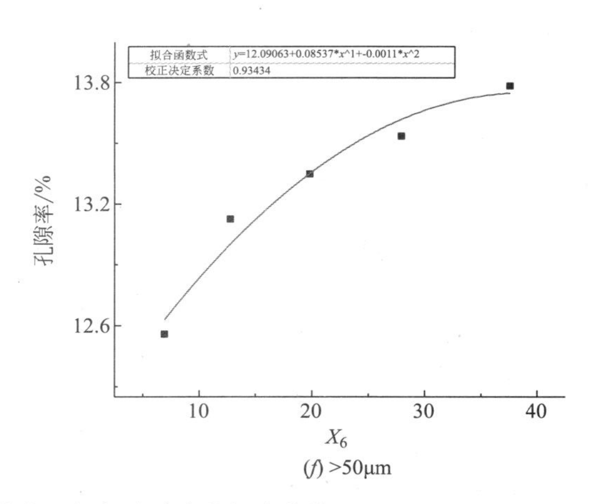

(f) >50μm

图 3-55　低温复掺料中粉煤灰粒度分布区间与孔隙率的拟合曲线（二）

由图 3-55 可看出，在低温养护条件下复掺料中粉煤灰粒度区间与孔隙率之间的拟合曲线，其关联度较强区间为（30～40μm）、（40～50μm）、（>50μm），而在（40～50μm）时的拟合相关系数较低。因此，可以初步确定拟合函数为：

$$P = AY_4 + BY_6 + C \tag{3-3}$$

式中：P——混凝土总孔隙率；

$A \sim C$——相应系数；

Y_i——−10℃养护条件下，粉煤灰各个粒度分布区间 X_i 对应的分级孔隙率。

将低温条件下粉煤灰的各个粒度区间及孔隙率代入上式，采用 MATLAB 软件对数据进行多元线性回归求取函数系数参数，结果见式 3-4

$$P = 7.9605 \times 10^{-3} X_4^2 - 0.2268 X_4 + 0.1021 X_6 - 1.3179 \times 10^{-3} X_6^2 + 13.3976 \tag{3-4}$$

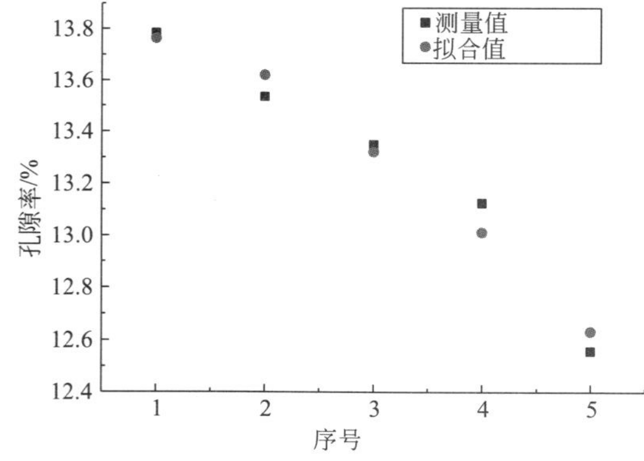

图 3-56　函数拟合所得值与实测值对比

将低温条件下粉煤灰粒度所测的六组数据分别代入所求式子进行验证，结果如图 3-56 所示。

由图 3-56 可知，所拟合曲线与实测值稍有偏差，但总体上较为接近，可以用于在低温条件下孔隙率与粉煤灰粒度区间之间关系的表征。

② 复掺料混凝土中硅灰粒度区间与孔隙率数学模型

a. 标准养护条件下硅灰粒度区间与孔隙率数学模型

标准养护条件下，硅灰各个粒度区间拟合曲线如图 3-57 所示。

由灰色关联分析，复掺料中硅灰粒度区间为（>0.4μm）、（0.25～0.4μm）、（0.2～0.25μm）时，孔隙率关联度较强，且相关系数较高，因此初步确定拟合公式为：

$$P = AY_4 + BY_5 + CY_6 + D \tag{3-5}$$

式中：P——混凝土总孔隙率；

$A \sim D$——相应系数；

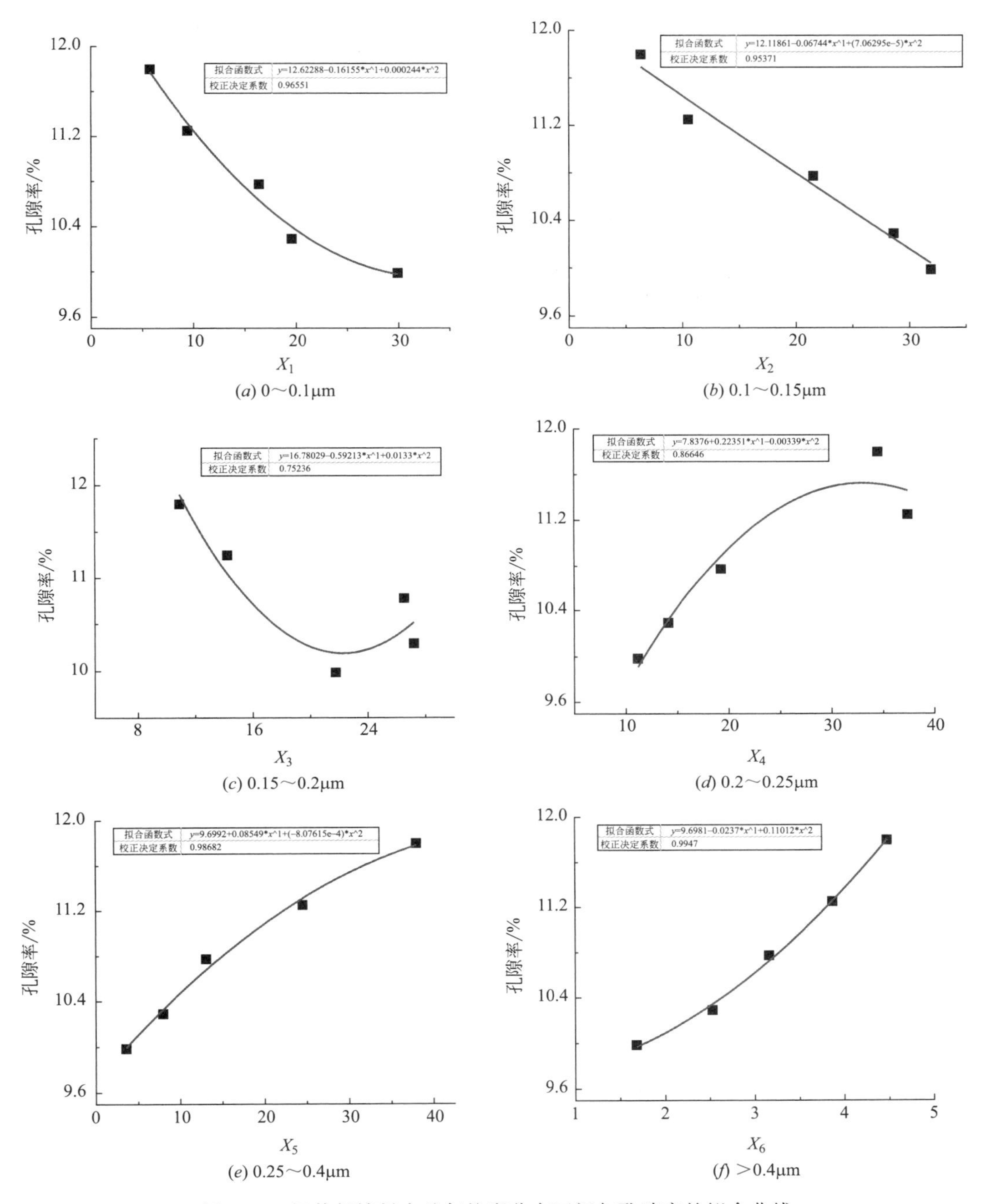

图 3-57　标养复掺料中硅灰粒度分布区间与孔隙率的拟合曲线

Y_i——标准养护条件下，硅灰各个粒度分布区间 X_i 对应的分级孔隙率。

将标准养护条件下，所测试的多组数据代入式中，采用 MATLAB 软件进行线性多元回归，求出式中未知系数。将系数带入式中，得到式子如 3-6 所示。

$$P=0.0174X_4-2.570\times10^{-4}X_4^2-0.0243X_5+2.3065\times10^{-4}X_5^2-0.0287X_6+0.1334X_6^2+9.5469 \tag{3-6}$$

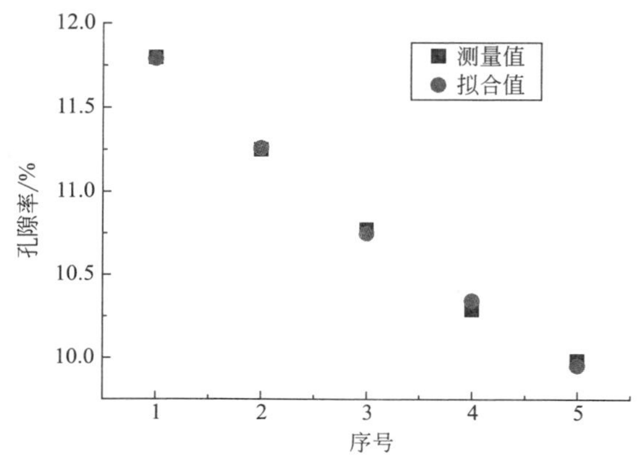

图 3-58　函数拟合所得值与实测值对比

将所测的数据分别代入所求式子，实测值与拟合值结果如图 3-58 所示。

由图 3-58 可知，所拟合曲线与实测值接近，说明在标准养护条件下所建立的硅灰粒度区间与孔隙率的数学关系相关度较好，可用于两者之间关系的表征。

b. 低温养护条件下硅灰粒度区间与孔隙率数学模型

低温养护条件下，硅灰各个粒度区间拟合曲线如图 3-59 所示。

由图可看出，复掺料中硅灰粒度区间除了（0.15～0.2μm）之外，其他粒度

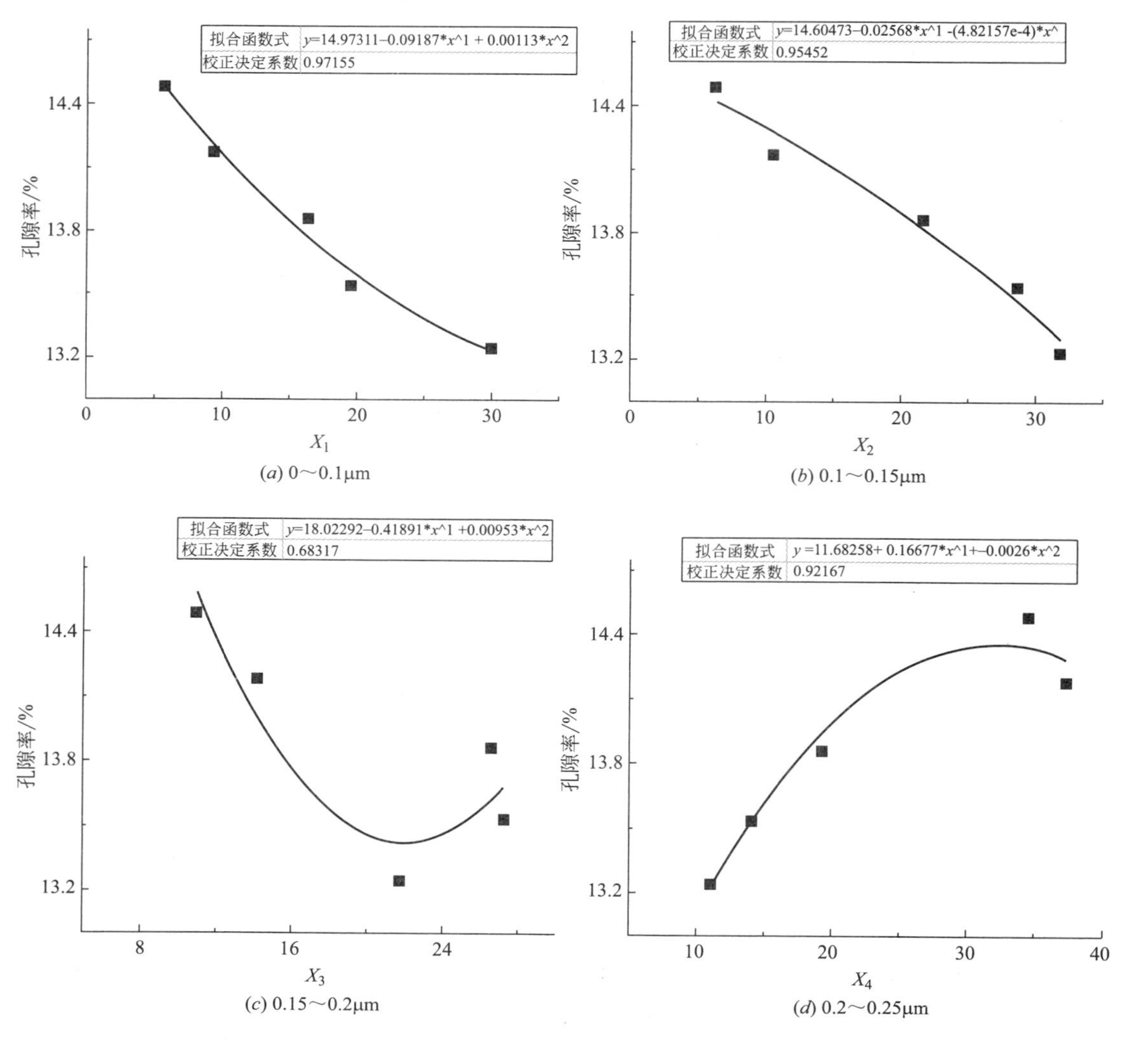

图 3-59　低温复掺料中硅灰粒度分布区间与孔隙率的拟合曲线（一）

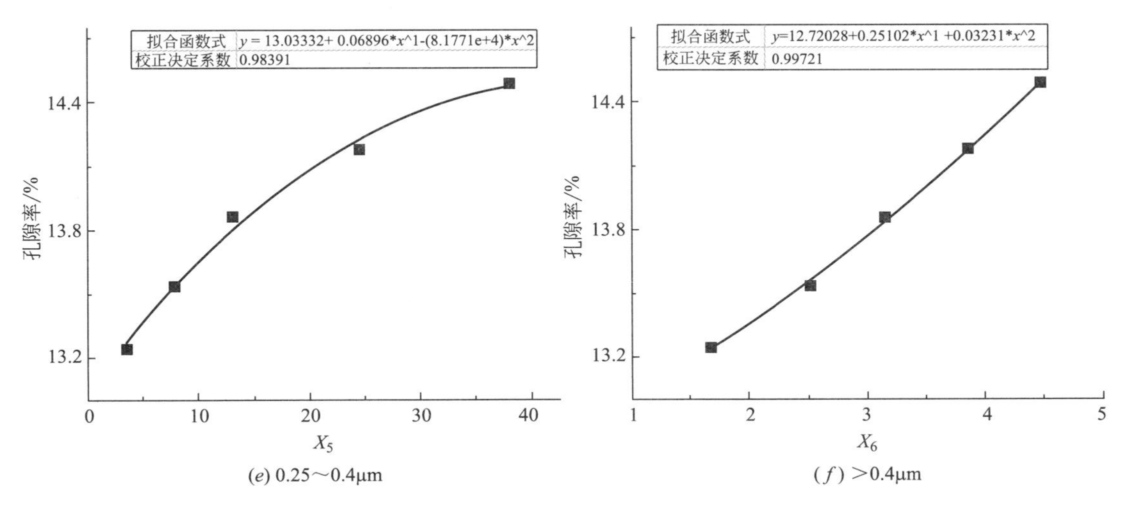

图 3-59 低温复掺料中硅灰粒度分布区间与孔隙率的拟合曲线（二）

区间与孔隙率之间存在着较好的数学线性关系。我们初步拟合公式为：

$$P=AY_1+BY_2+CY_4+DY_5+EY_6+F \tag{3-7}$$

式中：P——混凝土总孔隙率；

$A\sim F$——相应系数；

Y_i——-10℃养护条件下，硅灰各个粒度分布区间 X_i 对应的分级孔隙率。

将压汞测孔试验所得的数据代入式 3-7 中，通过 MATLAB 软件的多元线性回归分析，得到式子如式（3-8）所示。

$$\begin{aligned}P =&0.0384X_1-4.6024\times10^{-4}X_1^2-7.95\times10^{-4}X_2-1.5332\times10^{-5}X_2^2\\&+3.4673\times10^{-3}X_4-5.408\times10^{-5}X_4^2+0.0124X_5-1.4751\times10^{-4}X_5^2\\&+0.2972X_6+0.0382X_6^2+11.8741\end{aligned} \tag{3-8}$$

将所测的六组数据分别代入所求式子进行验证，结果如图 3-60 所示。

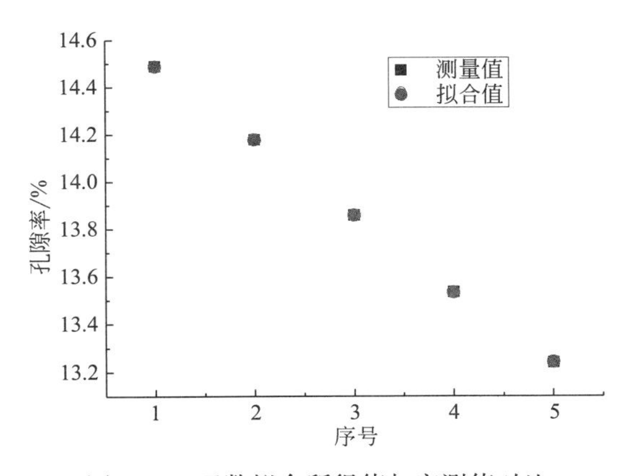

图 3-60 函数拟合所得值与实测值对比

由图 3-60 可知，所拟合曲线与实测值接近，说明拟合函数相关度较好，可以用于表征相同的低温条件下硅灰粒度区间与孔隙率之间的关系。

3.4 硅藻土-粉煤灰粒度分布对低温混凝土性能的影响

3.4.1 试验原材料及配合比设计

(1) 试验原材料

① 水泥

本试验采用的水泥为大连小野田水泥厂生产的(P·Ⅱ52.5R)硅酸盐水泥，其主要成分如表 2-17 所示。

② 粉煤灰

本试验所选用的粉煤灰为沈阳沈海热电厂Ⅰ级粉煤灰。从氧化物含量来看，氧化硅含量 61.57%>50%，氧化钙含量 4.43%<5%，烧失量为 1.00%(<5%)，符合《用于水泥和混凝土中的粉煤灰》(GB/ T1596—2017)的要求，其主要成分如表 3-29 所示，粒度分布见图 3-61。

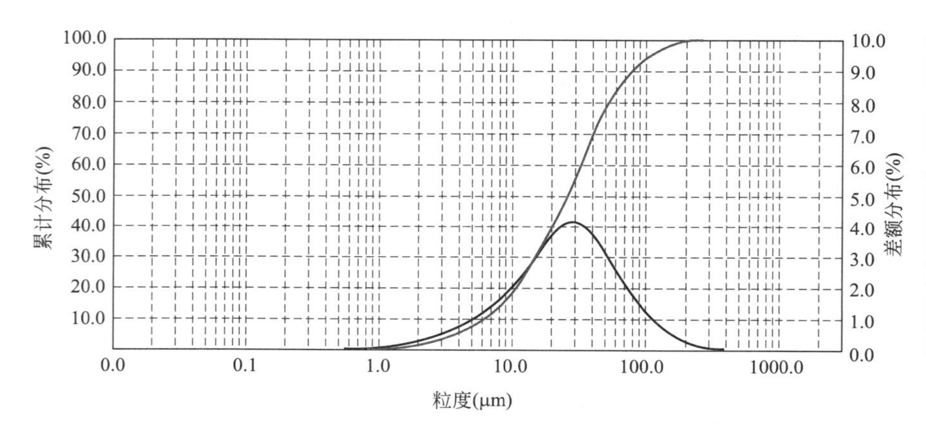

图 3-61 粉煤灰粒径分布

③ 硅藻土

硅藻土为煅烧好的硅藻土，为吉林省长白县天宝硅藻土制品有限公司所产。其主要成分如表 3-71 所示，粒度分布见图 3-62。

硅藻土的化学成分(%) **表 3-71**

SiO_2	Al_2O_3	Fe_2O_3	CaO	MgO	SO_3	K_2O	MnO_2	TiO_2	Other	Loss
89.62	0.51	1.52	1.02	2.77	0.58	2.03	0.057	0.028	1.865	3.88

④ 砂子与石子

本试验采用河砂，并对其进行冲洗，晒干后进行筛分。

本试验所用的石子为碎石，符合国家标准碎石级配。

⑤ 外加剂

试验中采用萘系高效减水剂，减水率为 18%~25%，细度为 0.135mm<10%。

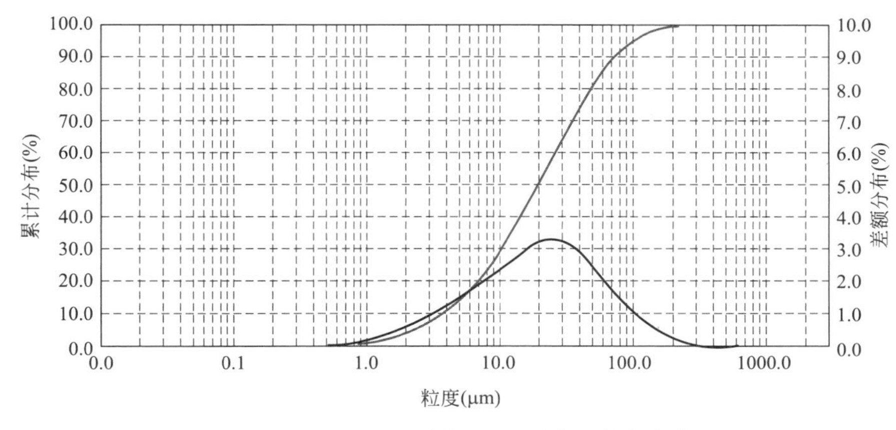

粒径μm	含量%
0.300	0.06
0.800	0.69
2.000	4.38
10.000	29.23
20.000	50.55
35.000	70.26
40.000	74.59
42.000	76.06
45.000	78.12
50.000	81.03

图3-62　硅藻土粒径分布

⑥ 试验用水

本试验所用的水是沈阳市自来水。

(2) 配合比设计

本文根据北方严寒地区的混凝土耐久性的设计要求制作混凝土，其强度等级为C50，水泥原材料为42.5强度等级的普通硅酸盐水泥，分别进行抗压强度测试、抗折强度测试、压汞试验、单面冻融试验，从而对混凝土的力学性能、耐久性、内部孔结构等方面进行深入探究，其中混凝土水胶比为0.42，砂率0.3，减水剂掺量为整个胶凝材料总掺量的0.8%，粉煤灰硅藻土混合掺合料等质量取代水泥20%，具体配合比如表3-72。

混凝土配合比设计　　**表3-72**

水(kg)	水泥(kg)	硅藻土(kg)	粉煤灰(kg)	砂(kg)	碎石(kg)	减水剂(kg)
183	349	8.5	78.5	534	1247	3.5

(3) 掺合料处理

本试验根据计算所得的混凝土配合比，使掺合料等质量取代水泥20%，将硅藻土与粉煤灰按1∶9比例均匀混合，并用球磨机球磨不同时间，作为掺合料制备混凝土试块，掺合料球磨方式选取粒径示意如图3-63。

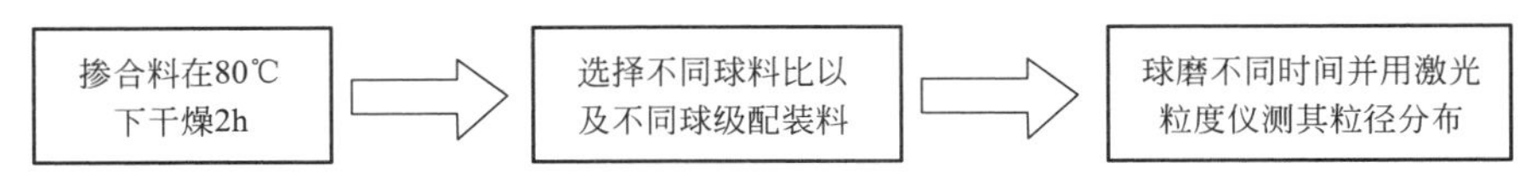

图3-63　硅藻土粒径选择示意图

球磨因素选取：物料在球磨的过程中有很多的影响因素，比如球磨方式（干磨或湿磨）、球级配、球料比以及球磨时间等。本文掺合料设定的各球磨因素见表3-73，球磨完后用激光粒度仪测试各影响因素下样品的粒径分布。分析测试的数据最终选择干磨、球料比1∶1、球级配1∶1∶3、球磨时间分别为5min、10min、15min、20min、25min和30min。

球磨过程中的各种影响因素　　　　表 3-73

试块编号	A	B	C	D	E	F
球料比	4∶1					
球级配	0∶1∶1			1∶1∶3		
球磨时间	5min	10min	15min	20min	25min	30min

通过以上球磨步骤，最后确定的 6 种粒径分布，A 粒径选择球磨 5min 的掺合料、B 粒径选择球磨 10min 的掺合料、C 粒径选择球磨 15min 的掺合料、D 粒径选择球磨 20min 的掺合料、E 粒径选择球磨 25min 的掺合料、F 粒径选择球磨 30min 的掺合料，粒径分布见表 3-74，粒径累计分布曲线见图 3-64。

各试样粒径分布　　　　表 3-74

	粒径范围	<10μm	10～20μm	20～30μm	30～40μm	40～50μm	50～60μm	>60μm
A	累计含量	24.03	45.87	59.26	69.09	75.01	80.32	100
	百分含量	24.03	21.84	13.39	9.8	5.95	5.31	19.68
B	累计含量	26.91	50.12	60.69	69.44	74.82	82	100
	百分含量	26.91	23.21	12.21	8.75	5.38	4.67	18
C	累计含量	27.74	52.26	61.82	70.55	78.35	82.43	100
	百分含量	27.74	24.52	12.26	8.73	7.8	4.08	17.57
D	累计含量	28.66	53.75	62.77	71.36	78.97	83.11	100
	百分含量	28.66	25.09	12.21	8.59	7.61	4.14	16.59
E	累计含量	29.07	55.6	64.62	73.59	81.38	85.77	100
	百分含量	29.07	26.53	12.79	8.97	7.79	4.39	14.23
F	累计含量	31.17	57.8	62.32	69.86	76.98	81.42	100
	百分含量	31.17	26.63	10.53	7.54	7.12	4.44	18.58

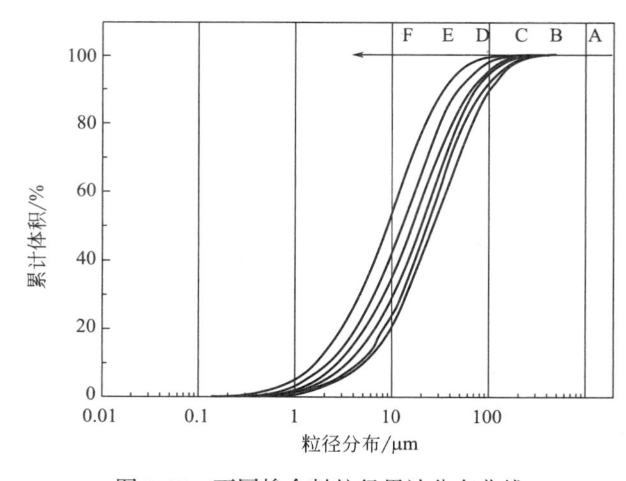

图 3-64　不同掺合料粒径累计分布曲线

3.4.2　掺合料粒度分布区间对混凝土力学性能及抗冻性的影响

掺合料的种类及粒度分布区间均能够影响到混凝土的相关性能，因此，合理的选取掺合料，是提高混凝土各项性能的重要前提之一。本部分从混凝土力学性能及耐久性入手，深入研究了粉煤灰-硅藻土掺合料粒度分布区间对混凝土相关性能的影响，以期为混凝土生产过程中掺合料粒径、种类的选择提供有效的理论依据。

(1) 掺合料粒度分布对混凝土力学性能的影响

力学性能是衡量混凝土宏观性能的重要参考标准，本文参照国家标准《普通混凝土力学性能试验方法标准》GB/T 50081-2002，采用 RGM-100A 微机控制电子万能试验机分别对在常温和低温（−10℃）两种温度养护下养护至 3d、7d、14d、28d 混凝土试件进行抗压试验及抗折试验测试。

① 标准养护条件下掺合料粒度分布对混凝土力学性能的影响

表 3-75 以及图 3-65 给出了标准养护条件下，不同粒径的掺合料（A-F）制成的混凝土在 3d、7d、14d、28d 的抗压强度。由图 3-65 可以发现，当混凝土试块标准养护至 3d 以及 7d 龄期时，随着掺入的掺合料 D50 值的降低，混凝土的抗压强度不断增加，如相对于掺合料粒径最粗的 A 试块，B 试块 3d 的抗压强度增大 1.7%，C 试块抗压强度增大 8.3%，D 试块抗压强度增大 12.9%，E 试块抗压强度增大 23.9%，F 试块抗压强度增大 27.7%，这说明抗压强度增长率与掺合料的粒径有着较强的相关关系。而对于标准养护至 14d 以及 28d 的混凝土试块，当掺合料粒径 D50 值由 23.2μm 降低至 15.5μm 时，抗压强度随之增加，然而，进一步降低掺合料粒径抗压强度反而降低，如粒径降低至 9.57μm 时，O-F 样本抗压强度与 O-D 样本相比抗压强度降低了 2.33MPa。由此可见，掺合料粒径越细，混凝土的早期抗压强度越高，而混凝土的后期抗压强度则呈现出先增长后降低的现象。此外，随着养护期龄的增加，不同掺合料粒径对混凝土各龄期抗压强度增长率具有一定的影响。本试验中，随着掺合料粒径 D50 值的降低，混凝土强度的增长速率有所增加。

标准养护条件下不同龄期试块的抗压强度（MPa）　　表 3-75

抗压	O-A	O-B	O-C	O-D	O-E	O-F
3d	21.56	21.92	23.36	24.36	26.72	27.53
7d	30.99	33.31	33.75	36.82	37.21	38.62
14d	44.04	40.81	41.56	46.38	44.37	46.34
28d	49.84	52.093	44.373	54.373	50.82	52.04

在胶凝材料前期的水化过程中，粒径较细的掺合料水化较充分，对强度的增加有着积极的影响作用，而粒径较粗的掺合料，内部水化不够充分，因此对力学性能的贡献小于细粒径的掺合料。随着混凝土养护龄期的增加，细粒径的掺合料由于前期水化较快，位于胶凝孔中多余的水蒸发，会导致混凝土内部产生结构缺陷，相对于较细的掺合料，粗粒径掺合料会继续水化，而粒径介于二者之间的掺合料前期的水化能够较充分，且后期避免了由于粒径过细水化过快而导致的结构缺陷。因此，养护 28d 龄期的混凝土，随着掺合料粒径的降低，会表现出先上升后下降的趋势。

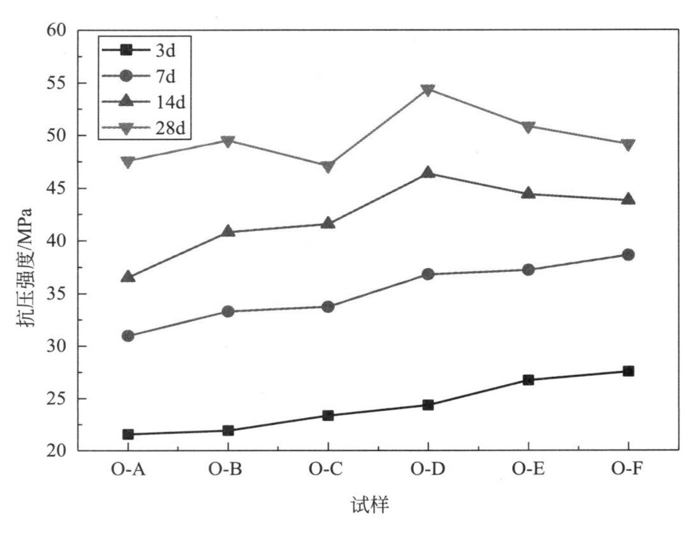

图 3-65　标准养护条件下不同龄期试块的抗压强度（MPa）

表 3-76 以及图 3-66 给出了标准养护条件下，不同粒径的掺合料（A-F）制成的混凝土在 3d、7d、14d、28d 的抗折强度。由以上数据可知，当混凝土试块标准养护至 3d 龄期时，随着掺入掺合料粒径 D50 值降低，混凝土的抗折强度呈现出上升趋势，如，相对于粒径最粗的混凝土 A 试块，B 试块 3d 的抗折强度增大 3%，C 试块抗折强度增大 3.3%，D 试块抗折强度增大 12.5%，E 试块抗折强度增大 26.3%，F 试块抗折强度增大 27.8%，这说明掺合料粒径影响着混凝土抗压强度的上升程度；当混凝土试块标准养护至 7d 龄期时，当掺合料粒径 D50 值由 23.2μm 降低至 17.71μm 时，抗压强度随之增加，而掺合料粒径 D50 值降低至 15.5μm 时，抗压强度值较掺合料粒径 D50 值为 17.71μm 降低了 0.44MPa；随着掺合料粒径 D50 值的继续降低，混凝土抗折强度出现了上升的趋势；而对于标准养护至 14d 以及 28d 的混凝土试块，当掺合料粒径 D50 值由 23.2μm 降低至 15.5μm 时，抗折强度随之增大，然而，进一步降低掺合料粒径，抗折强度反而降低，如粒径降低至 12.64μm 时，O-E 样本抗压强度与 O-D 样本抗压强度降低了 1.38MPa。由此可见，掺合料粒径越细，混凝土的早期抗压强度越高，而混凝土的后期强度则呈现出先增长后降低的现象。

标准养护条件下不同龄期试块的抗折强度（MPa）　　　　**表 3-76**

抗折	O-A	O-B	O-C	O-D	O-E	O-F
3d	6.9	7.11	7.128	7.76	8.72	8.82
7d	8.817	9.313	10.44	9.28	9.972	10.276
14d	10.957	11.573	12.481	12.683	12.195	12.728
28d	14.272	12.917	14.899	15.778	14.595	14.634

分析原因是：混凝土前期的水化凝结过程中，粒径较细的掺合料水化程度较高，因此抗折强度也随之增大，而后期参与水化的物质较少，因此强度增长并没有粗粒径的掺合料明显；粒径较粗的掺合料水化前期仅表层发生反应，内部水化不完全，绝大多数的粗粒径掺合

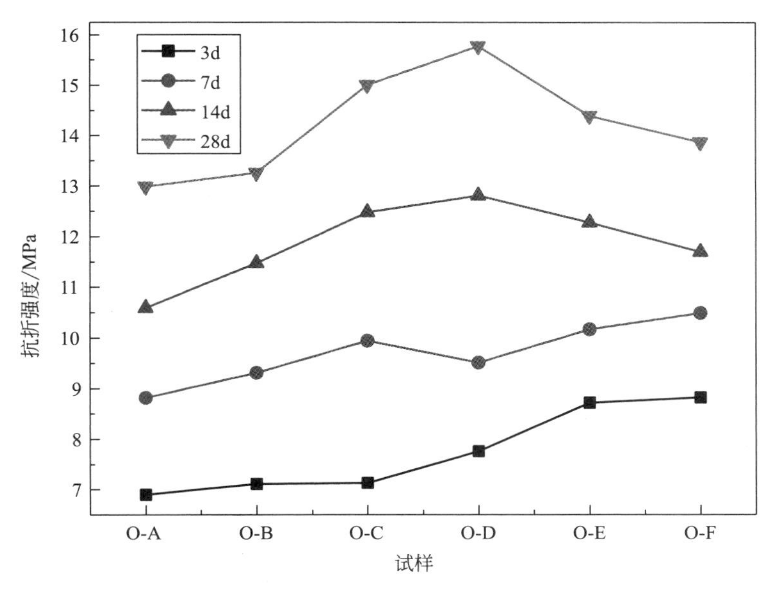

图 3-66　标准养护条件下不同龄期试块的抗折强度

料在前期仅起到填充作用，强度较低，进入后期水化程度得到提升，水化产物增多，因此抗折强度也较高。综合上述原因，混凝土抗折强度在标准养护前期随着掺合料粒径 D50 值的降低而提高，后期抗折强度随着掺合料粒径 D50 值的降低呈现出先增长后降低的趋势。

② －10℃养护条件下掺合料粒度分布对混凝土抗压强度的影响

表 3-77 以及图 3-67 给出了在低温－10℃养护条件下，不同粒径的掺合料（A-F）制成的混凝土在 3d、7d、14d、28d 的抗压强度。由此可知，经过低温养护的混凝土 3d、7d、14d 的抗压强度随着掺合料粒径 D50 值的降低，呈现出上升的趋势，但上升的幅度不明显，如 3d 养护龄期的 L-F 样本的抗压强度较 L-C 样本的抗压强度高 2.05MPa，7d 养护龄期的 L-F 样本的抗压强度较 L-B 抗压强度高 4.48MPa，14d 养护龄期的 L-E 样本抗压强度较 L-B 样本抗压强度高 5.83MPa；而当混凝土试块养护至 28d 龄期时，抗压强度随着掺合料粒径 D50 值的降低呈现出先增大后降低的趋势，且各掺合料粒径之间的变化幅度较大，其中掺合料粒径 D50 值为 17.7μm 的 L-C 样本抗压强度达到最大值 42.2MPa。此外，与表 3-76 以及图 3-66 的标准养护条件下混凝土的抗压强度数据相比，低温养护混凝土的抗压强度整体较低，养护的时间越长，低温养护较标准养护的混凝土试块抗压强度差距越小，如 L-C 试样养护至 28d 的抗压强度较 O-C 抗压强度低 10.4%；L-C 试样养护至 14d 的抗压强度较 O-C 抗压强度低 32.4%；L-C 试样养护至 7d 的抗压强度较 O-C 抗压强度低 34.34%；L-C 试样养护至 7d 的抗压强度较 O-C 抗压强度低 53.57%。

－10℃低温养护条件下不同龄期试块的抗压强度（MPa）　　**表 3-77**

	L-A	L-B	L-C	L-D	L-E	L-F
3d	10.96	10.4	10.75	11.56	12.27	12.77
7d	24.24	19.12	23.05	15.2	19.09	14.76
14d	27.33	25.19	28.08	26.87	29.65	31.02
28d	34.4	38	42.2	39.4	34.4	34

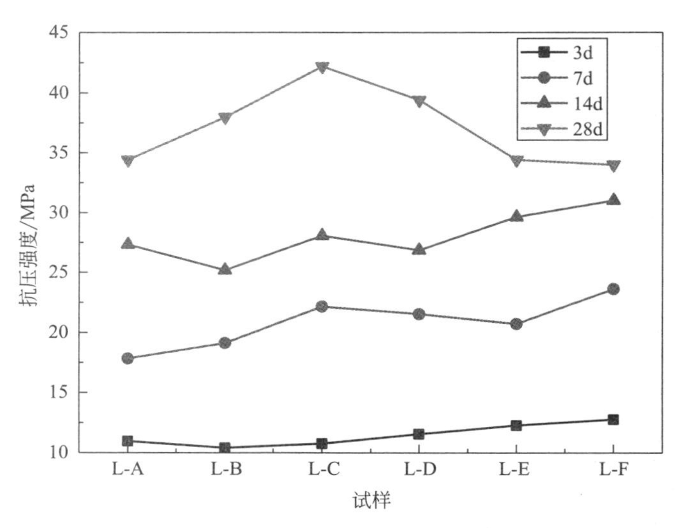

图 3-67 －10℃低温养护条件下不同龄期试块的抗压强度（MPa）

经过低温养护后的混凝土由于在幼龄期遭受冻害，活性材料水化程度较低，且由于温度的下降，存在于胶凝孔中的水结冰后破坏了混凝土内部原有的结构，因此，低温养护条件下混凝土的抗压强度较常温养护的混凝土强度低；而在胶凝材料水化的早期，粒径较细的掺合料对水分子的吸附作用较强，存在于胶凝孔中的水相对较多，因此，在遭受冻害的情况下，掺合料粒径较细的混凝土因胶凝孔中水分子结冰而产生的结构的破坏较弱，从而强度也较高；相反，由较粗粒径掺合料制成的混凝土在早期由于水化程度较低，胶凝孔中的水分子较多，结冰后由于体积膨胀会破坏混凝土内部结构，从而降低抗压强度；且随着掺合料粒径 D50 值的降低，水化速度变快，对混凝土前期抗压强度的增长起积极的作用。而养护至后期，胶凝材料进一步水化，在一定程度上弥补了混凝土由于幼龄期冻害产生的结构缺陷，处于较细粒径范围的掺合料因前期水化较快而导致胶凝孔中的水蒸发而使混凝土内部产生结构缺陷；处于中间粒径范围的掺合料水化反应完全，充分发挥了其火山灰性，强度大大提高；处于较粗粒径范围的掺合料由于外层包覆水化产物导致水化速率降低而未能完全反应导致强度较低。

表 3-78 以及图 3-68 给出了在低温－10℃养护条件下，不同粒径的掺合料（A-F）制成的混凝土在 3d、7d、14d、28d 的抗折强度。由此可知，经低温养护的混凝土在 3d、7d、14d 的抗折强度随着掺合料粒径 D50 值的降低，整体呈现上升的趋势，如 3d 养护龄期的 L-F 样本的抗折强度较 L-A 样本的抗折强度高 2.99MPa，7d 养护龄期的 L-F 样本的抗折强度较 L-B 样本的抗折强度高 1.95MPa，14d 养护龄期的 L-F 样本的抗折强度较 L-A 样本的抗折强度高 2.53MPa；而当混凝土试块养护至 28d 龄期时，抗折强度随着掺合料的粒径 D50 值的降低呈现先增大后降低的趋势，其中，掺合料粒径 D50 值为 15.2μm 的 L-D 样本抗折强度达到最大值 13.58MPa。

－10℃低温养护条件下不同龄期试块的抗折强度（MPa） **表 3-78**

	L-A	L-B	L-C	L-D	L-E	L-F
3d	4.05	4.55	5.76	4.81	4.565	3.88
7d	7.87	6.33	6.45	5.56	5.88	4.56

续表

	L-A	L-B	L-C	L-D	L-E	L-F
14d	9.69	8.84	9.39	8.34	9.18	9.38
28d	12.2	13.34	14.12	12.23	10.65	10.28

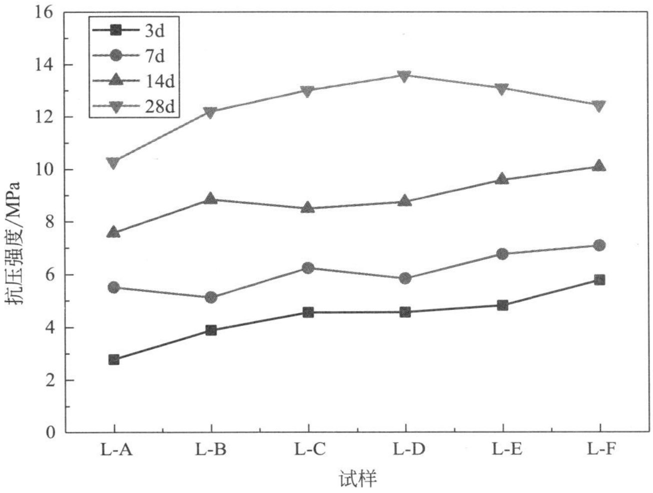

图 3-68　−10℃低温养护条件下不同龄期试块的抗折强度（MPa）

（2）掺合料粒度分布对混凝土抗冻性能的影响

在北方严寒地区，道路湿滑，人们经常采用盐类除雪剂进行除雪除冰，这种除雪方式使室外环境处于一个干湿交替盐溶液的冻融循环状态，极大程度地损害了混凝土道路以及临街建筑物。此外，冬季沿海地区的建筑在水位变动区域的混凝土建筑物也经常遭受盐溶液状态下的冻融，对于上述情况，不能仅仅用原有的快速冻融和慢速冻融方法评估，混凝土单面冻融试验适用于测定混凝土试件在与大气环境中且与盐接触的条件下，以能够经受冻融循环次数或者表面剥落质量以及超声波相对动弹性模量来表示的混凝土抗冻性能。应用领域为交通、高铁、海工、水工、桥梁、隧道、工业与民用建筑等各种混凝土工程的耐久性的检测。因此本实验采用 IMYD-10 混凝土单面冻融试验机进行单面冻融法测试混凝土的抗冻性能。

① 标准养护条件下掺合料粒度分布对混凝土抗冻性的影响

在材料的研究过程中，学者们通常采用动弹性模量损失和质量损失来表征单面冻融循环对混凝土内部结构造成的危害程度，当混凝土内部结构产生缺陷或存在裂缝时，相对动弹性模量就会降低，而质量的变化主要体现在两方面，一方面是混凝土遭受单面冻融后处于胶凝孔中的水结冰后会使孔径变大，因此会从外部吸水而使混凝土质量增加，另一方面，混凝土遭受盐冻后会导致表面剥落使其质量降低，以上两个因素叠加使得混凝土的质量产生变化。

不同冻融循环次数各组试件动弹性模量损失率如图 3-69 所示，从图 3-69 可以看出随着冻融次数的增大，混凝土的动弹性模量损失率不断增大；此外随着掺合料粒径的降低即中位径的数值减小，混凝土试样的动弹性模量损失率出现先降低后增大的现象，其中中位径为 23.2μm 的样本 O-A 以及中位径为 9.57μm 的样本 O-F 的动弹性模量损失程度较为严重，当冻融次数达到 28 次时，试样 O-A 的动弹性模量损失率达到 6.7%，试样 O-F 的动弹性模量损失率达到 6.3%，损失程度超过损伤最小的 O-C 试样的 20%以上。

图 3-70 为不同冻融循环次数各组试件质量损失率，从图 3-70 中可以看出，随着冻融次数的增加，混凝土的质量损失不断增大；此外，在冻融次数达到 8 次之前，不同掺合料粒径试样的质量损失率波动较小，而当冻融次数达到 12 次时，混凝土的质量损失率随着掺合料粒径的降低呈现出先减小后增大的规律，其中中位径为 23.2μm 的样本 O-A 以及中位径为 9.57μm 的样本 O-F 的质量损失较大，试样 O-A 质量损失率达到 1.5%，超过试样 O-D 的 25%，试样 O-F 的质量损失率达到 1.46%，超过试样 O-D 的 20%。

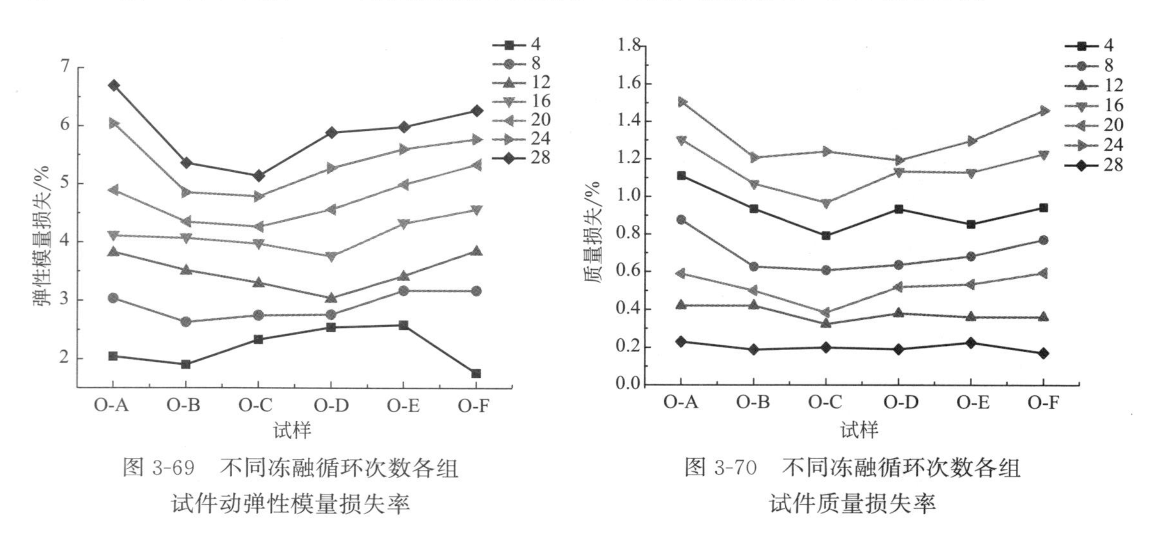

图 3-69　不同冻融循环次数各组试件动弹性模量损失率

图 3-70　不同冻融循环次数各组试件质量损失率

分析原因是：胶凝材料在水化过程中，粒径较粗的掺合料水化较慢导致养护至 28d 时仍不能完全水化，抗冻性能也随之降低；而相对较细的掺合料水化过快，位于胶凝孔中的多余水分蒸发后，导致混凝土内部产生结构缺陷；而掺合料粒径介于两者之间的试样在一定程度上避免了以上两种受损情况，因此动弹性模量损失率以及质量损失率较低，从而出现混凝土试样的动弹性模量损失率先降低后增大的现象。

如图 3-71 所示，相对于常温养护，低温－10℃养护条件下的混凝土试块单面冻融的动弹性模量损失明显增加，且随着冻融次数的增加，动弹性模量损失持续不断增大；此外，随着掺合料粒径的降低即中位径的数值减小，混凝土试样的动弹性模量损失率出现先降低后增大的现象，其中中位径为 23.2μm 的样本 L-A 的动弹性模量损失率最大，当冻融次数达到 28 次时，损失率达到 24.7%，而中位径为 15.2μm 的样本 L-C 的动弹性模量损失率仅为 16.9%，低于试样 L-A 的 31.6%。

如图 3-72 所示，相对于常温养护，低温－10℃养护条件下的混凝土试块单面冻融的质量损失明显增加，且随着冻融次数的增加，质量损失持续不断增大；此外，在冻融次数达到 4 次时，混凝土质量损失率随着掺合料粒经的降低而不断降低，当冻融次数超过 8 次时，混凝土质量损失率又随着掺合料粒径的降低而出现先降低后增长的趋势，但后期出现增长的趋势并不明显，其中中位径为 23.2μm 的样本 L-A 的质量损失率最大，当冻融次数达到 28 次时，损失率达到 4.18%，其中中位径为 15.2μm 的样本 L-C 的质量损失率最小，当冻融次数达到 28 次时，损失率为 3.48%。

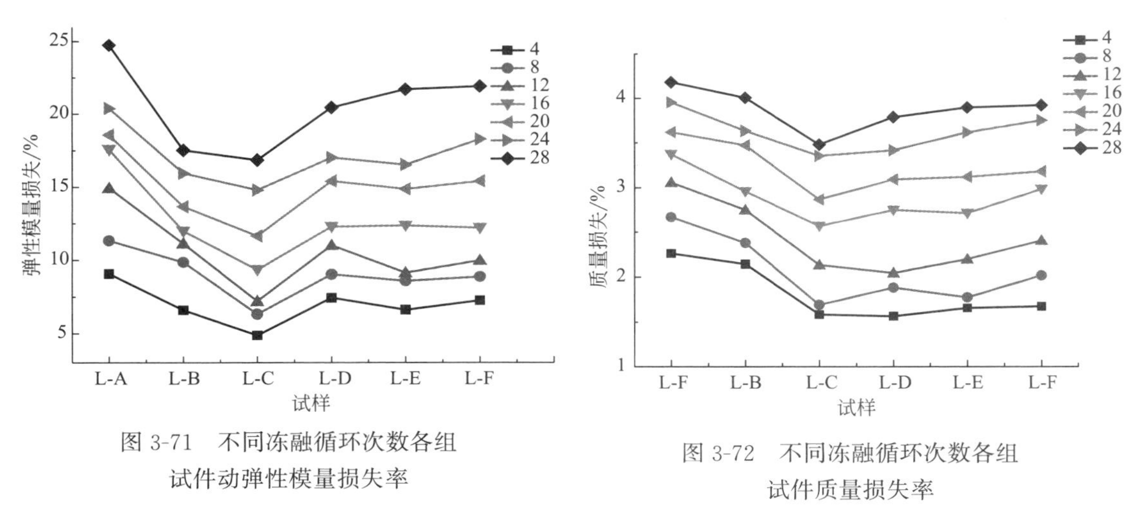

图 3-71　不同冻融循环次数各组试件动弹性模量损失率

图 3-72　不同冻融循环次数各组试件质量损失率

经过低温养护后的混凝土在幼龄期遭受冻害，活性材料水化程度较低，且由于温度的下降，存在于胶凝孔中的水结冰后破坏了混凝土内部原有的结构，因此，低温养护下混凝土抗冻能力较低；而粒径较粗的掺合料由于水化不完全，存在于胶凝孔中的水分子结冰后膨胀对混凝土内部结构破坏作用较大，因此抗冻性能也随之降低，而过细的掺合料由于前期水化较快而导致过早形成的胶凝孔中的水蒸发而产生内部压强导致混凝土产生内部缺陷；而处于中区间的粒径的掺合料在一定程度上避免了上述问题的发生，因此掺合料粒径处于中间范围的抗冻能力最好。

3.4.3　掺合料粒度分布对混凝土孔结构特征的影响

混凝土中的孔主要包括毛细孔、凝胶孔、气孔，多年来诸多学者对混凝土的孔结构进行了研究，本节采用压汞仪对养护至 7d 的掺加不同粒度分布区间的掺合料的混凝土孔结构进行了详细的分析。

本文将粉煤灰、硅藻土进行混合，作为水泥的混合材料及混凝土的掺合料，按照所计算出的配合比，进行混凝土配制，对所制备的混凝土分别进行标准养护及低温养护。随后对所制备的试块进行压汞分析和 SEM 扫描电镜分析。

（1）标准养护条件下掺合料粒度分布对孔结构特征参数的影响

本文采用压汞仪在常温养护条件下，对不同掺合料粒度的混凝土孔结构进行了分析，试验测得 O-A～O-F 六组试样养护至 7d 的孔结构特征参数，如表 3-79 所示。常温养护下，O-A～O-F 试样孔径分布曲线图如图 3-73～图 3-78 所示。

标准养护条件下不同掺合料粒径分布的孔结构特征参数　　表 3-79

	O-A	O-B	O-C	O-D	O-E	O-F
总孔隙面积(m^2/g)	6.766	10.328	9.19	9.685	9.123	9.96
平均孔径(4V/A)	32.3	29.3	28.2	27.2	25.7	24.2
密度(g/mL)	2.2755	2.1654	2.1415	2.1528	2.1932	2.2019
表观密度(g/mL)	2.5985	2.5047	2.4861	2.4863	2.5381	2.7747
孔隙率(%)	14.4295	13.9472	13.858	13.6138	13.5909	13.488

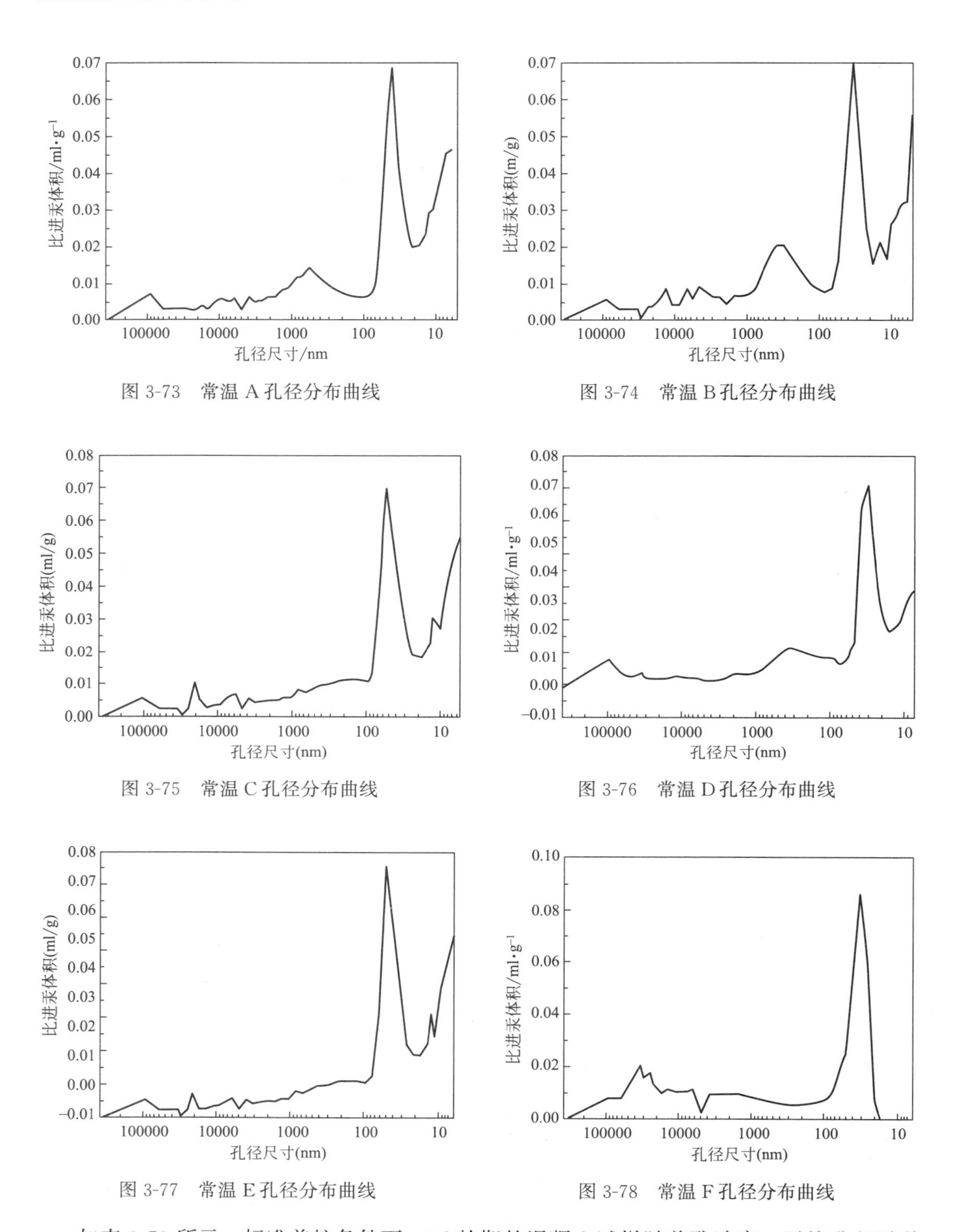

图 3-73　常温 A 孔径分布曲线

图 3-74　常温 B 孔径分布曲线

图 3-75　常温 C 孔径分布曲线

图 3-76　常温 D 孔径分布曲线

图 3-77　常温 E 孔径分布曲线

图 3-78　常温 F 孔径分布曲线

如表 3-79 所示，标准养护条件下，7d 龄期的混凝土试样随着孔隙率、平均孔径随着掺合料粒径的降低而降低，表观密度随着掺合料粒径的降低而增大，其中，试样 O-A 的孔隙率要高于 O-F 试样的 7%，试样 O-A 的平均孔径要高于 O-F 试样的 33.47%，而试样O-A的表观密度要低于O-F试样的6.78%。由此可得出：标准养护条件下，7d龄期的混凝土试样，掺合料粒径越细，孔径越细，说明粒径细的掺合料在混凝土养护初期对孔结构改善的效果越好。

如图3-73至图3-78所示，标准养护条件下，随着掺合料粒径的降低，小于20nm的无害孔以及20nm～50nm的少害孔数量增加，50nm～200nm的有害孔数量明显减小，而大于200nm的多害孔变化趋势并不明显。说明，粒径较细的掺合料对混凝土早期的孔径分布有明显的优化作用。

由于粒径较细的掺合料与水泥等胶凝材料产生更好的颗粒级配，从而提高了混凝土的密实性，此外，掺合料越细，其火山灰效应越强，反应越充分，混凝土的总体积的孔隙率会降低，大孔数量减少，小孔数量增多，优化了孔径分布和孔结构特征。

(2) －10℃养护条件下掺合料粒度分布对孔结构特征参数的影响

如表3-80所示，低温－10℃养护条件下，7d龄期的混凝土试样随着孔隙率、平均孔径随着掺合料粒径的降低而降低，表观密度随着掺合料粒径的降低而增大。其中，试样L-A的孔隙率要高于L-F试样的12.65%，试样L-A的平均孔径要高于L-F试样的200%，而试样L-A的表观密度要低于L-F试样的18.25%。但相对于标准养护条件下的混凝土试块，随着掺合料粒径的降低，其孔结构的变化幅度更大，其中低温养护条件下混凝土孔隙率降低幅度接近标准养护的2倍，平均孔径的降低幅度接近标准养护的6倍，表观密度增大幅度接近标准养护的3倍。由此可得出：低温－10℃养护条件下，7d龄期的混凝土试样，掺合料粒径越细，孔径越细，且低温养护条件下掺合料粒径分布对混凝土孔结构的影响较标准养护更大一些。

低温养护条件下不同掺合料粒径分布的孔结构特征参数　　表3-80

	L-A	L-B	L-C	L-D	L-E	L-F
总孔隙面积(m^2/g)	13.278	15.004	13.425	12.929	12.78	13.586
平均孔径(4V/A)	83.3	81.3	78	60.3	45.2	27.7
密度(g/mL)	2.2946	2.1836	1.9355	1.9396	1.976	1.9839
表观密度(g/mL)	2.5845	2.4913	2.4392	2.275	2.231	2.1856
孔隙率(%)	18.7757	18.3487	17.7964	17.4652	16.9342	16.6671

如图3-79至图3-84所示，低温－10℃养护条件下，随着掺合料粒径的降低，小于20nm的无害孔以及20nm～50nm的少害孔数量增加，50nm～200nm的有害孔数量明显减小，而大于200nm的多害孔变化趋势并不明显。但相对于标准养护条件的试样，低温养护的试样的有害孔和多害孔数量较多，无害孔和少害孔数量较少。说明养护温度对孔径分布的影响远大于掺和料粒径分布对混凝土孔结构的影响，且在低温－10℃养护条件下，粒径较细的掺合料对混凝土早期的孔径分布有明显的优化作用。

分析原因是：低温养护条件下胶凝材料的水化速率较低，水化不完全，受冻后水结冰膨胀导致混凝土内部结构出现结构缺陷，因此低温养护条件下混凝土试样有害孔和无害孔远多于标准养护条件的试样，而少害孔和无害孔多于标准养护试样。且由于粒径较细的掺合料与水泥等胶凝材料产生更好的颗粒级配，从而提高了混凝土的密实性，此外，掺合料越细，其火山灰效应越强，反应越充分，混凝土的总体积的孔隙率会降低，大孔数量减少，小孔数量增多，优化了孔径分布和孔结构特征。此外，由于低温养护的早期冻害使混凝土内部产生的缺陷远高于标准养护，在低温试块进入标准养护期后掺合料越细发挥出的火山灰效应和堆积效应越明显，即对缺陷的弥补作用更明显，因此低温养护条件下掺合料粒径分布对混凝土孔结构的影响较标准养护更大一些。

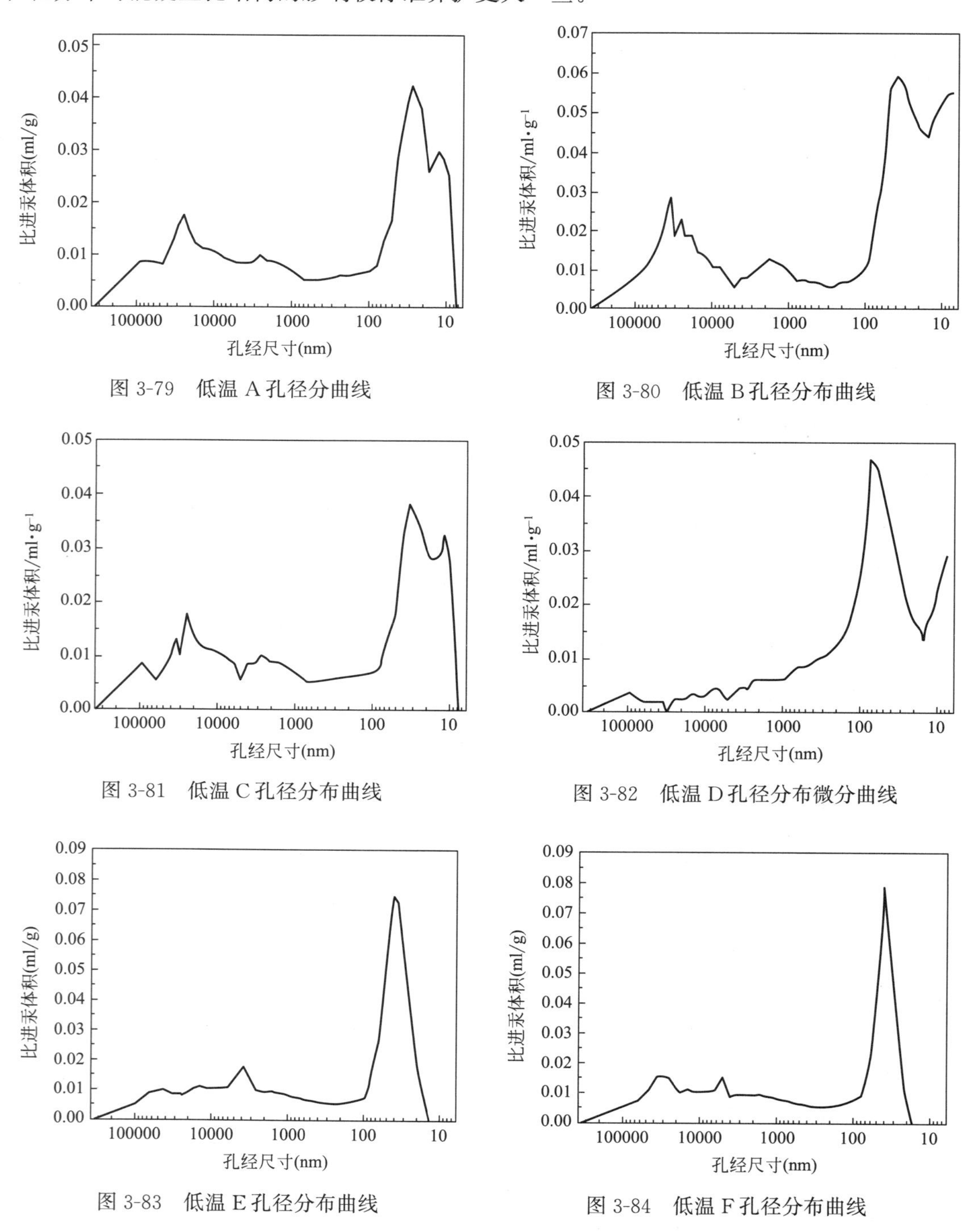

图 3-79 低温 A 孔径分曲线

图 3-80 低温 B 孔径分布曲线

图 3-81 低温 C 孔径分布曲线

图 3-82 低温 D 孔径分布微分曲线

图 3-83 低温 E 孔径分布曲线

图 3-84 低温 F 孔径分布曲线

（3）SEM 微观分析

目前，混凝土的微观结构是表征混凝土性能的重要指标之一，它能在一定程度上反映出混凝土的物理性能以及化学性能，而目前SEM扫描电镜检测方法是材料工程中最直接有效的方法，国内外学者大多利用其完成各种材料的定性定量等分析工作，该方法在一定程度上推动了材料的微观结构的研究，帮助学者们更进一步了解各种材料的微观世界。

本试验利用了SEM扫描电镜分析法对混凝土7d的试块进行了孔结构的分析与观察测定，从7d的试块中选取样品，制成样品，喷金后，将其放入电镜中，经过SEM分析得到以下各样品所对应的SEM分析图，如图3-85至图3-96所示。

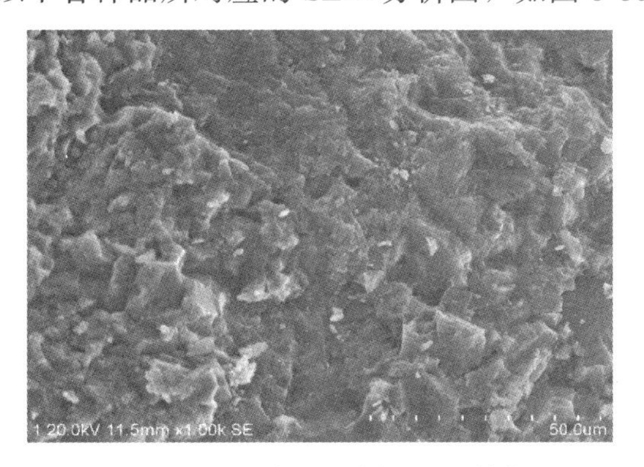

图3-85　7d常温A样品的孔结构

图3-86　7d常温B样品的孔结构

图3-87　7d常温C样品的孔结构

图3-88　7d常温D样品的孔结构

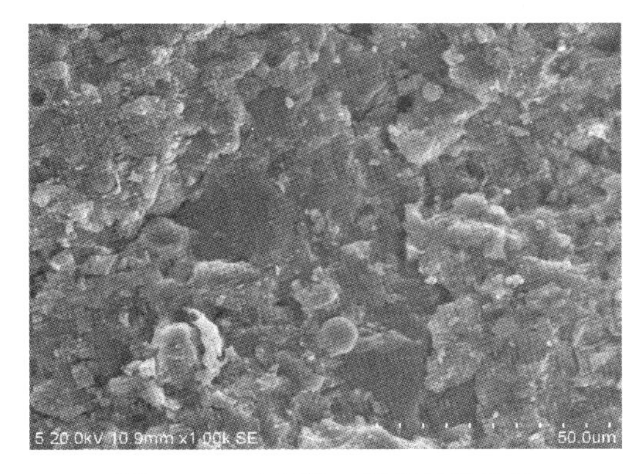

图3-89　7d常温E样品的孔结构

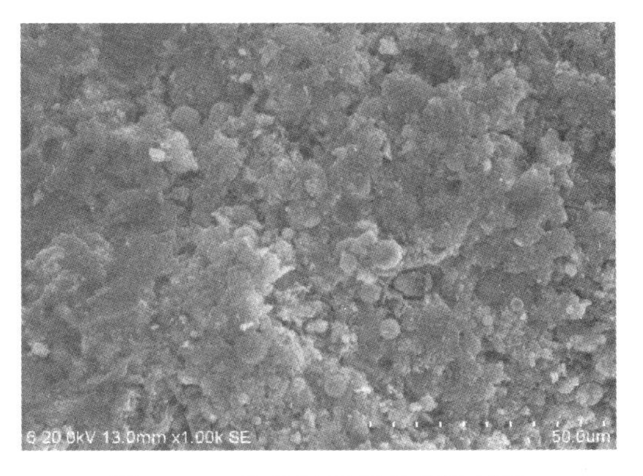

图3-90　7d常温F样品的孔结构

图 3-91　7d 负温 A 样品的孔结构

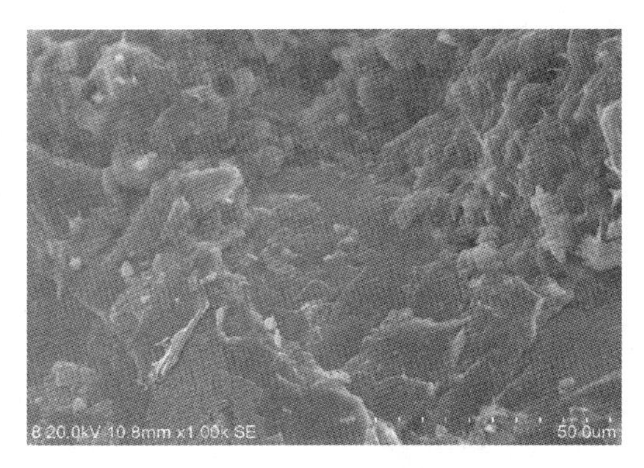

图 3-92　7d 负温 B 样品的孔结构

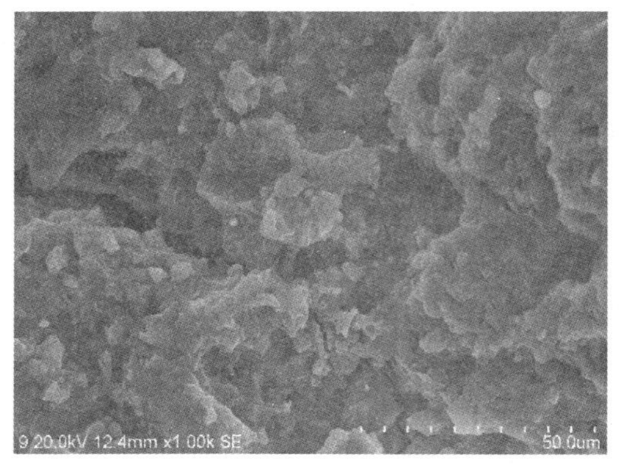

图 3-93　7d 负温 C 样品的孔结构

图 3-94　7d 负温 D 样品的孔结构

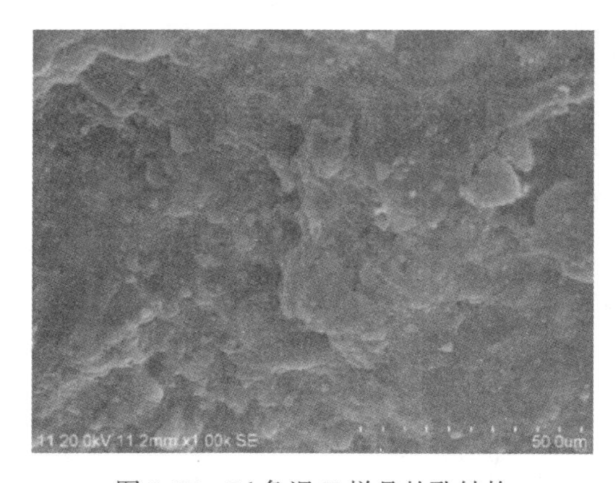

图 3-95　7d 负温 E 样品的孔结构

图 3-96　7d 负温 F 样品的孔结构

从标准养护条件下的样品 A～F 的微观电镜扫描图中可以看出，常温 A 样品和常温 B 样品的孔隙较大，能观察到水泥水化产物氢氧化钙，同时含有较多未水化水泥颗粒。常温 C 样品和常温 D 样品的微观图中，结构比样品 A 及样品 B 更加致密，孔隙减少，并能观察到一些球形颗粒。样品 E 及样品 F 的结构更加致密，孔隙更小。在样品 E 的微观电镜扫描图中，有较多的球形颗粒填充了部分孔隙，并且有的球形颗粒被侵蚀，与水化硅酸钙粘结在一起。在样品F的微观电镜扫描图中，独立、完整的六方板状$Ca(OH)_2$颗粒较少，有较多残缺的六方板状的$Ca(OH)_2$与C-S-H连接在一起，很难找到球形颗粒，由于掺合料的火山灰效应，与$Ca(OH)_2$发生了二次水化。

分析原因：由于掺合料的活性随着粒度的减小而变大，使得粉煤灰、硅藻土与氢氧化钙更容易发生反应，从而使水泥水化程度更高，此外由于掺合料的微集料效应，使其能够填补浆体之间的微细孔，影响混凝土内部孔的分布，降低结构孔隙，提高水泥石的密实度，提高了混凝土的均匀性和致密程度。

从低温−10℃养护条件下样品A～F的微观电镜扫描图（见图3-97～图3-100）中可以看出，经过负温养护3天的样品与常温养护样品相比，水化产物少，有未水化的水泥颗粒存在，晶体之间的连接较为薄弱，$Ca(OH)_2$呈层片状。产生这样的微观形貌的主要原因是养护温度的降低推迟了胶凝材料的水化进程，水化产物的生成量相应减少，连接薄弱，出现生成的水化晶体结构变化，如$Ca(OH)_2$从结晶度较好的六角板状变为结晶度较差的层板状。虽然在负温下掺合料的火山灰效应无法充分发挥效果，但微集料效应仍然存在，从图中可观察到球形颗粒的填充现象。

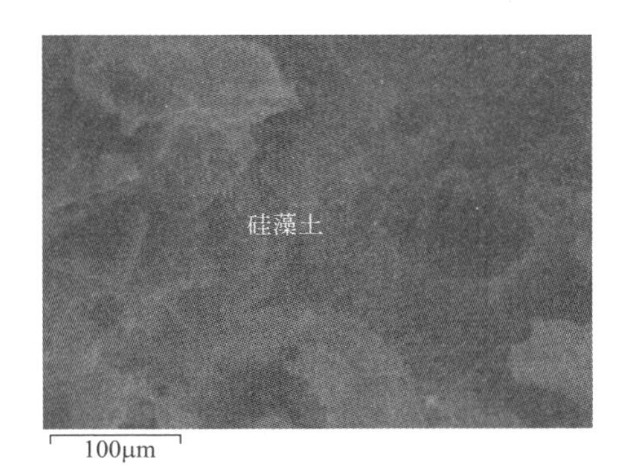

图3-97　低温A未水化的硅藻土

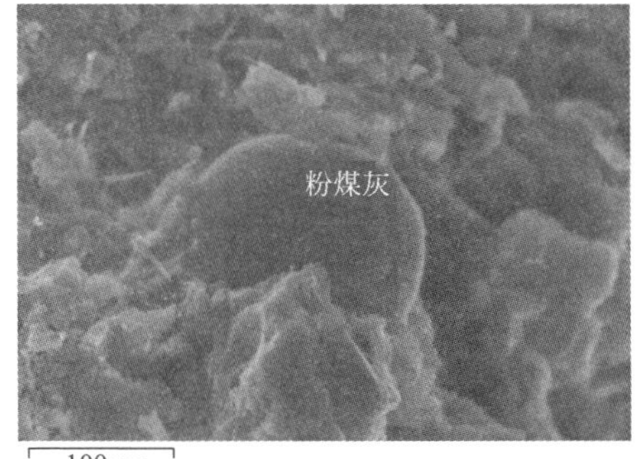

图3-98　低温F未水化的粉煤灰

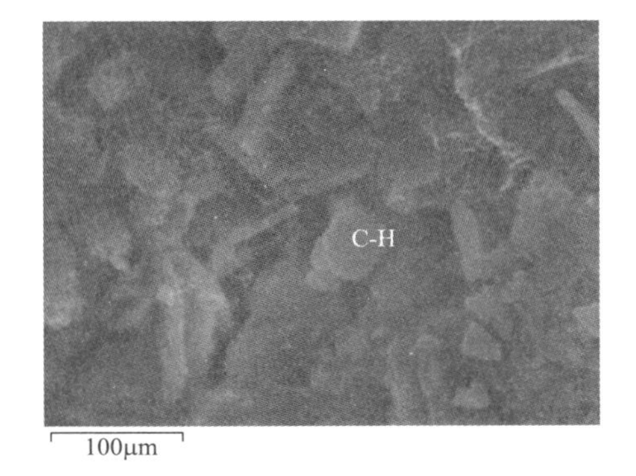

图3-99　常温A水化形成的C-H

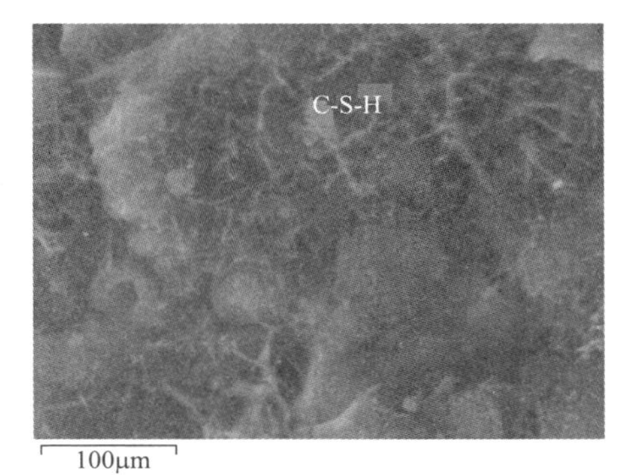

图3-100　常温F水化形成的C-S-H

3.4.4　硅藻土-粉煤灰粒度分布对混凝土孔结构的影响

混凝土掺合料粒径分布从很多方面影响着混凝土的性能，从前面的分析可知，不同掺合料粒径对混凝土的力学性能、耐久性、以及孔结构有着不同的影响作用。根据以往的研究，许多学者凭借试验或经验分析得到某些结论观点，如水泥熟料粒径分布情况对混凝土孔结构的影响，混合材粒度分布对混凝土孔结构的影响，矿渣粉粒度分布对混凝土孔结构的影响等。但是，对于掺合料粒度区间对混凝土孔结构的影响的程度等方面的研究较少。掺合料的粒度分布影响着混凝土的诸多性能，特别是对孔径结构的影响，如孔隙率、最可几孔径、中值孔径等，而孔结构参数又直接或间接的影响着混凝土的力学性能或耐久性能。

本章采用灰色关联度方法，研究了混凝土掺合料粒度分布区间对混凝土孔结构的影响，分析了掺合料粒度分布区间参数与混凝土孔结构参数的相关关系，在此基础上，进一步建立了掺合料粒度分布区间与混凝土孔结构参数数学关系模型。

(1) 灰色关联基本原理

自然界中存在着白色系统和黑色系统，白色系统指其各项特征参数指标都是清晰可见对外已知的，也就是说白色系统的信息是完整的；而黑色系统指其各项特征参数指标都是完全未知的，只能通过外界的各项因素推测分析，也就是说外界无法直接取得黑色系统信息。而灰色系统恰恰是介于上述二者之间的一种模糊的系统，即一部分参数信息是公开已知的，而另一部分信息是隐藏未知的，这些信息对整个系统都有着巨大的影响，且灰色系统中各项参数之间有着不确定的关系。因此在学术领域中，灰色关联法是通过对某些不确定因素进行估算预测的一种常用的分析方法。混凝土的掺合料粒径分布情况对混凝土孔结构的影响中有部分信息是已经确定的，此外也存在着某些不确定因素，因此混凝土掺合料与孔结构系统符合灰色系统的特点。

灰色关联分析主要是通过观察所得序列曲线的相似程度来分析各因素之间的关联程度，曲线的相似程度越高，其影响程度也就越高，二者之间的关联度也随之变高，反之越小。通过以上方法能够确定各个影响因素之间的相关程度，或某个因素对诸因素的贡献程度，即子序列对母序列的影响程度，从而进行更深入的探究。本文即通过灰色关联方法分析了各个掺合料粒径分布区间对混凝土孔结构的贡献程度。由于灰色关联分析对样本数量的要求不高，而且一般分析的结果与定性分析的结果相吻合，因而灰色关联分析实用且应用广泛。

本文分别研究了掺合料粒径分布区间与混凝土孔隙率、孔径分布之间的关系。考虑M个序列

设 $X_0=(x_0(1), x_0(2), \cdots, x_0(n))$ 为系统特征序列（即母序列），

则 $X_1=(x_1(1), x_1(2), \cdots, x_1(n))$

$$\vdots$$

$X_i=(x_i(1), x_i(2), \cdots, x_i(n))$

$$\vdots$$

$X_m=(x_m(1), x_m(2), \cdots, x_m(n))$ 为相关因素序列（即子序列）。

则 $X_i'=X_i/x_i(1)=(x_i(1), x_i(2), \cdots x_i(n))=\left(\frac{x_i(1)}{x_i(1)}, \frac{x_i(2)}{x_i(1)}, \cdots, \frac{x_i(n)}{x_i(1)}\right)$；且 $x_i(1)\neq 0(i=0, 1, 2, \cdots m)$；

那么各行为序列的差序列为：

$\Delta_i(k)=|x_0'(k)-x_i'(k)|,\Delta_i=(\Delta_i(1),\Delta_i(2),\cdots\Delta_i(n));k=1,2,\cdots,n,i=1,2,\cdots,m$

两极最大差与最小差分别为：

$M=\max\limits_i \max\limits_k \Delta_i(k)$，$m=\min\limits_i \min\limits_k \Delta_i(k)$

对于 $\zeta\in(0, 1)$，称 ζ 为分辨系数，则 k 点的关联系数为：

$$\gamma_{0i}=\gamma(x_0(k),x_i(k))=\frac{m+\zeta M}{\Delta_i(k)+\zeta M'},i=1,2,\cdots,m;k=1,2,\cdots,n$$

X_0 与 X_i 的灰色关联度为：

$$\gamma_{0i}=\gamma(X_0,X_i)=\frac{1}{n}\sum_{k=1}^{n}\gamma(x_0(k),x_i(k))=\frac{1}{n}\sum\gamma_{0i}(k),i=1,2,\cdots,m$$

在计算 $\gamma_{0i}(k)$ 时，由于使用 $\Delta_i(k)=|x_0'(k)-x_i'(k)|$，故不能区别因素关联的性质，即是正关联还是负关联，也就是关联极性的问题，可以采用下列方法来判断关联极性。

$$\theta_i=\sum_{k=1}^{n}kX_i(k)-\sum_{k=1}^{n}X_i(k)\sum_{k=1}^{n}k/n\theta_k=\sum_{k=1}^{n}k^2-(\sum_{k=1}^{n}k)^2/n$$

若 $\text{sgn}\left(\frac{\theta_i}{\theta_k}\right)=\text{sgn}\left(\frac{\theta_0}{\theta_k}\right)$，则 X_i 与 X_0 为正关联；若 $\text{sgn}\left(\frac{\theta_i}{\theta_k}\right)=-\text{sgn}\left(\frac{\theta_0}{\theta_k}\right)$，则 X_i 与 X_0 为负关联。其中 sgn 为符号函数，即 x 大于 0，$\text{sgn}x=+1$；$x=0$，$\text{sgn}x=0$；x 小于 0，$\text{sgn}x=-1$。

（2）掺合料粒度分布区间对硅藻土-粉煤灰混凝土孔隙率的影响

为研究硅灰-粉煤灰掺合料粒度分布对混凝土的影响，试验将硅藻土-粉煤灰的粒度范围分成 0～10μm、10～20μm、20～30μm、30～40μm、40～50μm、50～60μm 以及大于 60μm 等七个区间，不同掺合料粒度分布的标准养护以及低温养护的混凝土的孔隙率结果见表 3-81。试验中将标准养护条件和－10℃养护条件下混凝土的孔隙率作为母序列（特征序列）、将硅藻土-粉煤灰掺合料粒度分布区间的含量作为子序列（影响因素序列）。

孔隙率灰色关联母序列及子序列 **表 3-81**

Series	Ordinal number	A	B	C	D	E	F
$x_{01}(k)$	标养孔隙率/%	14.4295	13.9472	13.858	13.6138	13.5909	13.488
$x_{02}(k)$	－10℃孔隙率/%	18.7757	18.3487	17.7964	17.4652	16.9342	16.6671
$X_1(k)$	0～10μm	24.03	26.91	27.74	28.66	29.07	31.17
$X_2(k)$	10～20μm	21.84	23.21	24.52	25.09	26.53	26.63
$X_3(k)$	20～30μm	13.39	12.21	12.26	12.21	12.79	10.53
$X_4(k)$	30～40μm	9.8	8.75	8.73	8.59	8.97	7.54
$X_5(k)$	40～50μm	5.95	5.38	7.8	7.61	7.79	7.12
$X_6(k)$	50～60μm	5.31	4.67	4.08	4.14	4.39	4.44
$X_7(k)$	>60μm	19.68	18	17.57	16.59	14.23	18.58

根据灰色关联度的计算过程，计算 7 种掺合料粒度分布区间与不同养护条件下混凝土孔隙率的灰色关联度，见表 3-82。

粒度分布区间与试件孔隙率的灰色关联性　　表 3-82

分布区间	0～10μm	10～20μm	20～30μm	30～40μm	40～50μm	50～60μm	＞60μm
标养孔隙率/%	0.5332	0.5757	0.8189	0.7619	0.5316	0.6602	0.7608
−10℃孔隙率/%	0.5430	0.5843	0.8337	0.8091	0.5334	0.7194	0.7621

一般情况下，灰色关联度与作用等级分为强作用、中作用、弱作用及微作用四种，见表 3-83。

灰色关联度与作用等级对应表　　表 3-83

作用等级	强作用	中作用	弱作用	微作用
灰色关联系数	＞0.90	0.80～0.90	0.70～0.80	＜0.70

根据表 3-82 粒径分布区间与试件孔隙率的灰色关联性可以看出，对于标准养护试样的孔隙率，关联度：0.8189＞0.7619＞0.7608＞0.6602＞0.5757＞0.5332＞0.5316，因此对于标准养护混凝土孔隙率影响的程度：(20～30μm)＞(30～40μm)＞(＞60μm)＞(50～60μm)＞(10～20μm)＞(0～10μm)＞(40～50μm)；对于低温−10℃下养护试样的孔隙率，关联度：0.8337＞0.8091＞0.7621＞0.7194＞0.5843＞0.5430＞0.5334，因此对于低温养护混凝土孔隙率影响的程度：(20～30μm)＞(30～40μm)＞(＞60μm)＞(50～60μm)＞(10～20μm)＞(0～10μm)＞(40～50μm)。

图 3-101 中给出了矿物掺合料粒度分布区间与混凝土孔隙率的关联度发展趋势，从图 3-101 中可以看出随着掺合料粒度的增加，掺合料粒度区间对混凝土孔隙率的影响并非呈现线性的影响。掺合料粒度分布过细或超过一定粒度分布区间，其对混凝土孔隙率的改善作用均会降低。例如 0～20μm 区间和 40～50μm 区间的硅藻土-粉煤灰对于常温养护及低温养护混凝土孔隙率的影响均不明显。当硅藻土-粉煤灰掺合料粒度区间在 20～40μm

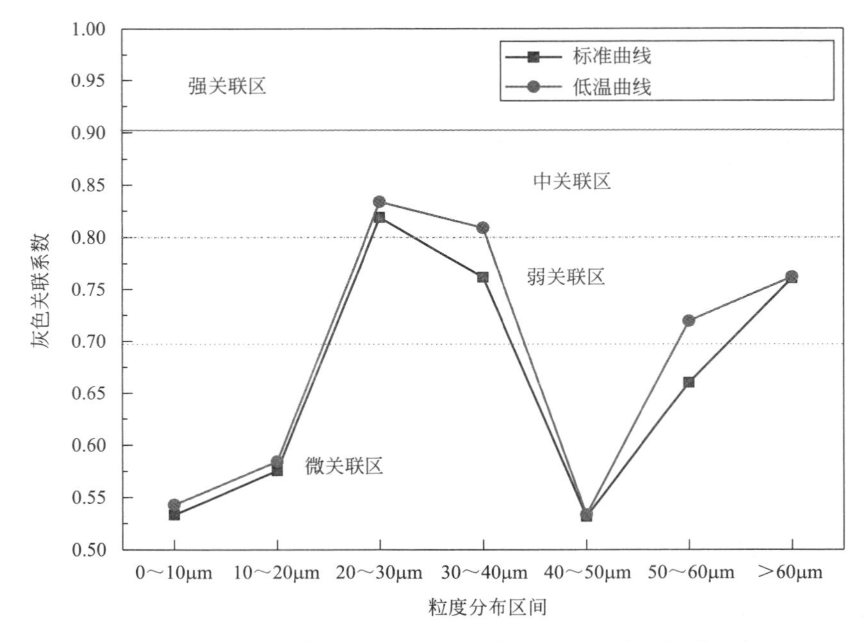

图 3-101　矿物掺合料粒度分布区间与混凝土孔隙率的关联度

时，掺合料可以明显的影响混凝土孔隙率。由于 20～40μm 区间的掺合料既可以充分的发挥集料的微集料效应，又因为掺合料粒度相对较小，比表面积较大，活性相对较高，大部分可以参与水化，因此掺合料可以发挥自身活性，生成一定量的水化产物。当掺合料粒度在 40～50μm 区间时，掺合料的微集料效应及反应程度减弱，因此对混凝土孔隙率影响较低。随着掺合料区间的进一步增加，掺合料粒度增大，反应程度降低，此时其对混凝土孔隙率产生负面的影响，因此关联度增加。

（3）掺合料粒度分布区间对硅藻土-粉煤灰混凝土孔径分布的影响

① 最可几孔径的影响

在掺合料粒度分布区间对混凝土最可几孔径的研究中，试验同样将硅藻土-粉煤灰的粒度范围分成 0～10μm、10～20μm、20～30μm、30～40μm、40～50μm、50～60μm 以及大于 60μm 等七个区间，不同掺合料粒度分布的标准养护以及低温养护的混凝土的最可几孔径结果见表 3-84。试验中将标准养护条件和－10℃养护条件下混凝土的最可几孔径作为母序列（特征序列）、将硅藻土-粉煤灰掺合料粒度分布区间的含量作为子序列（影响因素序列）。

最可几孔径灰色关联母序列及子序列　　　　**表 3-84**

序列	序数	A	B	C	D	E	F
$x_{01}(k)$	标养最可几孔径/nm	40.3	35.8811	58.6495	32.9599	45.4036	28.8777
$x_{02}(k)$	－10℃最可几孔径/nm	24.7554	31.4935	32.1548	60.4744	36.6235	40.3007
$X_1(k)$	0～10μm	24.03	26.91	27.74	28.66	29.07	31.17
$X_2(k)$	10～20μm	21.84	23.21	24.52	25.09	26.53	26.63
$X_3(k)$	20～30μm	13.39	12.21	12.26	12.21	12.79	10.53
$X_4(k)$	30～40μm	9.8	8.75	8.73	8.59	8.97	7.54
$X_5(k)$	40～50μm	5.95	5.38	7.8	7.61	7.79	7.12
$X_6(k)$	50～60μm	5.31	4.67	4.08	4.14	4.39	4.44
$X_7(k)$	＞60μm	19.68	18	17.57	16.59	14.23	18.58

根据灰色关联度的计算过程，计算 7 种掺合料粒度分布区间与不同养护条件下混凝土最可几孔径的灰色关联度，见表 3-85。

粒度分布区间与试件最可几孔径的灰色关联性　　　　**表 3-85**

分布区间	0～10μm	10～20μm	20～30μm	30～40μm	40～50μm	50～60μm	＞60μm
标养最可几孔径/μm	0.6313	0.6475	0.7689	0.7852	0.6937	0.7464	0.7177
－10℃最可几孔径/μm	0.7612	0.7407	0.6408	0.6320	0.7641	0.6159	0.6309

根据表 3-85 粒径分布区间与试件最可几孔径的灰色关联性可以看出，对于标准养护试样的最可几孔径，关联度：0.7852＞0.7689＞0.7464＞0.7177＞0.6937＞0.6475＞0.6313，因此对于标准养护混凝土最可几孔径影响的程度：(30～40μm)＞(20～30μm)＞(50～60μm)＞(＞60μm)＞(40～50μm)＞(10～20μm)＞(0～10μm)；对于低温－10℃下养护试样的最可几孔径，关联度：0.7641＞0.7612＞0.7407＞0.6408＞0.6320＞0.6309＞0.6159，因此对于低温养护混凝土最可几孔径影响的程度：(40～50μm)＞(0～10m)＞

(10～20μm)＞(20～30μm)＞(30～40μm)＞(＞60μm)＞(50～60μm)。

硅藻土-粉煤灰掺合料粒度分布区间与混凝土最可几孔径的关联度如图 3-102 所示，从图 3-102 可以看出，整体上，掺合料粒度分布对混凝土最可几孔径的影响与其对混凝土孔隙的影响相比相对较小。当掺合料粒度分布区间在 20～40μm 及区间 50～60μm 时其对于标准养护条件及低温养护条件下混凝土孔径分布具有一定的影响，不同的是，在低粒度分布区间标准养护混凝土与低温养护混凝土最可几孔径受掺合料粒度影响的具体粒度区间有些不同，如标准养护条件下，30～40μm 区间的粒度对混凝土最可几孔径影响相对较大，而在低温养护条件下，则 20～30μm 区间的粒度对混凝土的最可几孔径的影响较大，这说明，养护机制影响了不同粒度掺合料反应活性。在标准养护条件下，随着养护时间的增加，30～40μm 粒度大小的掺合料可以更多的参与水化，而在低温养护条件下，30～40μm 粒度大小的掺合料则反应程度相对较少。在粒度区间为 50～60μm 时，两种养护机制条件下的混凝土受粒度效应的影响相当，这说明，随着掺合料粒度的进一步增大，大粒度的掺合料未水化程度增加，温度机制对于掺合料水化活性的影响减少，且当掺合料粒度大于 60μm 时，掺合料粒度对两种养护机制条件下混凝土最可几孔径的影响也逐渐减少。

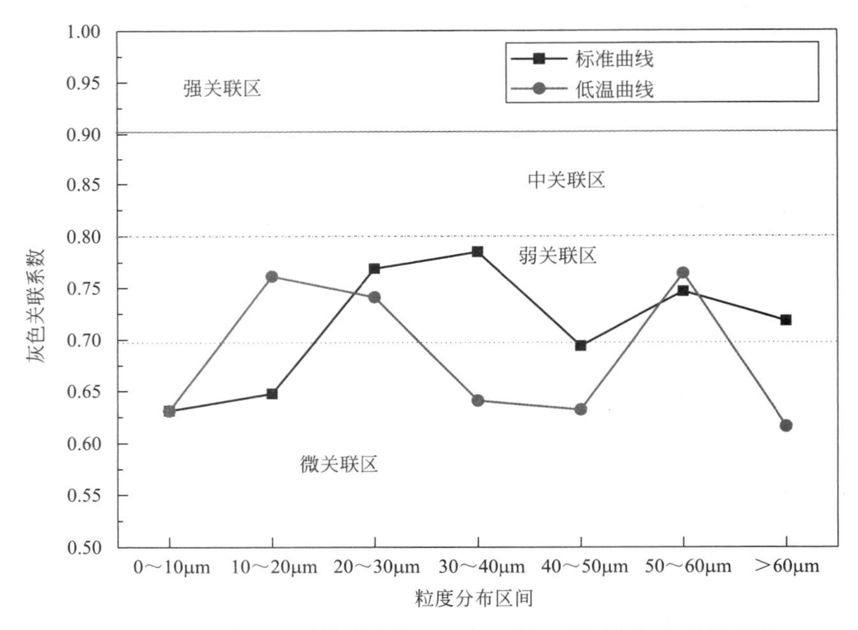

图 3-102　矿物掺合料粒度分布区间与混凝土最可几孔径的关联度

② 中值孔径的影响

在对掺合料粒度分布区间对混凝土中值孔径的研究中，试验将硅藻土-粉煤灰的粒度范围分成 0～10μm、10～20μm、20～30μm、30～40μm、40～50μm、50～60μm 以及大于 60μm 等七个区间，不同掺合料粒度分布的标准养护以及低温养护的混凝土的控制孔径结果见表 3-86。试验中将标准养护条件和－10℃养护条件下混凝土的中值孔径作为母序列（特征序列）、将硅藻土-粉煤灰掺合料粒度分布区间的含量作为子序列（影响因素序列）。

中值孔径灰色关联母序列及子序列　　表 3-86

序列	序数	A	B	C	D	E	F
$x_{01}(k)$	标养中值孔径/μm	9.3	9.6	9.6	10.4	11.4	12.2
$x_{02}(k)$	−10℃中值孔径/μm	10.8	13.2	17.4	20.3	22.9	23.3
$X_1(k)$	0～10μm	24.03	26.91	27.74	28.66	29.07	31.17
$X_2(k)$	10～20μm	21.84	23.21	24.52	25.09	26.53	26.63
$X_3(k)$	20～30μm	13.39	12.21	12.26	12.21	12.79	10.53
$X_4(k)$	30～40μm	9.8	8.75	8.73	8.59	8.97	7.54
$X_5(k)$	40～50μm	5.95	5.38	7.8	7.61	7.79	7.12
$X_6(k)$	50～60μm	5.31	4.67	4.08	4.14	4.39	4.44
$X_7(k)$	>60μm	19.68	18	17.57	16.59	14.23	18.58

根据灰色关联度的计算过程，计算 7 种掺合料粒度分布区间与不同养护条件下混凝土最可几孔径的灰色关联度，见表 3-87。

粒度分布区间与试件中值孔径的灰色关联性　　表 3-87

分布区间	0～10μm	10～20μm	20～30μm	30～40μm	40～50μm	50～60μm	>60μm
中值孔径/μm	0.8538	0.8757	0.6335	0.6077	0.7112	0.5598	0.6048
−10℃中值孔径/μm	0.6439	0.6256	0.5542	0.5474	0.6347	0.5349	0.5481

根据表 3-87 粒径分布区间与试件中值孔径的灰色关联性可以看出，对于标准养护试样的中值孔径，关联度：0.8757>0.8538>0.7112>0.6335>0.6077>0.6048>0.5598，因此对于标准养护混凝土中值孔径影响的程度：(10～20μm)>(0～10μm)>(40～50μm)>(20～30μm)>(30～40μm)>(>60μm)>(50～60μm)；对于低温−10℃下养护试样的中值孔径，关联度：0.6439>0.6347>0.6256>0.5542>0.5481>0.5474>0.5349，因此对于低温养护混凝土中值孔径影响的程度：(0～10μm)>(40～50μm)>(10～20μm)>(20～30μm)>(>60μm)>(30～40μm)>(50～60μm)。

由图 3-103 所示，粒径为 0～20μm 的掺合料含量对于标准养护的试块的中值孔径有着较强的关联性，关联性达到 0.85 以上，属于中作用区间，而对于低温养护的试块，此粒径范围对于中值孔径的相关性并不高。此外，当掺合料粒径为 40～50μm 时，其与试块中值孔径的相关性到达一个小峰值，标准养护关联性为 0.7112，处于中作用区间，低温养护关联性为 0.6347，处于弱作用区间。因此，可以看出，掺合料粒度区间对于低温养护混凝土中值孔径几乎没有明显的关联性，而对于标准养护的混凝土，只有低粒度分布（0～20μm）区间的掺合料可以明显的影响混凝土中值孔径大小。

③ 特征孔径的影响

试验同样将硅藻土-粉煤灰的粒度范围分成 0～10μm、10～20μm、20～30μm、30～40μm、40～50μm、50～60μm 以及大于 60μm 等七个区间，研究了不同掺合料粒度分布的标准养护以及低温养护的混凝土的特征孔径（小孔与大孔），结果见表 3-88（标准养护）和表 3-90（−10℃条件养护）。试验中将标准养护条件和−10℃养护条件下混凝土的特征孔径作为母序列（特征序列）、将硅藻土-粉煤灰掺合料粒度分布区间的含量作为子序列

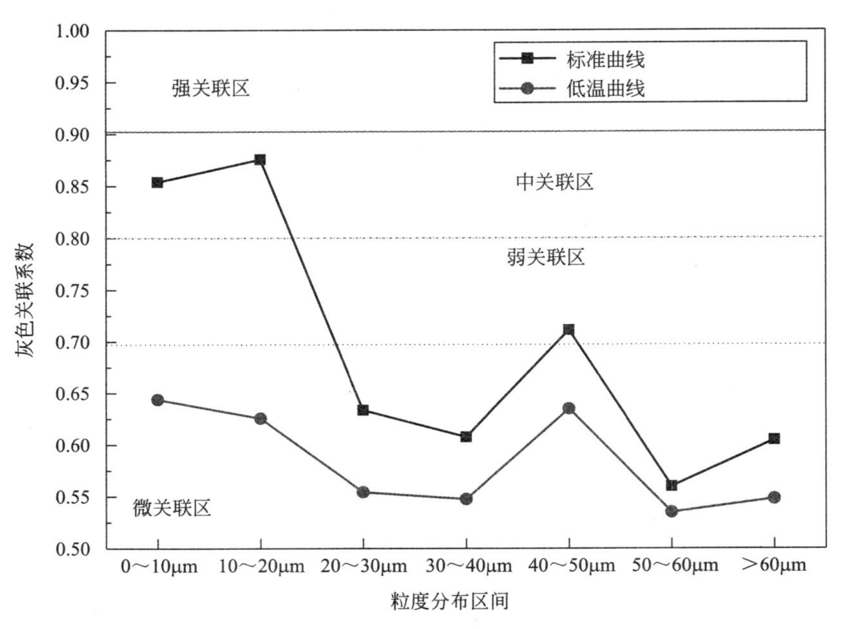

图 3-103　矿物掺合料粒度分布区间与混凝土中值孔径的关联度

(影响因素序列)。

a. 标准养护

根据灰色关联度模型及计算方法，依据表 3-88 标准养护特征孔径灰色关联母序列及子序列，本节计算了掺合料粒度分布区间与混凝土试件的灰色关联度，见表 3-89。

标准养护特征孔径灰色关联母序列及子序列　　表 3-88

序列	序数	A	B	C	D	E	F
$x_{01}(k)$	50nm 孔/mL·g^{-1}	0.0563	0.0640	0.0214	0.0619	0.0443	0.0478
$x_{02}(k)$	100nm 孔/mL·g^{-1}	0.0076	0.0109	0.0106	0.0110	0.0078	0.0062
$x_{03}(k)$	150nm 孔/mL·g^{-1}	0.0057	0.0109	0.0107	0.0112	0.0095	0.0065
$x_{04}(k)$	1×10^4nm 孔/mL·g^{-1}	0.0104	0.0037	0.0037	0.0034	0.0040	0.0055
$x_{05}(k)$	5×10^4nm 孔/mL·g^{-1}	0.0122	0.0024	0.0041	0.0021	0.0025	0.0032
$x_{06}(k)$	1×10^5nm 孔/mL·g^{-1}	0.0077	0.0050	0.0091	0.0050	0.0051	0.0065
$X_1(k)$	0～10μm	24.03	26.91	27.74	28.66	29.07	31.17
$X_2(k)$	10～20μm	21.84	23.21	24.52	25.09	26.53	26.63
$X_3(k)$	20～30μm	13.39	12.21	12.26	12.21	12.79	10.53
$X_4(k)$	30～40μm	9.8	8.75	8.73	8.59	8.97	7.54
$X_5(k)$	40～50μm	5.95	5.38	7.8	7.61	7.79	7.12
$X_6(k)$	50～60μm	5.31	4.67	4.08	4.14	4.39	4.44
$X_7(k)$	>60μm	19.68	18	17.57	16.59	14.23	18.58

粒度分布区间与试件特征孔径的灰色关联性　　表 3-89

孔/mL・g^{-1} \ 区间	0～10μm	10～20μm	20～30μm	30～40μm	40～50μm	50～60μm	＞60μm
S1	0.7012	0.7050	0.7446	0.7411	0.6276	0.7793	0.7512
S2	0.6198	0.6074	0.6547	0.6296	0.6432	0.6042	0.5655
S3	0.6113	0.6202	0.5323	0.5252	0.6470	0.5201	0.5385
B1	0.4774	0.4881	0.5795	0.5910	0.4817	0.6091	0.5887
B2	0.4722	0.4808	0.5485	0.5570	0.4734	0.5746	0.5584
B3	0.5817	0.5850	0.6710	0.6763	0.5709	0.7292	0.7181

注：S1：50nm，S2：100nm，S3：150nm，B1：1×10^4nm，B2：5×10^4nm，B3：1×10^5nm 孔径大小。

为了方便说明分析，根据表 3-89 中的数据，本文给出了矿物掺合料粒度分布区间与混凝土特征孔径的关联度三维图，见图 3-104。

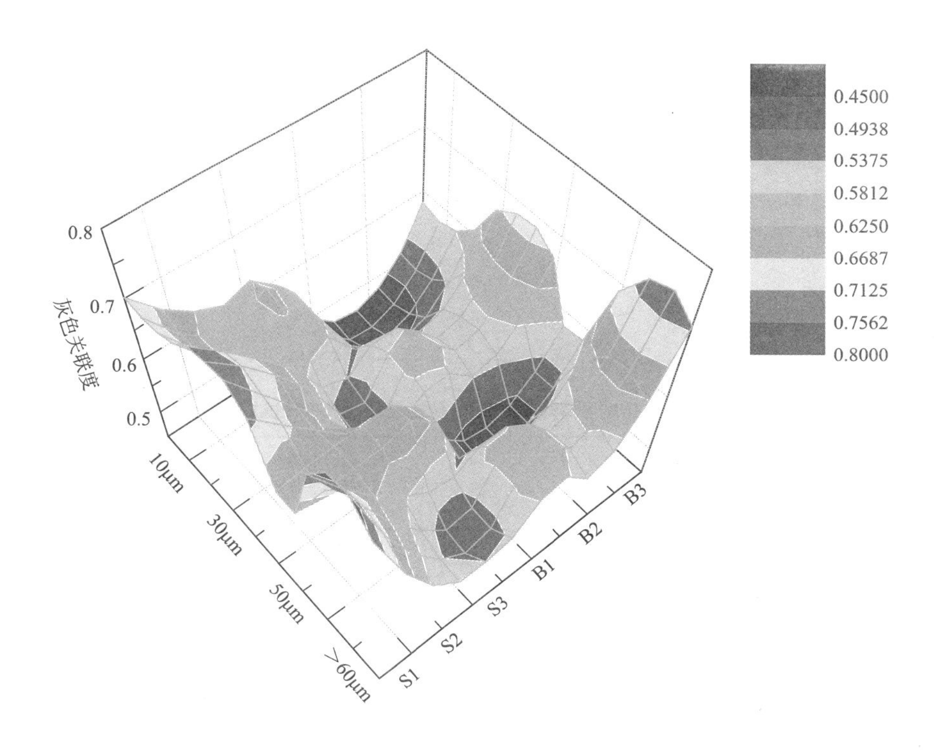

图 3-104　矿物掺合料粒度分布区间与混凝土特征孔径的关联度（标准养护）

从图 3-104 中可以看出，整体上矿物掺合料粒度分布区间对于标准养护条件下混凝土特征孔径的影响普遍较低，而且没有明显的规律性。然而，在粒度区间 20～40μm 及＞50μm 区间，掺合料粒度对混凝土特征孔径产生明显的影响。例如在粒度区间 20～40μm，掺合料可以明显的影响混凝土 50nm 大小孔径的数量，而当粒度＞50μm 时，掺合料粒度可以明显的影响混凝土 1×10^5nm 大小的孔径。这说明掺合料粒度在 20～40μm 时，有利于标准养护条件下混凝土小孔的产生，而当掺合料粒度大于 50μm 时，会增加混凝土大孔的数量。

b. 低温－10℃养护

根据灰色关联度模型及计算方法，依据表 3-90－10℃养护混凝土特征孔径灰色关联母序列及子序列，本节计算了掺合料粒度分布区间与混凝土试件的灰色关联度，见表 3-91。

－10℃养护特征孔径灰色关联母序列及子序列　　表 3-90

序列	序数	A	B	C	D	E	F
$x_{01}(k)$	50nm 孔/mL·g^{-1}	0.0269	0.0539	0.0534	0.0333	0.0436	0.0195
$x_{02}(k)$	100nm 孔/mL·g^{-1}	0.0137	0.0108	0.0094	0.0093	0.0186	0.0070
$x_{03}(k)$	150nm 孔/mL·g^{-1}	0.0127	0.0094	0.0108	0.0074	0.0131	0.0065
$x_{04}(k)$	1×10^4nm 孔/mL·g^{-1}	0.0320	0.0185	0.0127	0.0117	0.0166	0.0110
$x_{05}(k)$	5×10^4nm 孔/mL·g^{-1}	0.0133	0.0118	0.0109	0.0169	0.0079	0.0069
$x_{06}(k)$	1×10^5nm 孔/mL·g^{-1}	0.0084	0.0056	0.0053	0.0081	0.0032	0.0072
$X_1(k)$	0～10um	24.03	26.91	27.74	28.66	29.07	31.17
$X_2(k)$	10～20um	21.84	23.21	24.52	25.09	26.53	26.63
$X_3(k)$	20～30um	13.39	12.21	12.26	12.21	12.79	10.53
$X_4(k)$	30～40um	9.8	8.75	8.73	8.59	8.97	7.54
$X_5(k)$	40～50um	5.95	5.38	7.8	7.61	7.79	7.12
$X_6(k)$	50～60um	5.31	4.67	4.08	4.14	4.39	4.44
$X_7(k)$	＞60um	19.68	18	17.57	16.59	14.23	18.58

粒度分布区间与试件特征孔径的灰色关联性　　表 3-91

孔/mL·g^{-1} \ 区间	0～10μm	10～20μm	20～30μm	30～40μm	40～50μm	50～60μm	＞60μm
S1	0.5703	0.5797	0.5682	0.5633	0.5987	0.5482	0.5482
S2	0.6170	0.6353	0.6801	0.6882	0.5580	0.7148	0.6509
S3	0.5550	0.5817	0.6129	0.6162	0.5352	0.5790	0.5654
B1	0.6386	0.6303	0.6882	0.6970	0.5736	0.7330	0.6603
B2	0.5622	0.5558	0.6471	0.6610	0.4792	0.4792	0.6886
B3	0.6696	0.6603	0.6085	0.6130	0.6014	0.6672	0.6719

注：S1：50nm，S2：150nm，S3：150nm，B1：1×10^4nm，B2：5×10^4nm，B3：1×10^5nm 孔径大小。

由图 3-105 可知，在低温－10℃养护条件下，矿物掺合料粒径分布区间与试件内部的孔径特征关联性普遍较低，其中关联度超过 0.7 的值仅有两个，即粒径为 50～60μm 的掺合料含量与混凝土中 100nm 的孔含量有一定的关联，粒径为 50～60μm 的掺合料含量与混凝土中 1×10^4nm 的孔含量有一定的关联。观察表 3-91 也可发现，除上述两对因素相关性处于弱作用区间，其余各项关联度均在 0.7 以下，关联程度处于微作用区间，说明它们之前的关联程度很小，几乎可以忽略不计。综上可得出，在低温－10℃养护条件下掺合料粒

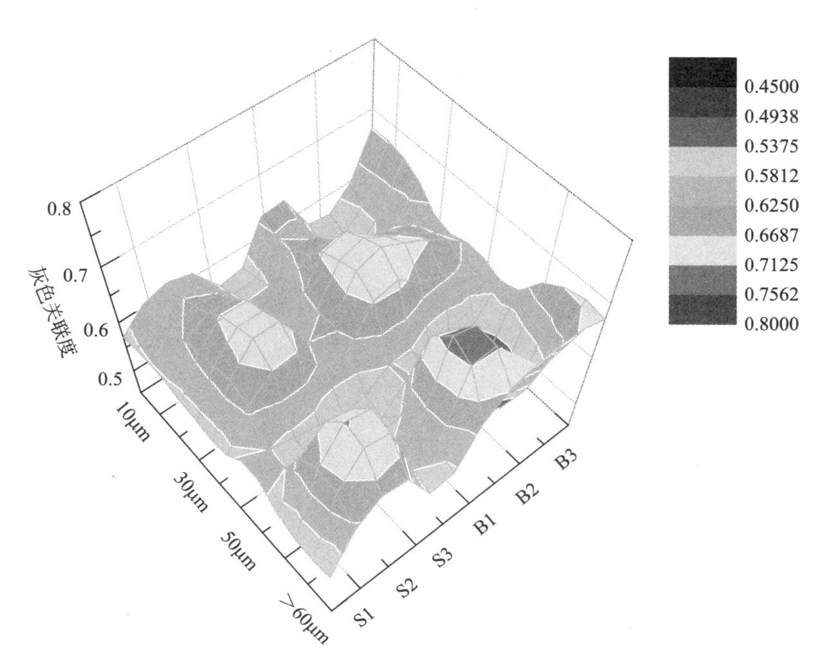

图 3-105　矿物掺合料粒度分布区间与混凝土特征孔径的关联度（−10℃养护）

径分布情况与混凝土中特征孔径的关联性较小。

（4）掺合料粒度分布区间数学模型的建立

由试验数据可知，标准养护和低温养护下的混凝土与掺合料各粒径的含量均有着各自明显的特点。其中，研究结果表明，在标准养护条件下掺合料粒度分布与混凝土孔隙率、最可几孔径有相对较强的相关性，在低温养护条件下掺合料粒度分布仅与混凝土的孔隙率有着相对较强的相关性，因此本文仅对掺合料粒径分布与混凝土孔隙率及最可几孔径的相关数据进行整理，建立相应的数学模型。

① 掺合料粒度分布与混凝土孔隙率数学模型建立

a. 常温养护条件下掺合料粒度分布与混凝土孔隙率的数学模型建立

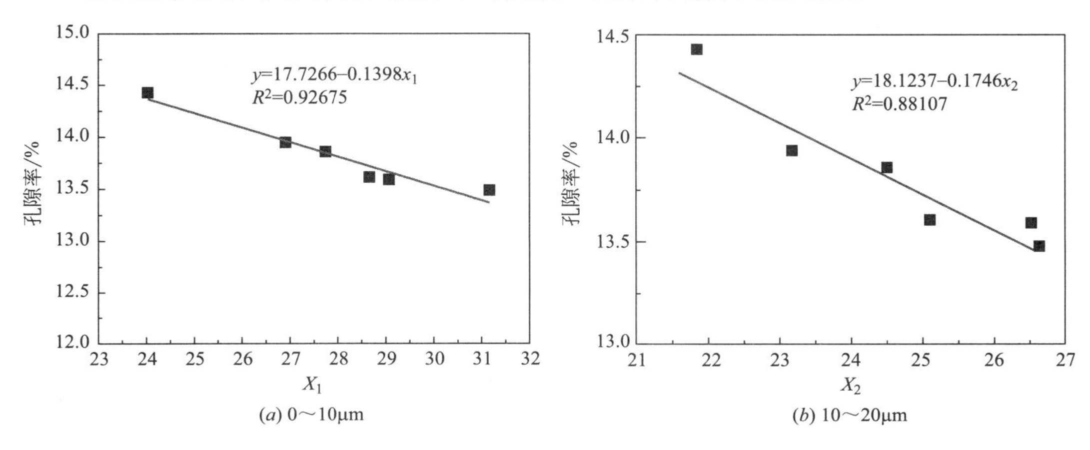

图 3-106　掺合料粒度分布区间与试件孔隙率的关系（标准养护）（一）

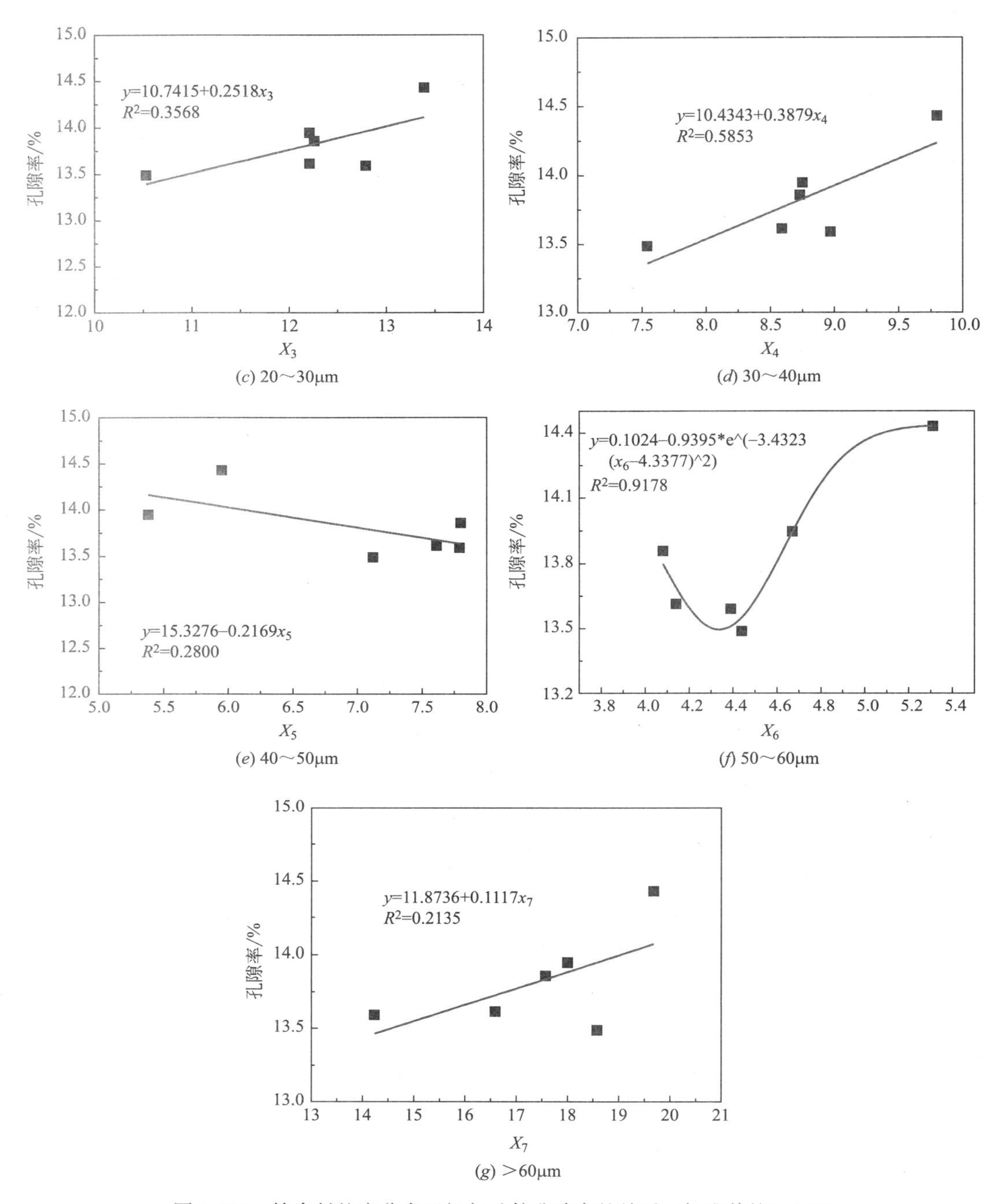

(c) 20～30μm

(d) 30～40μm

(e) 40～50μm

(f) 50～60μm

(g) ＞60μm

图 3-106　掺合料粒度分布区间与试件孔隙率的关系（标准养护）（二）

标准养护条件下，掺合料粒度区间分布与试件孔隙率拟合分析结果表明，掺合料粒度分布区间整体上与试件孔隙率具备良好的线性关系，尤其是当掺合料粒度分布在 0～20μm 以及 50～60μm 区间与复合水泥砂浆孔隙率相关关系较强。拟合函数初步定为：

$$Y=AX_1+BX_2+CX_3+DX_4+EX_5+Fe^{-3.4323}(X_6-4.3377)^2+GX_6+HX_7+I \tag{3-9}$$

式中：Y——孔隙率；

X——掺合料粒度区间；

$A \sim I$——相应参数。

将掺合料粒度区间及孔隙率带入公式3-9，采用Matlab软件对数据进行多元线性回归求取函数系数参数，结果见式3-10。

$$Y=-0.1895X_1+0.2762X_2+0.5839X_3+0.1311X_5 \\ +1.2366e^{-3.4323}(X_6-4.3377)^2+0.3286X_7+0.1584 \tag{3-10}$$

分别将6种掺合料区间带入式3-10，求取拟合孔隙率Y值，并与实际孔隙率对比，结果见图3-107。

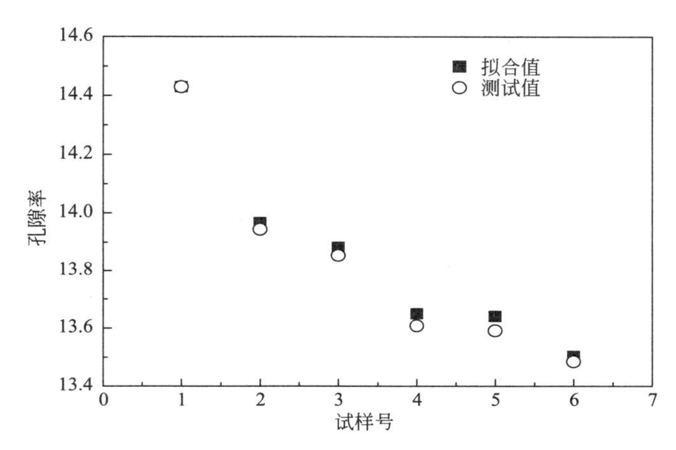

图3-107　掺合料粒度分布区间与试件孔隙率的关系拟合曲线及实测值（标准养护）

从图3-108掺合料粒度分布区间与试件孔隙率的关系拟合曲线及实测值（标准养护）中可以看出，对比相关拟合曲线以及实测值，二者的相似度极高，说明拟合出的曲线与实际的测量值较为吻合，可以用式3-10表征标准养护条件下掺合料粒度范围与混凝土孔隙率相关关系。

b. 低温养护

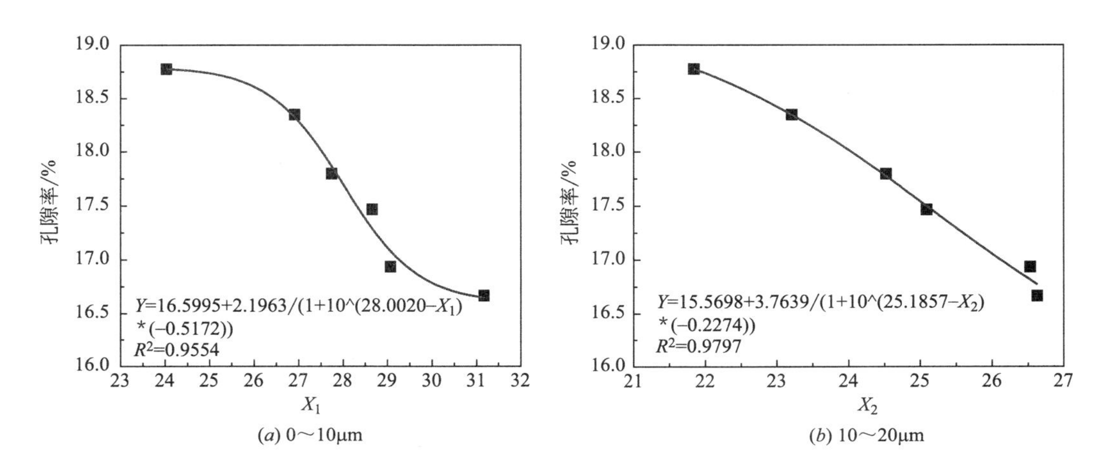

图3-108　掺合料粒度分布区间与试件孔隙率的关系（低温养护）（一）

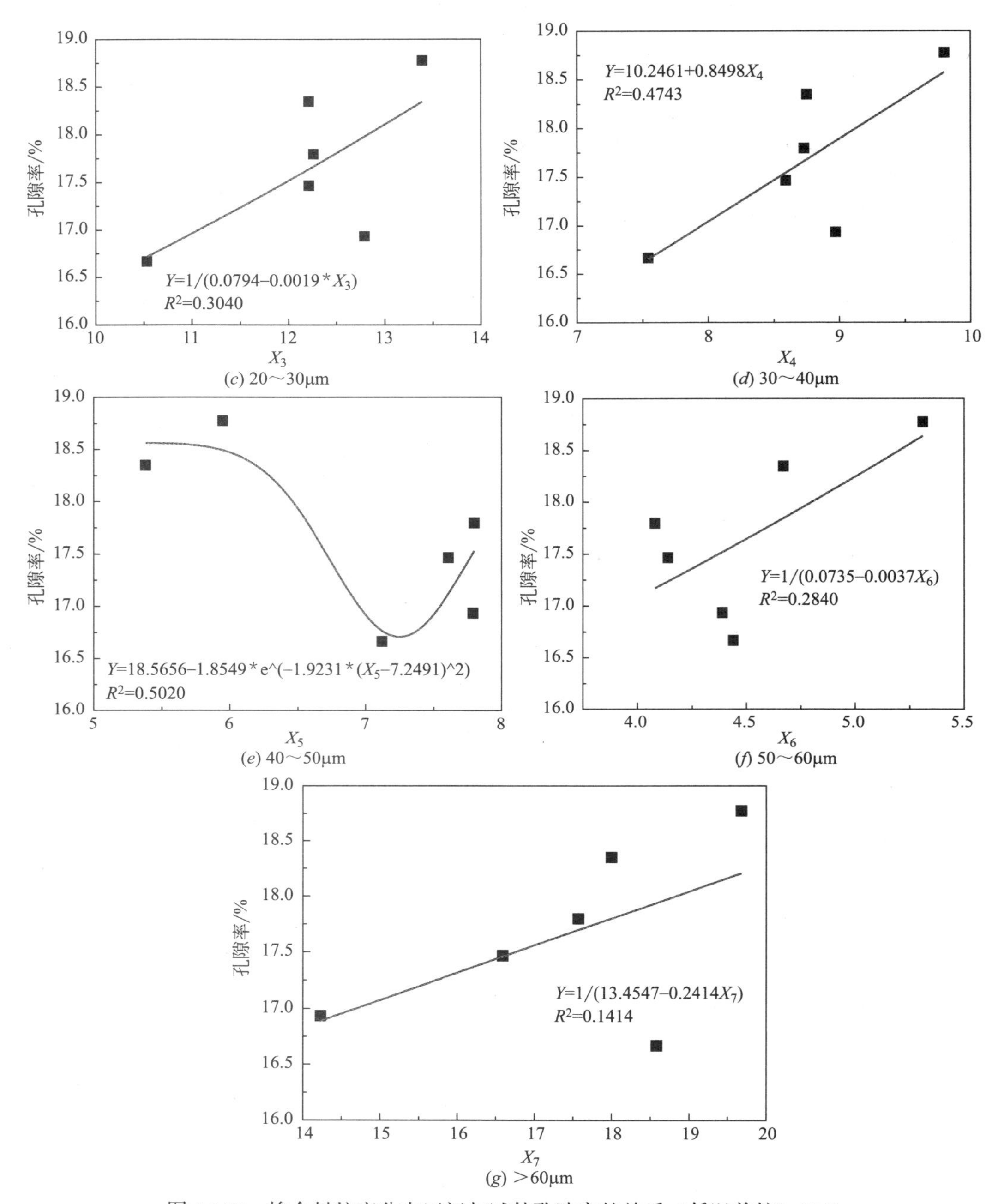

图 3-108　掺合料粒度分布区间与试件孔隙率的关系（低温养护）（二）

低温条件下，掺合料粒度区间分布与试件孔隙率拟合分析结果表明，掺合料粒度分布在 0～20μm 区间与复合水泥砂浆孔隙率具有良好的相关关系。而当掺合料粒度区间大于 20μm 时，试件孔隙率与掺合料粒度区间线性关系较差且不明显。因此，低温条件下拟合函数初步定为：

$$Y=\frac{A}{1+10^{-0.5172(28.0020-X_1)}}+\frac{B}{1+10^{-0.2274(25.1857-X_2)}}+C \tag{3-11}$$

式中：Y——孔隙率；

X——掺合料粒度区间；

C——相应参数。

将掺合料粒度区间及孔隙率带入公式 3-11，采用 Matlab 软件对数据进行多元线性回归求取函数系数参数，结果见式式 3-12。

$$Y=\frac{0.8588}{1+10^{-0.5172(28.0020-X_1)}}+\frac{2.3312}{1+10^{-0.2274(25.1857-X_2)}}+15.9503 \tag{3-12}$$

分别将 6 种掺合料区间带入式 3-12，求取拟合孔隙率 Y 值，并与实际孔隙率对比，结果见图 3-109。

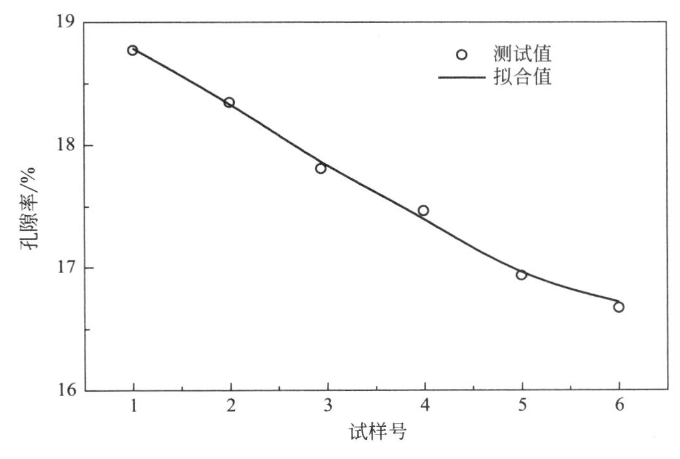

图 3-109　掺合料粒度分布区间与试件孔隙率的关系拟合曲线及实测值（低温养护）

对比相关拟合曲线以及实测值，可以发现，二者的拟合度极高，说明拟合出的曲线与实际的测量值较为吻合，可以用式 3-12 表征低温养护条件下掺合料粒度范围与混凝土孔隙率相关关系。

② 掺合料粒度分布与混凝土中值孔径的数学模型建立

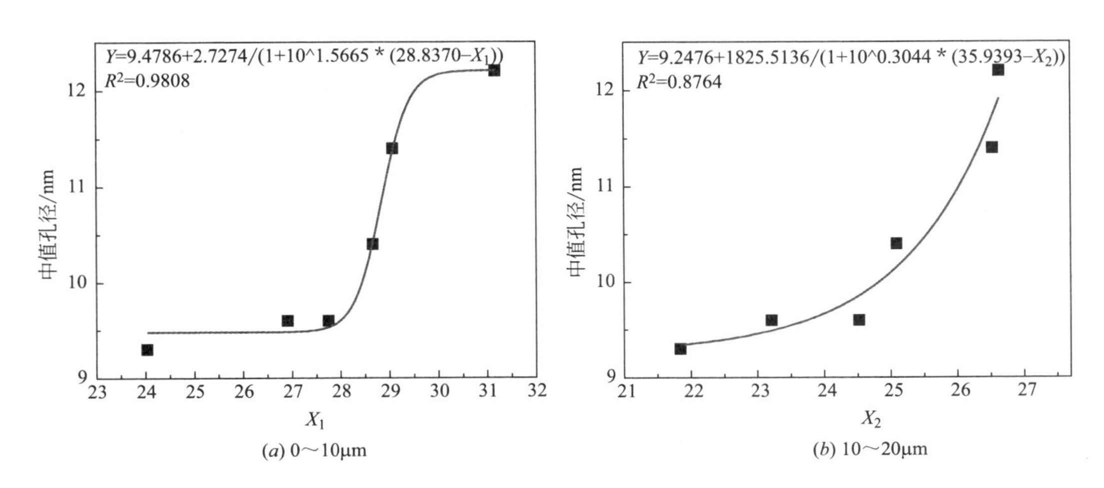

图 3-110　掺合料粒度分布区间与试件中值孔径的关系（标准养护）（一）

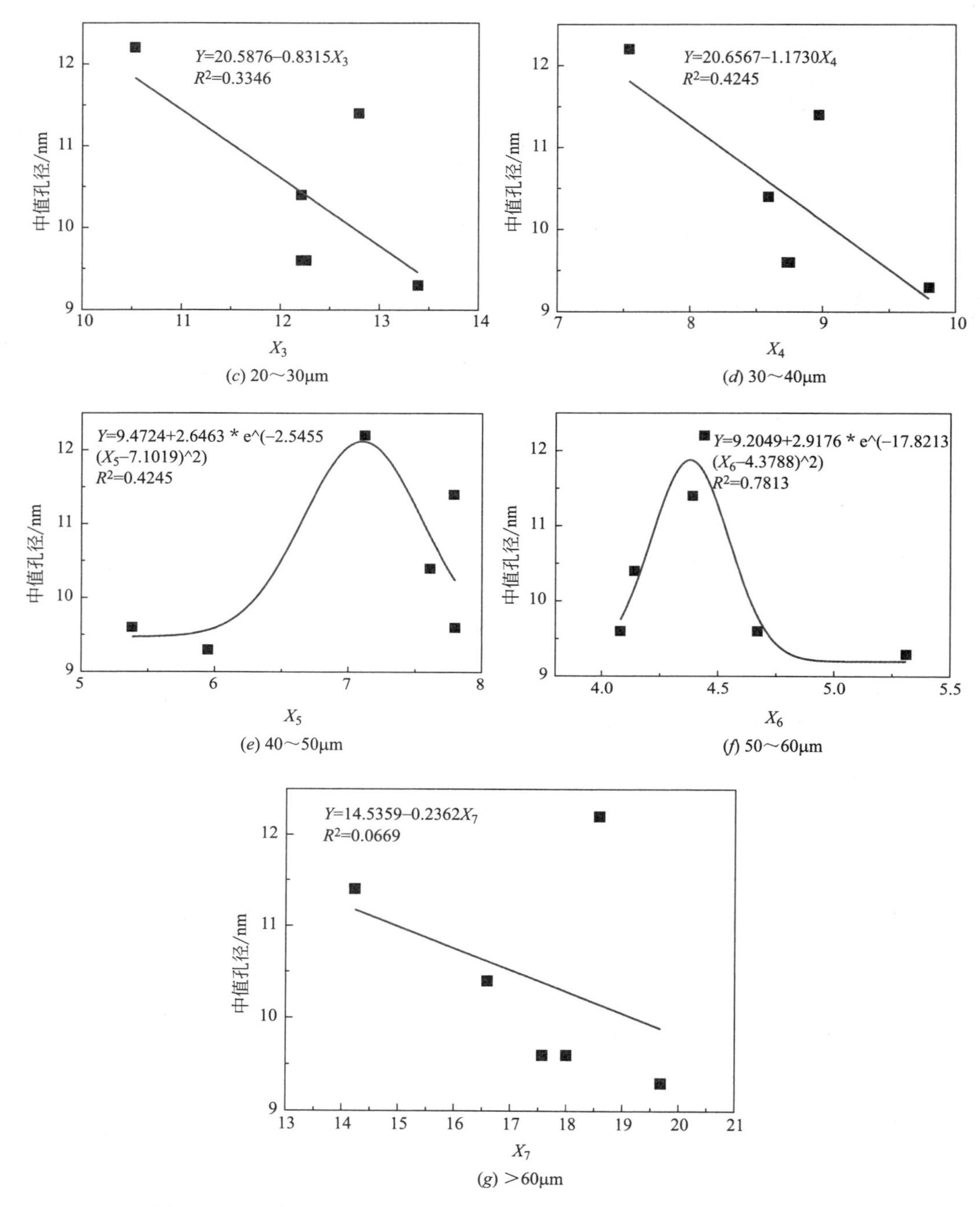

(c) 20～30μm

(d) 30～40μm

(e) 40～50μm

(f) 50～60μm

(g) >60μm

图 3-110　掺合料粒度分布区间与试件中值孔径的关系（标准养护）（二）

标准养护条件下，掺合料粒度区间分布与试件中值孔径拟合分析结果表明，掺合料粒度分布在 0～20μm 以及 50～60μm 区间与复合水泥砂浆中值孔径具有良好的相关关系。而当掺合料粒度区间位于其他区间时，试件中值孔径与掺合料粒度区间线性关系较差且不明显。因此，标准养护条件下拟合函数初步定为：

$$Y=\frac{A}{1+10^{1.5665(28.8370-X_1)}}+\frac{B}{1+10^{0.3044(35.9393-X_2)}}+C\times e^{-17.8213(X_6-4.3788)^2}+D \quad (3\text{-}13)$$

式中：Y——孔隙率；

X——掺合料粒度区间；

$A\sim D$——相应参数。

将掺合料粒度区间及中值孔径带入公式 3-13，采用 Matlab 软件对数据进行多元线性回归求取函数系数参数，结果见式 3-14。

$$Y=2.4277\times e^{-17.8213(X_6-4.3788)^2}+9.4949 \quad (3\text{-}14)$$

分别将 6 种掺合料区间带入式 3-14，求取拟合孔隙率 Y 值，并与实际中值孔径对比，结果见图 3-111。

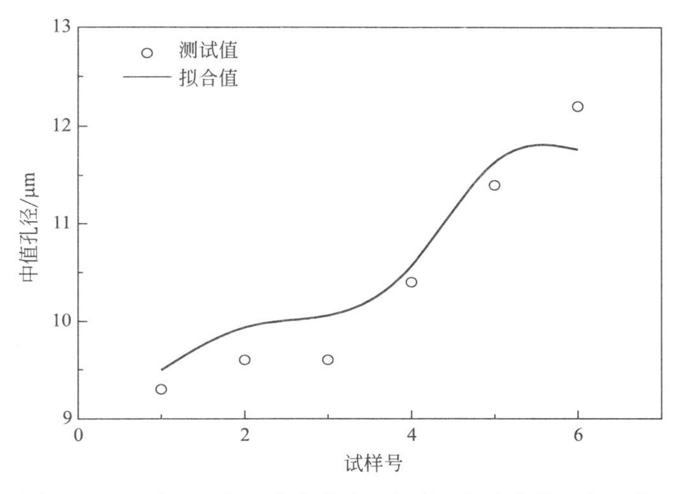

图 3-111　掺合料粒度分布区间与试件中值孔径的关系拟合曲线及实测值（标准养护）

对比相关拟合曲线以及实测值，可以发现，二者的相似度较高，说明拟合出的曲线与实际的测量值较为吻合，可以用式 3-14 表征标准养护条件下掺合料粒度范围与混凝土中值孔径相关关系。

通过灰色关联分析以及数学模型建立的方式对掺合料粒度分布区间与混凝土的孔结构的影响进行了深入的分析，得到了以下结论：

a. 随着掺合料粒度的增加，掺合料粒度区间对混凝土孔隙率的影响并非呈现线性的影响。掺合料粒度分布过细或超过一定粒度分布区间，其对混凝土孔隙率的改善作用均会降低。

b. 整体上，掺合料粒度分布对混凝土最可几孔径的影响与其对混凝土孔隙的影响相比相对较小。当掺合料粒度分布区间在 20～40μm 及区间 50～60μm 时其对于标准养护条件及低温养护条件下混凝土孔径分布具有一定的影响，不同的是，在低粒度分布区间标准养护混凝土与低温养护混凝土最可几孔径受掺合料粒度影响的具体粒度区间不同。

c. 掺合料粒度区间对于低温养护混凝土中值孔径几乎没有明显的关联性，而对于标准养护的混凝土，只有低粒度分布（0～20μm）区间的掺合料可以明显的影响混凝土中值孔径大小。

d. 整体上矿物掺合料粒度分布区间对于标准养护条件下混凝土特征孔径的影响普遍较低，而且没有明显的规律性。然而，掺合料粒度在 20～40μm 时，有利于标准养护条件下混凝土小孔的产生，而当掺合料粒度大于 50μm 时，会增加混凝土大孔的数量。在低温－10℃养护条件下，矿物掺合料粒径分布区间与试件内部的孔径特征关联性普遍较低。

e. 通过数学模型建立分别得到，标准养护条件下，掺合料粒度区间分布与试件孔隙率拟合方程及其参数；低温－10℃养护条件下，掺合料粒度区间分布与试件孔隙率拟合方程及其参数；标准养护条件下，掺合料粒度分布区间与试件中值孔径的关系拟合方程及其参数。数据拟合结果显示，建立的数学模型能够很好的表征掺合料粒度分布与混凝土相关性能的关系。

第 4 章　温度制度对复合胶凝材料体系低温水化的影响

4.1　试验原材料及配合比

4.1.1　试验原材料

（1）水泥

本试验采用的水泥为大连小野田水泥厂生产的（P·Ⅱ 52.5R）硅酸盐水泥，其主要化学成分见表 2-17。

（2）粉煤灰

本试验所选用的粉煤灰为沈阳沈海热电厂Ⅰ级粉煤灰。从氧化物含量来看，氧化硅含量 61.57%＞50%，氧化钙含量 4.43%＜5%，烧失量为 1.00%（＜5%），符合《用于水泥和混凝土中的粉煤灰》（GB/T1596-2005）的要求，其主要成分见表 3-29。

（3）硅灰

本试验所用的硅灰产自沈阳建恺特种工程材料有限公司，其主要成分见表 2-19。

（4）标准砂

本试验用砂全采用标准砂，产自厦门艾斯欧标准砂有限公司，其标准砂颗粒分布见表 2-20。

（5）拌合水

本试验所用的拌合水采用普通自来水。

（6）外加剂

复合早强剂：主要成分均为亚硝酸钠，采用广州白云山明兴制药有限公司生产的亚硝酸钠。

4.1.2　配合比

（1）水泥胶砂配合比设计

掺合料的掺量是影响复合胶凝材料胶砂强度的重要因素之一。本文采用粉煤灰、硅灰双掺等质量取代硅酸盐水泥，基于实际经验，复合胶凝材料的水灰比为 0.42，复合早强剂的掺量为复合胶凝材料的 8.5%，选用工程中常用的粉煤灰掺量为：10%、20%、30%，硅灰掺量为：2%、5%、8%，组成 6 组配合比，详细配合比见表 4-1。

（2）水泥净浆配比设计

在相应的低温养护制度下，根据前期实验将净浆试件的水灰比统一定为 0.42，复合早强剂的掺量为复合胶凝材料的 8.5%，粉煤灰掺量为：10%、20%、30%，硅灰掺量为：2%、5%、8%，组成 6 组配合比，详细配比见表 4-2。

水泥胶砂配合比　　表 4-1

试样编号	外掺料替代率（粉煤灰＋硅灰）(%)	粉煤灰 (g)	硅灰 (g)	水泥 (g)	标准砂 (g)	水 (g)	外加剂 (g)
P·Ⅱ	0+0	0	0	450	1350	189	38.25
A1	10+2	9	45	396	1350	189	38.25
A2	10+5	22.5	45	382.5	1350	189	38.25
A3	10+8	36	45	369	1350	189	38.25
B2	20+5	22.5	90	337.5	1350	189	38.25
C2	30+5	22.5	135	292.5	1350	189	38.25

水泥净浆配比　　表 4-2

试样编号	外掺料替代率（粉煤灰＋硅灰）(%)	粉煤灰 (g)	硅灰 (g)	水泥 (g)	水 (g)	外加剂 (g)
P·Ⅱ	0+0	0	0	200	84	17
A1	10+2	4	20	176	84	17
A2	10+5	10	20	170	84	17
A3	10+8	16	20	164	84	17
B2	20+5	10	40	150	84	17
C2	30+5	10	60	130	84	17

4.2 温度制度对复合胶凝材料体系胶砂力学性能的影响

4.2.1 概述

力学性能是胶凝材料宏观性能的重要参考指标。本章通过测试不同温度制度（+5℃、0℃、−5℃、−10℃）下，硅酸盐水泥体系的胶砂抗折强度和抗压强度，计算得出水泥胶砂的抗压强度增长率和抗折强度增长率，研究了不同低温养护对硅酸盐水泥体系胶砂力学性能的影响。

4.2.2 不同温度制度对复合胶凝材料体系胶砂强度的影响

（1）不同温度制度对硅酸盐水泥体系抗压强度的影响

① 不同温度制度对硅酸盐水泥抗压强度的影响

对比硅酸盐水泥在+5℃、0℃、−5℃、−10℃四个温度制度下水泥胶砂 3d、7d、14d 的抗压强度，其测试结果如图 4-1 所示。

由图 4-1 可见，随着养护龄期的增长，硅酸盐水泥的抗压强度始终呈上升趋势。当养护温度为+5℃时，3d 到 7d 的抗压强度增长缓慢，7d 到 14d 的抗压强度增长开始加速；当养护温度为 0℃时，3d 到 7d 的抗压强度增长较大，7d 到 14d 的抗压强度增长有所下降；当养护温度为−5℃和−10℃时，硅酸盐水泥的抗压强度曲线非常接近，3d、7d、14d 的增长速度几乎一致。养护温度为 0℃、−5℃、−10℃的 14d 的抗压强度接近，依次为：32.3MPa、27.4MPa、25.7MPa。

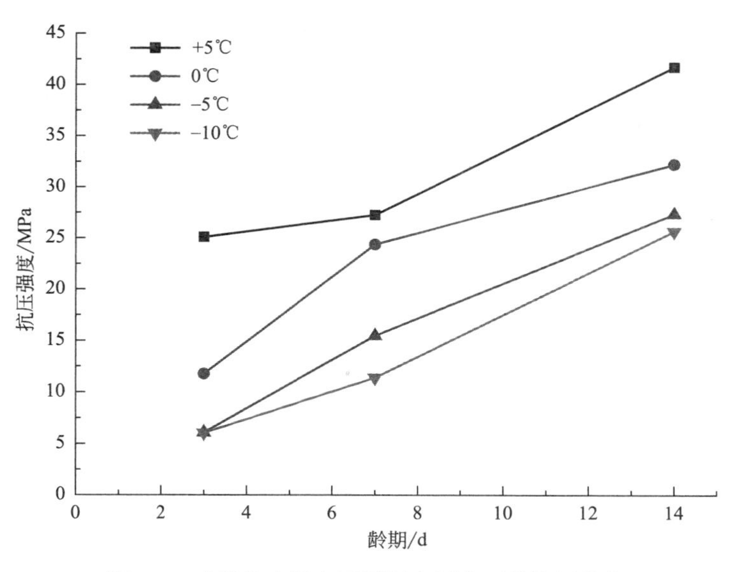

图 4-1　硅酸盐水泥在不同温度制度下的抗压强度

② 不同温度制度对粉煤灰-硅灰-硅酸盐水泥体系抗压强度的影响

a. 不同粉煤灰掺量对抗压强度的影响

对比 A2、B2、C2 在＋5℃、0℃、－5℃、－10℃四个养护温度下的抗压强度，其测试结果见图 4-2(*a*)(*b*)(*c*) 所示。

由图 4-2(*a*) 可知，3d 抗压强度下降最明显的是养护温度从＋5℃下降到 0℃，下降 10.23MPa；7d 抗压强度下降最为明显的是养护温度从 0℃下降到－5℃，下降 10.59MPa；当水化龄期达到 14d 时，养护温度对 A2 的抗压强度影响开始变得不明显。当养护温度为 0℃、－5℃、－10℃时的 14d 抗压强度相差极小，低温养护温度对 A1 的 14d 抗压强度影响不显著。

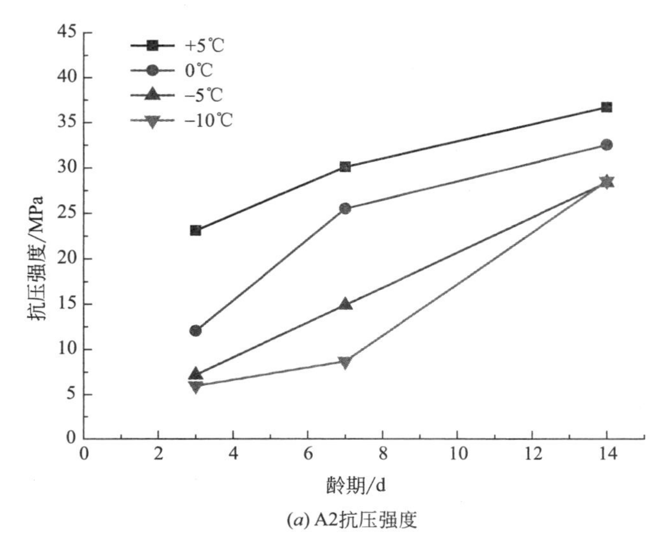

(*a*) A2抗压强度

图 4-2　不同粉煤灰掺量下试样的抗压强度（一）

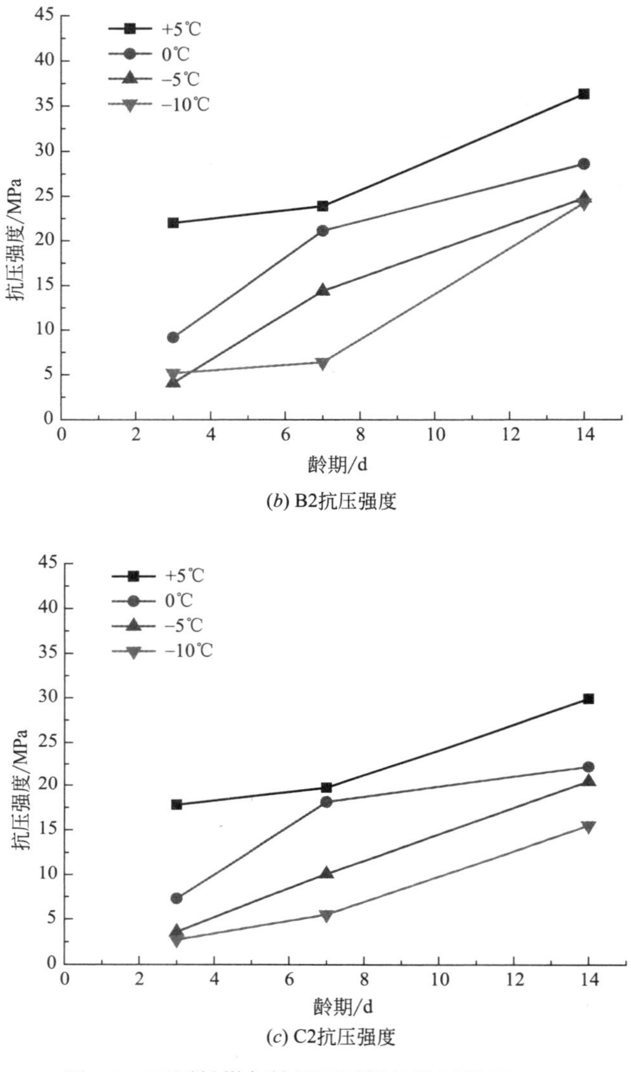

(*b*) B2抗压强度

(*c*) C2抗压强度

图 4-2 不同粉煤灰掺量下试样的抗压强度（二）

由图 4-2(*b*) 可知，养护温度为 0℃、－5℃、－10℃时，B2 的整体变化趋势与 A2 大体相似，但是，随着粉煤灰掺量的增加，胶砂的整体抗压强度降低；养护温度为＋5℃时，B2 的 7d 抗压强度增长与 A2 相比明显下降。

由图 4-2(*c*) 可知，C2 的整体变化趋势与 B2 大体一致，但是，养护温度为－10℃时，14d 的抗压强度明显下降。

综合图 4-2(*a*)(*b*)(*c*) 可知，随着粉煤灰掺量的增加，粉煤灰-硅灰-硅酸盐水泥体系的胶砂抗压强度整体呈明显下降趋势，并且当粉煤灰掺量超过 20%时，对养护温度为＋5℃的 7d 抗压强度影响最为明显。

b. 不同硅灰掺量对抗压强度的影响

对比 A1、A2、A3 在＋5℃、0℃、－5℃、－10℃四个养护温度下的水泥胶砂抗压强度，其测试结果见图 4-3(*a*)(*b*)(*c*) 所示。

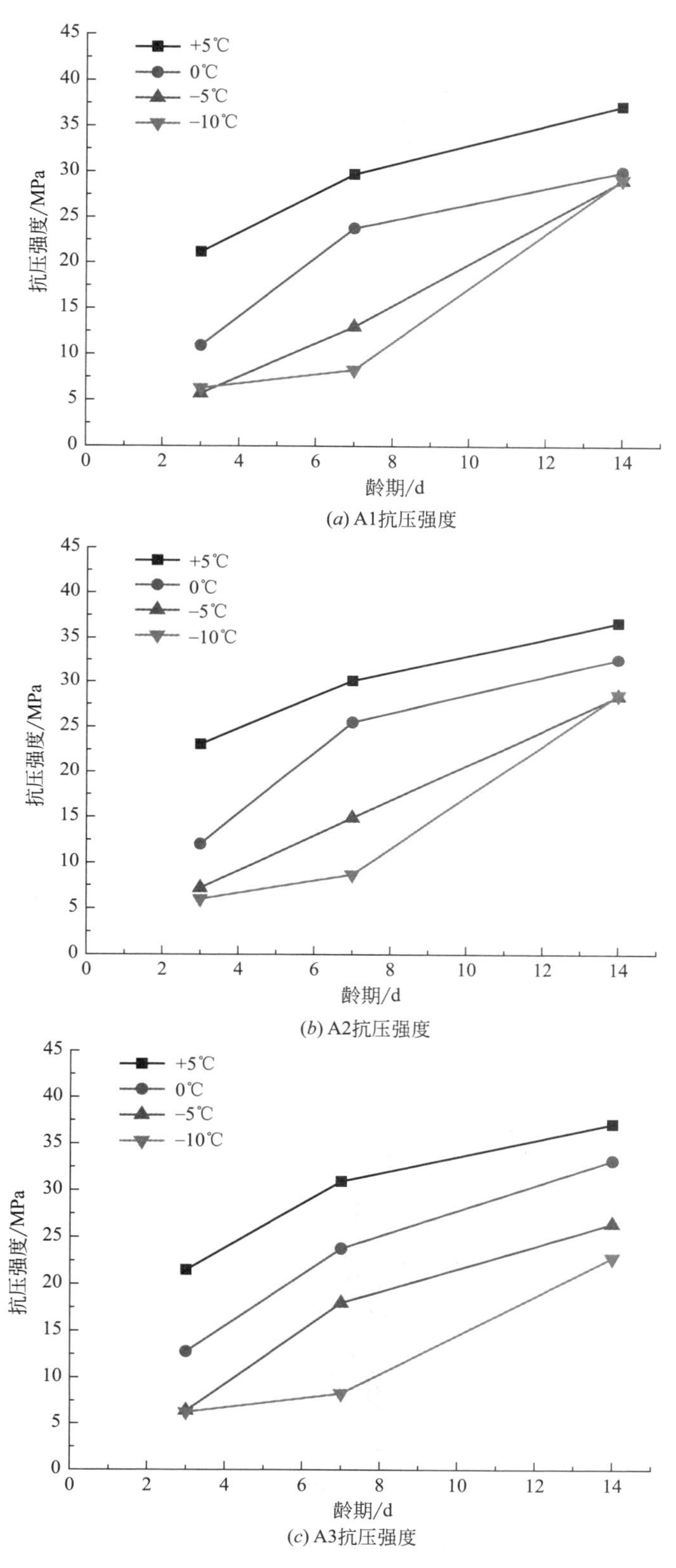

图 4-3　不同硅灰掺量下试样的抗压强度

由图 4-3(*a*) 可知，3d 抗压强度下降最明显的是养护温度从+5℃下降到 0℃，下降 10.23MPa；7d 抗压强度下降最为明显的是养护温度从 0℃下降到−5℃，下降 10.79MPa；14d 抗压强度下降最为明显的是+5℃下降到 0℃，下降 7.18MPa。当养护温度为 0℃、−5℃、−10℃时的 14d 抗压强度相差极小，低温养护温度对 A1 的 14d 抗压强度影响开始变得不明显。

由图 4-3(*b*) 可知，A2 的整体变化趋势与 A1 大体相似，但是，硅灰掺量的改变对养护温度为 0℃的抗压强度影响较为明显，提高了复合胶凝材料的 14d 抗压强度。

由图 4-3(*c*) 可知，A3 的整体变化趋势与 A1、A2 相比，0℃的抗压强度有所提高，−5℃的 7d 和 14d 抗压强度均有所提高，7d 的抗压强度提高更为明显。

综合图 4-3(*a*)(*b*)(*c*) 可知，随着硅灰掺量的增加，粉煤灰-硅灰-硅酸盐水泥体系的胶砂抗压强度呈上升趋势，并且硅灰掺量对养护温度为 0℃和−5℃的抗压强度影响最为明显，当硅灰掺量达到 8%时，养护温度为−5℃的 7d 抗压强度明显提高。

(2) 不同温度制度对硅酸盐水泥抗折强度的影响

① 不同温度制度对硅酸盐水泥抗折强度的影响

对比硅酸盐水泥在+5℃、0℃、−5℃、−10℃四个养护温度下的水泥胶砂抗折强度测试结果，如图 4-4 所示。

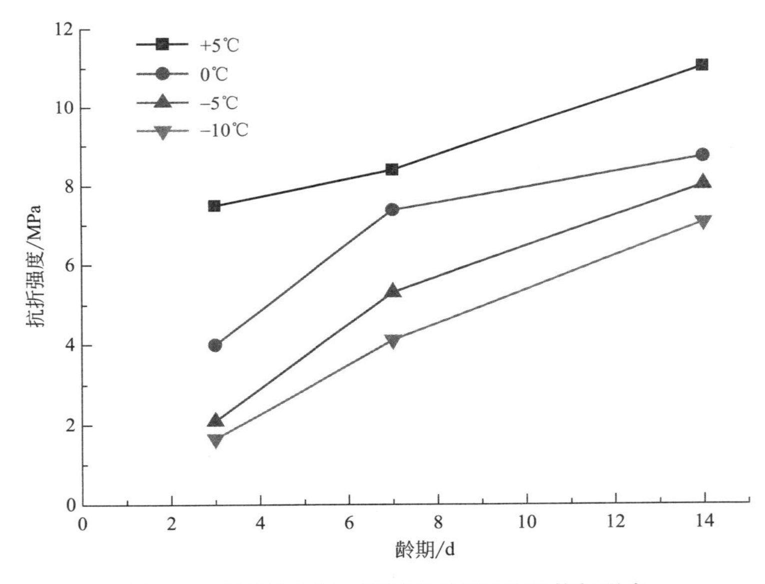

图 4-4　硅酸盐水泥在不同温度制度下的抗折强度

由图 4-4 可见，随着养护龄期的增长，硅酸盐水泥的抗折强度始终呈上升趋势。当养护温度为+5℃时，3d 到 7d 的抗折强度增长缓慢，7d 到 14d 的抗折强度增长开始加速；当养护温度为 0℃以下时，3d 到 7d 的抗折强度增长较大，7d 到 14d 的抗折强度增长有所下降。养护温度为 0℃、−5℃、−10℃的 14d 抗折强度接近，依次为：8.7MPa、8.0MPa、7.05MPa。

② 不同温度制度对粉煤灰-硅灰-硅酸盐水泥体系抗折强度的影响

a. 不同粉煤灰掺量对抗折强度的影响

对比A2、B2、C2在+5℃、0℃、-5℃、-10℃四个养护温度下的水泥胶砂抗折强度，其测试结果见图4-5(*a*)(*b*)(*c*)所示。

由图4-5(*a*)可知，A2的3d抗折强度下降最明显的是养护温度从+5℃下降到0℃，下降2.86MPa；7d抗折强度下降最为明显的是养护温度从-5℃下降到-10℃，下降2.2MPa；14d抗折强度下降最为明显的是+5℃下降到0℃，下降了2.0MPa。养护温度从-5℃下降到-10℃时，对A2的3d和14d抗折强度影响极小。

由图4-5(*b*)可知，B2的整体变化趋势与A2大体相似，但是，养护温度为+5℃的抗折强度增长缓慢。当养护龄期达到14d时，养护温度对抗折强度的影响变小。随着粉煤灰掺量的增加，水泥胶砂的整体抗折强度下降。

由图4-5(*c*)可知，C2的整体变化趋势与A2相似，养护温度为+5℃的抗折强度增长较B2和C2的抗折强度增长更为缓慢。

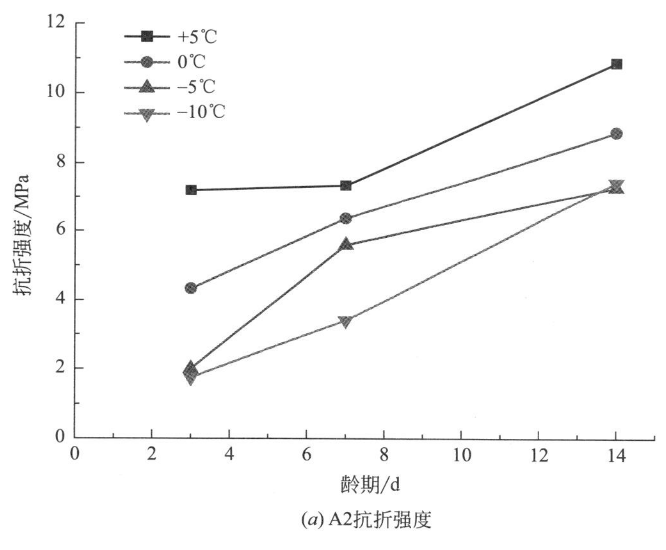

(*a*) A2抗折强度

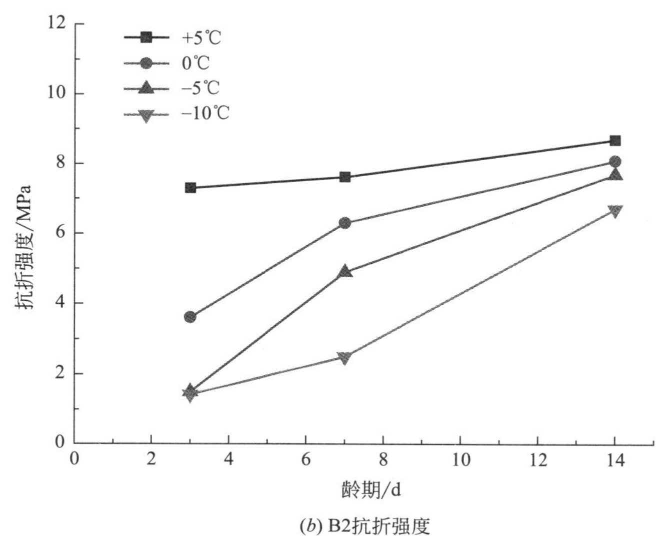

(*b*) B2抗折强度

图4-5　不同粉煤灰掺量下试样的抗折强度（一）

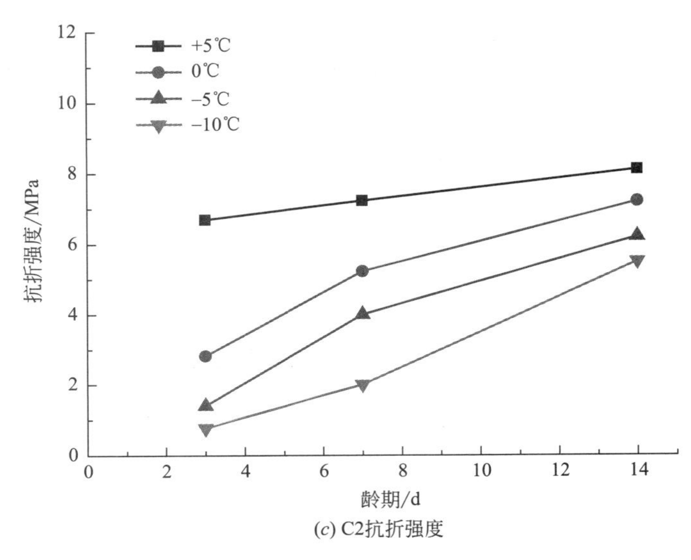

(c) C2抗折强度

图 4-5　不同粉煤灰掺量下试样的抗折强度（二）

综合图 4-5(*a*)(*b*)(*c*) 可知，随着粉煤灰掺量的增加，粉煤灰-硅灰-硅酸盐水泥体系的胶砂抗折强度整体呈上升下降，并且粉煤灰掺量对养护温度为＋5℃的抗折强度影响最为明显，抑制了粉煤灰-硅灰-硅酸盐水泥体系的强度增长。当养护龄期达到 14d 时，养护温度对抗折强度的影响程度变小。

b. 不同硅灰掺量对抗折强度的影响

对比 A1、A2、A3 在＋5℃、0℃、－5℃、－10℃四个养护温度下的水泥胶砂抗折强度，其测试结果见图 4-6(*a*)(*b*)(*c*) 所示。

由图 4-6(*a*) 可知，A1 的 3d 抗折强度下降最明显的是养护温度从＋5℃下降到 0℃，下降 3.1MPa；7d 抗折强度下降最为明显的是养护温度从 0℃下降到－5℃，下降 1.81MPa；当养护龄期达到 14d 时，养护温度对抗折强度的影响程度变得不明显。

由图 4-6(*b*) 可知，比较 A2 与 A1 的抗折强度，硅灰掺量的增加，提高了养护温度为＋5℃时的 3d 抗折强度和养护温度为 0℃时的 7d 抗折强度。

由图 4-6(*c*) 可知，养护温度为＋5℃时，A3 的 7d 抗折强度增长比 14d 抗折强度增长快。同时，14d 的抗折强度落差变小。

综合图 4-6(*a*)、(*b*)、(*c*) 可知，硅灰掺量的增加，硅灰掺量对水泥胶砂抗折强度的影响不明显；随着水化龄期的增长，温度对水泥胶砂抗折强度的影响也变小。

③ 不同温度制度对硅酸盐水泥体系强度增长率的影响

对硅酸盐水泥体系抗折强度和抗压强度的测试结果进行计算，得出水泥胶砂 7d 和 14d 的强度增长率，分析不同低温养护对强度增长率的影响。

(3) 不同温度制度对硅酸盐水泥体系抗压强度及抗折强度增长率的影响

① 不同温度制度对硅酸盐水泥体系抗压强度增长率的影响

对硅酸盐水泥体系的抗压强度测试结果进行分析，得到的抗压强度增长率见表 4-3。

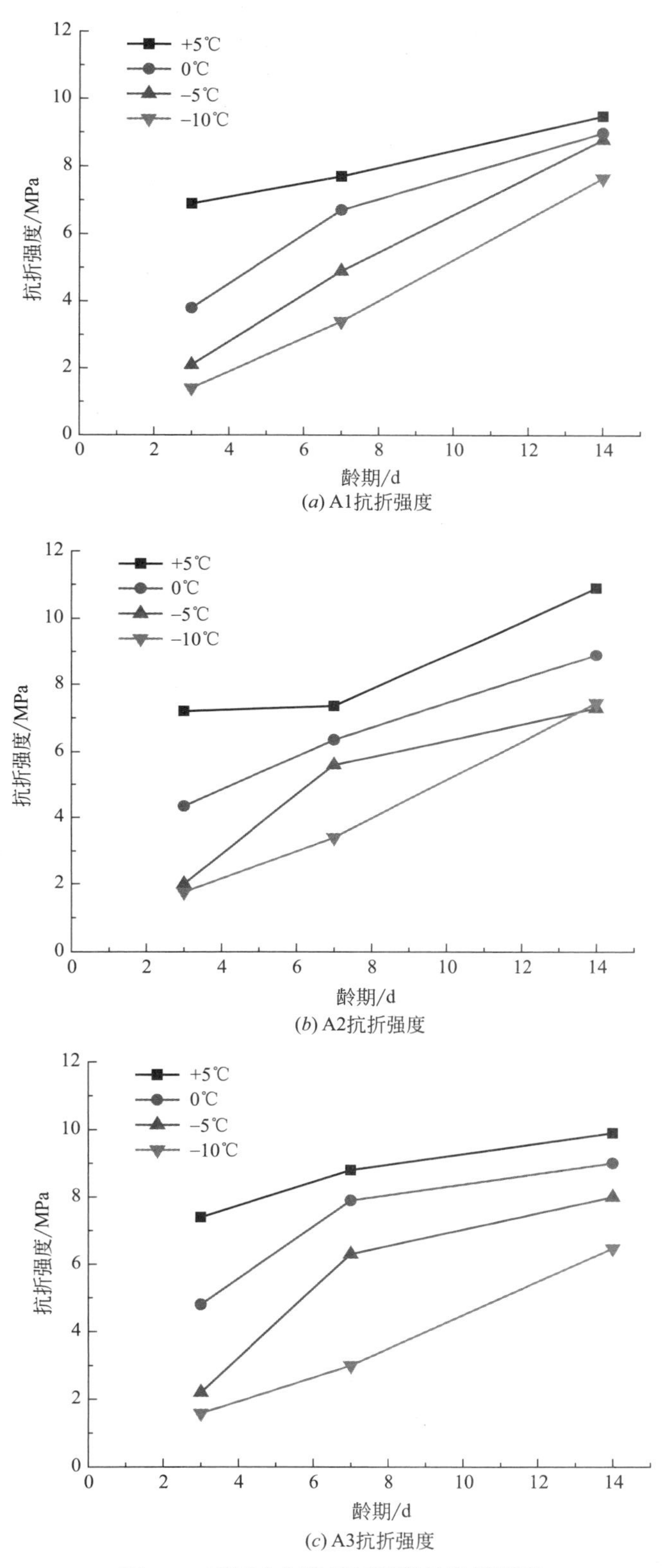

(a) A1抗折强度

(b) A2抗折强度

(c) A3抗折强度

图 4-6　不同硅灰掺量下试样的抗折强度

不同温度制度下水泥胶砂的抗压强度增长率　　表 4-3

配比	7d 抗压强度增长率/%				14d 抗压强度增长率/%			
	+5℃	0℃	−5℃	−10℃	+5℃	0℃	−5℃	−10℃
P·O	8.6	107.0	154.0	88.4	53.3	32.5	76.8	125.0
A1	40.4	117.0	128.0	31.7	25.2	26.2	123.5	252.0
A2	30.2	111.0	107.0	45.0	22.1	27.7	90.6	228.0
A3	43.8	85.8	181.0	32.8	20.0	18.4	46.7	174.9
B2	8.5	130.0	251.0	23.6	51.9	35.2	72.0	326.0
C2	10.7	148.0	181.0	102.2	51.5	22.1	102.5	182.0

由表 4-3 可知，养护温度为+5℃时，硅酸盐水泥体系的六组配合比的 7d 抗压强度增长率在四种养护温度中是最低的，粉煤灰掺量为 10%的 14d 抗压强度增长率均低于同配比的 7d 抗压强度增长率；粉煤灰掺量为 20%、30%和 P.O 的 14d 抗压强度增长率均高于同配比的 7d 抗压强度增长率。养护温度为 0℃时，硅酸盐水泥体系的六组配合比的 7d 抗压强度增长率全部超过同配比的 14d 抗压强度增长率。养护温度为−5℃时，水泥胶砂的 7d 抗压强度增长率较大，水泥胶砂的 14d 抗压强度增长率略有下降。养护温度为−10℃时，水泥胶砂的 7d 抗压强度增长率较小，大部分配比的水泥胶砂的 14d 抗压强度增长率是四种养护温度中的最大值。

② 不同温度制度对硅酸盐水泥体系抗折强度增长率的影响

对硅酸盐水泥体系抗折强度测试结果进行分析，得到的抗折强度增长率见表 4-8。

不同温度制度下水泥胶砂的抗折强度增长率　　表 4-4

配比	7d 抗折强度增长率/%				14d 抗折强度增长率/%			
	+5℃	0℃	−5℃	−10℃	+5℃	0℃	−5℃	−10℃
P·O	11.7	85.0	152.4	148.5	31.3	24.3	50.9	72.0
A1	11.7	76.6	133.3	142.9	23.2	16.7	79.6	125.6
A2	2.2	46.5	180.0	94.3	48.1	20.9	30.4	119.0
A3	18.9	64.6	186.4	89.9	12.5	1.1	27.0	115.7
B2	4.4	74.5	226.7	76.1	14.2	6.3	57.1	168.4
C2	7.9	85.5	185.7	159.7	12.0	0.4	55.0	175.0

由表 4-4 可知，养护温度为+5℃时，硅酸盐水泥体系的六组配合比的 7d 和 14d 抗折强度增长率均在四种养护温度中最低。养护温度为 0℃时，硅酸盐水泥体系的六组配合比的 7d 抗折强度增长率全部超过其 14d 抗折强度增长率。养护温度为−5℃时，水泥胶砂的 7d 抗折强度增长率是四种养护温度中的最大值，14d 的抗折强度增长率比 7d 的抗折强度增长率略有下降。养护温度为−10℃时，大部分配比的水泥胶砂 14d 抗折强度增长率大于 7d 的抗折强度增长率，但 P·O 和 A1 的 7d 抗折强度增长率大于 14d 的抗折强度增长率。

4.3　温度制度对复合胶凝材料体系水化放热的影响

4.3.1　概述

水泥水化的主要产物为氢氧化钙（$Ca(OH)_2$）、水化硅酸钙（C-S-H）及水化硫铝酸钙（AFt/AFm）。研究表明，水泥水化程度与非自由水含量和水泥水化生成的 $Ca(OH)_2$ 含量呈正比关系，因此可以通过非自由水含量和 $Ca(OH)_2$ 含量间接的知道硅酸盐水泥的水化程度。本章采用差热分析和差重分析综合分析的方法，重点研究养护温度、粉煤灰-硅灰掺量对水泥浆体中非自由水含量和 $Ca(OH)_2$ 含量的影响。

4.3.2　不同温度制度对复合胶凝材料体系水化放热的影响

热分析法分析水泥浆体中非自由水的百分含量的依据是：养护到规定龄期的水泥浆体试样在加热过程中，水化浆体中的非自由水随着各水化产物的脱水和分解过程，被释放出来。100～1100℃之间的失重主要是非自由水、硅酸盐水泥烧失量、粉煤灰的烧失量、硅灰的烧失量。因此，用 100～1100℃的失重量减去硅酸盐水泥烧失量、粉煤灰的烧失量和硅灰的烧失量，再除以 1100℃时的重量，即为非自由水的百分含量。

热分析法分析水泥浆体中 $Ca(OH)_2$ 百分含量的依据是：养护到规定龄期的水泥浆体试样在加热的过程中，水化浆体中的水化产物会在特定的温度进行分解或失水。通过大量的资料显示，水泥浆体的水化产物中大部分的水化硅酸钙凝胶（C-S-H）、水化硫铝酸钙（AFt）、单型硫铝酸钙（AFm）会在 100～400℃时发生分解，失去结合力较弱的化学结合水；水化生成物 $Ca(OH)_2$ 会在 400～550℃之间失水发生分解反应；650℃以上的温度则会出现晶型的转变和水化硅酸钙凝胶的显著脱水。这些化学结合水的失去和物质的分解会在热重曲线上表现出重量的变化，在示差扫描量热曲线（DSC）上出现吸热或放热峰。

不同养护温度下水泥水化得到的水化产物在加热过程中脱水、分解的失重程度不同，体现在 TG 曲线上就会有不同的落差阶梯。本节就是根据 TG 曲线上不同的落差阶梯计算非自由水含量和 $Ca(OH)_2$ 的百分含量。图 4-7 是硅酸盐水泥试样的热分析曲线（TG 曲线和 DSC 曲线）。

硅酸盐水泥试样的热分析（DSC 和 TG）曲线，见图 4-7。

由图 4-7 可以看到，在 100～1100℃之间，TG 曲线呈不同程度的下降趋势，非自由水不同程度的释放，通过 TG 曲线在 100～1100℃之间的失重情况，可以计算出硅酸盐水泥中非自由水的百分含量；在大概 400～550℃时，TG 曲线有明显的下降阶梯并且 DSC 曲线中出现吸热峰，这是由于 $Ca(OH)_2$ 分解失水造成的。通过 TG 曲线在 400～550℃时的失重情况，可以计算出硅酸盐水泥水化生成物 $Ca(OH)_2$ 的百分含量。非自由水的百分含量和 $Ca(OH)_2$ 的百分含量的具体计算方法如下：

① 非自由水的百分含量的具体计算方法如下：

过横坐标 100℃时的点 a，做温度轴的垂线，交 TG 曲线于点 a′，过 a′点做平行于温度轴的直线，交 TG 曲线的纵坐标轴于点 a″，点 a″即为非自由水失重的起始点。过横坐标 1100℃时的点 b，做温度轴的垂线，交 TG 曲线于点 b′，过点 b′做平行于温度轴的直线，

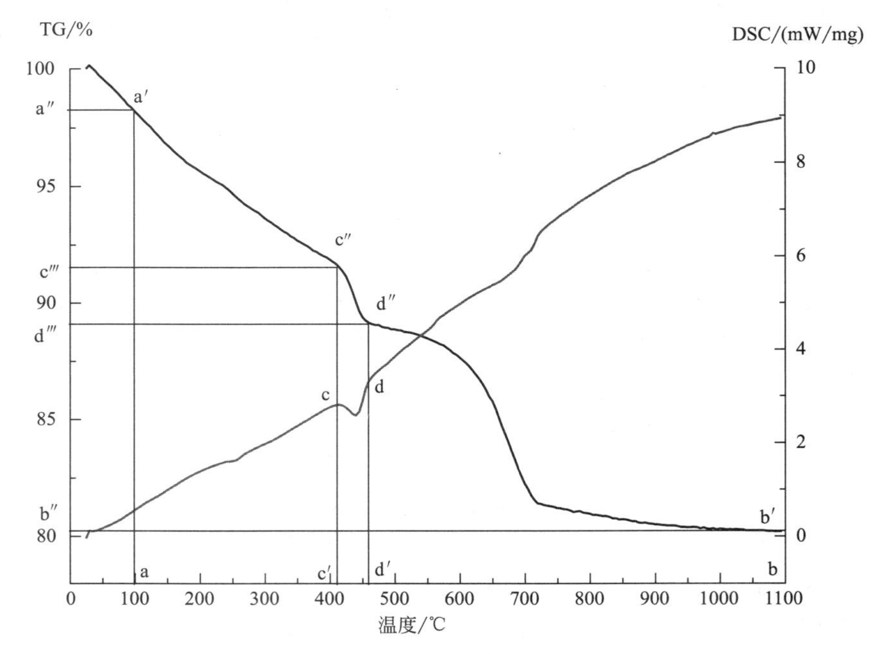

图 4-7 硅酸盐水泥浆体的热分析曲线

交 TG 曲线的纵坐标轴于点 b″，点 b″即为非自由水失重的终止点。

因此，非自由水的百分含量为：

$$L=\frac{L_a-L_b-M}{L_b-M}\times100\% \tag{4-1}$$

其中，L——非自由水的百分含量；

L_a——100℃时的重量，即为非自由水开始失重的起始点；

L_b——1100℃时的重量，即为非自由水开始失重的终止点；

M——粉煤灰、硅灰、硅酸盐水泥烧失量的总和，记为 $M=M_1+M_2+M_3$。

其中，M_1 为粉煤灰烧失的质量，M_2 为硅灰烧失的质量，M_3 为硅酸盐水泥烧失的质量。M_1、M_2、M_3 的计算公式如下：

$$M_1=w_f\cdot L_f \tag{4-2}$$

$$M_2=w_s\cdot L_s \tag{4-3}$$

$$M_3=(1-w_f-w_s)\cdot L_0 \tag{4-4}$$

其中，w_f——粉煤灰占胶凝材料的百分含量；

w_s——硅灰占胶凝材料的百分含量；

L_f——粉煤灰的烧失量；

L_s——硅灰的烧失量；

L_0——硅酸盐水泥的烧失量。

② $Ca(OH)_2$ 的百分含量的具体计算方法如下：

根据国际热分析协会（ICTA）规定的外推法确定 DSC 曲线上吸热峰的两个转变点 c 和 d，分别过两个转变点做垂直于温度轴的射线交于点 c′和 d′，c′和 d′即为 $Ca(OH)_2$ 开始分解和终止分解的温度，该射线与 TG 曲线的交点 c″和 d″即为 $Ca(OH)_2$ 失重的起始点和终止点，再过 c″和 d″做平行于温度轴的射线，与 TG 曲线的纵坐标轴的交点即为 $Ca(OH)_2$ 开始分解和终止分解的质量点 c‴和 d‴，c‴和 d‴两点的差值即为 $Ca(OH)_2$ 开始分解至分解结束的 H_2O 重量损失，记为 ΔG_1。

TG 曲线上的重量损失为 $Ca(OH)_2$ 脱水分解的水的质量，反应方程式如下：

$$Ca(OH)_2 = CaO + H_2O$$

因此，由公式可得，$Ca(OH)_2$ 的百分含量为：

$$G = \frac{4.11 \times \Delta G_1}{G_0} \times 100\% \tag{4-5}$$

其中，G——$Ca(OH)_2$ 的百分含量；

ΔG_1——$Ca(OH)_2$ 开始分解至分解结束的 H_2O 重量损失；

G_0——加热至 1000℃的干基物料的质量。

（1）不同温度制度对复合胶凝材料体系水化热的影响

为了研究不同温度制度对硅酸盐水泥浆体中非自由水百分含量和 $Ca(OH)_2$ 百分含量的影响情况。本节对比了在不同的温度制度下，硅酸盐水泥 7d 的差重曲线，其测试结果见图 4-8。

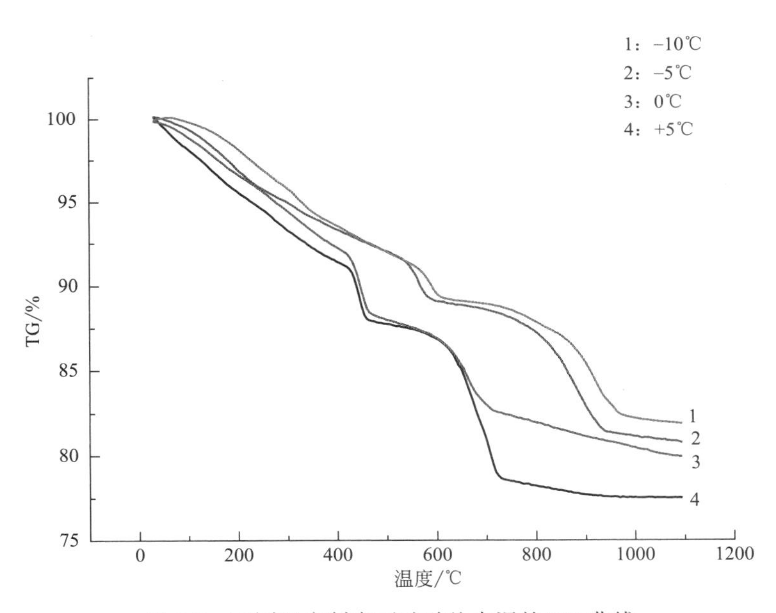

图 4-8　不同温度制度下硅酸盐水泥的 TG 曲线

由图 4-8 可以大致看到，随着养护温度的上升，在 0～1100℃之间的失重越来越大，说明非自由水的百分含量在逐渐增多；硅酸盐水泥在 400～550℃之间的失重也越大，说明 $Ca(OH)_2$ 的百分含量在逐渐增多。由此说明，随着养护温度的下降，硅酸盐水泥的水化程度降低。

① 不同温度制度对非自由水含量的影响

养护温度为－10℃、－5℃、0℃、＋5℃时，非自由水百分含量的 TG 参数，见表 4-5。

不同温度制度下非自由水百分含量的TG参数 表4-5

不同养护温度	L_a	L_b	M			L/%
			M_1	M_2	M_3	
−10℃	99.83	81.90	0	0	2.66	19.27
−5℃	99.41	80.76	0	0	2.66	20.47
0℃	98.90	79.94	0	0	2.66	21.09
+5℃	98.18	77.50	0	0	2.66	24.08

根据表4-5，再结合公式（4-1）到（4-4），可以计算出养护温度分别为−10℃、−5℃、0℃、+5℃时，试样中非自由水的百分含量，依次为：19.27%、20.47%、21.09%、24.08%。从以上数据可以看出：在水泥浆体水化早期（7d），随着养护温度的上升，非自由水的百分含量也逐渐增多，但增长缓慢。

② 不同温度制度对$Ca(OH)_2$含量的影响

养护温度为−10℃、−5℃、0℃、+5℃时，$Ca(OH)_2$百分含量的TG参数，见表4-6。

不同温度制度下$Ca(OH)_2$百分含量的TG参数 表4-6

不同养护温度	$Ca(OH)_2$开始分解的重量/mg	$Ca(OH)_2$分解结束的重量/mg	G_0/mg	ΔG_1/mg	G/%
−10℃	91.35	88.64	81.71	2.71	13.63
−5℃	91.82	88.48	80.32	3.34	17.09
0℃	92.15	87.52	80.43	4.63	23.66
+5℃	92.36	86.47	81.32	5.89	29.77

根据表4-6，再结合公式（4-5），可以计算出养护温度分别为−10℃、−5℃、0℃、+5℃时，试样中$Ca(OH)_2$的百分含量，依次为：13.63%、17.09%、23.66%、29.77%。从以上数据可以看出：在水泥浆体水化早期（7d），随着养护温度的上升，$Ca(OH)_2$的含量也随之增多。

（2）不同温度制度对粉煤灰-硅灰-硅酸盐水泥体系水化放热的影响

① 不同温度制度下粉煤灰掺量对热分析结果的影响

为了研究在不同养护温度下，粉煤灰掺量对硅酸盐水泥水化程度的影响。本节选取A2和C2在+5℃和−5℃两个养护温度下的7d水泥浆体的差重曲线进行对比，其测试结果见图4-9。

由图4-9可以大致看到，比较+5℃和−5℃两个不同温度制度下同种配比的TG曲线，在0～1100℃和400～550℃之间，养护温度为+5℃时的失重较大，说明养护温度的上升，非自由水的含量和$Ca(OH)_2$的含量也在增多。比较A2和C2两个不同配比在同种温度下的TG曲线，在0～1100℃和400～550℃之间，C2的失重程度比A2小。由此说明，随着养护温度制度的下降，硅酸盐水泥的水化程度降低；粉煤灰掺量的增加，硅酸盐水泥的水化程度也降低。

a. 不同温度制度下粉煤灰掺量对非自由水含量的影响

A2和C2在+5℃和−5℃两个养护温度下非自由水百分含量的TG参数，见表4-7。

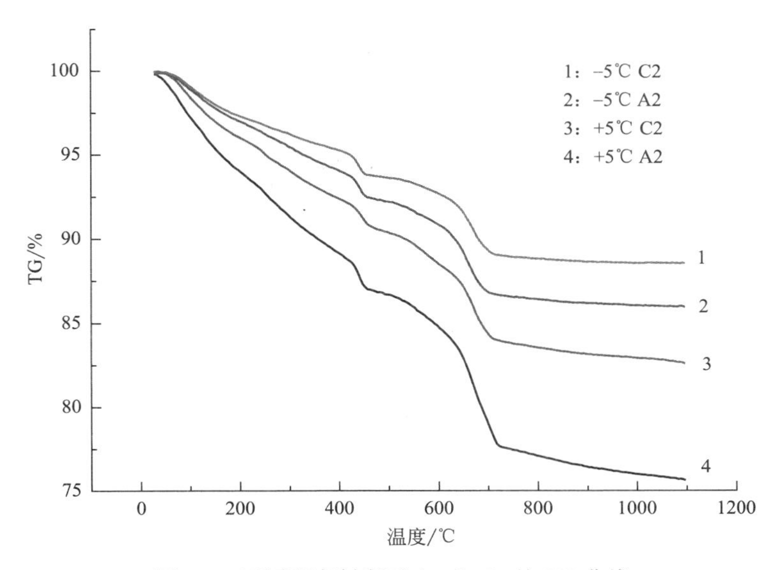

图 4-9　不同温度制度下 A2 和 C2 的 TG 曲线

不同温度制度下非自由水百分含量的 TG 参数　　表 4-7

不同养护温度	L_a	L_b	M			$L/\%$
			M_1	M_2	M_3	
+5℃ A2	97.18	75.62	0.10	0.19	2.61	25.66
+5℃ C2	98.36	82.60	0.30	0.19	1.73	16.84
−5℃ A2	98.88	85.97	0.10	0.19	2.61	12.05
−5℃ C2	99.03	88.55	0.30	0.19	1.73	9.56

根据表 4-7，再结合公式（4-1）到（4-4），可以计算出养护温度为+5℃时 A2、C2，养护温度为−5℃时 A2、C2 中非自由水的百分含量，依次为：25.66%、16.84%、12.05%、9.56%。比较 A2 在养护温度为+5℃和−5℃时非自由水百分含量、C2 在养护温度为+5℃和−5℃时非自由水百分含量，均可以看出：养护温度的上升，非自由水的百分含量也增多。比较养护温度为+5℃的 A2 和 C2 时非自由水百分含量、养护温度为−5℃的 A2 和 C2 时非自由水百分含量，均可以看出：随着粉煤灰掺量的增多，非自由水的百分含量减少。

b. 不同温度制度下粉煤灰掺量对 $Ca(OH)_2$ 含量的影响

A2 和 C2 在+5℃和−5℃两个养护温度下 $Ca(OH)_2$ 百分含量的 TG 参数，见表 4-8。

不同温度制度下 $Ca(OH)_2$ 百分含量的 TG 参数　　表 4-8

不同养护温度	$Ca(OH)_2$ 开始分解的质量/mg	$Ca(OH)_2$ 分解结束的质量/mg	G_0/mg	ΔG_1/mg	$G/\%$
+5℃ A2	88.37	85.03	75.49	3.34	18.18
+5℃ C2	92.36	89.65	82.94	2.71	13.43
−5℃ A2	94.03	91.63	86.07	2.40	11.46
−5℃ C2	95.24	93.28	88.56	1.96	9.10

根据表4-8，再结合公式（4-5），可以计算出养护温度为+5℃时A2、C2，养护温度为-5℃时A2、C2中$Ca(OH)_2$的百分含量，依次为：18.18%、13.43%、11.46%、9.10%。比较A2在养护温度为+5℃和-5℃时$Ca(OH)_2$百分含量、C2在养护温度为+5℃和-5℃时$Ca(OH)_2$百分含量，均可以看出：养护温度的上升，$Ca(OH)_2$的百分含量也增多。比较养护温度为+5℃的A2和C2时$Ca(OH)_2$百分含量、养护温度为-5℃的A2和C2时$Ca(OH)_2$百分含量，均可看出：随着粉煤灰掺量的增多，$Ca(OH)_2$的百分含量减少。

② 不同温度制度下硅灰掺量对热分析结果的影响

为了研究在不同养护温度下，硅灰掺量对硅酸盐水泥水化程度的影响。本节选取A1和A3在+5℃和-5℃两个养护温度下的7d水泥浆体的差重曲线进行对比，其测试结果见图4-10。

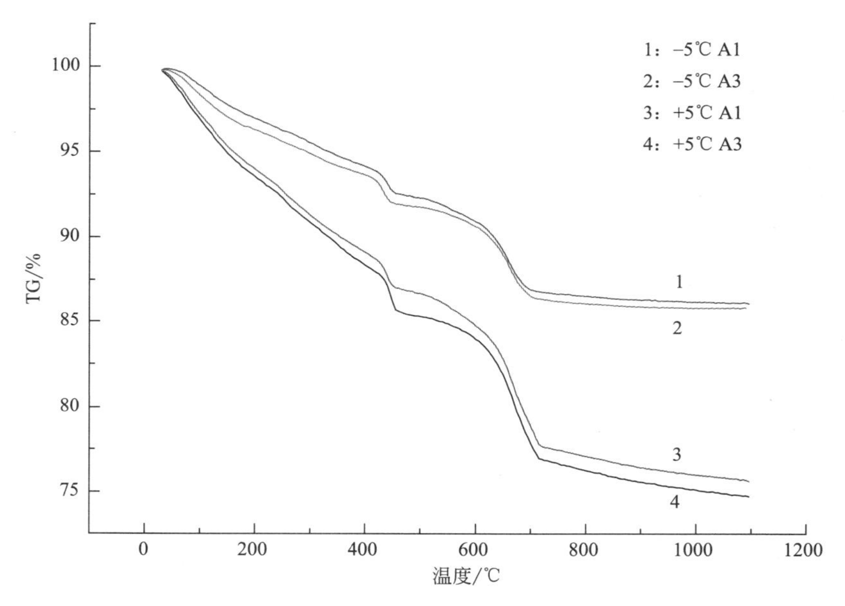

图4-10 不同温度制度下A1和A3的TG曲线

由图4-10可以大致看到，比较+5℃和-5℃两个不同温度制度下同种配比的TG曲线，在0～1100℃和400～550℃之间，养护温度为+5℃时的失重较大，说明养护温度的上升，非自由水的含量和$Ca(OH)_2$的含量也在增多。比较A1和A3两个不同配比在同种温度下的TG曲线，在0～1100℃和400～550℃之间，A1的失重程度比A3略小。由此说明，随着养护温度的下降，硅酸盐水泥的水化程度降低；硅灰掺量的增加，硅酸盐水泥的水化程度略有增高。

不同温度制度下硅灰掺量对非自由水含量的影响

A1和A3在+5℃和-5℃两个养护温度下非自由水百分含量的TG参数，见表4-9。

根据表4-9，再结合公式（4-1）到（4-4），可以计算出养护温度为+5℃时A1、A3，养护温度为-5℃时A1、A3中非自由水的百分含量，依次为：25.87%、27.10%、12.16%、12.59%。比较A1在养护温度为+5℃和-5℃时非自由水百分含量、A3在养护温度为+5℃和−5℃时非自由水百分含量，均可以看出：养护温度的上升，非自由水的百分含量也增多。比较养护温度为+5℃的A1和A3时非自由水百分含量、养护温度为−5℃的A1和A3时非自由水百分含量，均可以看出：随着硅灰掺量的增多，非自由水的百分含量略有增加。

不同温度制度下非自由水百分含量的TG参数　　表4-9

不同养护温度	L_a	L_b	M			$L/\%$
			M_1	M_2	M_3	
+5℃ A1	97.18	75.68	0.10	0.31	2.18	25.87
+5℃ A3	96.88	74.78	0.10	0.08	2.34	27.10
−5℃ A1	98.79	86.11	0.10	0.08	2.34	12.16
−5℃ A3	98.88	85.81	0.10	0.31	2.18	12.59

(2) 不同温度制度下硅灰掺量对$Ca(OH)_2$含量的影响

A1和A3在+5℃和−5℃两个养护温度下$Ca(OH)_2$百分含量的TG参数，见表4-10。

不同温度制度下$Ca(OH)_2$百分含量的TG参数　　表4-10

不同养护温度	$Ca(OH)_2$开始分解的重量/mg	$Ca(OH)_2$分解结束的重量/mg	G_0/mg	ΔG_1/mg	$G/\%$
+5℃ A1	88.33	84.84	75.11	3.49	19.10
+5℃ A3	89.09	85.93	75.99	3.16	17.09
−5℃ A1	94.12	91.72	86.16	2.4	11.45
−5℃ A3	93.62	91.36	85.80	2.26	10.83

根据表4-10，再结合公式4-5，可以计算出养护温度为+5℃时A1、A3，养护温度为−5℃时A1、A3中$Ca(OH)_2$的百分含量，依次为：19.10%、17.09%、11.45%、10.83%。比较A1在养护温度为+5℃和−5℃时$Ca(OH)_2$百分含量、A3在养护温度为+5℃和−5℃时$Ca(OH)_2$百分含量，均可以看出：养护温度的上升，$Ca(OH)_2$的百分含量也增多。比较养护温度为+5℃的A1和A3时$Ca(OH)_2$百分含量、养护温度为−5℃的A1和A3时$Ca(OH)_2$百分含量，均可以看出：随着硅灰掺量的增多，$Ca(OH)_2$的百分含量略有下降。说明硅灰没有水泥的水化程度高，参与水化反应的量也不多。

4.4 温度制度对硅酸盐水泥体系水化产物的影响

4.4.1 概述

X射线衍射分析（XRD）可以确定水化产物的类型，半定量分析水化反应物和生成物数量的多少。扫描电子显微镜分析（SEM）可以分析水泥水化产物的结晶度，观察钙矾石（AFt）、$Ca(OH)_2$、水化硅酸钙（C-S-H）凝胶等水化产物结晶程度的多少以及水化微观结构的致密程度。

本章采用 XRD 和 SEM 综合分析，研究低温养护对硅酸盐水泥和粉煤灰-硅灰硅酸盐水泥体系的水化产物和水化微观结构的影响。

4.4.2 硅酸盐水泥体系的 XRD 分析

硅酸盐水泥体系的 XRD 图谱主要由 C_3S、C_2S、CH 的衍射峰构成。C_3S 的主要特征峰在 $2\theta=32.21°$，C_2S 的主要特征峰在 $2\theta=32.10°$，CH 的主要特征峰在 $2\theta=18.08°$ 和 34.14°。特征峰的峰高可在一定程度上通过对比物质含量的多少，反映水泥浆体的水化程度。本节通过 XRD 来定性分析晶体的物相组成及半定量分析其含量的多少。实验原理依据布拉格方程，布拉格方程的方程式见式 4-6：

$$2d\sin\theta = n\lambda \tag{4-6}$$

式中：d——晶体的晶面间距；

θ——X 射线与反射面之间的夹角；

n——反射级数，通常取 1；

λ——X 射线的波长，本试验所用仪器为铜靶材，即 $\lambda_{cuka1}=1.5406Å$。

结合布拉格方程，计算出特征 X 射线的波长，与 PDF 卡片中已有的元素进行对照，确定硅酸盐水泥中所含的物相；根据衍射峰的高低，比较不同养护温度、不同粉煤灰-硅灰掺量时物相含量的多少。

（1）不同温度制度对硅酸盐水泥相组成的影响

在+5℃、0℃、−5℃、−10℃四个养护温度下的硅酸盐水泥 7d 的 XRD 分析，如图 4-11 所示。

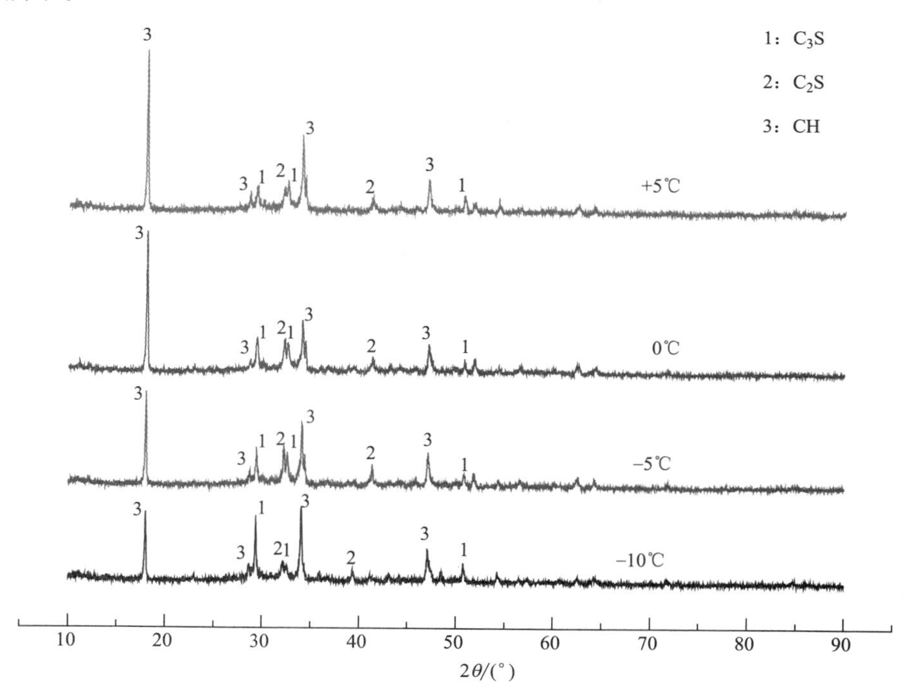

图 4-11　不同温度制度下硅酸盐水泥的 XRD 分析图

由图 4-11 可见，随着养护温度的降低，在 $2\theta=32.21^\circ$和 51.72°处，C_3S 的主要特征峰呈增强趋势；在 $2\theta=32.10^\circ$处，C_2S 的主要特征峰呈增强趋势；在 $2\theta=18.08^\circ$和 34.14°处，CH 的主要特征峰呈减弱趋势。以上趋势说明，随着养护温度的下降，水化反应物的含量增多，水化生成物的含量减少，硅酸盐水泥浆体的水化程度下降。

（2）不同温度制度对粉煤灰-硅灰-硅酸盐水泥体系相组成的影响

为了研究在不同养护温度下，粉煤灰掺量对硅酸盐水泥水化程度的影响。本节选取＋5℃和－5℃两个养护温度下，A2 和 C2 的 7d 水泥浆体粉末试样进行 XRD 分析，其对比结果如图 4-12 所示。

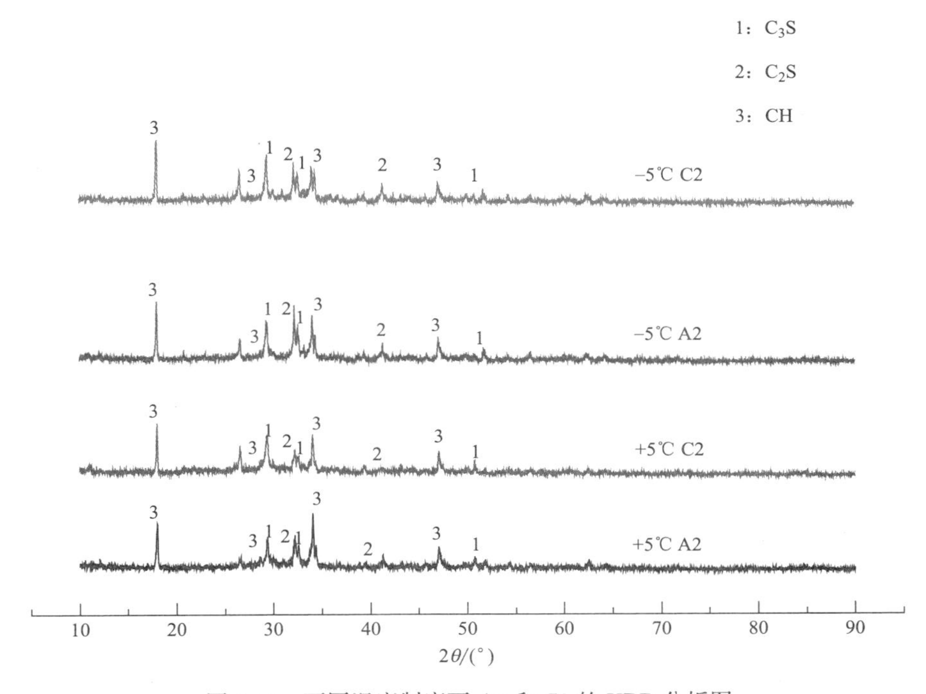

图 4-12　不同温度制度下 A2 和 C2 的 XRD 分析图

由图 4-12 可见，随着养护温度的降低，C_3S 和 C_2S 的主要特征峰增强；CH 的主要特征峰减弱。随着粉煤灰掺量的增加，C_3S 和 C_2S 的主要特征峰增强；CH 的主要特征峰减弱。以上趋势说明，随着养护温度的下降，水化反应物的消耗速度减慢，生成物的含量减少，硅酸盐水泥浆体的水化程度下降。粉煤灰的增加，不利于硅酸盐水泥体系早期水化程度的发展。

为了研究在不同养护温度下，硅灰掺量对硅酸盐水泥水化程度的影响。本节选取＋5℃和－5℃两个养护温度下，A1 和 A3 的 7d 水泥浆体粉末试样进行 XRD 分析，其对比结果如图 4-13 所示。

由图 4-13 可见，随着养护温度的降低，C_3S 和 C_2S 的主要特征峰增强；CH 的主要特征峰明显减弱。随着硅灰掺量的增加，C_3S 和 C_2S 的主要特征峰减弱；CH 的主要特征峰增强。以上趋势说明，随着养护温度的下降，水化反应物的消耗速度减慢，生成物的含量减少，硅酸盐水泥浆体的水化程度下降。随着硅灰掺量的增加，水化反应物的消耗速度加

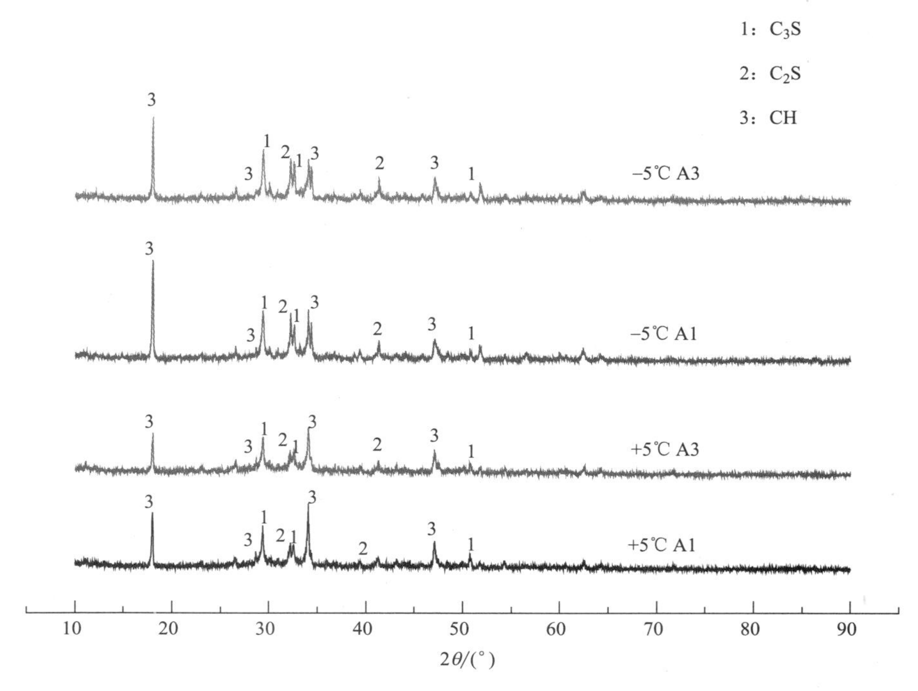

图 4-13　不同温度制度下 A1 和 A3 的 XRD 分析图

快，水化生成物的含量增多，硅酸盐水泥浆体的水化程度提高。

4.4.3　硅酸盐水泥体系的 SEM 分析

（1）不同温度制度对硅酸盐水泥微观形貌的影响

a. 养护温度为+5℃时，P. O 的 7d 微观形貌图，如图 4-14 所示。

从图 4-14 可以看到，当养护温度为+5℃时，硅酸盐水泥的水化结构相对较为密实，存在较多的针棒状钙矾石（AFt）、簇状单硫型水化硫铝酸钙（AFm）和板状氢氧化钙（CH）。且板状氢氧化钙（CH）生长的较为厚实。

(a)

(b)

图 4-14　温度制度为+5℃时试样的微观形貌图（一）

图 4-14　温度制度为＋5℃时试样的微观形貌图（二）

b. 养护温度为－10℃时，P·O 的 7d 微观形貌图，如图 4-15 所示。

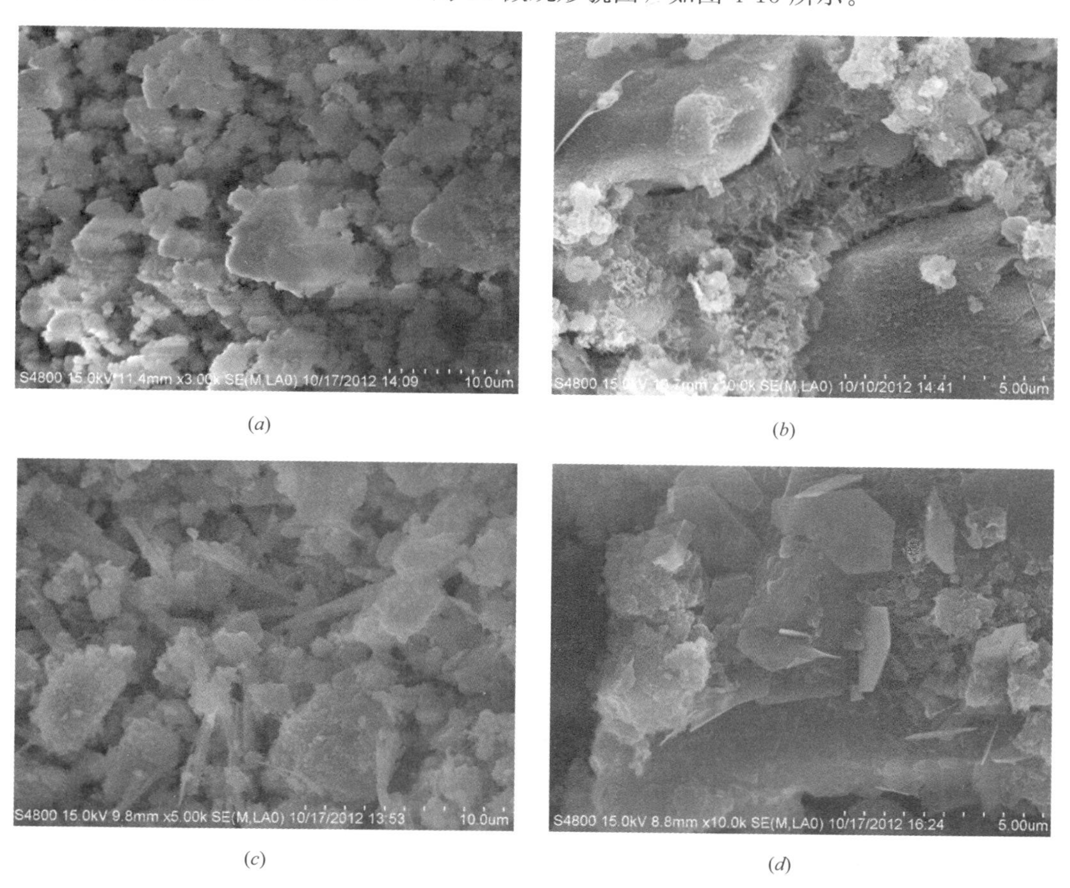

图 4-15　温度制度为－10℃时试样的微观形貌图

从图 4-15 可以看到，当养护温度为－10℃时，硅酸盐水泥的水化结构极为疏松，孔隙较多，没有找到成簇状的单硫型水化硫铝酸钙（AFm），只有少量的针棒状钙矾石（AFt），板状氢氧化钙（CH）变薄，没有形成网状结构。

比较图 4-14 和图 4-15 可以看出，随着养护温度的降低，水化 7d 的硅酸盐水泥水化生成物针棒状钙矾石（AFt）、簇状单硫型水化硫铝酸钙（AFm）和板状氢氧化钙（CH）的含量均降低，浆体中的孔隙增多，水泥石结构越来越疏松。这说明水化 7d 的水泥浆体水化程度随着养护温度的降低而下降。这与本章第 3 节的热分析结果和第 4 节的 XRD 分析结果是一致的。

（2）不同温度制度对粉煤灰-硅灰-硅酸盐水泥体系微观形貌的影响

选取粉煤灰-硅灰三元硅酸盐体系中的 A2（粉煤灰掺量为 10%、硅灰掺量为 5%）为例，分析不同的养护温度（+5℃、0℃、−5℃、−10℃）对粉煤灰-硅灰-硅酸盐水泥体系的 7d 微观结构的影响。

a. 养护温度为+5℃时，A2 的 7d 微观形貌图，如图 4-16 所示。

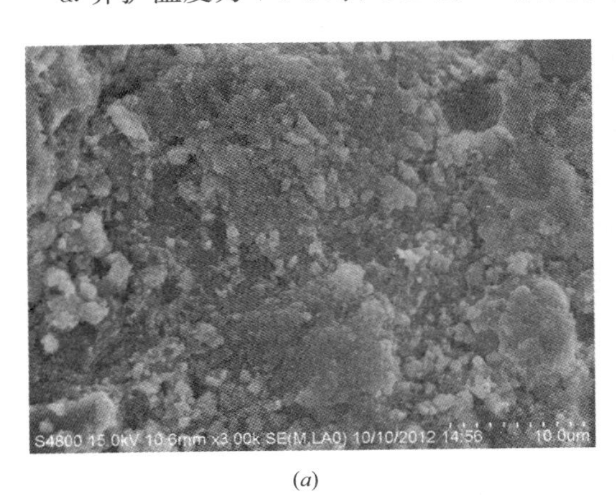

(a)

(b)

图 4-16　温度制度为+5℃时试样的微观形貌图

从图 4-16 可以看到，当养护温度为+5℃时，粉煤灰-硅灰-硅酸盐水泥体系中由于有硅灰的存在，水泥浆体的水化结构较同养护温度下的硅酸盐水泥更为密实，孔隙较少；粉煤灰表面部分区域有“二次水化”的痕迹，粉煤灰与水泥水化产物 C-S-H 之间具有一定程度的搭接。

b. 养护温度为 0℃时，A2 的 7d 微观形貌图，如图 4-17 所示。

(a)

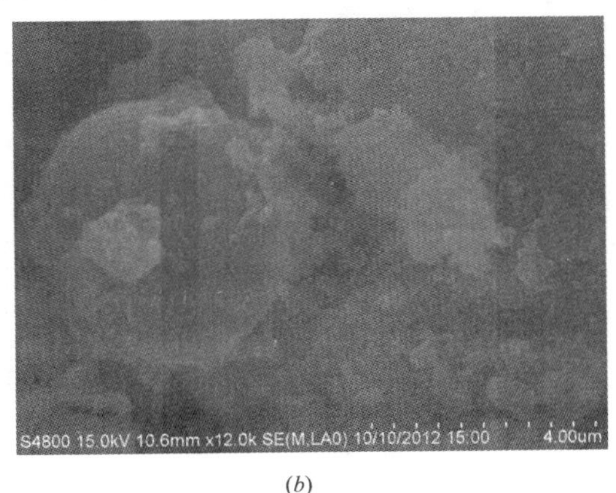

(b)

图 4-17　温度制度为 0℃时试样的微观形貌图

从图 4-17 可以看到，当养护温度为 0℃时，粉煤灰-硅灰-硅酸盐水泥体系的水化结构较为密实，孔隙不多；粉煤灰表面部分区域有“二次水化”的痕迹，但水化程度不高，粉煤灰与水泥水化产物之间具有一定程度的搭接，但是，搭接程度不够紧凑。

c. 养护温度为－5℃时，A2 的 7d 微观形貌图，如图 4-18 所示。

(*a*)

(*b*)

图 4-18　温度制度为－5℃时试样的微观形貌图

从图 4-18 可以看到，当养护温度为－5℃时，粉煤灰-硅灰-硅酸盐水泥体系的水化结构较为疏松，孔隙较多；粉煤灰表面部分区域有“二次水化”的痕迹，但水化程度不高，粉煤灰颗粒独立存在于硅酸盐水泥浆体中，与水泥水化产物之间的搭接不好。

d. 养护温度为－10℃时，A2 的 7d 微观形貌图，如图 4-19 所示。

(*a*)

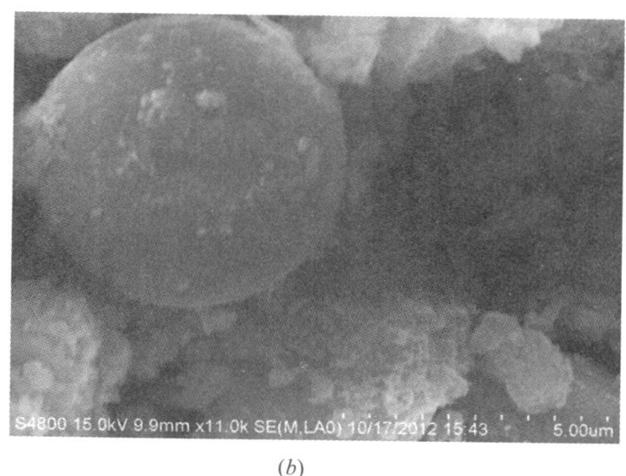

(*b*)

图 4-19　温度制度为－10℃时试样的微观形貌图

从图 4-19 可以看出，当养护温度为－10℃时，粉煤灰-硅灰-硅酸盐水泥体系的水化结构极为疏松，但是由于硅灰的存在，比同养护温度下的硅酸盐水泥的水化结构略好，水泥石的形成较少，相互之间的搭接不好，出现大量孔隙；同时，粉煤灰表面近似光滑，几乎没有发生“二次水化”，粉煤灰颗粒独立存在于硅酸盐水泥浆体中，与水泥水化产物之间没有化学结合，也没有彼此间的相互搭接。

对比图 4-16～图 4-19 中的图（a）可以看出，随着养护温度的降低，粉煤灰-硅灰-硅酸盐水泥体系中 A2 的浆体结构明显越来越疏松，水泥石之间的孔隙越来越大，彼此搭接程度越来越差；对比图 4-16～图 4-19 中的图（b）可以看出，随着养护温度的降低，粉煤灰表面“二次水化”区域逐渐减少，“二次水化”程度呈下降趋势，当养护温度降到 -10℃时，粉煤灰表面近似光滑，粉煤灰几乎没有发生二次水化。

第 5 章　养护制度对低温混凝土水化及强度发展的影响

混凝土早期强度主要受不同养护制度（包括温度和湿度等）、水灰比、养护龄期等因素影响。其中预养时间对负温混凝土的力学性能的影响要比水灰比、引气剂、防冻剂、矿渣及粉煤灰明显。本章针对一种固定配合比的混凝土，采用低掺量的防冻剂、早强剂，用粉煤灰部分取代水泥，通过改变早期养护的温度制度，研究不同预养时间对混凝土早期和转正温后的抗压强度的影响。

5.1　预养时间及不同温度制度对混凝土强度的影响

5.1.1　预养时间及一次冻结制度对混凝土强度的影响

（1）预养时间和一次冻结制度对混凝土 6d 强度的影响

混凝土试件标养至不同预养时间后，转恒负温一次冻结或变负温一次冻结两种不同温度制度养护 3d，再经标准养护至 6d，测混凝土试件 6d 的抗压强度，试验结果见图 5-1 所示。

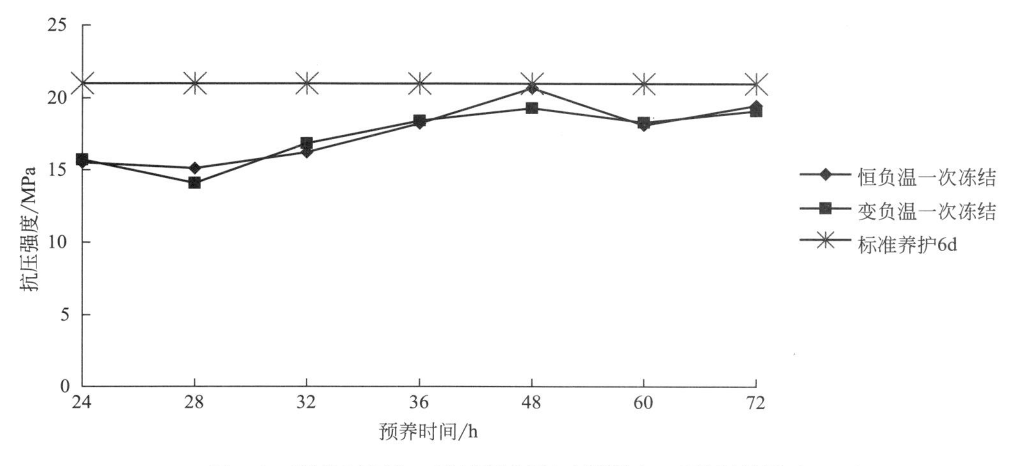

图 5-1　预养时间和一次冻结制度对混凝土 6d 强度的影响

从图 5-1 可以看出，同一种温度制度下，随着预养时间的延长，混凝土试件 6d 的抗压强度总体上呈现逐渐增长的趋势。恒负温一次冻结和变负温一次冻结两种条件下的混凝土强度均低于标准养护 6d 的混凝土强度。变负温一次冻结养护条件下的混凝土 6d 强度略低于恒负温一次冻结条件下混凝土的 6d 强度。预养 28h 混凝土在两种条件下的 6d 强度均略低于预养 24h 的混凝土。恒负温一次冻结条件下，预养 48h 试件强度最大，接近标养 6d

强度。

这是因为，随着预养时间的延长，水泥水化持续进行，试件强度不断提高，在一定程度上混凝土抗冻害的能力随之增长，所以混凝土6d强度大体上逐渐增长。导致同龄期混凝土在早期受冻后强度低于标准养护的混凝土强度主要是由于负温环境使混凝土内部产生的静水压和渗透压，结冰冻胀力和水分迁移逐渐改变了内部的孔结构，使裂缝和连通孔增多，导致混凝土强度降低。

预养28h混凝土在两种温度制度下的6d强度均略低于预养24h的混凝土，这是因为，预养24h的混凝土水泥水化硬化程度很低，仍具有一定塑性，这种塑性抵消了部分冻胀产生的破坏。一次冻结预养时间从28h到48h的混凝土强度增长速率很大，其中预养48h一次冻结条件的试件强度增长幅度最大，甚至高于预养60h混凝土的强度，这是因为这个时间段内水泥水化速率很快，混凝土内部稳定结构逐步形成，使混凝土早期抗冻害能力得到提高。但一次冻结预养48h混凝土达到了结构上的一个质变，从而导致预养60h试件的6d强度低于预养48h的强度值。

（2）预养时间和一次冻结制度对混凝土31d强度的影响

混凝土试件标养至不同预养时间后，转恒负温一次冻结和变负温一次冻结两种不同温度制度养护3d，再转标准养护至31d（－3＋28d），测混凝土试件31d的抗压强度。试验结果见图5-2所示。

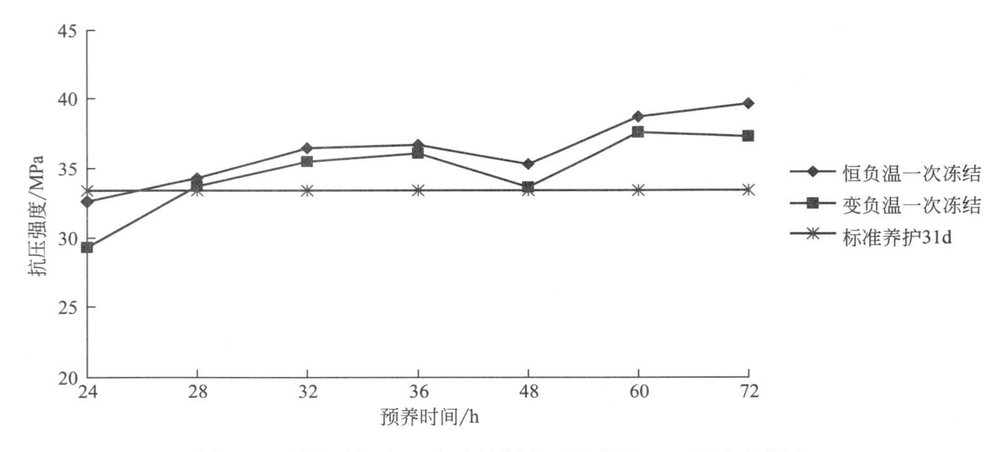

图5-2　预养时间和一次冻结制度对混凝土31d强度的影响

从图5-2可以看出，同一种温度制度下，随着预养时间的延长，混凝土试件31d的抗压强度总体上仍然呈现逐渐增长的趋势。恒负温一次冻结条件下混凝土31d强度均大于变负温一次冻结条件下混凝土的31d强度。恒负温一次冻结和变负温一次冻结两种条件下，预养28h混凝土31d强度均高于预养24h混凝土强度。两种条件下，预养48h试件31d强度出现拐点，低于预养36h和60h试件31d强度。

这是因为，混凝土在随着预养时间的延长，水化程度不断提高，结构越来越致密，抗冻害能力总体上随之提高，相对应的试件31d强度也逐渐增长。恒负温一次冻结条件处于封闭的空间内，冰箱内环境湿度很大。较变负温的户外环境来说，恒负温环境更稳定，更利于水分的保持和强度的增长。预养时间多于28h试件经过转正温养护，可以弥补早期受冻产生的结构损伤，而预养 24h 试件虽然早期受冻损伤相对少，但水分重新分布和表面区域结冰是同时进行的，结果表面区域冰的体积不断增加，造成结构极不均匀，虽然冻后经过标养，但遭受破坏的不均匀结构并没有得到很好的恢复，造成了永久性的结构损伤。变负温一次冻结条件下，预养龄期仅为 24h 就遭受冻害的混凝土，即使通过后期养护，强度也仅达到标养强度的 85%左右。

恒负温一次冻结和变负温一次冻结条件下，混凝土预养 48h 试件 31d 强度出现拐点，是因为养护 48h 的混凝土正处在强度增长较快，致密结构形成的关键时期，内部结构变得脆弱，这段时间的内部结构上有一个质的飞跃，此时混凝土受到一次冻结 3d，对其 6d 强度影响不大，甚至有相对提高的可能。但是这时也留下了结构隐患，导致转正温养护到 31d 的强度较低。而在冻融循环条件下，预养 36h 的混凝土受到冻融循环 3d 的条件，对其 6d 强度影响也不大，但是结构的损伤隐患仍然导致转正温养护 31d 的强度偏低。相同预养龄期下，冻融循环的环境使混凝土内部结构破坏较一次冻结更为严重，这种所谓的结构破坏，使得冻融循环条件下的混凝土强度“拐点”提前。

经历变负温一次冻结条件的混凝土转正温养护后的 31d 强度测试前，直观观察试件表面，如图 5-3 所示。

图 5-3　变负温一次冻结混凝土转正温后表面情况

(F24：变负温一次冻结预养 24h；F32：变负温一次冻结预养 32h；
F36：变负温一次冻结预养 36h；F72：变负温一次冻结预养 72h)

由图 5-3 可以看出，混凝土试件标记字迹随着预养时间的增加而逐渐清晰，预养 24h

的标记字体非常模糊且表面凸凹不平，发生了较严重的剥落现象。预养 36h 之后的试件字迹较为清晰，并且表面较完整，剥落质量较小，形状较完整。这是由于混凝土表面经历低温环境时，冻胀应力和水分迁移产生的破坏所造成的。随着预养时间的增加，抵抗负温环境的破坏能力随之增加。

5.1.2 预养时间及气冻气融循环制度对混凝土强度的影响

(1) 预养时间和气冻气融循环制度对混凝土 6d 强度的影响

混凝土试件标养至不同预养时间后，转恒负温气冻气融循环和变负温气冻气融循环两种不同温度制度养护 3d，再经标准养护至 6d，测混凝土试件 6d 的抗压强度，试验结果见图 5-4 所示。

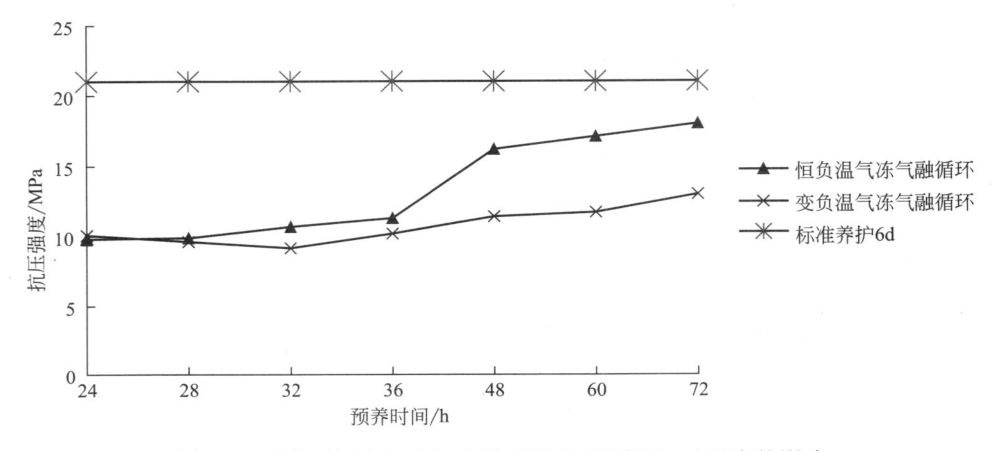

图 5-4 预养时间和气冻气融循环制度对混凝土 6d 强度的影响

从图 5-4 可以看出，同一种温度制度下，随着预养时间的延长，试件 6d 的抗压强度总体上呈现逐渐增长的趋势。两种养护条件下的混凝土强度均低于标准养护 6d 的强度。变负温气冻气融循环条件下试件 6d 强度低于恒负温气冻气融循环条件混凝土的 6d 强度。预养 28h 混凝土在两种条件下的 6d 强度均略低于预养 24h 的混凝土。恒负温气冻气融循环条件下，预养时间在 36h 到 48h 的试件强度有一个较大增加。一次冻结条件下的混凝土强度均高于气冻气融循环混凝土的强度。

这是因为，随着预养时间的延长，水泥水化持续进行，试件强度不断提高，在一定程度上混凝土抗冻害的能力随之增长，所以混凝土 6d 强度大体上逐渐增长。导致同龄期混凝土在早期受冻后强度低于标准养护的混凝土强度主要是由于负温环境使混凝土内部产生的静水压和渗透压，结冰冻胀力和水分迁移逐渐改变了内部的孔结构，使裂缝和连通孔增多，导致强度降低。

冻融循环条件养护的混凝土处于冻结时间是一次冻结条件的一半，然而 6d 强度却远低于一次冻结条件下的混凝土强度。这是因为，冻融循环对混凝土的损伤远大于一次冻结对混凝土内部的破坏。变负温条件相对于恒负温条件对混凝土内部破坏损伤更大，导致早期变负温气冻气融循环条件的混凝土强度更低。预养 28h 混凝土在两种条件下的 6d 强度均略低于预养 24h 的混凝土。这是因为，预养 24h 的混凝土水泥水化硬化程度很低，仍具有一定塑性，这种塑性抵消了部分冻胀产生的破坏。

(2) 预养时间和气冻气融循环制度对混凝土 31d 强度的影响

混凝土试件标养至不同预养时间后，转恒负温气冻气融循环和变负温气冻气融循环两种不同温度制度养护 3d，再转标准养护至 31d（－3＋28d），测混凝土试件 31d 的抗压强度。试验结果见图 5-5 所示。

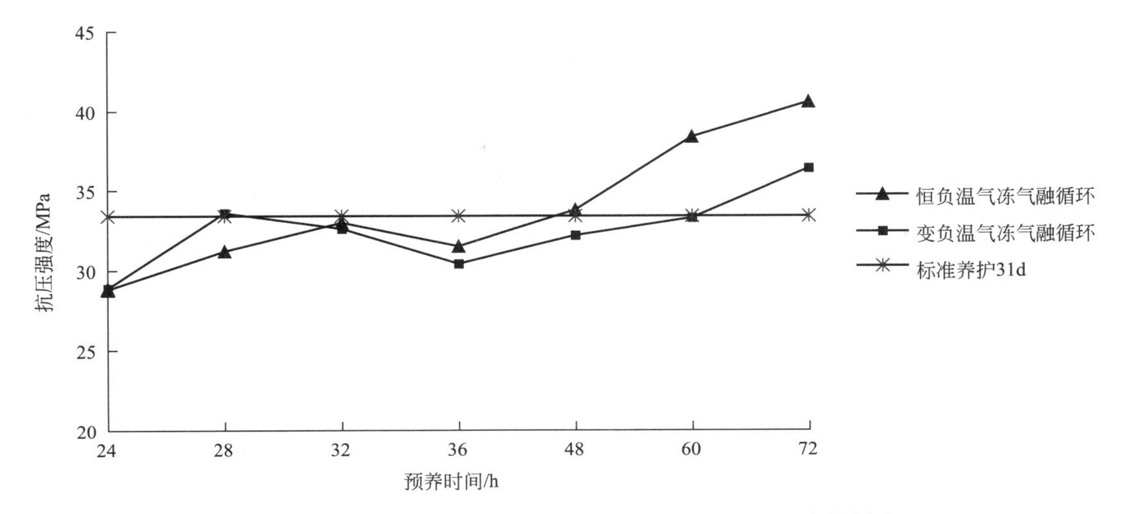

图 5-5　预养时间和气冻气融循环制度对混凝土 31d 强度的影响

从图 5-5 可以看出，同一种温度制度下，随着预养时间的延长，试件 31d 的抗压强度总体上仍然呈现逐渐增长的趋势。恒负温气冻气融循环和变负温气冻气融循环条件下，预养 28h 混凝土 31d 强度均高于预养 24h 混凝土强度，预养 36h 混凝土 31d 强度出现“拐点”，低于预养 32h 和 48h 试件 31d 强度。气冻气融循环条件下预养 72h 试件的后期强度最高。

这是因为，混凝土在随着预养时间的延长，水化程度不断提高，结构越来越致密，早期抗冻害能力总体上随之提高，相对应的试件 31d 强度也逐渐增长。预养时间多于 28h 试件经过转正温养护，可以弥补早期受冻产生的结构损伤，而预养 24h 试件虽然早期受冻损伤相对少，但水分重新分布和表面区域结冰是同时进行的，结果表面区域冰的体积不断增加，造成结构极不均匀，虽然冻后经过标养，但遭受破坏的不均匀结构并没有得到很好的恢复，造成了永久性的结构损伤。恒负温气冻气融循环和变负温气冻气融循环条件下，预养龄期仅为 24h 就遭受冻害的混凝土，即使通过后期养护，强度也仅达到标养强度的 85％左右。

在恒负温气冻气融循环和变负温气冻气融循环条件下，预养 36h 的混凝土受到冻融循环 3d 的条件，对其 6d 强度影响也不大，但是结构的损伤隐患仍然导致转正温养护 31d 的强度仍然偏低。相同预养龄期下，冻融循环的环境使混凝土内部结构破坏较一次冻结更为严重，这种所谓的结构破坏，使得冻融循环条件下的混凝土强度“拐点”提前。

气冻气融循环条件下预养 72h 试件的后期强度最高，超过了恒负温一次冻结预养 72h 混凝土的 31d 强度。这是因为混凝土早期强度低，并不意味着后期强度也低。相反的早期混凝土强度增长较快的，其后期强度往往比早期强度发展慢的混凝土强度低。早期快速水化形成了一定结构平台，后期的强度只能够建立在这个平台之上，因此强度受到一定局限。而早期水化慢的，这个结构平台形成更为稳定和致密，所以后者情况下强度较高。负温条件下，水泥部分水化受温度扩散作用影响显著，延缓了结构平台的形成，所以早期强度较低，但相对于较早形成的结构更加致密和稳定，为后期强度的快速增长提供了良好的平台。另外，随着水化的进行，大孔已被水化生成物填充形成较多的毛细孔，自由水量明显减少，且富集在大量的毛细孔中，由于毛细孔中的水很少结冰，此时在温度梯度、压力梯度和湿度梯度作用下，混凝土中的水分在“冻”和“融”的过程中得以重新分布，更利于水分的迁移，从而转正温养护后使未水化水泥颗粒更好地接触水，较快提高水化速度，导致较晚形成的混凝土的内部结构更加均匀和密实。当然这种早期的“大破坏”能够带来后期强度较高增长是在混凝土具有一定外界框架的约束下才能够完成的。如果预养龄期过短，或者受冻强度过低，后期养护也不能弥补此时冻害带来的损伤。

5.1.3 预养时间及气冻水融循环制度对混凝土强度的影响

（1）预养时间和气冻水融循环制度对混凝土 6d 强度的影响

混凝土试件标养至不同预养时间后，转恒负温气冻水融循环和变负温气冻水融循环两种不同温度制度养护 3d，再经标准养护至 6d，测混凝土试件 6d 的抗压强度，试验结果见图 5-6 所示。

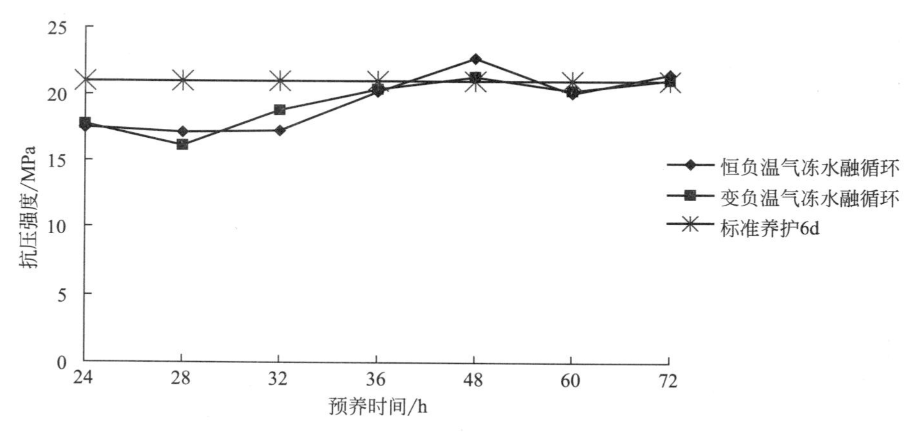

图 5-6 预养时间和气冻水融循环制度对混凝土 6d 强度的影响

从图 5-6 可以看出，同一种温度制度下，随着预养时间的延长，试件 6d 的抗压强度总体上呈现逐渐增长的趋势，但增长趋势不大明显。两种温度制度下，只有预养 48h 混凝土 6d 强度超过标准养护条件下的 6d 强度，出现了一个峰值。预养 28h 混凝土在两种条件下的 6d 强度均略低于预养 24h 的混凝土。变负温气冻水融循环温度制度下试件 6d 强度和恒负温气冻水融循环条件混凝土的 6d 强度大致相同。

这是因为，随着预养时间的延长，水泥水化持续进行，试件强度不断提高，在一定程度上混凝土早期抗冻害的能力随之增长，所以混凝土 6d 强度大体上逐渐增长。导致同龄期混凝土在早期受冻后强度低于标准养护的混凝土强度，主要是由于负温环境使混凝土内部产生的静水压和渗透压，结冰冻胀力和水分迁移逐渐改变了内部的孔结构，使裂缝和连通孔增多，导致强度降低。

预养28h混凝土在两种条件下的6d强度均略低于预养24h的混凝土。这是因为，预养24h的混凝土水泥水化硬化程度很低，仍具有一定塑性，这种塑性抵消了部分冻胀产生的破坏。变负温条件气冻水融条件与恒负温气冻水融循环的条件下，由于水融循环的因素，两种条件下混凝土6d强度和规律大致相同。

（2）预养时间和气冻水融循环制度对混凝土31d强度的影响

混凝土试件标养至不同预养时间后，转恒负温气冻水融循环和变负温气冻水融循环两种不同温度制度养护3d，再转标准养护至31d（－3＋28d），测混凝土试件31d的抗压强度。试验结果见图5-7所示。

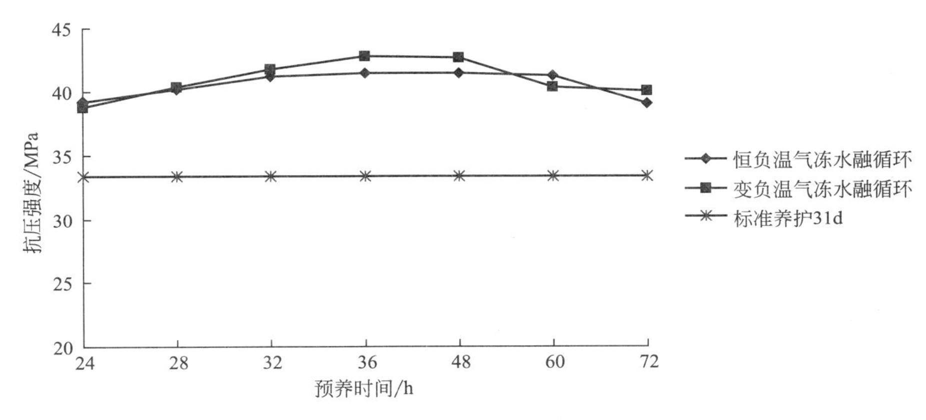

图5-7　预养时间和气冻水融循环制度对混凝土31d强度的影响

从图5-7可以看出，同一种温度制度下，随着预养时间的延长，试件31d的抗压强度总体上呈现先增后减的趋势，但相差不大。恒负温气冻水融循环和变负温气冻水融循环两种不同温度制度下，混凝土试件31d强度均高于标准养护31d试件的强度。变负温气冻水融循环温度制度下试件6d强度和恒负温气冻水融循环条件混凝土的6d强度大致相同。

这是因为，混凝土在随着预养时间的延长，水化程度不断提高，结构越来越致密，早期抗冻害能力总体上随之提高，相对应的试件31d强度也逐渐增长。水分在“冻”和“融”的过程中得以重新分布，更利于水分的迁移。然而混凝土早期经历“气冻”与“水融”的环境，在三种力的作用下，水分更多的从外部水环境向混凝土内部迁移。这个“补水”过程使混凝土内部结构发生重大变化。但预养60h和72h的混凝土31d强度有所降低，可能由于此时混凝土随着水化的进行，内部较致密的结构已经形成，大孔已被水化生成物填充形成较多的毛细孔，自由水量明显减少，且富集在大量的毛细孔中，由于毛细孔中的水很少结冰，此时在温度梯度、压力梯度和湿度梯度作用下，水分向混凝土内部迁移造成了过多的孔隙，孔隙中水分过多，相对增大了水灰比，导致后期强度有所降低。这种早期的“大破坏”能够带来后期的“大修复”，在水融补水的环境下，强度增长更快。

气冻水融循环条件下，恒负温与变负温对混凝土的影响已经被气冻水融的影响所取代，所以两种条件下混凝土的31d强度大致相同。气冻水融循环的条件增加了水泥石体系的自由能差，改善了冰晶形态，使水泥粒子和水分子有反应的能量和动力。对体系中水而言，小孔中水分子的熵比大孔中的大，获得的自由能大，体系中的自由能差增加，从而水分子的活性增加，加速了负温下水泥的水化硬化。因此，负温条件更有利于混凝土早期强度的增长。

混凝土试件标准养护条件至相应龄期，测其抗压强度值并计算相应龄期强度值所占标准养护条件31d混凝土强度值的百分数，结果见表5-1。

标准养护相应龄期的混凝土强度值 **表5-1**

养护龄期	24h	28h	32h	36h	48h	60h	72h	31d
抗压强度值(MPa)	0.9	2.1	3.3	4.2	8.7	11.8	15.3	33.4
占31d强度百分数(%)	2.6	6.3	9.8	12.5	26.2	35.3	45.8	100

根据表5-1数据，结合图5-1～图5-6得出，一次冻结条件下预养时间多于28h，受冻时强度达到2.1MPa（即标养31d强度值的6.3%），31d强度高于同龄期标养强度。而恒负温气冻气融循环条件预养时间要多于48h，受冻时强度达到8.7MPa（即标养31d强度值的26.2%），变负温气冻气融循环条件预养时间要多于60h，受冻时强度达到11.8MPa（即标养31d强度值的35.3%），后期强度可能高于同龄期标养强度。恒负温气冻水融循环和变负温气冻水融循环两种条件下，预养时间大于24h，混凝土强度均高于同龄期标养强度的20%以上。

但由于强度“拐点”的存在，恒负温一次冻结、变负温一次冻结、恒负温冻融循环和变负温冻融循环四种不同条件下预养时间都应该多于60h，或者说受冻强度大于标养31d强度值的35.3%左右，再经历负温环境，6d强度与标养6d条件降低不大，31d强度一般高于标养条件的强度值。

5.1.4 不同温度制度对混凝土转正温养护后强度增长的影响

预养时间和不同温度制度对混凝土转正温养护后强度增长值的影响，试验结果见表5-2和图5-8所示。

不同温度制度下混凝土转正温养护后强度的增长值（MPa） **表5-2**

序号	温度制度	预养时间/h						
		24	28	32	36	48	60	72
1	恒负温一次冻结	17.1	19.2	20.3	18.5	14.6	20.6	20.1
2	变负温一次冻结	13.6	19.6	18.7	17.7	14.3	19.3	18.2
3	恒负温气冻气融循环	19.0	21.3	22.3	20.2	17.6	21.3	22.6
4	变负温气冻气融循环	18.8	24.0	23.4	20.2	20.8	21.3	23.4
5	恒负温气冻水融循环	21.7	23.1	24.0	21.3	18.8	21.2	17.6
6	变负温气冻水融循环	21.7	24.3	23.0	22.4	21.4	20.1	19.0
7	标准养护条件	12.4	12.4	12.4	12.4	12.4	12.4	12.4

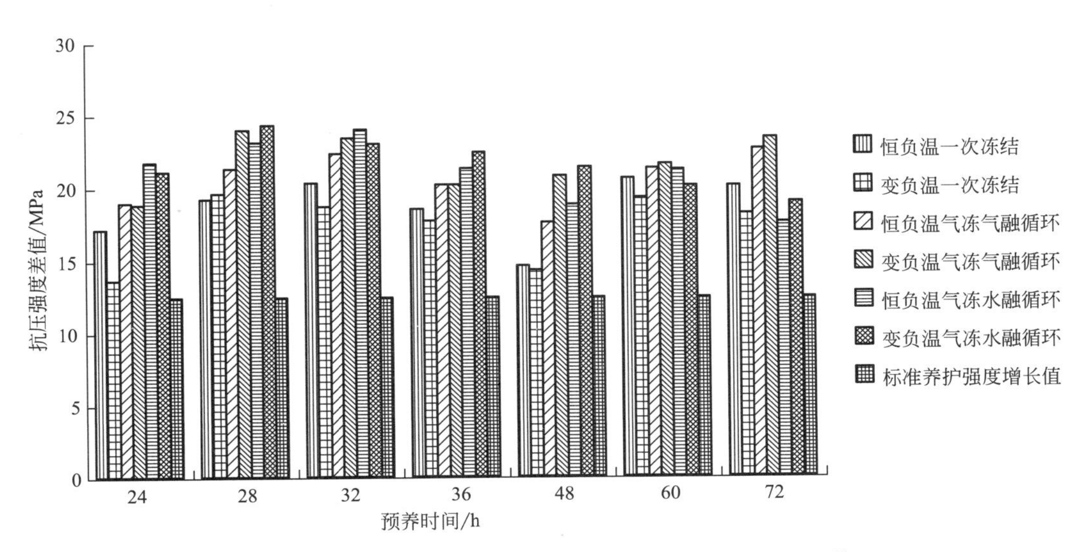

图 5-8　不同温度制度下混凝土转正温养护后强度的增长值

从图 5-8 可以看出，恒负温一次冻结、变负温一次冻结、恒负温气冻气融循环、变负温气冻气融循环、恒负温气冻水融循环和变负温气冻水融循环六种不同温度制度的混凝土转正温养护后强度的增长均高于同龄期标准养护的强度增长值。总体上看相同预养龄期条件下转正温养护的强度增长大小顺序大致为：变负温气冻气融循环＞恒负温气冻气融循环＞恒负温气冻水融循环（变负温气冻水融循环）＞恒负温一次冻结＞变负温一次冻结。恒负温气冻水融循环和变负温气冻水融循环条件下的混凝土预养时间少于 48h 强度增长较快，预养时间大于 48h 的混凝土强度增长较慢。转正温养护的混凝土强度增长的较低值出现在预养龄期为 24h 和 48h。

这是因为，经过冻结的“破坏”之后，在水压力和渗透压的作用下产生很多裂缝和连通孔。这些裂缝和连通孔按照孔径与冰点的关系分为易结冰孔（孔径大于 10μm）、过渡孔（孔径 400Å）和不结冰孔。混凝土早期以易结冰孔为主，随着水泥水化产物的增多，部分易结冰孔已被水化生成物填充形成较多的过渡孔和不结冰孔，本来连续的水分逐渐被打断和隔离，自由水量明显减少，且富集在大量的毛细孔中，水分的分配并不均匀。混凝土的破坏主要来自易结冰孔内部水分结冰产生的力的作用。随着水泥水化的进行，不断有易结冰孔向过渡孔和不结冰孔转化。龄期为 48h 左右的混凝土，从宏观试验看正处在这个结构变化的关键时期，渡过一个转化的关键时期之后，易结冰孔内水分的受冻产生破坏损伤已经能被水泥水化产生的强度所弥补，过渡孔和不结冰孔在温度梯度、压力梯度和湿度梯度的力作用下，水分得以二次分配，使得转正温后的混凝土强度增长值大于标养条件增长值。冻融循环条件下，“融”的过程就是增强三个梯度的反力的作用，会从周围环境中吸收水分，也就是水分更好的重新分配的过程，导致转正温养护后，冻融循环的“大破坏”之后，较一次冻结更有利于水分的迁移，加快水化速度，提高混凝土的后期强度。然而，一次冻结条件下经过不同预养龄期后连续受冻 3d，变负温试件虽然进行表面覆盖，但相对于冰箱内的恒负温试件，三个梯度力的作用导致失水更多，早期又没有经历气冻气融循环中“融”的湿空气环境来补水，也影响了该条件混凝土的水化，导致 6d 和 31d 强度均低于恒负温一次冻结条件的混凝土强度10%左右。

5.2 不同温度制度下混凝土的抗冻临界强度

现有的负温混凝土基本理论主要有三个，一是液灰比学说，是以冰点理论为基础，含冰率理论发展而来；二是早期结构形成说，防冻剂是促进负温下水泥水化的动力源之一，但早期结构与水泥混凝土的凝聚状态有关，没有水泥的凝聚状态结构形成，防冻剂的作用仍然有限；三是抗冻临界强度理论，该理论认为在水泥水化达到一定程度时，混凝土中一部分水用于水化之外，另一部分水可分为蒸发水与不可蒸发水，可蒸发水主要是粗孔中的自由水，而不可蒸发水是化学结合水以及存在毛细孔、凝胶孔中的吸附水。

抗冻临界强度即混凝土抵抗冻害最小强度，简称临界强度。一般定义为：新浇筑的广义混凝土达到某一强度时（包括零强度），经冻结若干龄期，恢复正温养护后混凝土的后期强度继续增长且达到普通混凝土的95%以上时所需要的最低初始强度。随着对不同概念混凝土的认识，临界强度这一概念也在发生着急剧的变化，如果连混凝土抗冻融循环能力都包括进去，这一概念便成为“广义抗冻临界强度”，此时，便可这样认识：混凝土抗冻临界强度是表示混凝土抵抗早期冻害能力的强度。随着外加剂的应用，掺外加剂的混凝土临界强度取值有可能从零达到设计强度的百分之百的全部范围。因此，广义临界强度是表征各种类型混凝土抵抗负温冻害能力的特征值，也可以说成混凝土适应负温状况行为的能力，对于不同的混凝土由于其内在本质不同，其特征值不同，但应遵守相应的特征规律：从广义上讲，在0%～100%的混凝土强度范围内，都存在着抗冻临界强度的可能值；狭义上说，在某一温度下，抗冻临界强度为各种混凝土抵抗冻害的最小强度，虽然，对于复杂气候状况下，复杂的混凝土条件下的广义抗冻临界强度不容易确定，但可以根据不同状况下混凝土的强度行为找到其抗冻害规律，对于不同等级随机状态下的负温混凝土可以找出狭义临界强度的状态函数，求出某一条件下的狭义临界强度。混凝土的临界抗冻强度并非一个固定的数值，根据外加剂品种和施工环境，可看作一组随机函数。

本章主要从负温混凝土抵抗早期冻害能力角度，利用两种计算方法讨论该混凝土的抗冻临界强度。

5.2.1 基于一般定义的混凝土抗冻临界强度

（1）标准养护条件下混凝土的强度

标准养护条件下，根据本文混凝土配合比设计制作混凝土试件，并于相应龄期测量混凝土抗压强度值，见图5-9。

从图5-9可以看出，标准养护条件下的混凝土试件抗压强度都随着龄期的增加而增加。

根据强度增长值与所用龄期的比值，计算得出强度增长率，见表5-3。

由表5-3可以看出，标准养护条件下混凝土成型养护到1d时，强度增长很慢。混凝土龄期为1d到3d的抗压强度增长很快，增长速率远远大于其他龄期，其中1.5d～2d（36h～48h）增长率最大。混凝土龄期为3d～7d，增长率有所降低，但仍远大于7d之后的强度增长率。

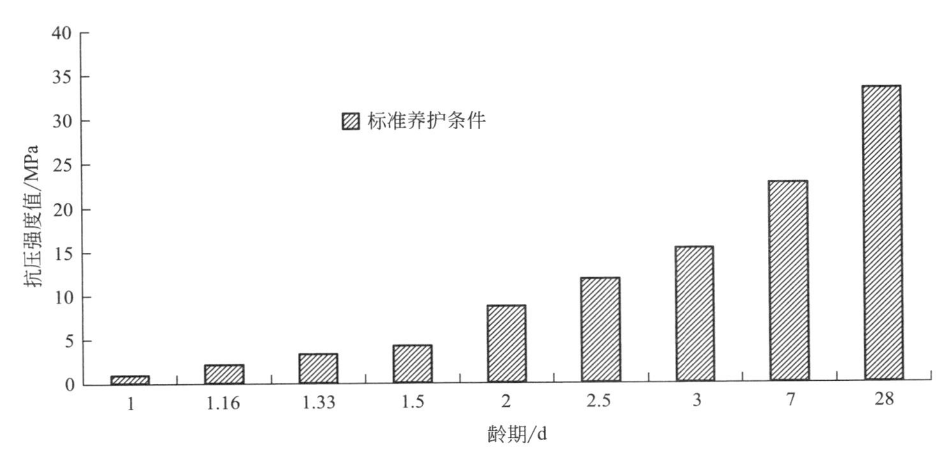

图 5-9　标准养护条件下混凝土的强度

标准养护条件下混凝土强度增长率　　**表 5-3**

龄期(d)	0～1	1～1.16	1.16～1.33	1.33～1.5	1.5～2	2～2.5	2.5～3	3～7	7～28
强度增长率(MPa/d)	0.88	7.63	6.88	5.41	9.10	6.12	7.00	2.47	0.51

这是因为，混凝土强度是由水泥水化硬化产生的水化产物胶结其他集料而产生的。对于一种混凝土，其他条件（水灰比、配合比、养护温度、湿度、外加剂、掺合料等）确定不变情况下，混凝土内水泥的水化产物随着龄期的增长而越来越多，水泥水化程度越来越高，导致混凝土的抗压强度不断提高。混凝土强度增长率较快的龄期就应该对应着水泥水化速率较快的阶段。所以 3d 之前水泥水化较快，3d～7d 水化速度有所降低，7d 之后水泥水化速度较慢。

（2）基于一般定义不同温度制度的抗冻临界强度

抗冻临界强度是工程上规定的一个概念：经冻结若干龄期，恢复正温养护后混凝土的后期强度继续增长且达到未受冻混凝土的 95%以上时所需要的最低初始强度。根据不同养护条件下混凝土 31d（－3＋28d）强度值大于标准养护条件下强度值的 95%，得出抗冻临界强度值及相对应的养护龄期。如表 5-4 所示。

不同温度制度条件下的抗冻临界强度值　　**表 5-4**

温度制度	龄期/h	抗冻临界强度值/MPa
恒负温一次冻结	24	0.9
变负温一次冻结	28	2.1
恒负温气冻气融循环	32	3.3
变负温气冻气融循环	28	2.1
恒负温气冻水融循环	20	0.7
变负温气冻水融循环	20	0.7

由表 5-4 可以看出，变负温一次冻结、恒负温气冻气融循环和变负温气冻气融循环需要预养 28h 以上才能达到一般定义的抗冻临界强度。恒负温气冻水融循环和变负温气冻水融循环环境下只需 20h 就能达到抗冻临界强度值。这是说明对于掺防冻剂混凝土，能够“保水”或“补水”的环境条件对混凝土抗冻临界强度的影响要比温度变化对其影响明显。

本文认为对于一种混凝土的早期都存在一个发展过程中抗冻性能的“拐点”也是一个内部结构的质变，可能表现为强度快速增长，但在这内部结构发展的关键的几小时或十几个小时的一段时间里，混凝土受冻会产生较其他龄期更严重的破坏，导致后期性能劣化。这个“拐点”对应的混凝土内部结构即抗冻临界结构。一种混凝土对应一个抗冻临界强度和一个抗冻临界结构。这个结构出现的龄期与达到抗冻临界强度的龄期不一定一致，但也并不互相矛盾。通过外加剂可以改变抗冻临界结构出现和持续的时间。

5.2.2 基于成熟度法的混凝土抗冻临界强度

用“成熟度法”计算混凝土早期强度的适用范围：

① 不掺外加剂的混凝土在 50℃以下的正温条件下养护。

② 掺外加剂的混凝土在 30℃以下的温度条件下养护；也可用于掺防冻剂的负温混凝土。

③ 本法适用于预估混凝土强度值在混凝土强度标准值 60%以内的范围。

④ 本法不适用于蒸汽法、电加热法等人工加热混凝土的冬期施工，也不能用作判断混凝土的拆模条件。

(1) 基于成熟度法混凝土抗冻临界强度的计算

本文利用成熟度法计算混凝土的抗冻临界强度，方法如下：

用标准养护试件的各龄期强度数据，经过回归分析，拟合成下列形式曲线方程：

$$f=ae^{-b/D} \tag{5-1}$$

式中：f——混凝土立方体抗压强度（MPa）；

D——混凝土养护龄期（d）；

a——参数；

b——参数。

通过数学变换，公式（5-1）转化为

$$\ln f=\ln a-b/D \tag{5-2}$$

把标准养护试件的龄期 1d、2d、3d、7d 和相应强度数据带入公式（5-2），得到相应的参数 a、b。通过 f_{-3+28} 与 f_{28} 的比值，最终得到混凝土的抗冻临界强度。

(2) 基于成熟度法不同温度制度的抗冻临界强度

基于成熟度法计算出六种不同温度制度养护条件下的混凝土抗冻临界强度值。标准养护条件下混凝土各龄期的强度值，数据见表 5-5。

标准养护条件混凝土强度值 **表 5-5**

龄期/d	1	2	3	7	28
强度/MPa	0.9	8.7	15.3	22.7	33.4

不同温度制度下混凝土 6d 强度值，数据见表 5-6。

不同温度制度下混凝土 6d 强度值　　表 5-6

序号	温度制度	6d 强度值
1	恒负温一次冻结	15.5
2	变负温一次冻结	15.7
3	恒负温气冻气融循环	9.8
4	变负温气冻气融循环	10.1
5	恒负温气冻水融循环	17.5
6	变负温气冻水融循环	17.7

根据表 5-5 以及表 5-6 数据，通过公式 5-2 确定参数 a、b，得到六种不同温度制度相对应的曲线方程分别为：

① 恒负温一次冻结

$$f=20.69e^{-1.73/D}$$

② 变负温一次冻结

$$f=21.09e^{-1.77/D}$$

③ 恒负温气冻气融循环

$$f=10.40e^{-0.36/D}$$

④ 变负温气冻气融循环

$$f=10.88e^{-0.45/D}$$

⑤ 恒负温气冻水融循环

$$f=24.82e^{-2.10/D}$$

⑥ 变负温气冻水融循环

$$f=25.25e^{-2.13/D}$$

根据上述曲线方程和表 5-2 达到抗冻临界强度的时间数据，计算得出基于成熟度法的不同温度制度的抗冻临界强度值，如下：

① 恒负温一次冻结

$$f=3.66\text{MPa}$$

② 变负温一次冻结

$$f=4.62\text{MPa}$$

③ 恒负温气冻气融循环

$$f=7.50\text{MPa}$$

④ 变负温气冻气融循环

$$f=7.41\text{MPa}$$

⑤ 恒负温气冻水融循环

$$f=2.01\text{MPa}$$

⑥ 变负温气冻水融循环

$$f=1.96\text{MPa}$$

5.2.3 两种方法计算混凝土抗冻临界强度结果的对比

基于一般定义和成熟度法两种方法推定抗冻临界强度值的结果，见表5-7所示。

两种方法计算的混凝土抗冻临界强度值 表5-7

序号	温度制度	龄期/h	一般定义抗冻临界强度值/MPa	成熟度法抗冻临界强度值/MPa
1	恒负温一次冻结	24	0.9	3.66
2	变负温一次冻结	28	2.1	4.62
3	恒负温气冻气融循环	32	3.3	7.50
4	变负温气冻气融循环	28	2.1	7.41
5	恒负温气冻水融循环	20	0.7	2.01
6	变负温气冻水融循环	20	0.7	1.96

利用成熟度法计算的抗冻临界强度值较直接测定法确定值高很多，与第1节测试混凝土的薄弱时期更为接近。因此冬期施工中混凝土渡过成熟度法抗冻临界强度值后，对于冬期施工中工程的安全性有更高的保证率。但由于不同已知条件对成熟度法计算公式中待确定参数的离散程度很大，导致对计算结果的偏差大，所以工程上应用成熟度法需要谨慎确定公式中的参数。所以在冬期施工规程中，关于抗冻临界强度的规定应该加入对预养时间的考虑。

5.3 混凝土的微观分析及负温水化过程假设

对水泥水化过程的研究，比较常用的实验手段有：X射线衍射分析（XRD），差热分析（DTA）和扫描电镜/能谱分析（SEM/EDXS）。其中XRD可以清楚地确定水泥水化产物的类型，定性比较水化产物数量的多少；DTA配合TG使用，可以定量分析确定水化产物的数量，通常是测定计算水化产物的化学结合水量和反应物中氢氧化钙$Ca(OH)_2$含量；SEM/EDXS可以对水泥水化产物的形貌进行直接的观察[30]。这三种分析方法各有其优缺点，XRD可确定水化产物的类型，但很难定量测定水泥水化产物，不能定量确定水化反应的程度，但是可以采用面积法定性比较同条件下获得的水泥试样的测试图谱。SEM/EDXS观察水泥水化反应的形貌直观、方便，虽然其选样代表性和所得结论的规律性受到质疑，但是没有更好的直接方式研究微观结构。所以SEM/EDXS通常作为水泥水化过程的一个辅助手段，配合XRD、DTA使用。本文同时采用XRD、DTA和SEM/EDXS来综合研究水泥水化过程和水化产物。

根据本文混凝土原材料及配合比，同步制备10mm×10mm×10mm水泥净浆试块（除去集料对测试影响）。分别在24h、36h、48h、60h、72h、7d、28d以及同步经历不同温度制度的6d和31d，与抗压强度测试同步取净浆试块试验，研磨、无水乙醇浸泡、洗涤、40℃真空干燥、密封置于−5℃冰箱中，以保证其水泥水化中止。用以DTA和XRD

测试分析。另外，在测试完试件的抗压强度后，挑取断面碎片用于 SEM 观察断口形貌。

5.3.1　混凝土水化过程的 X 射线衍射分析

由于不同的物质具有自己特定的原子种类、原子排列方式和点阵参数，进而呈现出特定的衍射图样，且多相物质的衍射图样互不干扰，相互独立，只是机械地叠加，因此衍射图样可以表明物相中元素的化学结合态。

为了分析负温混凝土在标准养护条件和负温转正温条件下，水泥与粉煤灰中各种矿物的水化反应历程及水化产物，本文采用 X 射线衍射方法对混凝土的水化过程进行了研究，测试了负温养护 3d 转正温养护 28d 时 X 射线衍射情况。图 5-10 到图 5-16 分别是龄期为 24h、36h、48h、60h、72h、7d、28d 水泥水化的 X 射线衍射图谱。

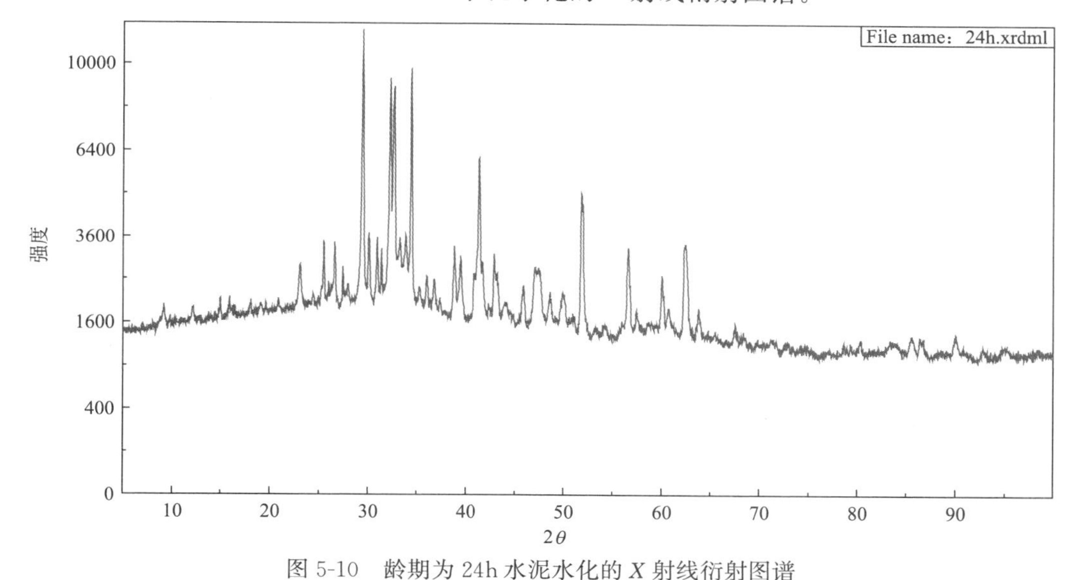

图 5-10　龄期为 24h 水泥水化的 X 射线衍射图谱

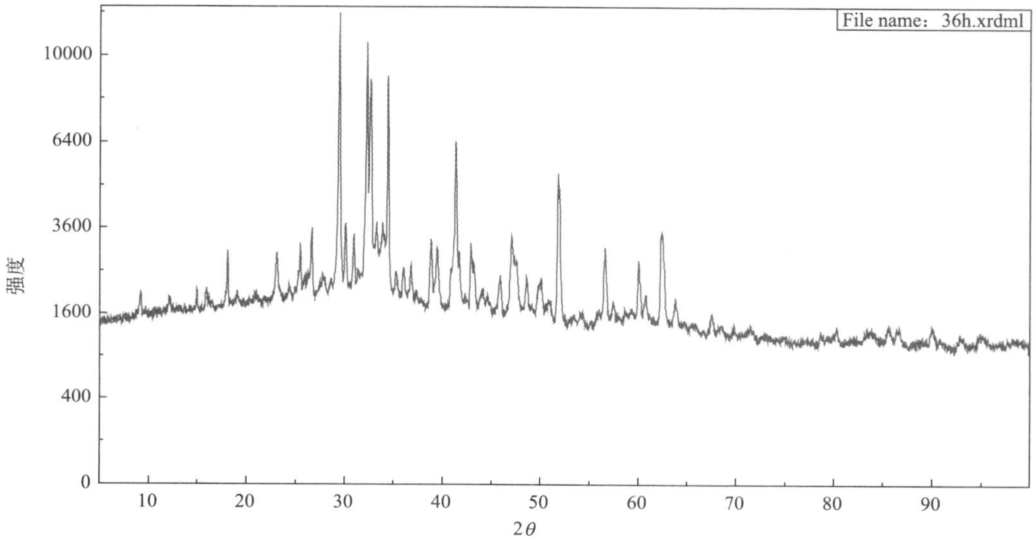

图 5-11　龄期为 36h 水泥水化的 X 射线衍射图谱

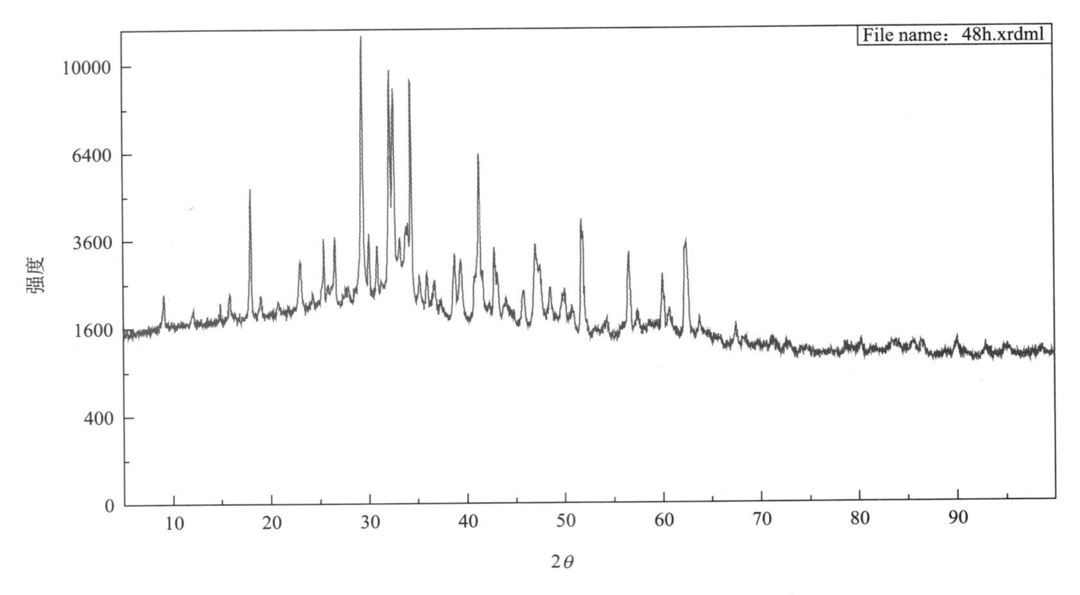

图 5-12　龄期为 48h 水泥水化的 X 射线衍射图谱

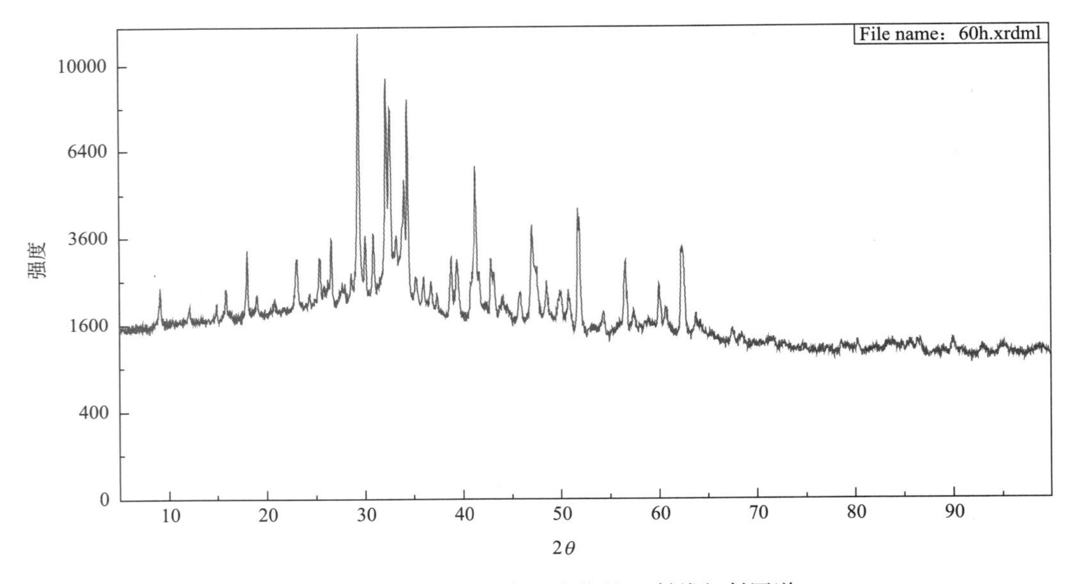

图 5-13　龄期为 60h 水泥水化的 X 射线衍射图谱

分别在不同龄期混凝土的 XRD 图谱中，寻找几种特定物质特征峰。用微积分求不同龄期各物质的特征峰的面积，本章根据特征峰面积变化值来表征该物质在不同龄期该物质的质量变化情况。

（1）水化过程中 AFt 生成量 X 射线衍射分析

水泥加水后，水泥矿物与石膏快速溶解产生 Ca^{2+}、SO_4^{2-}、AlO_2^-、OH^- 等离子，形成钙矾石过饱和溶液，这些离子通过浓差扩散聚集在一起，通过一系列反应形成钙矾石。钙矾石（AFt）的主特征峰在 $d=9.73$Å 时出现，而且该特征峰没有其他物质峰干扰。根

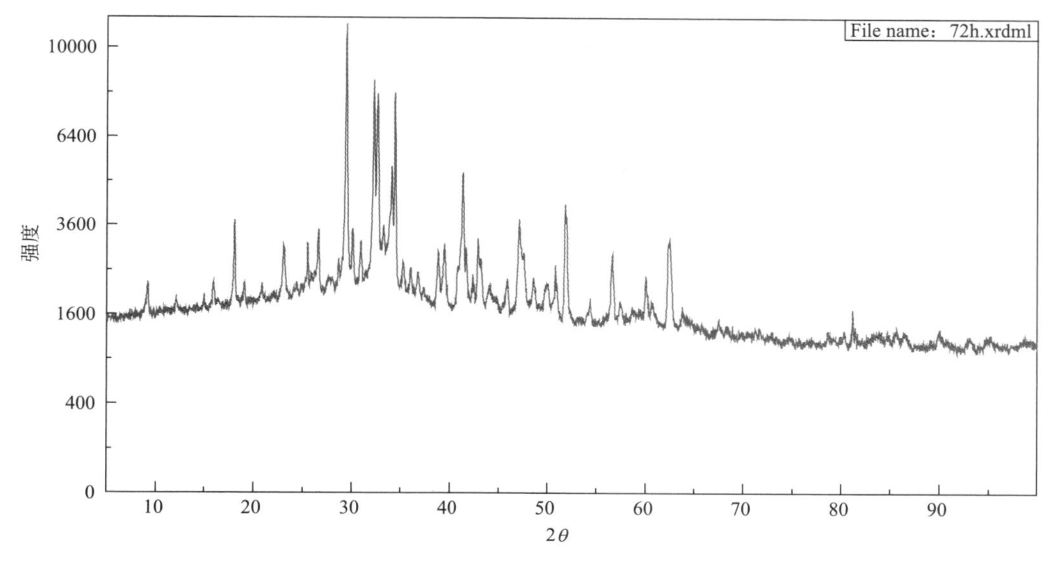

图5-14 龄期为72h水泥水化的X射线衍射图谱

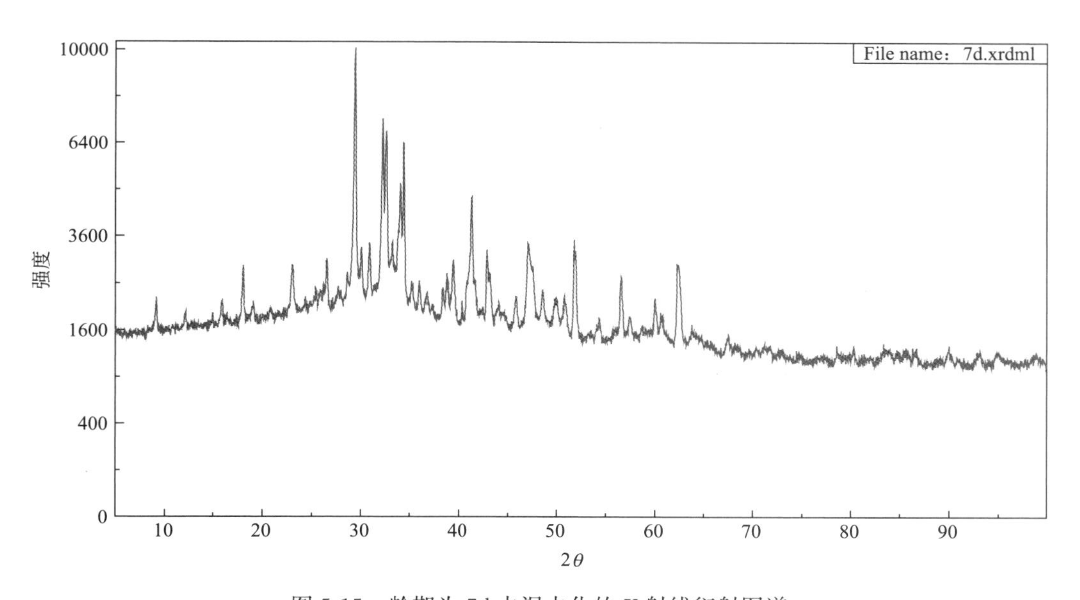

图5-15 龄期为7d水泥水化的X射线衍射图谱

据图5-10到图5-16，微积分求得钙矾石主特征峰面积变化值，见图5-17所示。

从图5-17看出，AFt的生成量总体上随龄期的增加而增加。水泥水化24h到48h过程中AFt生成量不断增大，48h到7d有所降低，7d之后生成量再增多。

这是因为在水泥水化过程中，水泥加水后铝酸三钙（C_3A）与水迅速发生反应，生成AFt。一般来说，在24h左右，水泥中石膏反应消耗完毕，AFt生成量最大。随后，C_3A与AFt继续作用形成新相AFm。C_3A在28d龄期内一直在发生反应，并未反应完全。由XRD图谱中强度和面积值可知，AFt生成量很小。AFt是混凝土早期强度的主要来源，而后期生成的AFt对混凝土往往弊大于利。在低温条件下早期生成量小，而后期持续生

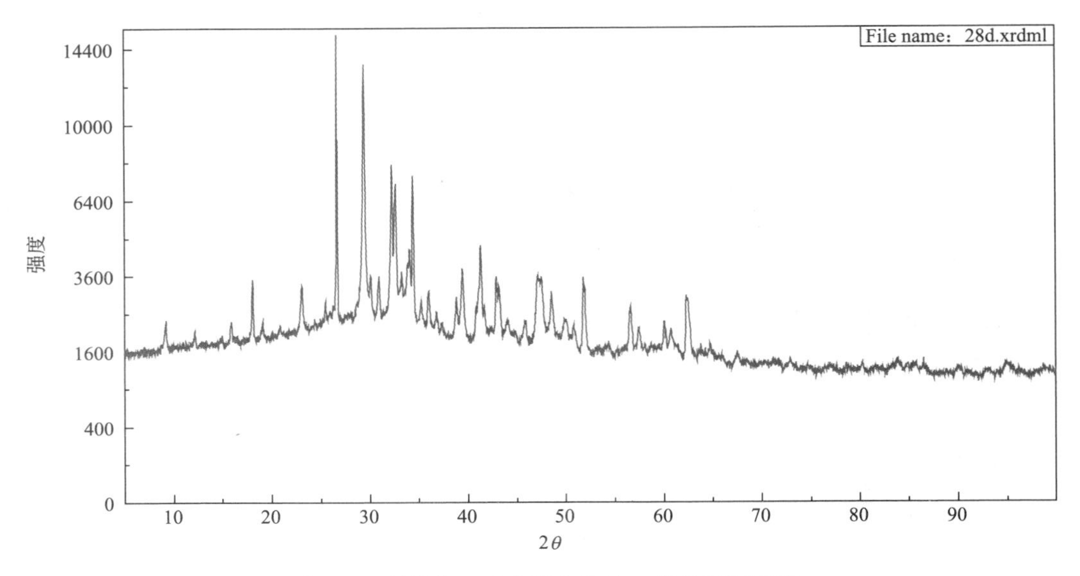

图 5-16　龄期为 28d 水泥水化的 X 射线衍射图谱

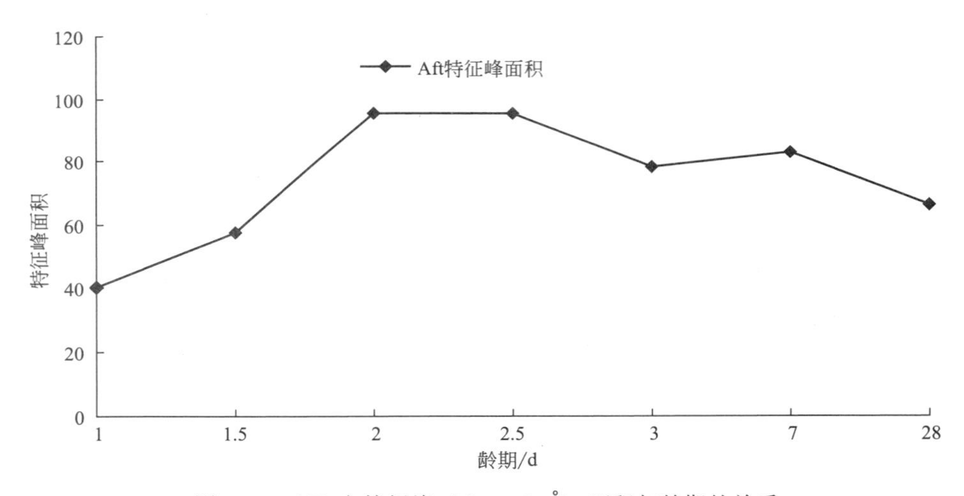

图 5-17　AFt 主特征峰（d=9.73Å）面积与龄期的关系

成，不利混凝土的强度发展。

（2）水化过程中 CH 生成量 X 射线衍射分析

氢氧化钙（CH）生成量是水泥水化程度的一个重要表征。CH 的次特征峰在 d=4.92Å 时出现，而且该特征峰没有其他物质峰干扰。根据图 5-10 到图 5-16，微积分求得 CH 次特征峰面积变化值，见图 5-18 所示。

由图 5-18 可以看出，总体上 CH 的生成量随着龄期的增加而增加。CH 生成量在龄期为 1d 到 3d 时不断增加。3d 时生成量最大。3d 到 7d 有所降低，7d 到 28d 略有增长。这是因为 3d 到 7d 的 CH 生成量有所下降，这是由于粉煤灰的二次水化，消耗一定量的 CH。而 CH 的生成量少于二次水化的消耗量，所以导致水泥试样中的 CH 量有所下降。2d 到 7d 的试块强度速率一直较大。

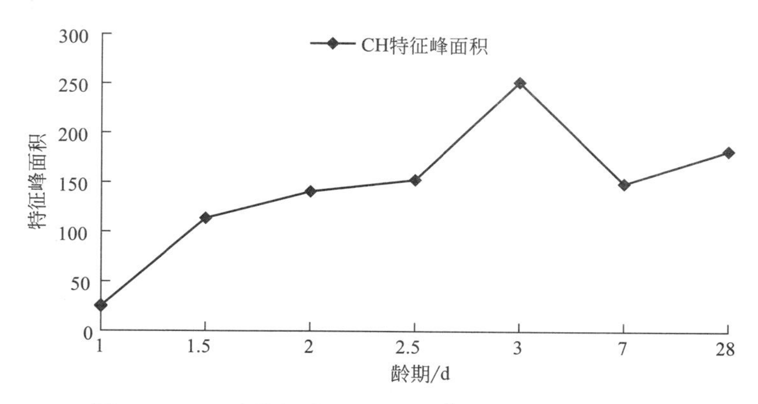

图 5-18　CH 次特征峰（d＝4.92Å）面积与龄期的关系

（3）水化过程中 C_3S 含量 X 射线衍射分析

硅酸三钙（C_3S）的次特征峰在 d＝1.76Å 时出现。该特征峰仅与 AFt 一个 I＝5％的峰重叠，而且该峰强度是 AFt 主峰强度的 2.25 倍，所以可以忽略钙矾石峰对硅酸三钙峰值的影响。根据图 5-10～图 5-16，微积分求得 C_3S 次特征峰面积变化值，见图 5-19 所示。

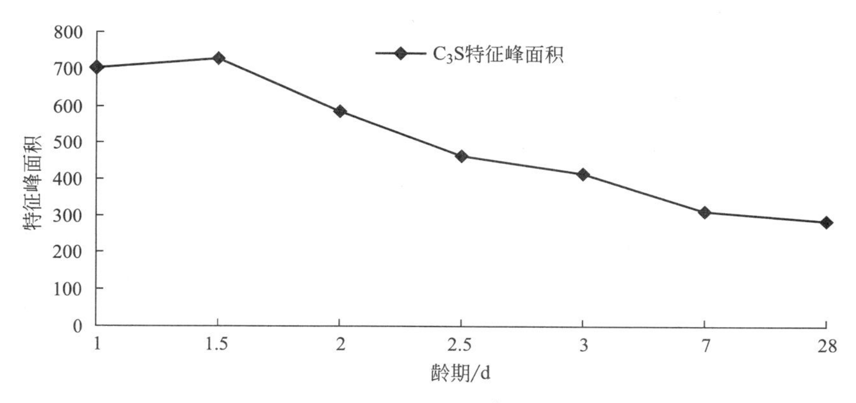

图 5-19　C_3S 次特征峰（d＝1.76Å）面积与龄期的关系

由图 5-19 看出，C_3S 的量在水化 36h 之后，随龄期增加而逐渐减少。这是因为 C_3S 是 CH 生成的主要来源，在水化 36h 后进入稳定反应期，持续进行水化，生成水化产物，这使该阶段的混凝土试件强度稳定增长。这个阶段 C_3S 的水化是混凝土的强度的主要来源。

（4）不同温度制度下混凝土 X 射线衍射分析

混凝土达到相应预养时间的试件，经历不同温度制度下 3d，再转正温养护至 6d，对同步的净浆试块进行 XRD 测试。对 d＝9.73Å 钙矾石（AFt）主特征峰，微积分求得该特征峰面积，选取部分结果见图 5-20 所示。

由图 5-20 可以看出，预养时间仅为 1d，经历负温养护制度，再转标养至 6d 钙矾石生成量较低。预养时间 2d 和 3d 的试件，钙矾石生成量相差不大。恒负温气冻水融循环条件下的钙矾石生成量略高于其他两种温度制度条件下的钙矾石生成量。

关于水泥水化过程中钙矾石的形成机理，一直存在溶解沉淀和固相反应之争。溶解沉淀机理认为，反应物 C_3A 和 $CaSO_4 \cdot 2H_2O$ 先溶解在水溶液中，然后各离子相互作用，再

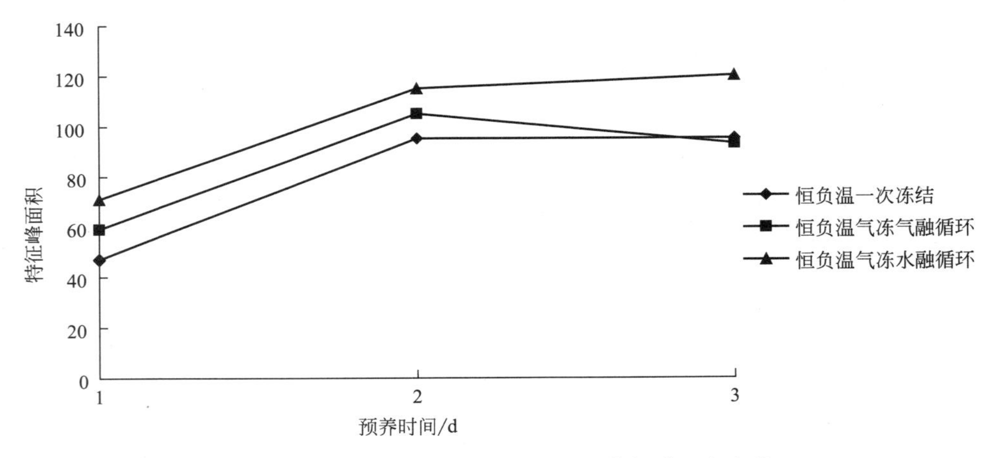

图 5-20 不同温度制度下 6d 的 AFt 特征峰面积变化

从溶液中析出钙矾石。Mehta、Wells、Lerch、Chatterji、Jeffery、杨长珊、钟白茜和杨南如等的研究结果都支持这种机理。溶解沉淀形成的钙矾石主要由 Ca^{2+}、OH^-、SO_2^{4-} 及 $Al(OH)_4^-$ 四种离子的浓度积来决定。虽然 Ca^{2+} 和 OH^- 的溶解度随着温度降低而增大，但 $Al(OH)_4^-$ 制约着整个反应。另外在低温条件下水的活性降低，溶液反应速率降低，导致钙矾石在低温条件下生成量很少。因此预养 1d 就经历负温环境，6d 钙矾石的量很少；预养 2d 和 3d 再经历负温环境，6d 钙矾石的量相差不大。

5.3.2 水泥水化过程的 DTA 分析

对混凝土七个不同水化龄期试样的水化产物进行了 DTA 测试，升温速度为 10℃/min。从测试结果可以看出试样具有大致共同的特征和规律：试验温度范围为 35～1000℃，其间主要有三个吸热峰，分别是在 130～180℃存在一个较大的吸热峰，这是由于 C-S-H 凝胶和钙钒石的脱水而引起的；在 450～500℃有一个吸热峰，这是由于氢氧化钙 $Ca(OH)_2$ 分解所造成的；另外在 800℃左右有一个吸热峰，这是因为水化产物的碳化而产生的碳酸钙和水泥中含有的碳酸钙的分解所造成的。龄期为 24h、36h、48h、60h、72h、7d、28d 的水泥试样的 DTA 曲线，见图 5-21 所示。

由图 5-21 可以看出，C-S-H 凝胶和钙钒石的脱水产生的第一吸热峰在龄期为 24h 到 72h 的试样中逐渐增大，3d 时达到最大值，3d 到 7d 有所降低，7d 到 28d 增大。氢氧化钙（CH）分解产生的第二吸热峰，峰值较小，龄期为 24h 到 72h 的试样中逐渐增大，3d 时达到最大值，3d 到 28d 降低。碳酸钙分解产生的第三吸热峰几乎没有变化。

这是因为水泥加水后，水泥矿物与石膏快速溶解产生 Ca^{2+}、SO_4^{2-}、AlO_2^-、OH^- 等离子，形成钙矾石过饱和溶液，这些离子通过浓差扩散聚集在一起，通过一系列反应形成钙矾石。随着水化的继续进行，水化龄期为 3d 时 SO_4^{2-} 消耗殆尽，AFt 生成量达到最大值。3d 之后 AFt 开始向单硫型硫铝酸钙（AFm）转化。水泥水化的整个过程中 C-S-H 凝胶生成量应该是不断增多的，7d 到 28d 第一吸热峰的增大是由于 C-S-H 凝胶生成量增多导致的。

CH 分解产生的第二吸热峰随着龄期的增加，呈现先增加后减少的趋势，3d 时达到最

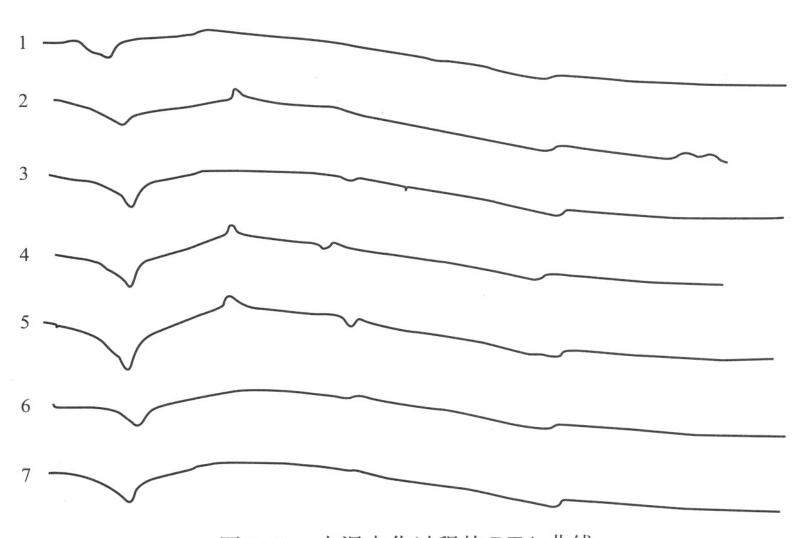

图 5-21　水泥水化过程的 DTA 曲线

（曲线 1～7 分别是龄期为 24h、36h、48h、60h、72h、7d、28d 的 DTA 曲线）

大值。这是因为，随着水泥的水化，CH 在龄期为 3d 时生成量最大。当 CH 达到一定量时，氢氧根离子激发粉煤灰的活性，发生的粉煤灰二次水化消耗了一定量的 CH，降低了混凝土的碱度。

5.3.3　负温混凝土 SEM 分析

（1）水化过程的 SEM 分析

对混凝土不同龄期抗压强度测试后的碎片断面进行 SEM 照片拍摄和分析。混凝土水化龄期为 1d 的断面 SEM 照片，见图 5-22 所示。

图 5-22　混凝土 1d 断面 SEM 照片（左图 1∶6000；右图 1∶5000）

由图 5-22 可以看出，水化龄期为 1d 的混凝土断面处针状钙矾石等水化产物很少，左图直径约 5μm 粉煤灰玻璃微珠颗粒表面光滑且与周围接触面积很小，孔隙较大，结构疏松。

混凝土水化龄期为 2d 的断面 SEM 照片和能谱分析（EDXS）结果，见图 5-23 所示。

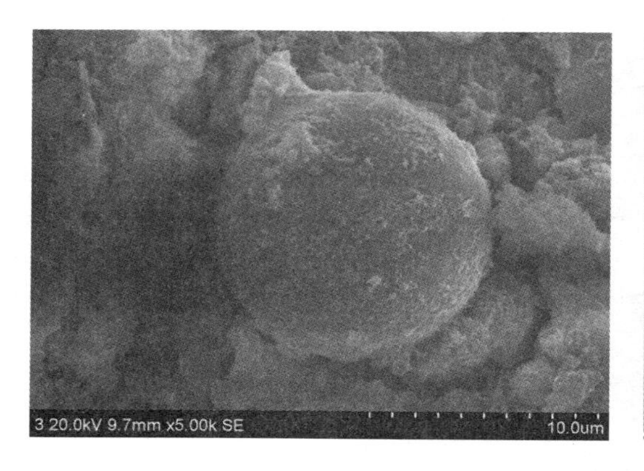

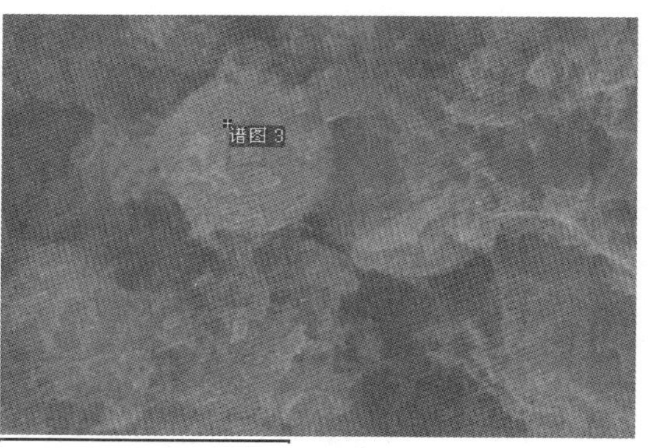

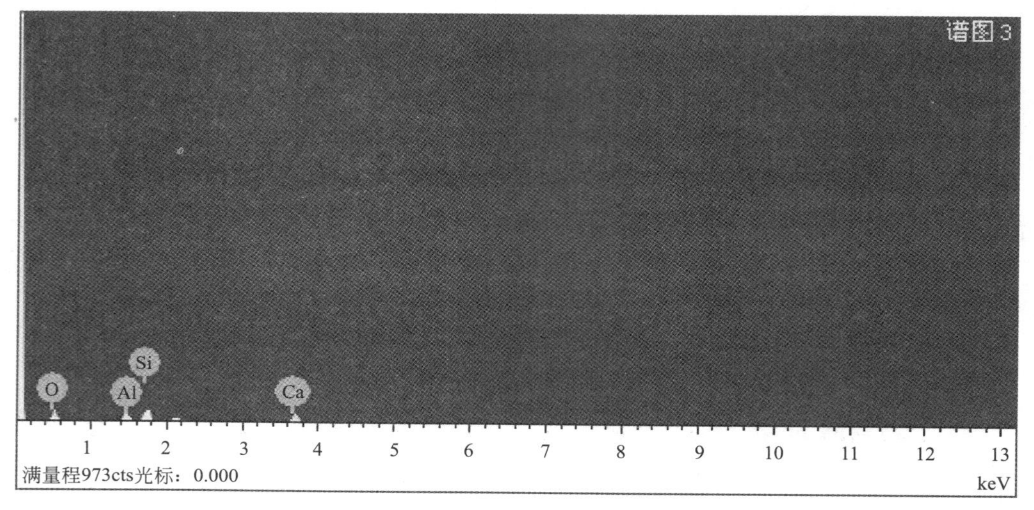

图 5-23　混凝土 2d 断面 SEM 照片及 EDXS 分析（左图 1：5000；右图 1：20000）

由图 5-23 可以看出，水化龄期为 2d 的混凝土断面处钙矾石（AFt）等水化产物明显增多，左图直径约 10μm 的粉煤灰玻璃微珠表面有少量附着物，能谱分析表明右图直径约 2μm 的粉煤灰玻璃微珠表面棉絮状物质是含有钙、硅、铝、氧的絮状凝胶类物质。玻璃微珠周围可以看到较多的 C-S-H 凝胶和钙矾石等水化产物所包裹，附近孔隙变小，结构越来越致密。这说明尺寸小的微集料具有更高的表面能，更容易被水化产物包裹并发生二次水化，“次中心质”产生的中心质效应更明显。

混凝土水化龄期为 3d 的断面 SEM 照片和能谱分析，见图 5-24 和图 5-25 所示。

由图 5-24 可以看出，水化龄期为 3d 的混凝土断面处棉絮状的 C-S-H 凝胶和针状钙矾石等水化产物明显增多，左图直径约 3μm 的粉煤灰玻璃微珠表面有大量絮状的 C-S-H 凝胶和针状钙矾石的附着物，右图是大量水化产物，包括凝胶类、针状 AFt、不规则板状构成簇状或玫瑰花状的单硫型水化硫铝酸钙（AFm）各种形状晶体，附近孔隙变小，结构越来越致密。

由图 5-25 可以看出，水化 3d 发现较多晶体，其中有一种层片状晶体，能谱分析得出该晶体含有钙、硫、硅、钠、铝、氧等元素。这是由于混凝土引入的早强组分硫酸钠，参与了水化反应，生成晶体，促进混凝土内部结构早期形成，起到了早强作用。

图 5-24　混凝土 3d 断面 SEM 照片（左图 1：20000；右图 1：10000）

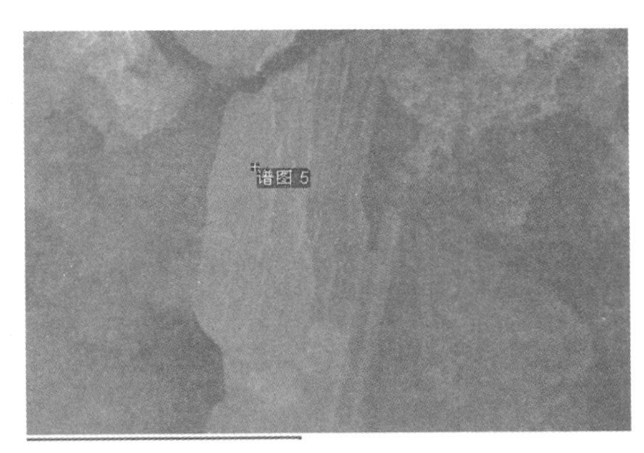

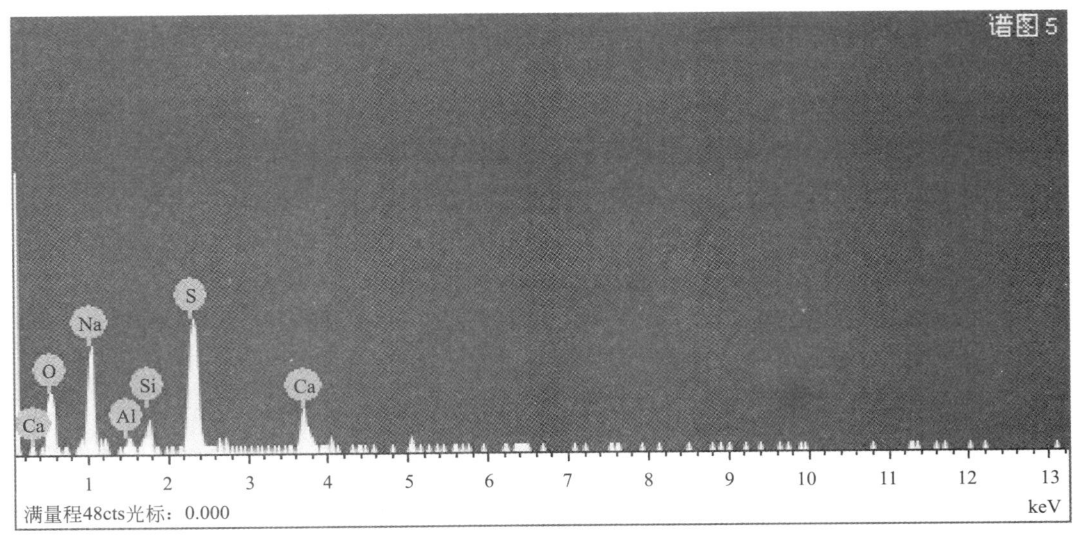

图 5-25　混凝土水化 3d 断面 SEM 及 EDXS 分析

混凝土水化龄期为 28d 的断面 SEM 照片，见图 5-26 所示。

由图 5-26 可以看出，水化 28d 的混凝土断面处凝胶类水化产物较丰富，大孔隙较少，

图 5-26　混凝土 28d 断面 SEM 照片（左图 1：10000；右图 1：5000）

水泥石结构越来越密实，断面处很难找到粉煤灰颗粒。这说明 28d 混凝土内部结构已经较为密实，孔隙率很低。粉煤灰颗粒嵌于水泥石基体中起到“次中心质”的作用，在骨料与水泥石的界面上，由粉煤灰吸收氢氧化钙发生“二次水化”反应生成大量低钙、低碱度的凝胶产物并交织成致密网状结构，强化了混凝土中骨料与水泥石的界面区。图中可以见到大量的层状 C-S-H 凝胶。孔隙中存在较多的针棒状 AFt 和呈辐射生长的纤维 C-S-H 互相交织搭接，并且随着未水化粉煤灰颗粒的进一步水化，水泥石结构中的孔隙将得以填充，从而使得结构更加密实，孔隙率继续降低。其中颗粒大多被钙矾石和凝胶类物质所包裹，且粘结强度较高，所以不易在断面处找到。

（2）不同温度制度下的 SEM 分析

混凝土达到相应预养时间的试件，经历不同温度制度下 3d，再转正温养护至 6d，对抗压强度测试后的试件碎片断面进行 SEM 照片拍摄。选取部分照片见图 5-27 所示。

从图 5-27 可以看出，混凝土预养 24h 与预养 48h 恒负温一次冻结后 6d 断面 SEM 整体上看水化产物的量相差较大，前者结构更加松散，后者可以见到少量钙矾石、板状氢氧化钙和 C-S-H 凝胶等水化产物。预养 48h 气冻水融循环条件下混凝土的断面可以看到较多针柱状钙矾石和玫瑰花状单硫型水化硫铝酸钙（AFm）。这是因为预养 24h 受冻阻碍了 AFt 的生成，气冻水融循环的“补水”条件对 AFt 生成有利。

5.3.4　混凝土水化过程假设及负温水化过程的应用

（1）混凝土水化过程假设

通过本文宏观及微观分析结果，依据吴中伟先生的中心质假说，本章提出了混凝土水化过程一种假设及该假设对负温水化过程等一些问题的解释。

水泥混凝土不管在新拌时、水化过程中还是硬化后均存在一定孔隙。按孔径大小可分为大孔、毛细孔、凝胶孔等。每一类孔隙的孔径都不是固定在某一个数量级，而是分布在一定范围之内，见图 5-28。

孔径大于 100μm 的气孔作为“负中心质”，从新拌混凝土到硬化后一直存在，形状和大小主要受到物理力学作用的影响。对于孔径约 10μm 以下的毛细孔，混凝土从新拌到硬化后一直大量存在，并对混凝土宏观性能有着至关重要的影响。下图以一个简化的 10μm

图 5-27　不同温度制度下 6d 混凝土断面 SEM 照片

（左上为预养 24h 恒负温一次冻结；右上为预养 48h 恒负温一次冻结；
左下为预养 24h 恒负温气冻水融循环；右下为预养 48h 恒负温气冻水融循环）

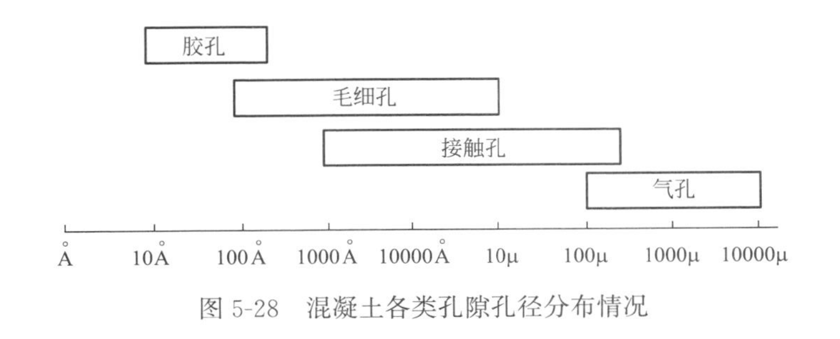

图 5-28　混凝土各类孔隙孔径分布情况

左右孔隙为例，解释混凝土毛细孔内水化过程。本模型内的水化龄期随着试验条件的不同而有一定差异。

新拌混凝土内毛细孔充水，随着时间延长混凝土开始水化硬化。本章将水化过程描述成为一个“抢水”的过程。当水化龄期为 1d 时，部分水参与了水化反应，由自由水变成了结合水。生成了水化产物，其中“抢水”能力最强的是 C_3A，最先与 SO_4^{2-}、水等反应生成 32 个结晶水钙矾石（AFt 相，$3CaO \cdot Al_2O_3 \cdot 3CaSO_4 \cdot 32H_2O$）。混凝土水化 2d 时，AFt 生成量达到较大值，由于 AFt 针状物长度在 10μm 左右或者更短，毛细孔内针状

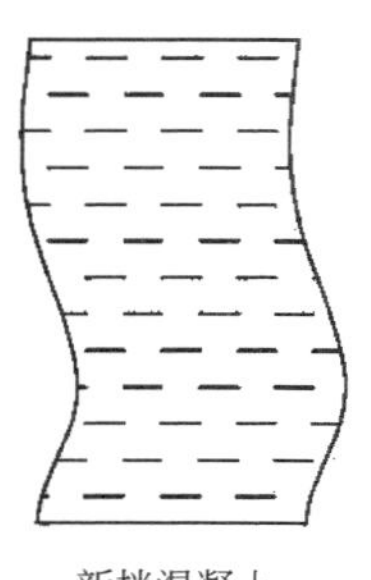
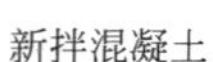
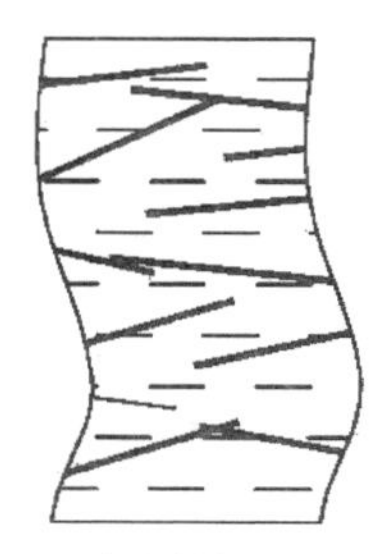
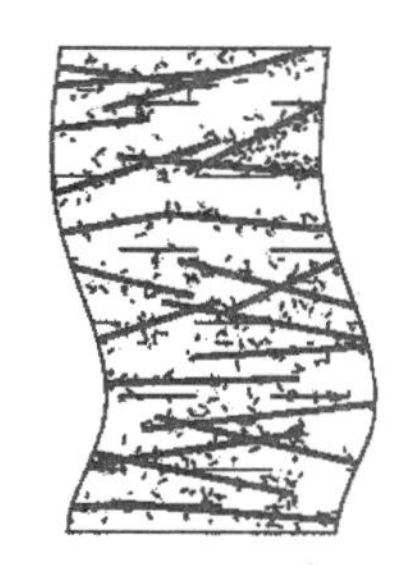

图 5-29　10μm 毛细孔内水化过程模型

AFt 相互搭接，增加了毛细孔内比表面积，CH 和 C-S-H 凝胶等水化产物附着在 AFt 表面生长。混凝土水化 28d 时，以针状 AFt 为主的大量结晶态水化物作为“微中心质”，周围产生的中心质效应使层状的 C-S-H 凝胶作为“微介质”附着在 AFt 表面大量生长。层状的 C-S-H 凝胶胶结 CH 等晶体，毛细孔逐渐密实。随着水化的进行毛细孔不断向孔径更小的凝胶孔转化。

从整体上看，混凝土内部存在无数个这样的毛细孔，水化过程使毛细孔不断向孔径更小的凝胶孔转化，从而使混凝土的强度和抗渗性随着水化的进行而提高。混凝土可以被认为是被大孔和毛细孔分割成无数小块的材料。减少了毛细孔的量，相当于减少了分割成小块的数量，减少了微裂缝的来源和裂缝扩展的可能，使无数个小块更趋于一个整体，这样使材料整体的性能得到了提高。

而对于孔径在 10μm 到 100μm 之间的接触孔孔隙，受到水化产物、微集料、外加剂、温度、湿度等因素的影响，可能向大孔或毛细孔两个不同方向转化，具体形态不能一概而论。

（2）负温条件下的混凝土水化过程假设

在常温条件下混凝土水化过程的假设的基础上，依据微观分析的结果，对负温条件下的混凝土水化过程进行解释。

由于负温条件阻碍和延迟了 AFt 的生成，预养 24h 的混凝土内 AFt 生成量较低，“微中心质”的量较少，中心质效应较弱。从整体上看，很多毛细孔不能被 C-S-H 凝胶、CH 等水化产物的“微介质”所填充，导致混凝土宏观性能在负温环境下较标准养护条件下的宏观性能低。然而混凝土在水化 48h 左右，AFt 生成量刚刚达到较大值，AFt 带来的体积膨胀对毛细孔内壁产生一定的应力，此时试件受冻产生的冻胀应力以及伴随的毛细孔的水分迁移，对一部分毛细孔产生了破坏，使毛细孔更多的贯通起来。而对于已经硬化的混凝土，水化产物生成量，即可以填充的毛细孔的总体积相对变化不大，相对更多的毛细孔的存在，导致混凝土受冻后性能的劣化。随着预养时间的延长，水化达到 72h 后，“微中心质”效应的逐渐明显，毛细孔的微小形变以及孔内“微介质”的填充，抵消了内部应力。此时再经历负温环境，部分毛细孔已经被“微中心质”与“微介质”所填充，足以抵抗负温环境带来的温度梯度、压力梯度和湿度梯度三个梯度力的作用所产生的水分迁移的破坏。变低温条件下，依靠三个梯度力的作用，使混凝土内部“补水”，促进水化进行，部分“微介质”重新生成，所以达到水化 3d 的结构时受冻反而使混凝土的强度提高了。

对于“早期结构形成说”所提出的防冻剂和早强剂是混凝土负温条件下水化动力之一，以及早强剂、防冻剂的作用机理，依据本文提出的负温混凝土水化过程假设，可以做出如下解释。这是因为负温条件下，C_3A“抢水”能力非常差，混凝土内部自由水较多，受冻产生的冻胀破坏较大。根据本文 SEM/EDXS 以及其他学者的研究，掺有防冻剂和早强剂的混凝土，在负温环境下生成了新的结晶态水化物。新的结晶态水化物所带的结晶水，把自由水固化成为结晶态，这样就减少了混凝土早期受冻产生的破坏。新的结晶态水化物也作为“微中心质”或者“次中心质”，但相对于针状 AFt 结晶程度更好、密度更大、比表面积更低，所以中心质效应相对较弱，不能很好的填充大量的毛细孔。等到转正温养护时，内部能够让 C_3A 抢到的自由水很少，“微中心质”作用被大大减弱，导致掺有防冻及早强组分（无机盐）的混凝土的后期性能产生一定劣化作用。

对于粉煤灰及硅灰等外掺料，依据本文提出的水化过程假设，可以做出如下解释。粉煤灰的玻璃微珠直径一般在 $30\mu m$ 以下，掺入混凝土中，作为“次中心质”。中心质效应使 AFt、CH、C-S-H 凝胶、结晶态水化物等水化产物组成的“次介质”，围绕“次中心质”不断生长。这样的结构填充了部分接触孔以及毛细孔，从而使混凝土宏观性能得到提高。

第6章 结论与展望

6.1 结论

基于矿物掺合料、温度制度、养护制度等对低温混凝土性能的影响研究，可得出如下结论：

6.1.1 粉煤灰对低温混凝土性能的影响

（1）随着胶凝材料中粉煤灰掺量的增多，胶砂试件的抗折强度和抗压强度呈现逐渐降低的趋势，负温养护时，粉煤灰掺量超过10％时对胶凝材料胶砂试件的抗折强度和抗压强度影响显著，粉煤灰掺量为20％和30％的胶砂试件抗压强度的降幅分别达到11.8％和13.3％。

（2）－5℃和－10℃两个养护制度下养护的胶凝材料浆体，随着粉煤灰掺入量的逐渐增加，胶凝材料浆体中反应物C_3S和C_2S的衍射主峰强度呈现逐渐减弱的趋势，SiO_2衍射主峰强度则呈现逐渐加强的趋势，生成物CH的两个主要衍射峰强度随着粉煤灰掺入量的逐渐增大在同一养护龄期中也基本呈现逐渐减弱的趋势。

（3）随着粉煤灰在胶凝材料中掺量的增多，养护一定龄期的胶凝材料浆体中非自由水含量呈现不同程度的下降趋势，最大降幅出现在－5℃养护14d的粉煤灰掺量为20％和30％的胶凝材料之间，约为14.3％，随着养护龄期增至14d，－5℃和－10℃两个养护制度下养护的胶凝材料浆体中非自由水的含量都有明显的增加，增加量约为12.6％、9.9％和12.9％、13.3％。

（4）随着胶凝材料浆体中粉煤灰掺量的逐渐增多，养护一定龄期的胶凝材料浆体中CH的含量呈现不同程度的下降趋势，当粉煤灰掺量超过10％时，胶凝材料浆体中CH的含量降低最为明显，最大降幅出现在－10℃养护制度下的粉煤灰掺量为10％和20％的胶凝材料浆体之间，约为19.4％。

6.1.2 硅灰对低温混凝土性能的影响

（1）混凝土不论是标养还是恒负温养护，其各龄期的抗压强度均随着硅灰掺量的增加而逐渐增大，并且硅灰掺量为10％的混凝土抗压强度在试验组中最大。当掺量和龄期相同时，粒径为$d_{50}=0.17\mu m$，$d_{90}=0.3\mu m$的硅灰对混凝土抗压强度的贡献要大于其他粒径硅灰混凝土的抗压强度。随着硅灰粒径的减小混凝土抗压强度先增大后减小，标准养护下的混凝土强度增长速度明显高于恒负温养护下增长速度。

（2）标养和恒负温养护后，混凝土不同碳化龄期的碳化深度随硅灰掺量的增加呈现递减趋势。此外随着碳化龄期的延长，不同粒径的硅灰对混凝土抗碳化性能的提高作用不同。无论何种碳化龄期，硅灰掺量为10%的试验组碳化深度相对较小，掺量为6%的试验组碳化深度相对较大，且粒径为d_{50}=0.17μm，d_{90}=0.3μm的硅灰混凝土碳化深度在试验组中最小。在经过不同条件养护后，碳化龄期相同、硅灰粒径相同的混凝土其碳化深度差异较大，标养后的混凝土碳化深度明显低于恒负温养护后的碳化深度。

(3) 无论何种养护制度，当硅灰粒径为d_{50}=0.17μm，d_{90}=0.3μm，掺量为10%时，混凝土中孔径分布较为合理，无害孔（<20nm）和少害孔（20nm～50nm）的含量相对较高，有害孔（50nm～200nm）和多害孔（>200nm）的含量相对其他试验组较低，且标养条件下的孔隙率和孔径分布要优于恒负温养护下的。

(4) 随着硅灰掺量的增加混凝土孔隙分形维数逐渐增大，掺量为10%孔隙分形维数最大；混凝土孔隙分形维数随着硅灰粒径的减小呈先增加后降低的趋势，其中粒径为d_{50}=0.17μm，d_{90}=0.3μm硅灰所对应的混凝土孔隙分形维数较其他试验组最大。标养下的孔隙分形维数明显大于恒负温养护下的孔隙分形维数。且两种养护制度下混凝土的抗压强度与孔隙分形维数均呈正相关关系，当孔隙范围一定时，分形维数随孔隙率增大而减小；而孔隙率一定时，分形维数决定于孔隙范围，孔隙分布范围越窄，分形维数越小。

(5) SEM分析研究显示，混凝土在养护早期时，水泥的水化程度小，产物中$Ca(OH)_2$含量较低，因此在早期阶段硅灰颗粒表面的水化产物稀少。随着养护龄期增长，混凝土内部胶凝材料水化程度和速率也随之增大，体系中碱浓度升高，促使硅灰颗粒二次水化反应的进行，在消耗氢氧化钙的同时硅灰的火山灰效应增加了水化浆体中C-S-H凝胶的体积，降低了孔隙率，改善了孔结构，为混凝土抗压强度的提高奠定基础。

6.1.3 硅灰-粉煤灰对低温混凝土性能的影响

(1) 单独粉磨粉煤灰或者硅灰、粉煤灰两者长时间粉磨作为掺合料，对于促进后续的水化放热效果不明显。在相同掺量时，随着粉煤灰的粒径变细，水化放热速率峰值会有所提高，且峰值出现的时间会提前，放热量在短时间内会达到比较高的值。随着粉磨时间的增加，硅灰粒度的改变引起的水化放热速率和放热量的变化比粉煤灰粒度变化时幅度要明显。粉磨时间少的硅灰颗粒与同组相比早期水化放热速率最大和水化放热量最大，而粉磨时间越长的反而越小。粉磨时间对于水化的影响并非呈正比关系，过粉磨会对水化造成延期。

(2) 标准养护及−10℃养护条件下，对于早期抗压强度，粉煤灰粒径越细在一定程度上对抗压强度有利，而硅灰变化不明显，而后期抗压强度大体上随着掺合料的变细先增加后降低。在-10℃养护条件下，粉煤灰比表面积达到448.5m^2/kg后，粒径在减小，强度反而下降，而粉煤灰的比表面积达493.9m^2/kg时，随着硅灰粒径变小，强度反而降低；过粉磨会造成强度的降低。

(3) 在50次冻融循环内，各组试件的质量损失率随着粉煤灰粒度的变化不明显，在175次冻融循环中，其质量损失随着粉煤灰粒径的减少而降低，随后上升。其他条件相同时，掺合料过粗或者过细时，都会对相对动弹性模量产生不利影响。当分别固定硅灰比表面积在16.3m^2/g、17.5m^2/g、18.2m^2/g、19.1m^2/g、20.4m^2/g时，各组内相对动弹性模量最大时的粉煤灰比表面积是408.4m^2/kg、342.4m^2/kg 342.4m^2/kg、448.5m^2/kg、493.9m^2/kg。同一组试件，随着粉煤灰粒度变细，相对动弹性模量先增加后降低。

(4) 掺合料的粒度区间与孔隙率之间的关联强弱并非是线性变化。无论是标准养护还是－10℃养护条件下，复掺料中粉煤灰粒度区间在（30～40μm）、（40～50μm）时，对总孔隙率的关联作用最强；复掺料中硅灰在（＞0.4μm）以及（0.25～0.4μm）这两个粒度最大的区间对于混凝土总孔隙率的改善作用最明显。采用不同养护条件下的不同掺合料与孔隙率关联作用较强的区间进行拟合分析，通过MATLAB软件进行回归分析，建立起不同养护条件下复掺料粉煤灰粒度区间、硅灰粒度区间与混凝土中孔隙率的数学关系。

6.1.4 硅藻土-粉煤灰对低温混凝土性能的影响

（1）在标准养护和低温－10°C两种养护条件下，掺合料的粒径分布对混凝土的力学性能之间有着密切的关联，其中低温养护条件下掺合料粒径分布对混凝土的力学性能影响更为明显。标准养护条件下，当掺合料 d_{50} 值为15.2μm时，混凝土的力学性能最好；低温－10℃养护条件下，掺合料 d_{50} 值为17.7μm时，混凝土的抗折强度最大，掺合料 d_{50} 值为15.2μm时，混凝土的抗折强度最大。

（2）在标准养护和低温－10℃两种养护条件下，掺合料的粒径分布对混凝土的耐久性性能之间有着密切的关联，随着掺合料粒径变细，d_{50} 值降低，混凝土的耐久性越好，其中当掺合料 d_{50} 值为15.2μm时，混凝土耐久性最好。

（3）两种养护制度下，均随着掺合料粒径的降低，混凝土试块内部，小于20nm的无害孔以及20nm～50nm的少害孔数量增加，50nm～200nm的有害孔数量明显减小，而大于200nm的多害孔变化趋势并不明显。粒径较细的掺合料对混凝土早期的孔径分布有明显的优化作用。其中，掺合料粒径分布情况对低温养护条件下的混凝土孔结构的影响更明显。

（4）随着掺合料粒度的增加，掺合料粒度区间对混凝土孔隙率的影响并非呈现线性的影响。掺合料粒度分布过细或超过一定粒度分布区间，其对混凝土孔隙率的改善作用均会降低。整体上，掺合料粒度分布对混凝土最可几孔径的影响与其对混凝土孔隙的影响相比相对较小，但标准养护条件下，30μm～40μm区间的粒度对混凝土最可几孔径影响相对较大，而在低温养护条件下，则20μm～30μm区间的粒度对混凝土的最可几孔径的影响较大。

（5）掺合料粒度区间对于低温养护混凝土中值孔径几乎没有明显的关联性，而对于标准养护的混凝土，只有低粒度分布（0μm～20μm）区间的掺合料可以明显的影响混凝土中值孔径大小。整体上矿物掺合料粒度分布区间对于标准养护条件下混凝土特征孔径的影响普遍较低，而且没有明显的规律性。

（6）通过数学模型的建立得到，标准养护条件下，掺合料粒度区间分布与试件孔隙率拟合曲线 $Y=-0.1895X_1+0.2762X_2+0.5839X_3+0.1311X_5+1.2366e^{-3.4323(X_6-4.3377)^2}+0.3286X_7+0.1584$；低温－10℃养护条件下，掺合料粒度区间分布与试件孔隙率拟合曲线 $Y=\frac{0.8588}{(1+10^{-0.5172(28.0020-X_1)})}+\frac{2.3312}{(1+10^{-0.2274(25.1857-X_2)})}+15.9503$；标准养护条件下，掺合料粒度分布区间与试件中值孔径的关系拟合曲线 $Y=2.4277\times e^{-17.8213(X_6-4.3788)^2}+9.4949$。数据拟合结果显示，建立的数学模型能够很好的表征掺合料粒度分布与混凝土相关性能的关系。

6.1.5 温度制度对低温混凝土性能的影响

（1）随着养护温度的降低，硅酸盐水泥体系的抗压强度和抗折强度均呈不同程度的下降。水化龄期为 3d 时，温度对抗压强度和抗折强度的差异较大；当养护温度在 0℃以下时，养护温度的差异对 6 组配比的水泥胶砂 14d 抗压强度和抗折强度的影响程度均较小。

（2）随着粉煤灰掺量的增加，在相同的养护温度下，粉煤灰-硅灰-硅酸盐水泥体系的抗压强度和抗折强度整体呈下降趋势，并且当粉煤灰掺量超过 20％时，对养护温度为＋5℃的 7d 抗压强度影响最为显著。随着硅灰掺量的增加，在相同的养护温度下，粉煤灰-硅灰-硅酸盐水泥体系的抗压强度呈上升趋势，并且硅灰掺量对养护温度为 0℃和－5℃的抗压强度影响最为显著。但是，硅灰掺量对抗折强度的影响不显著。

（3）水泥胶砂 7d 抗压强度增长率和抗折强度增长率的最大值都出现在养护温度为－5℃时的 B2（粉煤灰掺量为 20％，硅灰掺量为 5％），最大值分别是 251％、226.7％，最小值分别出现在养护温度为＋5℃时的 B2 和 A2（粉煤灰掺量为 10％，硅灰掺量为 5％），最小值分别是 8.5％、2.2％；14d 抗压强度增长率和抗折强度增长率的最大值是在养护温度为－10℃时的粉煤灰掺量为 10％，硅灰掺量为 2％，最大值分别为 252％、125.6％，最小值是 0℃时的粉煤灰掺量为 30％，硅灰掺量为 5％，最小值分别为 22.1％、0.4％。

（4）养护温度分别为－10℃、－5℃、0℃、＋5℃时，硅酸盐水泥试样中非自由水的百分含量依次为：19.27％、20.47％、21.09％、24.08％；试样中 $Ca(OH)_2$ 的百分含量依次为：13.63％、17.09％、23.66％、29.77％。从以上数据可以看出：在水泥浆体水化早期（7d），随着养护温度的上升，非自由水的百分含量也逐渐增多，但增长缓慢；$Ca(OH)_2$ 的百分含量也在逐渐增多，水泥浆体的水化程度增大。

（5）养护温度为＋5℃时，粉煤灰掺量为 10％、硅灰掺量为 5％，粉煤灰掺量为 30％、硅灰掺量为 5％和养护温度为－5℃时对应掺量的非自由水的百分含量依次为：25.66％、16.84％、12.05％、9.56％；$Ca(OH)_2$ 的百分含量依次为：18.18％、13.43％、11.46％、9.10％。养护温度为＋5℃时粉煤灰掺量为 10％、硅灰掺量为 2％，粉煤灰掺量为 10％、硅灰掺量为 8％和养护温度为－5℃时对应掺量的非自由水的百分含量，依次为：25.87％、27.10％、12.16％、12.59％；$Ca(OH)_2$ 的百分含量，依次为：19.10％、17.09％、11.45％、10.83％。从以上数据可以看出：粉煤灰掺量的增加，非自由水的百分含量减少；$Ca(OH)_2$ 的百分含量也在逐渐减少，水泥浆体的水化程度降低。硅灰掺量的增加，非自由水的百分含量在减少；$Ca(OH)_2$ 的百分含量也在逐渐减少，水泥浆体的水化程度降低。

（6）从微观角度分析，由 XRD 可知，随着养护温度的逐渐下降，水泥浆体中水化反应物的特征峰逐渐增强，水化生成物的特征峰逐渐减弱。由 SEM 可知，随着养护温度的降低，硅酸盐水泥体系的浆体结构的密实度下降，针状钙矾石（AFt）、絮状单硫型水化硫酸钙（AFm）和板状氢氧化钙（CH）等水化产物明显减少。由此可以说明硅酸盐水泥浆体的水化程度呈下降趋势。

（7）从微观角度分析，由 XRD 可知，随着粉煤灰掺量的增加，C_3S 和 C_2S 的主要特征峰增强；CH 的主要特征峰减弱；随着硅灰掺量的增加，C_3S 和 C_2S 的主要特征峰减弱；CH 的主要特征峰增强。由 SEM 可知，在水泥浆体水化早期，粉煤灰的“活性”较低，随着粉煤灰的掺量的增加，浆体结构的密实度有所下降，粉煤灰颗粒不能与周围环境形成良好的搭接，导致浆体结构松散。随着硅灰掺量的增加，水泥浆体的微观结构更加密实，絮凝状结构增多，硅灰在水化早期主要起到的是微集料效应。说明粉煤灰的水化活性还有待激活，硅灰促进了水泥的水化。

6.1.6 养护制度对低温混凝土性能的影响

（1）同一种温度制度下，随着预养时间的延长，混凝土 6d 抗压强度总体上呈现逐渐增长的趋势。除预养 48h 气冻水融循环的两组试件以外，恒负温一次冻结、变负温一次冻结、恒负温气冻气融循环和变负温气冻气融循环四种不同温度制度下的混凝土 6d 强度均低于标准养护 6d 的混凝土强度。

（2）混凝土预养时间应该多于 60h，或者受冻强度大于标养 31d 强度值的 35.3％左右，再经历一次冻结和气冻气融四种不同条件的负温环境，早期强度与标养条件混凝土强度相比降低不大，后期强度一般高于标养条件的强度。恒负温气冻水融循环和变负温气冻水融循环两种条件下，预养时间大于 24h，混凝土 31d 强度均高于同龄期标养强度的 20％以上。

（3）相同预养龄期条件下转正温养护的强度增长的大致顺序为：变负温气冻气融循环＞恒负温气冻气融循环＞恒负温气冻水融循环（变负温气冻水融循环）＞恒负温一次冻结＞变负温一次冻结。转正温养护的混凝土强度增长的较低值出现在预养龄期为 24h 和 48h，此时应做好保护措施，避免受冻。

（4）利用工程应用的广义抗冻临界强度直接测定法及成熟度法，根据标准养护条件下混凝土各个龄期及不同温度制度下的强度值，分别计算和确定六种不同温度制度下的抗冻临界强度值。恒负温气冻气融循环和变负温气冻气融循环条件下，混凝土抗冻临界强度值较恒负温一次冻结、变负温一次冻结、恒负温气冻水融循环和变负温气冻水融循环四种条件下混凝土的抗冻临界强度值要高。

（5）利用成熟度法计算的抗冻临界强度值较直接测定法确定的抗冻临界强度值高很多，对于冬期施工中混凝土的安全性有更高的保证率。但由于不同已知条件对成熟度法计算公式中待确定参数的离散程度很大，导致对计算结果的偏差大，所以工程上应用成熟度法需要谨慎确定公式中的参数。冬期施工规程中，关于抗冻临界强度的规定应该加入对预养时间的考虑。

（6）根据对宏观和微观实验结果的总结，提出了“混凝土水化过程假设”，及其在负温条件下的应用。依据该假设解释了防冻组分、早强组分、外掺料对混凝土作用的机理。这个假设为负温混凝土的理论研究提供了一个新的平台和思路，从另一个角度解释混凝土中存在的一些现象及问题。

6.2 展望

多年来根据寒冷地区工程实例，创造了这一混凝土科学重要分支——低温混凝土，各国学者从水灰比定则、力学行为、混凝土耐久性、冰点理论、液灰比说等方面，分析低温冰冻对低温混凝土损伤作用的直接性与间接性。

（1）低温混凝土近年发展快速，综合国内外相关文献，目前低温混凝土研究主要体现在以下方面：

① 低温环境下，混凝土的凝结硬化问题以及提高其早期强度；

② 低温环境中，冻融循环对混凝土结构的破坏以及对其性能的影响；

③ 低温环境中，混凝土与钢筋的粘结强度降低的问题；

④ 低温环境下，掺合料对混凝土性能的影响；

⑤ 水泥水化热温升对冻土结构产生破坏方面；

⑥ 低温环境下，其他材料与混凝土复合而成的材料性能的研究（如：低温下沥青混凝土性能的研究、低温下纤维沥青混凝土性能的研究等）；

⑦ 低温环境中，养护方式与养护环境以及养护所用材料对混凝土性能的影响。

（2）综合国内外的研究成果及理论分析，低温混凝土研究将向以下几个方向发展：

① 通过分析不同防冻剂的组分，选择不同防冻剂的掺量来作为低温混凝土的基准理论研究；

② 冬期施工过程中的负温损伤理论研究；

③ 环保、经济和负温高性能混凝土理论研究；

对低温混凝土研究宏观层次：宏观层次研究仍然以唯象学为主，从防止冻害角度出发，受冻形式采用一次冻结及多次冻结的方式进行抗压强度及其一系列物理力学性能、耐久性试验。

对于低温混凝土细观结构，主要从三个方面展开：

a.孔分布研究。对掺防冻剂混凝土进行了孔径分布、孔级配、最可靠孔径、平均孔径、相对孔径分布系数、总孔隙率等参数进行研究，并建立孔参数与抗压强度关系。

b.损伤与孔关系。建立了孔量、孔径、孔形与抗冻临界强度关系，并确立早期冻结损伤的强度损伤率。

c.电镜观察。对水泥水化产物、冻结裂缝、孔径变化进行了形态描述。

④ 研究低温混凝土在受冻后卸载破坏规律。

在实验室模拟混凝土受冻后，在单轴压缩荷载作用下，观察裂纹发生、发展状况，分析其损伤断裂过程，基于实验研究和ANSYS模拟，得出低温混凝土损伤断裂破坏规律。

参考文献

[1] Sukmak P, Horpibulsuk S, Shen S L. Strength development in clay-fly ash geopolymer [J]. Construction and Building Materials, 2013, 40: 566-574.

[2] Xu S, Wang J, Ma Q, et al. Study on the lightweight hydraulic mortars designed by the use of diatomite as partial replacement of natural hydraulic lime and masonry waste as aggregate [J]. Construction and Building Materials, 2014, 73: 33-40.

[3] Kim J, Moon J H, Shim J W, et al. Durability properties of a concrete with waste glass sludge exposed to freeze-and-thaw condition and de-icing salt [J]. Construction and building materials, 2014, 66: 398-402.

[4] 陈改新，纪国晋，雷爱中，等. 多元胶凝粉体复合效应的研究 [J]. 硅酸盐学报. 2004, 32 (3): 351-357.

[5] 张同生. 水泥熟料与辅助性胶凝材料的优化匹配 [D]. 广州：华南理工大学，2012.

[6] Han S H, Kim J K, Park Y D. Prediction of compressive strength of fly ash concrete by new apparent activation energy function [J]. Cement & Concrete Research. 2003, 33 (7): 965-971.

[7] Rukzon S, Chindaprasirt P. Strength and chloride resistance of blended Portland cement mortar containing palm oil fuel ash and fly ash [J]. Journal of Mineralogy and Materials. 2009, 16 (4): 475-481.

[8] Sengul O, Tasdemir M A. Compressive Strength and Rapid Chloride Permeability of Concretes with Ground Fly Ash and Slag [J]. Journal of Materials in Civil Engineering. 2009, 21 (9): 494-501.

[9] Khan M I, Lynsdale C J. Strength, permeability, and carbonation of high-performance concrete [J]. Cement & Concrete Research. 2002, 32 (1): 123-131.

[10] Dickey J W, Kim Y J. Effects of Porosity on Concrete made with Recycled Concrete Aggregate [J]. J Civ Archit Eng, 2016, 2 (008).

[11] Jeon J, Kanda T, Momose H, et al. Development of high-durability concrete with a smart artificial lightweight aggregate [J]. Journal of Advanced Concrete Technology, 2012, 10 (7): 231-239.

[12] 张颖. 混凝土材料细观结构与抗冻融性的研究 [D]. 兰州：兰州交通大学，2007.

[13] Havlásek P, Jirásek M. Modeling Drying Shrinkage and the Creep of Concrete at the Meso-Level [C]//10th International Conference on Mechanics and Physics of Creep, Shrinkage, and Durability of Concrete and Concrete Structures. 2015.

[14] Łaźniewska-Piekarczyk B. The type of air-entraining and viscosity modifying admixtures and porosity and frost durability of high performance self-compacting concrete [J]. Construction and Building Materials, 2013, 40: 659-671.

[15] Vance K, Aguayo M, Oey T, et al. Hydration and strength development in ternary Portland cement blends containing limestone and fly ash or metakaolin [J]. Cement and Concrete Composites, 2013, 39: 93-103.

[16] Kocak Y, Savas M. Effect of the PC, diatomite and zeolite on the performance of concrete composites [J]. Computers and Concrete, 2016, 17 (6): 815-829.

[17] 张永娟，张雄. 粉煤灰水泥堆积效应与其抗压强度的关系 [J]. 建筑材料学报. 2007, 10 (1): 43-47.

[18] Kouamo H T，Mbey J A，Elimbi A，et al. Synthesis of volcanic ash-based geopolymer mortars by fusion method：Effects of adding metakaolin to fused volcanic ash [J]. Ceramics International，2013，39 (2)：1613-1621.

[19] Sun Z，Zhang Y，Zheng S，et al. Preparation and thermal energy storage properties of paraffin/calcined diatomite composites as form-stable phase change materials [J]. Thermochimica Acta，2013，558：16-21.

[20] Goren R，Baykara T，Marsoglu M. Effects of purification and heat treatment on pore structure and composition of diatomite [J]. British ceramic transactions，2013.

[21] Xu B，Li Z. Paraffin/diatomite composite phase change material incorporated cement-based composite for thermal energy storage [J]. Applied Energy，2013，105：229-237.

[22] 王培铭，丰曙霞，刘贤萍. 水泥水化程度研究方法及其进展 [J]. 建筑材料学报. 2005，8 (6)：646-652.

[23] Dotto J M R，Abreu A G D，Molin D C C D，et al. Influence of silica fume addition on concretes physical properties and on corrosion behaviour of reinforcement bars [J]. Cement & Concrete Composites. 2004，26 (1)：31-39.

[24] Kashani A，San Nicolas R，Qiao G G，et al. Modelling the yield stress of ternary cement-slag-fly ash pastes based on particle size distribution [J]. Powder Technology，2014，266：203-209.

[25] Duan P，Shui Z，Chen W，et al. Effects of metakaolin，silica fume and slag on pore structure，interfacial transition zone and compressive strength of concrete [J]. Construction and Building Materials，2013，44：1-6.

[26] 代贺渊. 基于灰关联分析混凝土孔结构与宏观性能的关系 [D]. 大连：大连交通大学，2013.

[27] Hashemi S H，Karimi A，Tavana M. An integrated green supplier selection approach with analytic network process and improved Grey relational analysis [J]. International Journal of Production Economics，2015，159：178-191.

[28] Dabade U A. Multi-objective process optimization to improve surface integrity on turned surface of Al/SiCp metal matrix composites using grey relational analysis [J]. Procedia CIRP，2013，7：299-304.

[29] Wang S，Jiang X M，Wang Q，et al. Experiment and grey relational analysis of seaweed particle combustion in a fluidized bed [J]. Energy Conversion and Management，2013，66：115-120.

[30] Palanikumar K，Latha B，Senthilkumar V S，et al. Analysis on drilling of glass fiber-reinforced polymer (GFRP) composites using grey relational analysis [J]. Materials and Manufacturing Processes，2012，27 (3)：297-305.

[31] Yuan J，Liu Y，Tan Z，et al. Investigating the failure process of concrete under the coupled actions between sulfate attack and drying-wetting cycles by using X-ray CT [J]. Construction and Building Materials，2016，108：129-138.

[32] Wang Z，Wang Q，Ai T. Comparative study on effects of binders and curing ages on properties of cement emulsified asphalt mixture using gray correlation entropy analysis [J]. Construction and Building Materials，2014，54：615-622.

[33] Daniel L，Li X，Li M，et al. Application of the Grey System Theory to predict the strength retrogression of concrete with Gangue subjected to Corrosion by Sulphate [J]. Journal of Networks，2014，9 (9)：2411-2416.

[34] Chen R，Li Y，Xiang R，et al. Effect of particle size of fly ash on the properties of lightweight insulation materials [J]. Construction and Building Materials，2016，123：120-126.

[35] Jin X，Li B，Tian Y，et al. Study on Fractal Characteristics of Cracks and Pore Structure of Concrete

Based on Digital Image Technology [J]. Research Journal of Applied Sciences, Engineering & Technology, 2013, 5 (11): 3165-3171.

[36] Sas W, Głuchowski A, GabryŚ K, et al. Deformation Behavior of Recycled Concrete Aggregate during Cyclic and Dynamic Loading Laboratory Tests [J]. Materials, 2016, 9 (9): 780.

[37] Qin X, Xu Q. Statistical analysis of initial defects between concrete layers of dam using X-ray computed tomography [J]. Construction and Building Materials, 2016, 125: 1101-1113.

[38] Jia Y H, Shao M A. Temporal stability of soil water storage under four types of revegetation on the northern Loess Plateau of China [J]. Agricultural water management, 2013, 117: 33-42.

[39] DOTTO J M R, DE ABREU A G, DAL MOLIN D C C, et al. Influence of silica fume addition on concretes physical properties and on corrosion behaviour of reinforcement bars [J]. Cement and Concrete Composites, 2004 (26): 31-39.

[40] GAO Pei-wei. Effects of fly ash on the properties of environmentally friendly dam concrete [J]. Fuel. 2007, 86 (7-8): 1208-1211.

[41] Khan M. I, Lynsdale C. J. Strength, permeability, and carbonation of high Performance concrete [J]. Cement and Concrete Research, 2002, 32 (1): 123-131.

[42] Ozkan Sengul, Mehmet Ali Tasdemir. Compressive Strength and Rapid Chloride Permeability of Concretes with Ground Fly Ash and Slag [J]. Journal of Materials in Civil Engineering, 2009, 21 (9): 494-501.

[43] W. M. Hale. Properties of concrete mixtures containing slag cement and fly ash for use in transportation structures [J]. Construction and Building Material. 2008, 22: 1990-2000.

[44] 李国柱,干伟忠. 粉煤灰高性能混凝土的配制及机理研究 [J]. 新型建筑材料,2002,8.

[45] An Shun Cheng. Influences of Slag and Fly Ash on the Microstructure Property and Compressive Strength of Concrete [J]. Advanced Material Research, 2010, 146-147.

[46] Igarashi SI, Watanabe A, Kawamura M. Evaluation of capillary pore size characteristics in high-strength concrete at early ages [J]. Cement and Concrete Research, 2005, 35 (3): 513-519.

[47] 李响. 复合水泥基材料水化性能与浆体微观结构稳定性 [D]. 清华大学,2010.

[48] 李旭光. 混合材料的粒度分布对水泥性能影响的研究 [D]. 济南大学,2014.

[49] 金伟良,赵羽习. 混凝土结构耐久性 [M]. 北京:科学出版社,2002.

[50] 谢超. 低温斜向预应力路面水泥混凝土收缩性能研究 [D]. 长安大学,2012.

[51] 申爱琴. 水泥与水泥混凝土 [M],北京:北京交通出版社,2000.

[52] Hajnos M, Lipiec J, Swieboda R, Sokolowska Z, et al. Complete characterization of pore size distribution of tilled and orchd soil using water retention curve, mercury intrusion porosimetry, nitrogen adsorption, and water desorption methods [J]. Geoderma, 2006, 135 (11): 307-314.

[53] Basheer L, Basheer P A M, Long A E. Influence of coarse aggregate on the permeation, durability and the microstructure characteristics of ordinary Portland cement concrete [J]. Construction and Building Materials. 2005, 19 (9): 652-690.

[54] Ha-Won Song, Seung-Jun Kwon. Permeability characteristics of carbonated concrete considering capillary pore structure [J]. Cement and Concrete Research, 2007, 37 (6): 909-915.

[55] Gonen, T, Yazicioglu, S. The influence of compaction pores on sorptivity and carbonation of concrete [J]. Construction and Building Materials. 2007, 21 (5): 1040-1045P.

[56] Kumara, R. , Bhattacharjee, B. Porosity, pore size distribution and in situ strength of concrete [J]. Cement and Concrete Research. 2003, 33 (1): 155-164.

[57] Koudriavtsev A B, M. D. Danchev, Hunter G, et al. Application of 19 F NMR relaxometry to the de-

termination of porosity and pore size distribution in hydrated cements and other porous materials [J]. Cement and Concrete Research，2006，36（5）：868-878.
[58] 翟松峰.荷载与冻融共同作用下混凝土结构可靠度分析及剩余寿命预测 [D].北京：北京交通大学，2008.
[59] 金珊珊，张金喜，李爽.混凝土孔结构分形特征的研究现状与进展 [J].混凝土，2009，（10）：34-37+42.
[60] 杨文萃.无机盐对混凝土孔结构和抗冻性影响的研究 [D].哈尔滨工业大学，2009.
[61] 郭剑飞.混凝土孔结构与强度关系理论研究 [D].浙江大学，2004.
[62] 孟庆超.混凝土耐久性与孔结构影响因素的研究 [D].哈尔滨工业大学，2006.
[63] 蒋林华，关宇刚，朱卫华.水泥基复合材料的孔结构与强度相关性研究 [J].河海大学学报（自然科学版），2003，（06）：666-668.
[64] Wang S，Jiang X M，Wang Q，et al. Experiment and grey relational analysis of seaweed particle combustion in a fluidized bed [J]. Energy Conversion and Management，2013，66：115-120.
[65] Palanikumar K，Latha B，Senthilkumar V S，et al. Analysis on drilling of glass fiber-reinforced polymer（GFRP）composites using grey relational analysis [J]. Materials and Manufacturing Processes，2012，27（3）：297-305.
[66] Jin X，Li B，Tian Y，et al. Study on Fractal Characteristics of Cracks and Pore Structure of Concrete Based on Digital Image Technology [J]. Research Journal of Applied Sciences，Engineering & Technology，2013，5（11）：3165-3171.
[67] Sas W，Głuchowski A，Gabryś K，et al. Deformation Behavior of Recycled Concrete Aggregate during Cyclic and Dynamic Loading Laboratory Tests [J]. Materials，2016，9（9）：780.
[68] Jia Y H，Shao M A. Temporal stability of soil water storage under four types of revegetation on the northern Loess Plateau of China [J]. Agricultural water management，2013，117：33-42.
[69] 周立霞，王起.粉煤灰粒度分布及其活性的灰色关联分析 [J].硅酸盐通报，2011，30（03）：656-661+666.
[70] 冯乃谦.新实用混凝土大全 [M].北京：科学出版社，2005.
[71] 冯乃谦，叶浩文.高强度高性能混凝土研发的技术特点与对策 [J].混凝土与水泥制品，2008，（03）：1-4.
[72] Shi C J，Qian J S. High performance cementing materials from industrial slags-a review [J]. Resources，Conservation and Recycling，2000，29（3）：195-207.
[73] 姚燕，王玲，田培.高性能混凝土 [S].北京：化学工业出版社，2006.
[74] Mohammad I K，Rafat S. Utilization of silica fume in concrete：Review of durability properties [J]. Resources，Conservation and Recycling，2011，57：30-35.
[75] CharlesKorhonen. Newlow-temperature Admixture [J]. Concrete International. 2000.（5）：44-48.
[76] 富恩久，吴村，黄荣辉，王常洪，谢晓明，谢丹，范亚君.混凝土养护方法的选择 [J].混凝土，2005，（04）：10-11.
[77] Mirzazadeh M M，Noël M，Green M F. Effects of low temperature on the static behaviour of reinforced concrete beams with temperature differentials [J]. Construction and Building Materials，2016，112：191-201.
[78] Suzuki Tetsuya，Ogata Hidehiko，Takada Ryuichi，etal. Use of acoustic emission and X-ray computed tomography for damage evaluation of freeze-thawed concrete [J]. Construction and Building Materials，2010，24（12）：2347-2352.
[79] M. Molero，S. Aparicio，et al. Evaluation of freeze-thaw damage in concrete by ultrasonic imaging

[J]. NDT&E International，2012 (52)：86-94.

[80] Tahir G，Salih Y. The influence of mineral admixtures on the short and long-term performance of concrete [J]. Building and Environment，2007，42 (8)：3080-3085.

[81] Summer Rukzon，Prinya Chindaprasirt，Strength and chloride resistance of blended Portland cement mortar containing plam oil fuel ash and fly ash [J]. International Joumal of Minerals，Metallurgy and Materials，2010，16 (4)：475-481.

[82] Bhanjaa S，Senguptab B. Influence of silica fume on the tensile strength of concrete [J]. Cement and Concrete Research，2005，35 (4)：743-747.

[83] Bhanja S，Sengupta B. Modified water -cement ratio law for silica fume concretes [J]. Cement and Concrete Research，2003，33 (3)：447-450.

[84] Andrzej C，Vesa P. Aggregate-cement paste transition zone properties affecting the salt-frost damage of high-performance concretes [J]. Cementand Concrete Research，2005，35 (4)：671-679.

[85] Lee S T，Moon H Y，Swamy R N. Sulfate attack and role of silica fume in resisting strength loss [J]. Cement and Concrete Composites，2005，27 (1)：65-76.

[86] 梁咏宁，王佳，林旭健. 掺合料对混凝土抗硫酸盐侵蚀能力的影响 [J]. 混凝土，2011，(2)：63-65.

[87] Murat P，Erdogan O，Ahmet O. Appraisal of long-term effects of fly ash and silica fume on compressive strength of concrete by neural networks. Construction and Building Materials，2007，21 (2)：384-394.

[88] Atis C. D. Accelerated carbonation and testing of concrete made with fly ash [J]. Construction and Building Materials，2003，17 (3)：147-152.

[89] Sisomphon K，Franke L. Carbonation rates of concretes containing high volume of pozzolanic materials [J]. Cement and concrete Research，2007，37 (12)：1647-1653.

[90] Khan M. I，Lynsdale C. J. Strength，permeability，and carbonation of high performance concrete [J]. Cement and concrete Research，2002，32 (1)：123-131.

[91] HUANG F C，LEE J F，LEE C K，etal. Effects of cation exchange on the pore structure and adsorption characteristics of montmorillonite [J]. Colloids Surfaces A：Physicochem Eng AsPects，2004，239：41-47.

[92] DOBRESCU，G BERGERD，PAPA F，et al. Fractal dimensions of lanthanum ferrite samples by adsorption isotherm method [J]. Appl Surface Sci，2003，220：154-158.

[93] Hajnos M，Lipiec J，Swieboda R，Sokolowska Z，etal. Complete characterization of pore size distribution of tilled and orchd soil using water retention curve，mercury intrusion porosimetry，nitrogen adsorption，and water desorption methods [J]. Geoderma，2006，135.

[94] Igarashi SI，Watanabe A，Kawamura M. Evaluation of capillary pore size characteristics in high-strength concrete at early ages [J]. Cement and Concrete Research，2005，35 (3)：513-519.

[95] Khan MI. Isoresponses for strength，permeability and porosity of high performance Mortar [J]. Building and Environment，2003，38 (8)：1051-1056.

[96] Poon CS，Kou SC，Lam L. Compressive strength，chloride diffusivity and pore structure of high performance metakaolin and silica fume concrete [J]. Construction and Building Materials，2006，20 (10)：858-865.

[97] Cwirzen A，Penttala V. Aggregate-cement paste transition zone properties affecting the salt-frost damage of high-performance concretes [J]. Cement and Concrete Research，2005，35 (4)：671-679.

[98] Rossignolo J A. Interfacial interactions in concretes with silica fume and SBR latex [J]. Construction

and Building Materials，2008，23（2）：817-821.
[99] 张笑，杨松霖，刁波，张茜，李妍. 硅灰和超塑化剂掺量对高性能混凝土强度及流动性的影响［J］. 建筑结构学报，2009，30（S2）：324-327.
[100] 王洪，陈伟天，陈昌礼. 硅灰对高强混凝土强度影响的试验研究［J］. 混凝土，2011，（07）：74-76.
[101] 刘俊哲，吕丽华，左红军. 混凝土碳化腐蚀时亚硝酸钠保护钢筋作用的研究［J］. 混凝土. 2003，（4）：24-27.
[102] 孟庆超. 混凝土耐久性与孔结构影响因素的研究［D］. 哈尔滨工业大学，2006.
[103] 金南国，金贤玉，郭剑飞. 混凝土孔结构与强度关系模型研究［J］. 浙江大学学报（工学版），2005，（11）：1680-1684.
[104] 万惠文，陈超，吴有武，韦鹏亮，高志飞. 微硅粉的物化特性及对混凝土孔结构的影响［J］. 混凝土，2013，（12）：77-81.
[105] 王海波. 不同品质硅灰对混凝土强度及耐久性影响的研究［D］. 兰州交通大学，2010.
[106] Rafat S. Utilization of silica fume in concrete：Review of hardened properties［J］. Resources Conservation and Recycling，2011，55（11）：923-932.
[107] 牛荻涛. 混凝土结构耐久性与寿命预测［M］. 北京：科学出版社，2003.
[108] 杨军. 混凝土的碳化性能与气渗性能研究［D］. 山东科技大学，2004.
[109] 郭伟，秦鸿根，陈惠苏. 分形理论及其在混凝土材料研究中的应用［J］. 硅酸盐学报，2010，38（7）：1362-1368.
[110] 夏春，刘浩吾. 混凝土细骨料级配的分形特征研究［J］. 西南交通大学学报，2002，37（25）：186-189.
[111] Shah S P，Wang K，Weiss J. Mixture proportioning for durable concrete［J］. Concrete International，2000，（9）：73-78.
[112] Charles Korhonen. New low-temperature Admixture［J］. Concrete International. 2000.（5）：44-48.
[113] Vesa Penttala，Fahim Al -Neshawy. Stress and state of concrete during freezing and thawing cycles［J］. Cement and Concrete research，2002，32：1407 -1420.
[114] Korhonen C J，Ryan R. New Low-temperature Admixtures［J］. Concrete Internationa l，2000，22（5）：33- 39.
[115] Mirzazadeh M M，Noël M，Green M F. Effects of low temperature on the static behaviour of reinforced concrete beams with temperature differentials［J］. Construction and Building Materials，2016，112：191-201.
[116] Yu R，Spiesz P，Brouwers H J H. Development of an eco-friendly Ultra-High Performance Concrete（UHPC）with efficient cement and mineral admixtures uses［J］. Cement and Concrete Composites，2015，55：383-394.
[117] Zhang G，Li G. Effects of mineral admixtures and additional gypsum on the expansion performance of sulphoaluminate expansive agent at simulation of mass concrete environment［J］. Construction and Building Materials，2016，113：970-978.
[118] Ziesche R，Hofbauer E，Wittmann K，et al. A preliminary study of long-term treatment with interferon gamma-1b and low-dose prednisolone in patients with idiopathic pulmonary fibrosis［J］. New England Journal of Medicine，1999，341（17）：1264-1269.
[119] Kumar R，Bhattacharjee B. Study on some factors affecting the results in the use of MIP method in concrete research［J］. Cement and Concrete Research，2003，33（3）：417-424.
[120] Gui Q，Qin M，Li K. Gas permeability and electrical conductivity of structural concretes：Impact of pore structure and pore saturation［J］. Cement and Concrete Research，2016，89：109-119.

[121] 鲁丽华，潘桂生，陈四利，张月. 不同掺量粉煤灰混凝土的强度试验 [J] 沈阳工业大学学报 2009，31 (1).
[122] 段平. 海水环境下混凝土孔结构演变规律研究 [D]. 武汉：武汉理工大学，2011，5.
[123] 周立霞，王起才. 颗粒细度与粉煤灰水泥胶砂性能的关系 [J]. 建筑材料学报. 2007：5-6.
[124] Fuminori T，Kwangryul H A. Study on the Concrete Using Fly Ash As a Part of Fine Aggregate [C] //Summaries of Technical Papers of Annual Meeting. 2000，3：253-261.
[125] 刘润清. 多因素影响下低温混凝土抗冻临界强度的研究 [D]. 大连：大连理工大学学位论文，2011.
[126] 丁鹏，杨健辉，李燕飞，等. 硅灰粉煤灰混凝土早期强度试验研究 [J]. 粉煤灰综合利用，2013 (6)：7-9.
[127] 李响，阿茹罕，阎培渝. 水泥-粉煤灰复合胶凝材料水化程度的研究 [J]. 建筑材料学报 2010，13 (5)：584-588.
[128] 綦春明，张志恒. 粉煤灰对混凝土亚微观孔结构影响研究 [J]. 西安建筑科技大学学报：自然科学版，2009，41 (2)：288-291.
[129] 吴中伟，廉慧珍. 高性能混凝土 [M] 北京：中国铁道出版社，1999.
[130] Ganesh B K，Siva N R G. Early Strength Behavior of Fly Ash Concrete [J]. Cement and Concrete Reserch，1994 (24)：277-284.
[131] Vinay S N，Vikram Y T. Effect of Different Supple-mentary Cementitious Material on the Microstructureand its Resistance Against Chloride Penetration of oncrete [J]. ECI Conference on Advanced Materials for Construction of Bridges，Buildings，and Other Structures III，2003 (5)：1-12.
[132] Yan H，Gong A，He H，et al. Adsorption of microcystins by carbonnanotubes [J]. Chemosphere，2006，62：142-148.
[133] Tan X L，Fang M，Wang X K. Preparation of Ti O2/ multiwalled carb on nanotube composites and its application in photocatalytic reduction of Cr (VI) study [J]. J. Nanotechnol，2008，8：1-8.
[134] Kumpiene J，Lagerkvist A，Maurice C. Stabilization of As，Cr，Cu，Pb and Zn in soil using amendments-a review [J]. Waste Manage，200828：215-225.
[135] 刘思峰，郭天榜，党耀国等. 灰色系统理论及其应用（第 2 版）[M]. 北京科学出版社，2000.
[136] 邓聚龙. 灰色控制系统 [M]. 武汉：华中理工大学出版社，1997.
[137] 巴恒静，李中华，赵亚丁. 负温混凝土早期冻胀应力与强度发展规律的研究 [J]. 混凝土，2007，(10)：1-3.
[138] 朱洪波. 高钙灰胶凝材料的制备与性能研究 [D]. 武汉：武汉理工大学，2005.
[139] 张旭. 高掺量复合矿物掺合料自密实混凝土研究 [M]. 重庆：重庆大学，2004.
[140] 田倩. 低水胶比大掺量矿物掺合料水泥基材料的收缩及机理研究 [D]. 南京：东南大学，2005.
[141] Aiqin Wang. Chengzhi Zhang and Wei Sun. Fly ash effects：I. The morphological effect of fly ash. Cement and Concrete Research. 2003，33 (12)：2023-2029.
[142] 邵振. 基于 Matlab 及 ANN 模型的高性能混凝土配合比优化设计 [M]. 合肥：合肥工业大学土木工程学院，2007.
[143] 石明霞，谢友均，刘宝举. 粉煤灰-水泥复合胶凝材料的水化性能研究 [J]. 建筑材料学报，2002，5 (2)：114～119.
[144] 谈峰玲，王安正，陈清己. 不同掺量粉煤灰对混凝土力学性能的影响 [J]. 水泥与混凝土，2010，6：40-41.
[145] 李清富，孙振华，张海洋. 粉煤灰和硅灰对混凝土强度影响的试验研究 [J]. 混凝土，2011，5：77-80.
[146] 叶东忠. 氯化钠对粉煤灰水泥性能与水化程度的影响 [J]. 福州大学学报，2010，38 (3)：437-442.
[147] 李建权，许红升，谢红波，李国忠. 硅灰改性水泥/石灰砂浆微观结构的研究 [J]. 硅酸盐通报，

2006，04：66-70.

[148] J. I. Escalante-Garcia and J. H. Sharp. The microstructure and mechanical properties of blended cements hydrated at various temperatures [J]. Cement and Concrete Research，2001，31（5）：695-702.

[149] 张景富. G级油井水泥的水化硬化及性能 [D]. 杭州：浙江大学，2001.

[150] 王强. 钢渣的胶凝性能及在复合材料水化硬化过程中的应用 [D]. 北京：清华大学，2010.

[151] J. M. R. Dotto ect. Influence of silica fume addition on concretes physical properties and on corrosion behaviour of reinforcement bars [J]. Cement & Concrete Composites，2004，26：31-39.

[152] 王培铭，徐玲琳，张国防. 0℃～20℃硅酸盐水泥的水化性能 [J]. 材料导报 B：研究篇. 2012，2：114-117.

[153] 刘贤萍，王培铭. 硅酸盐熟料-煤矸石混合水泥界面结构研究 [J]. 硅酸盐学报，2008，36（1）：104-111.

[154] 王培铭，刘贤萍，胡曙光，等. 硅酸盐熟料-煤矸石/粉煤灰混合水泥水化模型研究 [J]. 硅酸盐学报，2007，35（S1）：180-186.

[155] 阎培渝，张庆欢，杨文言. 养护高温对复合胶凝材料水化性能的影响 [J]. 电子显微学报，2006，25：171-172.

[156] 苗苗，米贵东，阎培渝等. 养护温度和粉煤灰对补偿收缩混凝土膨胀效能的影响 [J]. 硅酸盐学报，2012，10：1427-1430.

[157] J. I. Escalante-Garcia. Nonevaporable water from neat OPC and replacement materials in composite cements hydrated at different temperatures [J]. Cement and Concrete Research，2003，33（11）：1883-1888.

[158] 王铁峰，张燕坤，王珊，张善元. 硅粉对轻骨料混凝土耐久性能影响的研究 [J]. 新型建筑材料，2006，(3)：53-55.

[159] de SCHUTTER G. Fundamental study of early age concrete behavior as a basis for durable concrete structures [J]. Mater Struct，2002，35（1）：15-21.

[160] SWADDIWUDHIPONG S，CHEN D，ZHANG M H. Simulation of the exothermic hydration process of portland cement [J]. Adv Cem Res，2002，14（2）：61-69.

[161] KRSTULOVIC R，DABIC P. A conceptual model of the cement hydration process [J]. Cem. Concr. Res，2000，30（5）：693 698.

[162] 杨英姿，巴恒静. 负温防冻剂混凝土的界面显微结构与性能 [J]. 硅酸盐学报，2007，35（8）：1125-1130.

[163] 翟玉峰. 冬期混凝土工程施工方法的研究与应用 [D]. 东北大学硕士学位论文，2008. 2.

[164] 张庆欢. 粉煤灰在复合胶凝材料水化过程中的作用机理 [D]. 清华大学工学硕士学位论文，2006. 6.

[165] 李国栋. 粉煤灰的结构、形态与活性特征 [J]. 粉煤灰综合利用，1998，3：35-38.

[166] 钱觉时. 粉煤灰特性与粉煤灰混凝土 [M]. 北京：科学出版社，2002.

[167] J. Payá，J. Monzó，M. V. Borrachero. Mechanical treatment of fly ashes：Part IV. Strength development of ground fly ash-cement mortars cured at different Temperatures [J]. Cem. Concr. Res.，2000，30（4）：543～551.

[168] J. I. Escalante-Garcia. Nonevaporable water from neat OPC and replacement materials in composite cements hydrated at different temperatures [J]. Cem. Concr. Res.，2003，33（11）：1883-1888.

[169] Shunsuke Hanehara，Fuminori Tomosawa. Effect of water/powder ratio，mixing ratio of fly ash and curing temperature on pozzolanic reaction of fly ash in ceme-nt paste [J]. Cem. Concr. Res.，2001，31（1）：31-39.

[170] J. M. Khatib，P. S. Mangat. Porosity of cement paste cured at 45℃ as a Function of location relative to casting position [J]. Cem. Concr. Compos.，2003，25 (1)：97-108.

[171] B. W. Langan，K. Weng，M. A. Ward. Effect of silica fume and fly ash on heat of hydration of Portland cement [J]. Cem. Concr. Res.，2002，32 (7)：1045-1051.

[172] 蔡安兰，李顺凯，严生等. 养护温度对高掺量粉煤灰硅酸盐水泥砂浆干缩性能的影响 [J]. 硅酸盐学报，2005，33 (1)：100-105.

[173] 于文金，罗永传，弓子成等. 温度对大掺量粉煤灰水泥水化 C-S-H 聚合度的影响 [J]. 武汉理工大学学报，2011，33 (11)：28-34.

[174] 谈峰玲，王安正，陈清己. 不同掺量粉煤灰对混凝土力学性能的影响 [J]. 水泥与混凝土，2010，6：40-41.

[175] Pinto R C A，Hobbs S V and Hover K C. The development of non-evaporable water content and hardened properties of high-performance mixtures. High Performance Concrete [J]. SP-189，American Concrete Institute，Detroit，1999，351-366.

[176] Snyder K A and Bentz D P. Early age cement paste hydration at 90% relative humidity and the loss of freezable water [J]. Unpublished manuscript，1997.

[177] 李清海，姚燕，孙蓓. 粉煤灰对水泥基材料热膨胀性能影响的研究 [J]. 武汉理工大学学报，2009，31 (8)，17-21.